全国高职高专机械类"工学结合-双证制"人才培养"十二五"规划教材

液压与气压传动技术

主　编　李　茹　　李军利

副主编　张海伟　　姬耀锋

参　编　苗莉莉　　刘晓敏

　　　　刘唯伟　　唐春华

U0350137

华中科技大学出版社

中国·武汉

内 容 简 介

本书是全国高职高专机械类"工学结合-双证制"人才培养"十二五"规划教材,全书包括液压传动技术与气压传动技术两大学习领域,内容设计为 10 个项目,共 31 个任务。液压传动部分有 7 个项目(含 19 个任务),气压传动部分有 3 个项目(含 12 个任务)。本书以液压传动系统与气压传动系统在典型机电一体化设备中的应用为引导,具体讲述液压传动系统与气压传动系统的组成、工作原理与基本理论;液压与气压传动元件的工作原理、性能参数、结构特点及选用与维护;液压传动与气压传动基本回路的分析以及常见故障的诊断与排除;液压传动系统与气压传动系统的安装、调试及使用维护等。

本书设置了"学习导航""学习要求""任务描述""知识储备""任务实施""相关训练""思考与练习"等栏目,帮助学生构建知识网络,便于项目化教学,使学习与训练相结合。

本书可作为高职高专机电类、机械类、数控类专业"液压与气压传动"课程或相近课程的教材,也可作为相关工程技术人员的参考书。

图书在版编目(CIP)数据

液压与气压传动技术/李茹,李军利主编.—武汉:华中科技大学出版社,2014.6(2021.8 重印)
ISBN 978-7-5680-0142-7

Ⅰ.①液… Ⅱ.①李… ②李… Ⅲ.①液压传动-高等职业教育-教材 ②气压传动-高等职业教育-教材
Ⅳ.①TH137 ②TH138

中国版本图书馆 CIP 数据核字(2014)第 118716 号

液压与气压传动技术   李 茹 李军利 主编

策划编辑:严育才
责任编辑:王 晶
封面设计:范翠璇
责任校对:张 琳
责任监印:张正林
出版发行:华中科技大学出版社(中国·武汉)   电话:(027)81321913
        武汉市东湖新技术开发区华工科技园   邮编:430223
录   排:武汉市洪山区佳年华文印部
印   刷:湖北大合印务有限公司
开   本:787mm×1092mm 1/16
印   张:20.75
字   数:541 千字
版   次:2021 年 8 月第 1 版第 9 次印刷
定   价:49.80 元

全国高职高专机械类"工学结合-双证制"人才培养"十二五"规划教材

编委会

丛书顾问：

陈吉红(华中科技大学)

委　　员(以姓氏笔画为序)：

全国高职高专机械类"工学结合-双证制"人才培养"十二五"规划教材

序

  目前我国正处在改革发展的关键阶段,深入贯彻落实科学发展观,全面建设小康社会,实现中华民族伟大复兴,必须大力提高国民素质,在继续发挥我国人力资源优势的同时,加快形成我国人才竞争比较优势,逐步实现由人力资源大国向人才强国的转变。

  《国家中长期教育改革和发展规划纲要(2010—2020 年)》提出:发展职业教育是推动经济发展、促进就业、改善民生、解决"三农"问题的重要途径,是缓解劳动力供求结构矛盾的关键环节,必须摆在更加突出的位置。职业教育要面向人人、面向社会,着力培养学生的职业道德、职业技能和就业创业能力。

  高等职业教育是我国高等教育和职业教育的重要组成部分,在建设人力资源强国和高等教育强国的伟大进程中肩负着重要使命并具有不可替代的作用。自从 1999 年党中央、国务院提出大力发展高等职业教育以来,高等职业教育培养了大量高素质技能型专门人才,为加快我国工业化进程提供了重要的人力资源保障,为加快发展先进制造业、现代服务业和现代农业做出了积极贡献;高等职业教育紧密联系经济社会,积极推进校企合作、工学结合人才培养模式改革,办学水平不断提高。

  "十一五"期间,在教育部的指导下,教育部高职高专机械设计制造类专业教学指导委员会根据《高职高专机械设计制造类专业教学指导委员会章程》,积极开展国家级精品课程评审推荐、机械设计与制造类专业规范(草案)和专业教学基本要求的制定等工作,积极参与了教育部全国职业技能大赛工作,先后承担了"产品部件的数控编程、加工与装配""数控机床装配、调试与维修""复杂部件造型、多轴联动编程与加工""机械部件创新设计与制造"等赛项的策划和组织工作,推进了双师队伍建设和课程改革,同时为工学结合的人才培养模式的探索和教学改革积累了经验。2010 年,教育部高职高专机械设计制造类专业教学指导委员会数控分委会起草了《高等职业教育数控专业核心课程设置及教学计划指导书(草案)》,并面向部分高职高专院校进行了调研。2011 年,根据各院校反馈的意见,教育部高职高专机械设计制造类专业教学指导委员会委托华中科技大学出版社联合国家示范(骨干)高职院校、部分重点高职院校、武汉华中数控股份有限公司和部分国家精品课程负责人、一批层次较高的高职院校教师组成编委会,组织编写全国高职高专机械设计制造类工学结合"十二五"规划系列教材,选用此系列教材的学校师生反映教材效果好。在此基础上,响应一些友好院校、老师的要求,以及教育部《关于全面提高高等职业教育教学质量的若干意见》(教高〔2006〕16 号)中提出的要推行"双证书"制度,强化学生职业能力的培养,使有职业资格证书专业的毕业生取得"双证书"的理念。2012年,我们组织全国职教领域精英编写全国高职高专机械类"工学结合-双证制"人才培养"十二五"规划教材。

  本套全国高职高专机械类"工学结合-双证制"人才培养"十二五"规划教材是各参与院校"十一五"期间国家级示范院校的建设经验以及校企结合的办学模式、工学结合及工学结合-双证制的人才培养模式改革成果的总结,也是各院校任务驱动、项目导向等教学做一体的教学模式改革的探索成果。

具体来说,本套规划教材力图达到以下特点。

(1)反映教改成果,接轨职业岗位要求 紧跟任务驱动、项目导向等教学做一体的教学改革步伐,反映高职机械设计制造类专业教改成果,注意满足企业岗位任职知识要求。

(2)紧跟教改,接轨"双证书"制度 紧跟教育部教学改革步伐,引领职业教育教材发展趋势,注重学业证书和职业资格证书相结合,提升学生的就业竞争力。

(3)紧扣技能考试大纲、直通认证考试 紧扣高等职业教育教学大纲和执业资格考试大纲和标准,随章节配套习题,全面覆盖知识点与考点,有效提高认证考试通过率。

(4)创新模式,理念先进 创新教材编写体例和内容编写模式,针对高职学生思维活跃的特点,体现"双证书"特色。

(5)突出技能,引导就业 注重实用性,以就业为导向,专业课围绕技术应用型人才的培养目标,强调突出技能、注重整体的原则,构建以技能培养为主线、相对独立的实践教学体系。充分体现理论与实践的结合,知识传授与能力、素质培养的结合。

当前,工学结合的人才培养模式和项目导向的教学模式改革还需要继续深化,体现工学结合特色的项目化教材的建设还是一个新生事物,处于探索之中。"工学结合-双证制"人才培养模式更处于探索阶段。随着本套教材投入教学使用和经过教学实践的检验,它将不断得到改进、完善和提高,为我国现代职业教育体系的建设和高素质技能型人才的培养作出积极贡献。

谨为之序。

全国机械职业教育教学指导委员会副主任委员
国家数控系统技术工程研究中心主任
华中科技大学教授、博士生导师

陈吉红

2013 年 2 月

前　言

　　本书是在高职教育中同时引进"工学结合"和"双证教学"的新的教学理念下,基于"液压与气压传动技术"在相关领域的典型应用,从职业岗位技能的要求出发,结合行动导向教学模式和项目化教学的方法,由多年从事高职高专院校教学的一线教师编写的高职高专教材。

　　本书立足于"教、学、做"一体化教学方式,内容上紧跟当前新技术的应用,体现先进性。项目设计上采用"液压与气压传动技术"实际生产案例,体现实用性。教材体例上力求学习过程与工作工程相结合,在做中学,学中练,理论与实践相结合,知识传授与能力、素质的培养相结合。

　　在汲取同类教材优点的基础上,本书具有以下几个特点。

　　(1)按照任务驱动、项目导向的教学模式建立体例框架。

　　(2)设置特色栏目。31个任务前都设置了"学习要求"这一栏目,以明确知识点、技能点以及职业要求,便于构建知识网络;每个任务以"任务描述""知识储备""任务实施"等栏目贯穿,便于组织项目化教学,方便"做中学";10个项目中都设置了"学习导航""相关训练""思考与练习"等栏目,在明确学习目标的同时,进行指导训练,方便"学中练"。

　　(3)项目内容与"双证书"接轨。全书所设项目和任务有许多内容与国家职业标准中机械类职业岗位典型职业工种的基础知识、工作要求紧密对接,体现了学业证书和职业资格证书的接轨。

　　(4)将实际生产案例列入学习项目。全书各项目都是以典型液压传动和气压传动机械为载体,融入液压传动和气压传动相关知识点和技能点,形成由浅至深、由简至繁、由易至难的学习训练体系,体现了知识点和工作任务相结合、理论与实践相结合的特点。此外,还增设了电气控制回路的设计与组装训练的内容,体现了电液气控制的紧密结合。

　　(5)本书融入了职业素质教育元素。学习训练项目中含有职业道德、职业习惯与职业素质培养的内容,培养学生养成良好的职业行为习惯和道德素养。

　　(6)本书配备了丰富的训练项目和练习题。书中各项目除按照"学习要求"配有"相关训练"的题目外,还配备了涵盖国家职业标准考核点的各类练习题目,强化训练,为学生认证考试提供帮助。

　　本书由天津职业大学李茹、珠海城市职业技术学院李军利任主编,天津职业大学张海伟、郑州职业技术学院姬耀锋任副主编。参加编写的还有忻州职业技术学院苗莉莉、天津职业大学刘晓敏、珠海城市职业技术学院刘唯伟、珠海城市职业技术学院唐春华。参加编写的有:李茹(项目1、项目2、项目9中任务9.1、项目10中任务10.2)、李军利(项目6、附录)、张海伟(项目8)、姬耀锋(项目4中任务4.1、任务4.2,项目5)、刘晓敏(项目9中任务9.2至任务9.5、"练习与思考9")、刘唯伟(项目7)、唐春华(项目3)、苗莉莉(项目4中任务4.3、"练习与思考4",项目10中任务10.1、"练习与思考10")。全书由李茹统稿。

　　由于编者水平有限,书中难免存在疏漏,敬请广大读者批评指正。

编　者
2014年5月

目　　录

项目1 液压传动系统的概述

【学习导航】

教学目标:以分析典型机械设备的工作原理为基础,掌握液压传动系统的基本原理和工作性能,液压传动系统的基本特征和主要参数,液压传动系统的组成以及液压技术的应用领域。

教学指导:教师选择典型设备,现场组织教学,引导学生掌握液压传动系统的主要功能;学生观摩机械设备的工作情况,分析和理解液压传动系统的基本组成及各部分的作用。

任务1.1 平面磨床工作台液压传动系统

【学习要求】

掌握液压传动系统的工作原理、基本特征;能从外观上辨析液压传动系统中应用的各类液压元件,分析其组成及各部分的作用;培养善于观察、思考的良好习惯。

【任务描述】 精密卧轴矩台平面磨床系统。

图1-1所示为精密卧轴矩台平面磨床。该机床主要用于磨削平面及端面,还可磨削工件的槽和凸缘的侧面,广泛用于各种金属精密零件的加工。

精密卧轴矩台平面磨床的工作原理如图1-2所示。工件由矩形电磁工作台吸住或夹持在工作台上,砂轮由装在磨头壳体内的电动机直接驱动旋转,完成主运动;工作台沿床身的纵向导轨由液压传动系统实现直线往复运动,完成纵向进给;砂轮架沿滑座的燕尾导轨作横向间歇进给运动,滑座可沿立柱的导轨作垂直间歇进给运动,用砂轮周边磨削工件。那么液压传动系统是怎样实现精密卧轴矩台平面磨床工作台纵向往复运动的呢? 什么是液压传动系统? 液压传动的系统结构及工作原理是什么? 这就是本任务所要学习和掌握的。

图1-1 精密卧轴矩台平面磨床

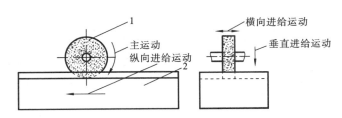

图1-2 精密卧轴矩台平面磨床的工作原理

1—砂轮;2—工作台

【知识储备】

1.1.1 液压传动系统的工作原理

在日常使用的维修工具中,液压千斤顶是一个较为完整的液压传动装置。图1-3所示为

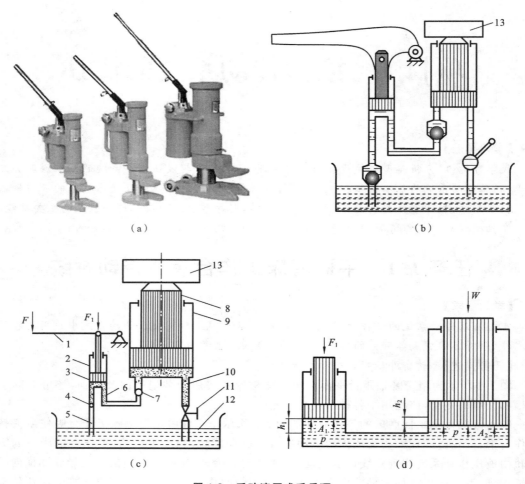

图 1-3　手动液压式千斤顶

（a）实物；（b）结构；（c）工作原理；（d）简化模型

1—杠杆手柄；2—小油缸；3—小活塞；4,7—单向阀；5—油管；

6,10—管道；8—大活塞；9—大油缸；11—截止阀；12—油箱；13—重物

手动液压式千斤顶。

现以图 1-3 所示的手动液压式千斤顶为例，说明液压传动系统的工作原理。如图 1-3（c）所示，大油缸和大活塞组成大活塞总成（举升液压缸）；杠杆手柄、小油缸、小活塞、单向阀（4 和 7）组成小活塞总成（手动液压泵）。提起杠杆手柄，使小活塞向上移动，小活塞下端油腔容积增大，形成局部真空，这时单向阀（4）打开，通过吸油管从油箱中吸油；用力压下手柄，小活塞下移，小活塞下腔压力升高，单向阀（4）关闭，单向阀（7）打开，下腔的油液经管道（6）输入大油缸（举升液压缸）的下腔，迫使大活塞向上移动，顶起重物。再次提起杠杆手柄吸油时，单向阀（7）自动关闭，使油液不能倒流，从而保证了重物不会自行下落。不断地往复扳动杠杆手柄，就能不断地把油液压入大油缸下腔，使重物逐渐地升起。如果打开截止阀，大油缸下腔的油液通过管道（10）、截止阀流回油箱，重物就向下移动。这就是手动液压式千斤顶的工作原理。

由手动液压式千斤顶的工作过程可知：手动液压泵和单向阀（4 和 7）一起完成吸油和压油的过程，将杠杆的机械能转换成油液的压力能输出，举升液压缸将油液的压力能转换为机械能

输出,顶起重物。上述液压元件组成了一个最简单的液压系统,实现了动力的传递。

可见,以流体作为工作介质的液压传动是一种以密封容积中的受压油液为介质,对能量进行传递和控制的传动形式。它们先将机械能转换成压力能,然后通过各种液压元件组成的控制回路来实现能量的调控,最终再将压力能转换成机械能,使执行机构实现预定的功能,按照预定的程序完成相应的动力和运动的输出。

1.1.2 液压传动系统的基本特征

图 1-3(d)所示为手动液压式千斤顶的简化模型,由此可以分析大、小两个活塞之间的力的比例关系、运动关系和功率关系。

1. 压力取决于负载

当大活塞上有重物负载 W 时,大活塞下腔的油液将产生一定的压力 p,压力的大小与外界负载的大小及作用面积 A 有关,即

$$p = \frac{W}{A_2} \qquad\qquad (1-1)$$

根据帕斯卡原理,"在密闭容器中的静止液体,由外力作用产生的压力可以等值地传递到液体各点",因此要顶起大活塞及其重物负载 W,小活塞下腔就必须产生一个等值的压力 p,也就是说小活塞上必须施加力 F_1,且 $F_1 = pA_1$,因而有

$$p = \frac{F_1}{A_1} = \frac{W}{A_2} \qquad\qquad (1-2)$$

或

$$\frac{W}{F_1} = \frac{A_2}{A_1}$$

式中：p——油液压力,Pa;

A_1、A_2——小活塞、大活塞的作用面积,m^2;

F_1——杠杆手柄作用在小活塞上的力,N。

由式(1-1)可见,油液压力的大小将随外界负载的变化而变化,压力取决于负载,与流体的多少无关,这是液压传动中一个重要概念。

2. 压力的传递

式(1-2)是液压传动中力传递的基本公式。当 $A_2 = A_1$ 时,有 $W = F_1$,即在小活塞上作用较小的力,就可以在大活塞上产生较大的力,由此可以实现力的放大。手动液压式千斤顶就是利用了这个原理。

3. 速度的传递

若不考虑液体的可压缩性,手动液压泵排出的液体体积应等于进入举升液压缸的液体体积。由图 1-3(d)可以看出

$$A_1 h_1 = A_2 h_2 \qquad\qquad (1-3)$$

或

$$\frac{h_2}{h_1} = \frac{A_1}{A_2}$$

式中：h_1、h_2——小活塞下行、大活塞上行的位移,mm。

将式(1-3)两端同除以活塞移动的时间 t,得

$$\frac{A_1 h_1}{t} = \frac{A_2 h_2}{t}$$

$$A_1 v_1 = A_2 v_2 \qquad (1\text{-}4)$$

或

$$\frac{v_2}{v_1} = \frac{A_1}{A_2}$$

式中：v_1、v_2——小活塞、大活塞的平均运动速度，m/s。

又 Ah/t 的物理意义是单位时间内流体流过截面积为 A 的某一截面的体积，称为流量 q，即

$$q = Av$$

若已知进入液压缸的流量为 q，则活塞的运动速度为

$$v = q/A \qquad (1\text{-}5)$$

从式(1-5)可知，调节进入液压缸的流量，即可调节活塞的运动速度，这就是液压传动能实现无级调速的基本原理。活塞的运动速度取决于进入液压缸的流量，而与液体压力大小无关。这是液压传动又一重要的基本概念。

4. 功率关系

由式

$$W/F_1 = A_2/A_1$$
$$v_2/v_1 = A_1/A_2$$

可得

$$F_1 v_1 = W v_2 \qquad (1\text{-}6)$$

式(1-6)左端为输入功率，右端为输出功率，在不计损失的情况下输入功率等于输出功率。从以上分析可得出第三个重要概念：液压传动是以流体的压力能来传递动力的。

由式(1-2)、式(1-6)还可以得出

$$P = p A_1 v_1 = p A_2 v_2 = pq \qquad (1\text{-}7)$$

式中：P——液压传动功率。

即液压传动功率 P 可以用压力 p 和流量 q 的乘积表示，压力 p 和流量 q 是流体传动中最基本、最重要的两个参数，它们相当于机械传动中的力和速度，它们的乘积即为功率 P。

1.1.3 液压传动系统的基本理论

1. 液体静压力

静止液体在单位面积上所受的法向力称为静压力。静压力在液压传动中简称压力，在物理学中则称为压强。

静止液体中某点处的微小面积 ΔA 上作用有法向力 ΔF，则该点的压力为

$$p = \lim_{\Delta A \to 0} \frac{\Delta F}{\Delta A} \qquad (1\text{-}8)$$

若法向作用力 F 均匀地作用在面积 A 上，则压力可表示为

$$p = F/A \qquad (1\text{-}9)$$

液体静压力有如下两个重要特性。

(1) 液体静压力垂直于承压面，其方向和该面的内法线方向一致。这是由于液体质点间的内聚力很小，不能受拉只能受压所致。

(2) 静止液体内任一点所受到的静压力在各个方向上都相等。如果某点受到的压力在某个方向上不相等，那么液体就会流动，这就违背了液体静止的条件。

2. 液体静压力的基本方程

静止液体内部受力情况如图 1-4 所示。设容器中装满液体,在任意一点 A 处取一微小面积 $\mathrm{d}A$,该点距液面深度为 h,距坐标原点高度为 Z,容器液平面距坐标原点高度为 Z_0。根据静压力的特性,作用于这个液柱上的力在各方向都呈平衡,现求各作用力在 Z 方向上的平衡方程。

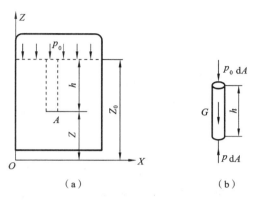

(a)　　　　　　　(b)

图 1-4　静止液体内部受力情况

平衡方程为

$$p\mathrm{d}A = p_0\mathrm{d}A + \rho g h\mathrm{d}A$$
$$p = p_0 + \rho g h \tag{1-10}$$

式中:ρ——液体密度;

g——重力加速度。

式(1-10)为液体静力学基本方程,有如下几个特点。

(1)静止液体内任意点的压力由两部分组成,即液面外压力 p_0 和液体自重对该点的压力 $\rho g h$。

(2)液体中的静压力随着深度 h 的增加而线性增加。

(3)在连通器里,静止液体中只要深度 h 相同,其压力就相等。压力相等的所有点组成的面为等压面。在重力作用下,静止液体的等压面为一水平面。

3. 压力表示方法及单位

压力表示方法有两种,一种是以绝对真空作为基准所表示的压力,称为绝对压力;另一种是以大气压力作为基准所表示的压力,称为相对压力。由于大多数测压仪器所测的压力都是相对压力,故相对压力也称表压力。绝对压力与相对压力之间的关系为

$$\text{绝对压力} = \text{相对压力} + \text{大气压力}$$

液体压力通常有绝对压力、相对压力(表压力)、真空度三种表示方法。因为在地球表面上,一切物体都受大气压力的作用,而且是自成平衡的,即大多数测压仪表在大气压力下并不动作,这时它所表示的压力值为零,因此,它们测出的压力是高于大气压力的那部分压力。也就是说,它是相对于大气压力(即以大气压力为基准零值)所测量到的一种压力,因此称它为相对压力或表压力。另一种是以绝对真空为基准零值所测得的压力,我们称它为绝对压力。当绝对压力低于大气压力时,习惯上称为出现真空。因此,某点的绝对压力比大气压力小的那部分数值称为该点的真空度。如果液体中某点处的绝对压力小于大气压

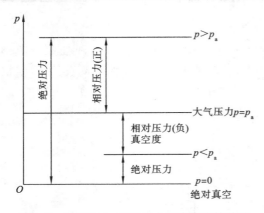

图 1-5　绝对压力、相对压力和真空度的关系

力,那么在这个点上的绝对压力比大气压力小的那部分值称为真空度,如图 1-5 所示。

真空度与绝对压力的关系如下。

真空度＝大气压力－绝对压力

我国法定压力计量单位为帕斯卡,符号为 Pa,1 Pa＝1 N/m²。由于此单位很小,工程上使用不便,习惯用倍数单位兆帕,符号为 MPa(N/mm²)。在液压技术中还习惯使用巴(bar)作为压力单位 (1 bar＝10⁵ N/m²＝10 N/cm²＝1 kgf/cm²),各单位关系为 1 MPa＝10⁶ Pa＝10 bar。

4. 理想液体与恒定流动

1）理想液体

既无黏性,又不可压缩的液体称为理想液体。由于液体具有黏性,并在流动时表现出来,因此研究流动液体,就要考虑其黏性的影响,而液体的黏性阻力是一个很复杂的问题,这就使流动液体的研究变得更为复杂。为方便分析和设计问题,在此引入理想液体的概念,而把既具有黏性又可压缩的液体称为实际液体。

2）恒定流动

如果空间上的运动参数 p、v 以及 ρ 在不同的时间内都有确定的值,即它们只随空间点坐标的变化而变化,不随时间 t 变化,将液体的这种运动称为定常流动或恒定流动。

在流体的运动参数中,只要有一个运动参数随时间而变化,液体的运动就是非定常流动或非恒定流动。

5. 流量和平均流速

1）流量

单位时间内通过通流截面的液体体积称为流量,用 q 表示,流量的常用单位为 L/min。对微小流束,由于通流截面积很小,可以认为通流截面上各点的流速 v 是相等的,所以通过该截面积 $\mathrm{d}A$ 的流量为 $\mathrm{d}q=v\mathrm{d}A$,对此式进行积分,得到的整个通流截面积 A 上的流量为

$$q=\int_A v\mathrm{d}A=vA$$

2）平均流速

截面上各点的流速 v 的分布规律较复杂,工程计算时一般不按积分方式计算流量,而采用平均流速的概念,假定整个通流截面积 A 上的流速是均匀分布的,则平均流速 v 为

$$v=q/A \tag{1-11}$$

6. 连续性方程

质量守恒是自然界的客观规律,不可压缩液体的流动过程也遵守质量守恒定律。在流体力学中,这个规律是用连续性方程的数学形式来表达的。

对恒定流动而言,液体通过流管内任一截面的液体质量必然相等。如图 1-6 所示,管内两个流通截面面积分别为 A_1 和 A_2,流速分别为 v_1 和 v_2,则通过任一截面的流量 q 为

$$q=Av=A_1v_1=A_2v_2=常数 \tag{1-12}$$

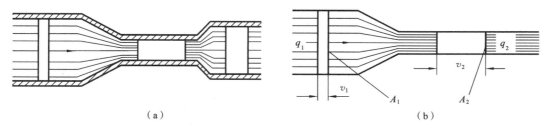

（a）   （b）

图 1-6   管路中液体的流量对各截面而言皆相等

流量的单位通常用 L/min 表示,与 m^3/s 换算如下。

$$1\ L = 1 \times 10^{-3}\ m^3$$

$$1\ m^3/s = 6 \times 10^4\ L/min$$

式(1-12)即为连续性方程,表明液体运动速度取决于流量,与液体的压力无关。

7. 伯努利方程

能量守恒是自然界的客观规律,流动液体也遵守能量守恒定律,这个规律是用伯努利方程来表达的。对于理想液体的恒定流动,根据能量守恒定律,同一管道任意截面上的总能量都应相等。流动液体在理想状态下有以下三种能量形式。

（1）单位重量液体的压力能(也称为压力水头,量纲单位为 m),$p/\rho g$;

（2）单位重量液体的势能(也称为位置水头,量纲单位为 m),$mgz/mg = z$;

（3）单位重量液体的动能(也称为速度水头,量纲单位为 m),$1/2mv^2/mg = v^2/2g$。

根据能量守恒定律,各截面的三者之和等于常数(量纲单位为 m,也称为总水头)。即

$$\frac{p}{\rho g} + z + \frac{v^2}{2g} = C(常数) \tag{1-13}$$

如图 1-7 所示,在恒定流动的管道中任取一段液体 1—1 至 2—2 为研究对象,设液体两截面 A_1 和 A_2 的中心到基准面 0—0 的高度分别为 z_1、z_2,平均流速分别为 v_1、v_2,压力分别为 p_1、p_2。当液体为理想液体且做恒定流动时,则有

$$p_1 + \rho g z_1 + \frac{1}{2}\rho v_1^2 = p_2 + \rho g z_2 + \frac{1}{2}\rho v_2^2 \tag{1-14}$$

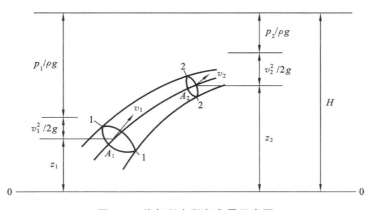

图 1-7   伯努利方程各参量示意图

式(1-13)和式(1-14)就是流体力学中应用广泛的伯努利方程。其物理意义:在密闭管道内做恒定流动的理想液体在任意一个通流截面上具有三种形式的能量,即压力能、势能和动

能。三种能量的总和是一个恒定的常量,而且三种能量之间可以相互转换。

实际液体在管路中流动时,由于液体存在黏性,会产生摩擦力,并消耗能量,同时管道局部形状和尺寸的变化也会消耗能量。因此,当液体流动时,液体的总能量在不断地减少。另外,由于实际液体在管道中流动时的流速分布是不均匀的,因而,实际液体的伯努利方程为

$$\frac{p_1}{\rho g} + z_1 + \frac{\alpha_1 v_1^2}{2g} = \frac{p_2}{\rho g} + z_2 + \frac{\alpha_2 v_2^2}{2g} + \Delta p_w \tag{1-15}$$

式中:Δp_w——单位体积液体在两截面中流动时的能量损失;

α——动能修正系数,紊流时 α 取 1,层流时 α 取 2。

8. 液压管路的压力损失和流量损失

1)压力损失

液压管路的压力损失包括沿程压力损失和局部压力损失。

沿程压力损失是当液体在直径不变的直管中流过一段距离时,因摩擦而产生的压力损失。局部压力损失是由于管子截面形状突然变化、液体方向改变或由其他形式的液体阻力而引起的压力损失。总的压力损失等于沿程压力损失与局部压力损失之和。

由于零件结构(尺寸的偏差与表面粗糙度)不同,因此,要准确地计算出总的压力损失的数值是比较困难的,但压力损失又是液压传动中一个必须考虑的因素,它关系到确定系统所需的供油压力和系统工作时的温升,所以,生产实践中也希望压力损失尽可能小些。

由于压力损失的必然存在,因此,泵的额定压力要略大于系统工作时所需的最大工作压力。一般可将系统工作所需的最大工作压力乘以一个 1.3~1.5 的系数来估算。

2)流量损失

在液压系统中,各液压元件都有相对运动的表面,如液压缸内表面和活塞外表面。因为要有相对运动,所以它们之间有一定的间隙,如果间隙的一边是高压油,另一边为低压油,那么高压区的油就会经间隙流向低压区,从而造成泄漏。同时,由于液压元件密封不完善,一部分油液也会向外部泄漏。这种泄漏会造成实际流量的减少,这就是我们所说的流量损失。

流量损失影响运动速度,而泄漏又难以绝对避免,所以在液压系统中泵的额定流量要略大于系统工作时所需的最大流量。通常也可以用系统工作所需的最大流量乘以一个 1.1~1.3 的系数来估算。

【任务实施】 平面磨床工作台液压传动系统的认知。

1. 平面磨床工作台液压传动系统的功能分析

图 1-8 所示为平面磨床工作台液压传动系统的工作原理。

1)平面磨床工作台液压系统的工作原理

液压泵在电动机(图中未画出)的带动下旋转,油液由油箱经过滤器被吸入液压泵,然后压力油通过节流阀和换向阀,控制工作台的移动方向。液压泵输出的压力油除了进入节流阀以外,其余的经由溢流阀流回油箱。

工作台的移动速度是由节流阀来调节的,当节流阀开度增大时,进入液压缸的油液增多,工作台的移动速度增大;当节流阀关小时,工作台的移动速度减小。因而,节流阀的主要功能是控制进入液压缸的流量,从而控制液压缸活塞的运动速度。

液压缸推动工作台移动时必须克服液压缸所受到的各种阻力(如切削阻力、摩擦阻力等),因而液压缸必须产生一个足够大的推力,这个推力是由液压缸中的油液压力产生的。要克服

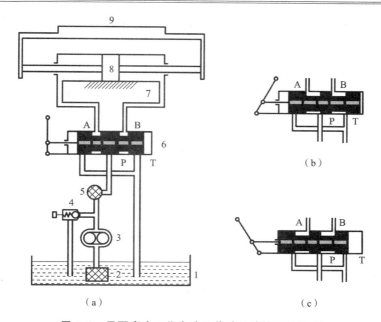

图 1-8 平面磨床工作台液压传动系统的工作原理

（a）换向阀处于中位；（b）换向阀处于右腔；（c）换向阀处于左腔

1—油箱；2—过滤器；3—液压泵；4—溢流阀；5—节流阀；

6—换向阀；7—液压缸；8—活塞；9—工作台

　　的阻力越大,液压缸中的油液压力就必须越高;反之压力就越低。根据工作时阻力的不同,要求能调节液压泵输出的油液压力,这个功能由溢流阀来完成。

　　当油液压力对溢流阀的阀芯作用力略大于溢流阀中弹簧的预压力时,阀芯移动使阀口打开,油液经溢流阀及回油管流回油箱,压力不再升高。所以,在图示系统中液压泵出口处的油液压力受溢流阀的调节制约,它与液压缸中的压力(由负载决定)大小不一致,一般情况下,液压泵出口压力大于液压缸中的压力。因而溢流阀在液压系统中的主要功能是控制系统的工作压力。

　　图 1-8 所示的平面磨床工作台液压传动系统图是一种半结构式的工作原理图。它直观,容易理解,但难于绘制。在实际工作中,除少数特殊情况外,一般都采用国标(GB/T 786.1—2009)所规定的液压图形符号来绘制,如图 1-9 所示。图形符号表示元件的功能,而不表示元件的具体结构和参数;反映各元件在油路连接上的相互关系,不反映其空间安装位置;只反映静止位置或初始位置的工作状态,不反映其过渡过程。使用图形符号既便于绘制,又可使液压传动系统图简单明了。

　　2)分析步骤与方法

　　(1)识读图 1-8,了解平面磨床工作台液压传动系统的结构。该系统由油箱、过滤器、液压

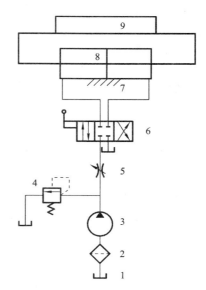

图 1-9 使用图形符号绘制的平面磨床工作台液压传动系统图

1—油箱；2—过滤器；3—液压泵；

4—溢流阀；5—节流阀；6—换向阀；

7—液压缸；8—活塞；9—工作台

泵、溢流阀、节流阀、换向阀、液压缸、活塞及连接这些元件的油管、管接头等组成。

（2）由教师指导，在实验台上按图1-9组装液压回路。

（3）启动运行液压系统，观察液压缸的运动情况。

（4）调节节流阀，观测液压缸的移动速度。

（5）找出液压系统与机床所对应的控制对象，分析各元件的控制作用。

2．平面磨床工作台液压传动系统的构成分析

由上述平面磨床工作台液压传动系统的工作原理，可将液压系统的构成分为以下几个部分。

1）能量装置

把机械能转换成液体的压力能的装置称为能量装置，一般常见的是液压泵，如图1-8中平面磨床工作台液压传动系统中的液压泵向整个系统提供动力，其作用是将电动机的机械能转换成液体的压力能；又如图1-3中手动液压式千斤顶中的小活塞总成。

2）执行装置

把液体的压力能转换成机械能的装置为执行装置，一般指做直线往复运动的液压缸或回转运动的液压马达，如图1-8中平面磨床工作台液压传动系统中的液压缸；又如图1-3中手动液压式千斤顶中的大活塞总成。

3）控制调节装置

对液压传动系统（简称液压系统）中液体的压力、流量和流动方向进行控制和调节的装置，包括各种液压控制阀，如压力控制阀（如图1-9中的溢流阀）、流量控制阀（如图1-9中的节流阀）和方向控制阀（如图1-9中的换向阀）。这些元件的不同组合组成了能完成不同功能的液压传动系统。

4）辅助装置

除以上三种装置外，系统中还有辅助元件，如油箱、滤油器、蓄能器、油管及管接头、压力表等，它们用于完成连接、储油、过滤、测量等功能，对保证液压传动系统可靠、稳定、持久地工作具有重要作用。

5）工作介质

液压油是液压传动系统中传递能量的工作介质，有矿物油、乳化液和合成型液压油等几类。

液压传动系统的基本组成与能量传递的关系，如图1-10所示。

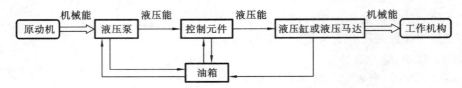

图1-10　液压传动系统的基本组成与能量传递的关系

3．液压传动的基本特点

与其他传动方式相比，液压传动具有如下主要优点。

（1）液压传动可以输出大的推力或大转矩，可实现低速大吨位运动，这是其他传动方式所不能比的突出优点。

（2）液压传动能方便地实现无级调速，调速范围大，且可在系统运行过程中调速。

（3）在相同功率条件下，液压传动装置体积小、质量小、结构紧凑。液压元件之间可采用管道或集成式连接，其布局、安装有很大的灵活性，可以构成用其他传动方式难以组成的复杂系统。

（4）液压传动能使执行元件的运动均匀稳定，可使运动部件换向时无换向冲击。而且由于其反应速度快，可实现频繁换向。

（5）操作简单，调整控制方便，易于实现自动化。特别是和机、电联合使用时，能方便地实现复杂的自动工作循环。

（6）液压系统便于实现过载保护，使用安全、可靠。由于各液压元件中的运动件均在油液中工作，能自行润滑，故元件的使用寿命长。

（7）液压元件易于实现系列化、标准化和通用化，便于设计、制造、维修和推广使用。

液压传动也有如下几个主要缺点。

（1）油的泄漏和液体的可压缩性会影响执行元件运动的准确性，故无法保证严格的传动比。

（2）对油温的变化比较敏感，不宜在很高或很低的温度条件下工作。

（3）能量损失（泄漏损失、溢流损失、节流损失、摩擦损失等）较大，传动效率较低，也不适宜做远距离传动。

（4）系统出现故障时，不易查找出原因。

综上所述，液压传动的优点是主要的、突出的，它的缺点随着科学技术的发展也将逐步克服。液压传动技术的发展前景是非常广阔的。

4．液压传动在行业中的应用与发展趋势

近年来，液压技术渗透到多个领域，不断在民用工业、工程机械、冶金机械、塑料机械、农林机械、汽车、船舶等行业得到广泛的应用，而且发展成一门集传动、控制和检测于一体的完整的自动化技术。

下面列举液压传动在各行业中的应用。

（1）在工程机械中，普遍采用了液压传动，如挖掘机、轮胎装载机、汽车起重机、轮胎起重机等。几乎所有工程机械装备都能见到液压技术的踪迹，其中不少已成为主要的传动和控制方式。

（2）在汽车工业中，液压越野车、液压自卸式汽车、液压高空作业车和消防车等均采用了液压技术。在载重物车辆和卡车设计中，如混凝土搅拌车、运输车辆、救护车、消防卡车、垃圾车等经常需要越野行驶或在恶劣条件下作业的车辆，也常采用液压技术。

（3）在钢铁冶金工业中，冶金机械中的提升装置、轧辊调整装置，冶金电炉控制系统，轧钢机的控制系统、平炉装料装置和恒张力装置等都采用了液压技术。

（4）在轻纺工业中，塑料注塑机、造纸机、印刷机和纺织机等也采用了液压技术。

（5）在农业机械中，液压技术的应用也很广泛，包括拖拉机、联合收割机动力换挡及静液压驱动技术、联合收割机电液自动化作业监测技术与控制技术等。

（6）在土木水利工程中，防洪闸门及堤坝装置、河床升降装置、桥梁操纵机构等，也采用了液压技术。

（7）在军事装备中，火炮操纵装置、船舶减摇装置、飞行器仿真、飞机起落架的收放装置和方向舵控制装置等，也采用了液压技术。

液压传动在其他机械行业中的应用举例如表 1-1 所示。

表 1-1　液压传动在其他机械行业中的应用举例

行 业 名 称	应 用 场 所
起重运输机械	汽车吊、港口龙门吊、叉车、装卸机械、皮带运输机
矿山机械	凿岩机、开掘机、开采机、破碎机、提升机、液压支架
建筑机械	打桩机、液压千斤顶、平地机
智能机械	折臂式小汽车装卸器、数字式体育锻炼机、模拟驾驶舱、机器人

总而言之,一切工程领域,凡是有机械设备的场合,均可采用液压技术,其应用范围极其广泛。

当前,液压传动技术正向高压、高速、大功率、高效率、低噪声、低能耗、高度集成化的方向发展,同时新型液压元件和液压传动系统的计算机辅助设计的应用,进一步推动了液压技术的发展。

【相关训练】

[例 1-1]　WE-1000B 型液压式万能试验机液压传动系统。

1. 训练任务

现场观察 WE-1000B 型液压式万能试验机的结构,用试验机进行金属件的拉伸实验,在实验操作过程中观察和认识液压传动系统的控制对象,理解液压元件与该试验机各部件之间的控制关系,进而掌握液压传动系统各元件的控制功能、组成部分及工作原理。

2. WE-1000B 型液压式万能试验机的结构与工作原理

图 1-11 所示的 WE-1000B 型液压式万能试验机可用于金属材料的拉伸、压缩、剪切和弯曲试验,配上合适的夹具,也可做混凝土、砖石等非金属材料的抗压试验。

图 1-11　WE-1000B 型液压式万能试验机

试验机采用动摆测力计指示试验载荷,为使试样断裂时所产生的振动不影响测力计指出的载荷读数,主机与测力系统分为两部分组成,二者通过高压软管连接。

WE-1000B 型液压式万能试验机的结构与原理如图 1-12 所示,其液压传动系统的工作原理如图 1-13 所示。

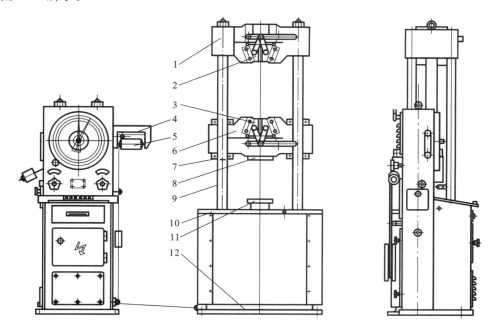

图 1-12 WE-1000B 型液压式万能试验机的结构

1—上横梁;2—上钳口;3—下钳口;4—笔架;5—描绘筒;6—移动横梁;

7—立柱;8—上压力板;9—丝杠;10—下压力板;11—工作台;12—底座

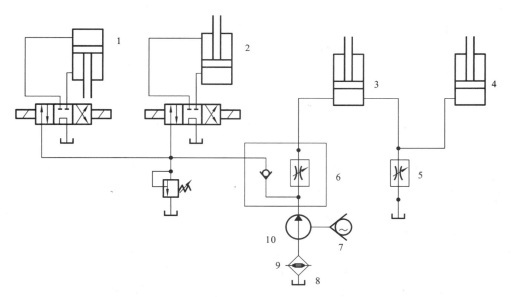

图 1-13 WE-1000B 型液压式万能试验机液压系统的工作原理

1—上钳口;2—下钳口;3—活塞;4—测力计;5—回油缓冲阀;

6—送油阀;7—电动机;8—油箱;9—滤油器;10—油泵

如图 1-12 所示,主机主要由底座、工作台、立柱、丝杠、移动横梁以及上横梁组成。其中移动横梁上部安装有下钳口,下部安装有上压力板,上横梁下部安装有上钳口,工作台、上横梁通过四根立柱连接,构成一个刚性框架。丝杠的驱动机构由驱动电动机、链轮、链条组成。驱动电动机通过链条传动,使两根丝杠同步转动。当高压油泵向油缸内供油时,活塞上升,带动工作台向上运动,从而进行试样的拉伸、剪切和抗压试验。拉伸和剪切试验在移动横梁和上横梁之间进行,抗压试验在工作台和移动横梁之间进行。

3. 训练实施

步骤1:样机观察。

在停机状态时,学生观察 WE-1000B 型液压式万能试验机的外形结构,初步了解 WE-1000B 型液压式万能试验机的结构。

步骤2:教师指导学生操作试验机。

启动试验机,教师介绍其结构、工作原理。

步骤3:教师按照试验机的操作程序,指导学生进行拉伸试验操作。

(1) 根据试样选用量程,挂好砝并对准刻线,并调整回油缓冲阀使之与量程范围相适应。

(2) 打开电源,启动油泵,开启送油阀让活塞上升、下降约 100 mm,2～3 次。

(3) 让活塞上升一小段,调节指针对准零位,放下笔架。

(4) 调整移动横梁至适当位置。关闭送油阀,按动夹头"松开""夹紧"按钮,夹紧试样,注意使试样保持竖直并位于中间位置。按试验要求的加荷速度调整指示盘转速(如使用手动夹紧装置,只要将连接上、下液压缸的螺栓旋下即可)。

(5) 打开送油阀,开始加荷,使指针的旋转速度与指示盘的转速基本保持一致。

(6) 试样破坏后,关闭送油阀,记录试验数据,将被动针拨回零位,取下断裂的试样。

(7) 重复(1)～(7),继续下一试验。

步骤4:分析液压传动系统的工作原理与系统构成。

本机采用轴向高压油泵作为动力输出元件,它由电动机通过三角带传动,工作平稳而无噪声,油泵体内的柱塞与柱塞套均采用优质合金钢并经热处理和精密研磨而制成,其配合面具有相当高的质量,性能良好,工作效率较高。

送油阀是一个分路式流量调节阀,它由一个可变节流器和一个定差减压阀并联组成。在调节送油速度时,应严密注意指针的旋转速度应与事先调整好的指示盘转速一致。

回油缓冲阀由一个卸荷开关和一个回油节流阀组成,其目的是卸除载荷,使工作油缸油压迅速下降。

作为辅助装置,油箱安放于箱座内,其储油量较大,所以,即使试验机长时间工作,也不致使油液温度过高而影响测力精度。油箱的油量可通过油窗进行观察。

[例1-2] 教师结合现有条件,选择一个简单的液压传动系统的设备,设计"×××液压传动系统的认知"训练项目,明确训练任务并指导训练实施。

训练任务:现场观察液压传动系统的设备实物,学生在教师指导下现场运行操作该设备,直观地认识液压传动系统的控制对象,理解液压元件与该设备各部件之间的控制关系,进而深入了解液压传动系统各元件的控制功能、组成部分及工作原理。(教学建议:硬件条件不足的学校,可以用动画视频或模拟仿真软件代替实际生产设备。)

训练实施的步骤如下。

步骤1:运行设备。

教师首先向学生介绍操作流程及安全注意事项,提醒学生注意;然后开启设备,运行设备。

步骤2:工作情况观察。

学生在教师的指导下操作设备,观察设备工作情况,了解工艺过程。

步骤 3：设备的功能分析。

在教师的指导下，学生进行工艺动作及工艺流程的分析，进而掌握设备功能。

步骤 4：液压传动系统设备的工作原理与组成的分析。

以小组为单位，识读液压传动系统的工作原理图，学生结合实际操作，对液压设备的系统的工作原理及组成进行分析，认识液压传动系统的 5 个组成部分，并掌握各部分的基本控制作用。

任务 1.2　液压油的选择与保养

【学习要求】

了解液压油的作用、性能、分类，以及液压油的特性、选择方法和保养方法；养成耐心、细致和不怕脏、不怕累的良好习惯。

【任务描述】　液压式万能试验机液压油的选择与保养。

本任务是结合学校实验室液压式万能试验机的使用，现场了解液压油的选择及其保养方法，实施液压式万能试验机维护与液压系统的清洗流程。

【知识储备】

1.2.1　液压油的性质

液压油是液压传动系统中所使用的工作介质，其主要功能包括以下几个方面。

(1) 传动：把液压泵产生的压力能传递给执行部件。

(2) 润滑：对液压泵、控制阀、执行元件等运动部件进行润滑。

(3) 密封：保持液压泵所产生的压力。

(4) 冷却：吸收并带出液压装置所产生的热量。

(5) 防锈：防止液压传动系统中所用的各种金属部件锈蚀。

(6) 传递信号：传递信号元件或控制元件发出的信号。

(7) 吸收冲击：吸收液压回路中产生的压力冲击。

液压传动技术中所关注的工作介质的性质主要是指可压缩性和黏性。

1. 可压缩性

液体受压力作用而使其体积发生变化的性质，称为液体的可压缩性。其压缩性的大小可用压缩率 k 来表示，它是指在温度不变时，每产生一个单位压力的变化时液体体积的减少量，即

$$k = -\frac{1}{\Delta p} \cdot \frac{\Delta V}{V} \tag{1-16}$$

式中：ΔV——体积变化值，m^3；

　　V——液体体积，m^3；

　　Δp——液体压力变化值，$\mathrm{N/m}^3$。

式中负号表示液体受压增加，体积减小。

另一种常用于描述可压缩性的指标是体积弹性模量 K，其定义为

$$K = -\frac{1}{k} \tag{1-17}$$

K 值反映了液压油抵抗压力变化的能力。K 值越大，表示越不容易被压缩。

一般情况下,液压油在低、中压时可视为非压缩性液体,但在需要精密控制的高压系统中,压缩率就不可忽视了,纯油的可压缩性是钢的 $100\sim150$ 倍。压缩率随压力和温度变化,所以它对带有高压泵和液压马达的液压传动系统也有重要的影响。另外,在液压设备中,液压油中常会混进一些空气,由于空气具有很强的可压缩性,所以这些气泡的混入会使油液压缩率大大提高,在进行液压传动系统的设计时,也应考虑此方面的因素。

2. 黏性

1) 黏性的定义

液体在外力作用下流动时,分子间存在相对运动而导致相互牵制的力称为液体的内摩擦力或黏滞力,而液体流动时产生内摩擦力的特性称为黏性。液体只有流动或有流动趋势时才会呈现黏性,静止液体不会呈现黏性。

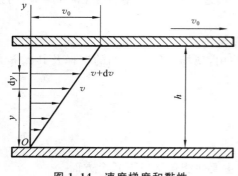

图 1-14 速度梯度和黏性

黏性使流动液体内部各处的速度不相等。以图 1-14 为例,若两平行平板间充满流体,下平板不动,而上平板以速度 v_0 向右平动,由于液体的黏性,使紧靠上、下平板的液体层(流层)速度分别为 v_0 和 0,而中间各流层的速度则从上到下按递减规律,呈线性分布。

实验测定表明,液体流动时相邻流层间的内摩擦力 F 与流层接触面积 A、流层间相对运动速度梯度 $\dfrac{\mathrm{d}v}{\mathrm{d}y}$ 成正比,即

$$F=\mu A\frac{\mathrm{d}v}{\mathrm{d}y} \tag{1-18}$$

式中:μ——比例常数,称为动力黏度。

若以 τ 表示内摩擦切应力,即单位面积上的内摩擦力,则

$$\tau=\frac{F}{A}=\mu\frac{\mathrm{d}v}{\mathrm{d}y} \tag{1-19}$$

这就是牛顿内摩擦定律。

2) 液体的黏度

液体的黏性大小用黏度表示。黏度是液体的重要物理性质,也是选择液压油的主要依据。常用黏度可分为动力黏度、运动黏度和相对黏度。

(1) 动力黏度 μ。

动力黏度指的是液体在单位速度梯度下流动时,单位面积上产生的摩擦力。它的物理意义:面积为 $1\ \mathrm{cm}^2$,相距为 $1\ \mathrm{cm}$ 的两层液体,以 $1\ \mathrm{cm/s}$ 的速度相对运动,此时所产生的内摩擦力的大小。动力黏度用 μ 表示,单位:帕·秒(Pa·s)。从动力黏度的物理意义可以看出,液体黏性越大,其动力黏度也越大。

(2) 运动黏度 ν。

运动黏度是指在相同温度下,液体的动力黏度 μ 与它的密度 ρ 之比,用 ν 表示,即

$$\nu=\frac{\mu}{\rho} \tag{1-20}$$

式中:ν——运动黏度,m^2/s。

我国工程上常用的黏度单位为 St（斯）、cSt（里斯），它们也是运动黏度的计量单位，$1 \ \mathrm{m^2/s}$ $= 10^4 \ \mathrm{St} = 10^6 \ \mathrm{cSt}$。

运动黏度并不是一个直接反应液体黏性的量，但习惯上用它表示液体的黏度。液压传动介质的黏度等级是以 40 ℃时的运动黏度（以 $\mathrm{mm^2/s}$ 计）的中心值来划分的，如 L-HL22 型液压油在 40 ℃时的运动黏度中心值为 $22 \ \mathrm{mm^2/s}$。

（3）相对黏度。

由于绝对黏度的测定是很困难的，所以常在一定条件下测出液体的相对黏度，再按照一定的关系式换算成动力黏度或运动黏度。这种根据一定的测量条件测定的黏度又称为条件黏度。国际上有几种典型的条件黏度，我国采用的是恩氏黏度，它是用恩氏黏度计测量得到的。

液体的黏度是随液体的温度和压力的变化而变化的。液压油对温度的变化十分敏感，温度上升，黏度下降；温度下降，黏度上升。这主要是由于温度的升高会使油液中分子间的内聚力减小，降低了流动时液体分子间的内摩擦力。不同种类的液压油，其黏度随温度变化的规律也不相同。通常用黏度指数度量液压油随温度变化的程度。液压油的黏度指数越高，它的黏度随温度的变化就越小，其黏温特性也越好，该液压油应用的温度范围也就越广。液压油随压力的变化相对较小。压力增大时，液体分子之间的距离变小，黏度增大。但在低温系统中其变化量很小，可以忽略不计。但在高压时，液压油的黏性会急剧增大。

因此，液体的黏性是液压传动系统中工作介质的重要性质。适当的黏度有益于改善润滑和减少泄漏，但黏度过大会造成过大的压力和能量损失。同时，黏温特性也是液压介质选用时的重要指标，有利于保证液压传动系统工作过程中性能的稳定。

1.2.2　液压油的种类和选择

1. 液压油的种类

随着液压技术的发展，液压油的使用条件日益复杂，液压油的种类日益繁多。主要分为石油型、乳化型和合成型三大类。液压油的主要类型及性质如表 1-2 所示。

表 1-2　液压油的主要类型及性质

类型 性质	可燃性液压油			抗燃性液压油			
	石油型			合成型		乳化型	
	通用液压油	抗磨液压油	低温液压油	磷酸酯液	水-乙二醇液	油包水液	水包油液
密度/($\mathrm{kg/m^3}$)	850～900			1100～1500	1040～1100	920～940	1000
黏度	小～大	小～大	小～大	小～大	小～大	小	小
黏度指数(≥)	90	85	130	130～180	140～170	130～150	极高
润滑性	优	优	优	优	良	良	可
防锈蚀性	优	优	优	良	良	良	可
闪点(≥)/℃	170～200	170	150～170	难燃	难燃	难燃	不燃
凝点(≥)/℃	−10	−25	−45～−5	−50～−20	−50	−25	−5

目前我国各种液压设备所采用的液压油,按抗燃性可分为可燃性液压油(石油型液压油)和抗燃性液压油(不燃或难燃型油)。石油型液压油是以机械油为原料,提炼后按需加入各种添加剂精制而成。这种液压油润滑性好,腐蚀性小,黏度等级范围宽,化学稳定性好,是目前最常用的液压油,几乎90%以上的液压设备都以石油型液压油为工作介质,但它的抗燃性较差。

为满足液压装置的特殊要求,可以在基油中配合添加剂来改善性能。液压油添加剂主要有抗氧化剂、防锈剂、消泡剂等。液压油组成、特性与用途如表1-3所示。

表1-3　液压系统工作介质的分类与应用

分类	名称	组成与特性	代号	用　途
石油型	精制矿物油	无添加剂	L-HH	抗氧化性、抗泡沫性较差,主要用于机械润滑,可作液压代用油,用于要求不高的低压系统
	普通液压油	HH+抗氧化剂、防锈剂	L-HL	适用于7~141 MPa的液压系统及精密机床液压系统(环境温度为0 ℃以上)
	抗磨液压油	HL+抗磨剂	L-HM	适用于低、中、高压液压系统,特别适用于有防磨要求并带叶片泵的液压系统
	低温液压油	HM+增黏剂	L-HV	适用于-25 ℃以上的高压、高速工程机械,农业机械和车辆的液压系统(加降凝剂等,可在-40~-20 ℃下工作)
	高黏度指数液压油	HL+增黏剂	L-HR	黏温性优于L-HV油,用于数控精密机床的液压系统和伺服系统
	液压导轨油	HM+防爬剂	L-HG	适用于导轨和液压系统共用一种油品的机床,对导轨有良好的润滑性和防爬行性
乳化型	水包油乳化液	高含水液压油	L-HFAE	又称高水基液,特点是难燃,温度特性好,有一定的防锈能力,润滑性差,易泄漏,适用于有抗燃要求、油液用量大且泄漏严重的系统
	油包水乳化液	油包水乳化液	L-HFB	既具有石油型液压油的抗磨、防锈蚀性能,又有抗燃性,适用于有抗燃要求的中压系统
合成型	水-乙二醇液	水-乙二醇液	L-HFC	难燃,润滑性能、抗磨性能和氧化性能良好,能在-60~-30 ℃温度范围内使用,适用于有抗燃要求的低、中压系统
	磷酸酯液	磷酸酯液	L-HFDR	难燃,润滑性能、抗磨性能和氧化性能良好,能在-135~-54 ℃温度范围内使用,缺点是有毒,适用于有抗燃要求的高压精密液压系统

2. 液压油的选择

1) 对液压油的性能要求

液压油作为液压传动与控制中的工作介质,在一定程度上决定了液压系统的工作性能。特别是在液压元件已经定型的情况下,液压油的良好性能与正确使用更加成为系统可靠工作的前提。为了保证液压设备长时间的正常工作,液压油必须与液压装置完全适应。不同的工作机械和不同的工作条件对液压油的要求也各不相同。

近年来随着液压系统、液压装置性能的不断提高,对液压油的品质也提出了更高的要求。

液压油主要应具有的性能如下。

（1）具有适宜的黏度及良好的黏温特性。在实际使用的温度范围内，液压油的黏度随温度的变化要小，液压油的流动点和凝固点低。

一般液压系统所用的液压油其黏度范围为

$$\nu = (11.5 \times 10^{-6} \sim 35.3 \times 10^{-6}) \ \mathrm{m^2/s}$$

（2）具有良好的润滑性，能对元件的滑动部位进行充分的润滑，能在零件的滑动表面上形成强度较高的油膜，避免干摩擦，能防止异常磨损和卡咬等现象的发生。

（3）具有良好的稳定性，不易因热、氧化或水解而生成腐蚀性物质、胶质或沥青质，沉渣生成量小，使用寿命长。

（4）具有良好的抗锈蚀性及耐腐蚀性，不会造成金属和非金属的锈蚀和腐蚀。

（5）具有良好的相容性，不会引起密封件、橡胶软管、涂料等的变质。

（6）油液质地较纯净，少杂质；当污染物从外部侵入时，能迅速分离。液压油中如含有酸、碱，会造成机件和密封件腐蚀；如含有固体杂质，会对滑动表面造成磨损，并易使油路发生堵塞；如含有挥发性物质，长期使用后会使油液黏度变大，同时在油液中产生气泡。

（7）具有良好的消泡沫性、脱气性，油液中裹挟的气泡及液面上的泡沫应比较少，且容易消除。油液中的泡沫会造成系统断油或出现空穴现象，影响系统正常工作。

（8）具有良好的抗乳化性，对于不含水的液压油，油液中的水分容易分离。在油液中混入水分会使油液乳化，降低油的润滑性能，增加油的酸性，缩短油液的使用寿命。

（9）油液在工作中发热和体积膨胀都会造成工况的恶化。所以油液应具有较低的体积膨胀系数和较高的比热容。

（10）具有良好的防火性，闪点（即明火能使油面上的蒸气燃烧，但油液本身不燃烧的温度）和燃点高，挥发性小。

（11）压缩性尽可能小，响应性好。

（12）不得有毒性和异味，易于排放和处理。

2）液压油的选择

液压油用途广泛，是工业用油中使用最多的产品。正确合理地选择液压油是保证液压元件和液压系统正常运行的前提。合适的液压油不仅能适应液压系统的各种环境条件和工作情况，对延长系统和元件的使用寿命、保证设备可靠运行、防止事故发生都有着重要的作用。

液压油的选择，首先是油液品种的选择。由于石油型的液压油品种较多，制造容易，价格较低，故几乎90%以上的液压设备都使用石油型的液压油。难燃液压油既有抗燃特性，又符合节能和抗污染的要求，故受到各国的重视，是一种具有很大潜力的液压油。选用时应从设备液压系统的工作环境和液压油的特性等方面出发。

确定了液压油的品种之后，就要选择液压油的牌号，最先考虑且最重要的性能指标是液压油的黏度等级。黏度高的液压油流动时产生的阻力较大，克服阻力所消耗的功率较大，功率又将转化为热量造成油温上升；黏度太低的液压油，会使泄漏量增大，系统的容积效率降低，也会造成系统温升加快。选择黏度和要求不符的液压油，将无法保证系统正常工作，甚至可能造成系统不工作。所以，要想充分发挥液压设备的作用，保证其良好的运行状态，在选用液压油时，就应根据具体情况或系统要求选择黏度合适的液压油。

选择时通常要考虑以下几个方面。

（1）环境条件。

选用液压油时应考虑液压系统使用的环境温度和环境的恶劣程度。石油型液压油的黏度由于受温度的影响变化较大。为保证在工作温度下有较适宜的黏度,必须考虑周围环境温度的影响。当周围环境温度高时,宜选用黏度较高的油液;当周围环境温度较低时,宜选用黏度较低的油液。对于恶劣环境(潮湿、野外、温差大)就应对液压油的防锈蚀性、抗乳化性及黏度指数重点考虑。油液的抗燃性、环境污染的要求也是应考虑的因素。

（2）工作压力。

选择液压油时,应根据液压系统工作压力的大小选用。工作压力较高的系统,宜选用黏度较高的液压油,以免系统泄漏过多,效率过低;工作压力较低时,可以选用黏度较低的油液,这样可以减少压力损失。在中、高压系统中使用的液压油还应具有良好的抗磨性。

（3）设备要求。

按液压泵来确定液压油的黏度。液压泵是液压系统的重要元件,在系统中它的运动速度、压力和温升都较高,工作时间又长,因而对液压油的黏度要求较严格,所以选择黏度时应首先考虑到液压泵。表 1-4 所示为按液压泵的类型推荐用的液压油的黏度。在一般情况下,可将液压泵所要求的液压油的黏度作为选择液压油的基准。液压泵所用的金属材料对液压油的抗氧化性、抗磨性、水解稳定性也有一定要求。

表 1-4　按液压泵的类型推荐用的液压油的黏度

液压泵的类型		液压油黏度 $\nu_{40}/(mm^2 \cdot s^{-1})$	
		液压系统温度(5~40 ℃)	液压系统温度(40~80 ℃)
齿轮泵		30~70	65~165
叶片泵	$p<7.0$ MPa	30~50	40~75
	$p\geqslant7.0$ MPa	50~70	55~90
径向柱塞泵		30~80	65~240
轴向叶片泵		40~75	70~150

此外,还要考虑设备类型的选择。精密机械设备与一般机械设备对液压油的黏度要求也是不同的。为了避免温度升高而引起机件变形,影响工作精度,精密机械宜采用黏度较低的液压油,如机床液压伺服系统,为保证伺服机构动作的灵敏性,宜采用黏度较低的液压油。

（4）考虑工作部件的运动速度。

当液压系统中执行机构工作部件的运动速度较高,液压油的流速也很高时,压力损失会随之增大,而液压油的泄漏量则相对减少,这种情况就应选用黏度较低的油液;反之,当工作部件的运动速度较低时,液压油的流速会较小,这时泄漏量增大,泄漏对系统的运动速度的影响也较大,所以应选用黏度较高的油液。

3）液压油的合理使用

（1）换油前液压系统要清洗。使用液压油前,液压系统必须彻底清洗干净;在更换同一种液压油时,也要用新换的液压油冲洗 1~2 次。

（2）液压油不能随意混用。一种牌号的液压油未经设备生产厂家的同意,不得随意与不同牌号的液压油混用,更不得与其他品种的液压油混用。

（3）注意液压系统的密封性是否良好。液压系统必须保持严格的密封,防止泄漏和外界尘土、杂物和水等的混入。

（4）加入新的液压油时，必须按要求过滤。

（5）应根据换油指标及时换油。

（6）保证液压油不在高温下使用，否则油品在高温下很快会氧化变质。

（7）液压系统上的空气过滤器要采用既能过滤颗粒又能过滤水分的过滤器。

（8）定期做油品检测，进行补充和更换。

1.2.3　液压油的污染与控制

对液压油进行良好的管理，保证液压油的清洁，对保证设备的正常运行、提高设备的使用寿命有着非常重要的意义。

在实际工作中，控制液压油的污染可采取以下措施。

1. 保持液压油使用前的清洁

液压油进厂前必须取样检验，加入油箱前应按规定进行过滤并注意加油管、加油工具及工作环境的影响。储运液压油的容器应清洁、密封，系统中露出来的油液未经过滤不得加入油箱。

2. 做好液压元件、密封元件的清洗，减少污染物的侵入

所有液压元件及零件装配前应彻底清洗，特别是细管、细小盲孔及死角的铁屑、锈片、灰尘、沙粒等应清洗干净，并保持干燥。零件清洗后一般应立即装配，暂时不装配的则应妥善防护，防止二次污染。

3. 保持液压系统装配后、运行前的清洁

液压元件加工和装配时要认真清洗和检验，装配后进行防锈处理。油箱、管道和接头应在去毛刺、焊渣后进行酸洗以去除表面氧化物。液压系统装配好后应做循环冲洗并进行严格检查后再投入使用。液压系统使用前，还应将空气排尽。

4. 工作中保持液压油的清洁

液压油在工作中会受到环境的污染，所以应在密封油箱或通气孔上加装高效能的空气滤清器，以避免外界杂质、水分的侵入。控制液压油的工作温度，防止油温过高，导致液压油氧化变质。

5. 防止污染物从活塞杆伸出端侵入

液压缸活塞工作时，活塞杆在油液与大气间往返，易将大气中的污染物带入液压系统中。设置防尘密封圈是防止这种污染物侵入的有效方法。

6. 合理选用过滤器

根据设备的要求、使用场合，在液压系统中选用不同的过滤方式、不同精度和结构的滤油器，并对滤油器定期检查、清洗。

【任务实施】　液压式万能试验机的保养与清洗。

液压式万能试验机属于高精度的检测仪器，日常的维护保养对保证设备的正常运行及测量精度具有很重要的意义。

1. 液压式万能试验机的油源的保养

（1）定期检查主机和油源处是否有漏油的地方，如发现有漏油，应及时更换密封圈或组

合垫。

（2）根据设备的使用情况及液压油的使用期限，定期更换吸油过滤器和滤芯，更换液压油。

（3）长时间不做试验时，注意切断主机电源。如果设备处在待机状态，转换开关应打到"加载"挡，因为如果转换开关打到"快退"挡，电磁换向阀一直在通电状态，会影响该设备的使用寿命。

2．液压式万能试验机液压系统的清洗

液压式万能试验机在使用一段时间后，需要进行必要的维护保养工作，其中液压系统的清洗是一项重点工作。在液压式万能试验机液压系统的清洗过程中，要经常轻轻地敲击管子，这样可以除去水锈和尘埃。清洗 20 min 后要拆卸滤油器，检查污染物的情况，并把滤网清洗干净。然后，再次进行清洗，反复多次，直至使滤油器上无大量的污染物出现为止。清洗时间的长短应根据液压式万能试验机液压系统的复杂程度、液压油的污染程度、元件的精度和过滤要求等因素来确定，一般为 2～3 h。清洗后应按照液压式万能液压油试验机的使用说明书上规定的油品牌号加油，加油前必须过滤，注意清洁。

【练习与思考 1】

一、填空题

1．液压传动是以＿＿＿＿＿＿＿ 为工作介质进行能量传递和控制的一种传动形式。

2．液压传动系统主要由 ＿＿＿＿＿＿、＿＿＿＿＿＿、＿＿＿＿＿＿、＿＿＿＿＿＿ 及传动介质等部分组成。

3．能源装置是把＿＿＿＿＿＿＿转换成液体的压力能的装置，执行装置是把液体的＿＿＿＿＿＿＿转换成机械能的装置，控制调节装置是对液压系统中液体的压力、流量和流动方向进行＿＿＿＿＿＿＿的装置。

4．液体流动时，沿其边界面会产生一种阻止其运动的摩擦作用，这种产生内摩擦力的性质称为＿＿＿＿＿＿＿。

5．工作压力较高的液压系统宜选用黏度＿＿＿＿＿＿＿的液压油，以减少泄漏；反之选用黏度＿＿＿＿＿＿＿的液压油。执行机构运动速度较高时，为了减小系统的功率损失，宜选用黏度＿＿＿＿＿＿＿的液压油。

6．油液黏度因温度升高而＿＿＿＿＿＿＿，因压力增大而＿＿＿＿＿＿＿。

7．液压油是液压传动系统中的传动介质，而且还对液压装置的机构、零件起着＿＿＿＿＿＿＿、＿＿＿＿＿＿＿和防锈蚀作用。

二、判断题

1．液压传动不容易获得很大的力和转矩。 （　　）

2．液压传动可在较大范围内实现无级调速。 （　　）

3．液压传动系统不宜远做距离传动。 （　　）

4．液压传动系统的元件要求制造精度高。 （　　）

5．液压传动系统中，常用的工作介质是汽油。 （　　）

6．液压传动是依靠密封容积中液体的静压力来传递力的，如万吨水压机。 （　　）

7．与机械传动相比，液压传动其中的一个优点是运动平稳。 （　　）

8. 以绝对真空为基准测得的压力称为绝对压力。　　　　　　　　　　（　　）

9. 液体在横截面积不等的管中流动,液体流速和液体压力与横截面积的大小成反比。
　　　　　　　　　　　　　　　　　　　　　　　　　　　　　　　（　　）

10. 液压千斤顶能用很小的力举起很重的物体,因而能省功。　　　　　（　　）

11. 空气侵入液压传动系统,不仅会造成运动部件的"爬行",而且会引起冲击现象。
　　　　　　　　　　　　　　　　　　　　　　　　　　　　　　　（　　）

12. 当液体通过的横截面积一定时,液体的流动速度越高,需要的流量越小。　（　　）

13. 液体在管道中流动的压力损失表现为沿程压力损失和局部压力损失两种形式。
　　　　　　　　　　　　　　　　　　　　　　　　　　　　　　　（　　）

14. 液体能承受压力,不能承受拉应力。　　　　　　　　　　　　　　（　　）

15. 油液在流动时有黏性,处于静止状态也可以显示黏性。　　　　　　（　　）

16. 用来测量液压传动系统中液体压力的压力计所指示的压力称为相对压力。（　　）

17. 以大气压力为基准测得的高出大气压力的那一部分压力称为绝对压力。（　　）

三、选择题

1. 把机械能转换成液体压力能的装置是（　　）。
A. 动力装置　　　　　B. 执行装置　　　　　C. 控制调节装置

2. 液压传动的优点是（　　）。
A. 比功率大　　　　　B. 传动效率低　　　　C. 可定比传动

3. 液压传动系统中,液压泵属于（　　）,液压缸属于（　　）,溢流阀属于（　　）,油箱属于（　　）。
A. 动力装置　　　B. 执行装置　　　C. 辅助装置　　　D. 控制装置

4. 液体具有（　　）的性质。
A. 无固定形状而只有一定体积　　　　B. 无一定形状而只有固定体积
C. 有固定形状和一定体积　　　　　　D. 无固定形状又无一定体积

5. 在密闭容器中,施加于静止液体内任一点的压力能等值地传递到液体中的所有地方,这称为（　　）。
A. 能量守恒原理　B. 动量守恒定律　C. 质量守恒原理　D. 帕斯卡原理

6. 在液压传动中,压力一般是指压强,在国际单位制中,它的单位是（　　）。
A. 帕　　　　　B. 牛顿　　　　　C. 瓦　　　　　D. 牛·米

7. 在液压传动中人们利用（　　）来传递力和运动。
A. 固体　　　　B. 液体　　　　C. 气体　　　　D. 绝缘体

8. （　　）是液压传动中最重要的参数。
A. 压力和流量　B. 压力和负载　C. 压力和速度　D. 流量和速度

9. （　　）又称表压力。
A. 绝对压力　　B. 相对压力　　C. 大气压力　　D. 真空度

四、问答题

1. 什么叫液压传动?

2. 液压传动系统由哪些基本部分组成?各部分的作用是什么?

3. 液压油的性能指标是什么?并说明各性能指标的含义。

4. 选用液压油主要应考虑哪些因素?

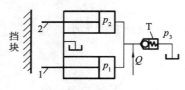

图 1-15　问答题 5 图

5. 如图 1-15 所示的液压系统,已知使活塞 1、2 向左运动所需的压力分别为 p_1、p_2,阀门 T 的开启压力为 p_3,且 $p_1 < p_2 < p_3$。问:

(1) 哪个活塞先动? 此时系统中的压力为多少?

(2) 另一个活塞何时才能运动? 这个活塞运动时系统中的压力是多少?

(3) 阀门 T 何时才会开启? 此时系统压力又是多少?

(4) 若 $p_3 < p_2 < p_1$,此时两个活塞能否运动? 为什么?

五、计算题

1. 在图 1-16 所示的简化液压千斤顶中,施加一个压力为 $F = 294$ N,大、小活塞的面积分别为 $A_2 = 5 \times 10^{-3}$ m^2、$A_1 = 1 \times 10^{-3}$ m^2,忽略损失,试解答下列各题。

(1) 通过杠杆机构作用在小活塞上的力 F_1,以及此时系统的压力 p 为多少?

(2) 大活塞能顶起的重物的重量 G 是多少?

(3) 大、小活塞的运动速度哪个比较快? 快多少倍?

(4) 设需顶起的重物 $G = 19\ 600$ N,此时系统压力 p 又为多少? 作用在小活塞上的力 F_1 应为多少?

2. 如图 1-17 所示,已知活塞面积 $A = 10 \times 10^{-3}$ m^2,包括活塞自重在内的总负重 $G = 10$ kN,问从压力表上读出的压力 p_1、p_2、p_3、p_4、p_5 各是多少?

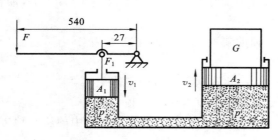

图 1-16　计算题 1 图

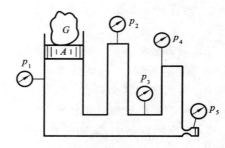

图 1-17　计算题 2 图

项目 2　液压传动系统动力元件的选用与维护

【学习导航】

教学目标：以典型机械液压传动系统为载体，理解液压泵的基本类型、工作原理、性能特点、特性参数及典型结构；掌握动力元件的选用方法。

教学指导：教师选择典型设备，现场组织教学，引导学生观察和辨析动力元件；采用多媒体教学方式进行动力元件的类型、结构和工作原理的分析；学生分组进行选用和拆装的任务训练。

任务 2.1　液压泵的选用

【学习要求】

掌握液压泵的工作原理、性能特点和主要性能参数的计算，重点是常用液压泵如齿轮泵、叶片泵、柱塞泵的原理与结构；能正确辨析液压泵的类型，根据工况要求正确选用液压泵与电动机，正确使用和维护液压泵；养成良好的观察、思考、分析的习惯，培养动手操作能力。

【任务描述】　液压升降台液压泵的选用。

图 2-1 所示为液压升降台。液压升降台是一种多功能的起重装卸机械设备，是在工厂、自动仓库等物流系统中的竖直上下通道上进行载运人或货物升降的平台或半封闭平台的机械设备或装置，是由平台及操纵它们所用的设备、马达、电缆和其他辅助设备构成的一个整体。一般采用液压驱动，故称液压升降台。

目前的大多数机型采用单向液压缸带动升降台上下运动。如何使液压缸实现这一运动？通过哪类驱动元件来实现这一运动？如何选用这类元件？其结构如何？作用原理如何？

本任务就是在了解液压升降台工作原理的同时学习各类液压泵的结构、原理和基本参数，为液压升降台配备合适的液压泵。

要使液压缸克服外载向上运动，必须从液压缸进油口输入压力足够大的液压油。在液压系统中承担向系统提供动力的元件称为液压泵。

目前，大多数机型采用单作用液压缸，上升时，靠叶片泵输出高压油，通过一系列控制阀及管路进入液压缸下部，推动液压缸上行，带动平台举升；下降时，叶片泵停止，控制阀打开泄油回路，平台在自重作用下缓慢下降，液压缸中的液压油被挤出。

【知识储备】

2.1.1　液压泵的工作原理和工作条件

1. 液压泵的工作原理

液压泵由电动机带动，是将机械能转换成液体压力能的装置。它向液压系统提供一定流

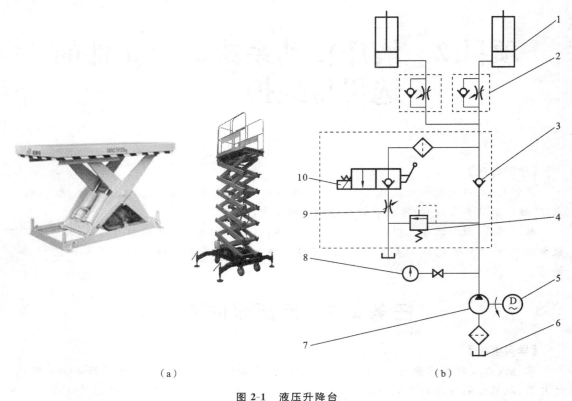

（a）

（b）

图 2-1　液压升降台

（a）实物；（b）工作原理

1—单作用液压缸；2—单向节流阀；3—单向阀；4—溢流阀；5—电动机；

6—油箱；7—叶片泵；8—压力表；9—节流阀；10—电磁换向阀

量和压力的液压油,起着向系统提供动力的作用,是系统不可缺少的核心元件,如图 2-2 所示。

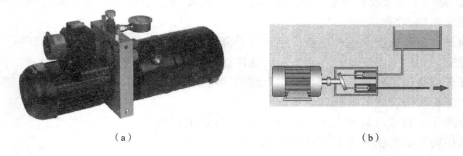

（a）

（b）

图 2-2　液压泵

（a）实物；（b）结构

图 2-3 所示为单柱塞液压泵的工作原理。柱塞装在缸体中形成一个密封腔,柱塞在弹簧的作用下始终压紧在偏心轮上。原动机驱动偏心轮旋转,使柱塞做往复运动,使密封腔容积的大小发生周期性的变化。当柱塞向右移动时,密封腔容积由小变大,形成一定的真空,油液在大气压的作用下,经吸油管顶开单向阀(6)进入密封腔而实现吸油。这时单向阀(5)将压油口封闭,以防止系统油液回流;反之,当柱塞向左移动时,密封腔容积由大变小,密封腔中吸满的油液将顶开单向阀(5),流入系统而实现压油。这时单向阀(6)将吸油口封闭,以防止油液回流

到油箱中。如果偏心轮不停地转动,液压泵就不
断地进行吸油和压油的过程。这样液压泵就将原
动机输入的机械能转换成液体的压力能。其中,
单向阀是保证液压泵正常吸油和压油所必需的配
油装置。

由此可见液压泵是依靠密封腔的容积变化进
行工作的,故也常称为容积式液压泵。液压泵输
出流量的大小取决于密封腔容积变化的大小和次
数。若不计泄漏,则流量与压力无关。

2. 液压泵正常工作的必备条件

液压泵的具体结构各不相同,但它们要正常
工作必须具备三个条件:① 必须具有一个由运动
件和非运动件所构成的密封容积空间,没有密封

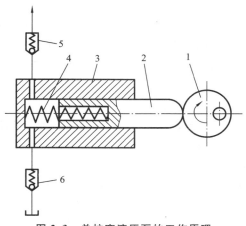

图 2-3 单柱塞液压泵的工作原理
1—偏心轮;2—柱塞;3—缸体;4—弹簧;5,6—单向阀

就不能形成压力或真空;② 密封腔容积的大小必须随运动件的运动做周期性的变化,没有周
期性的变化就不能吸油或压油;③ 必须有配流机构,配流机构的作用是将液压泵的吸油腔和
压油腔隔开,密封腔容积增大到极限时,先要与吸油腔隔开,然后才转为压油;密闭腔容积减小
到极限时,先要与压油腔隔开,然后才转为吸油。液压泵的具体结构不同,其配流机构的设计
形式也是不一样的。例如,图 2-3 所示的工作模型是采用两个单向阀实现配流的。

2.1.2 液压泵的性能参数

1. 液压泵的压力

1) 工作压力 p

液压泵实际工作时的输出压力称为工作压力。工作压力取决于外负载的大小和压油管路
上的压力损失,当载荷增加时,液压泵的工作压力升高;当载荷下降时,液压泵的工作压力也下
降,工作压力与液压泵的流量无关。

2) 额定压力 p_n

液压泵在正常工作条件下,根据试验标准规定,连续运转的最高压力值称为液压泵的额定
压力。

3) 最高允许压力 p_{max}

在超过额定压力的条件下,根据试验标准规定,允许液压泵短暂运行的最高压力值称为液
压泵的最高允许压力。超过此压力,泵的泄漏会迅速增加。

2. 液压泵的排量和流量

1) 排量 V

液压泵的排量是指液压泵的主轴每旋转一周所排出的液体体积的理论值。其大小与泵体几
何尺寸有关,用符号 V 表示,单位:m^3/r 或 L/r 或 mL/r。如果液压泵排量固定,则为定量泵;如
果液压泵排量可变,则为变量泵。一般定量泵因其密封性较好,泄漏小,在高压时效率较高。

2) 流量 q

液压泵的流量是指液压泵单位时间内排出的液体体积,用符号 q 表示,单位:L/min 或

m^3/s。

液压泵的流量有理论流量和实际流量两种。理论流量是指单位时间内由泵体密封腔几何尺寸变化计算而得的液压泵排出的液体体积,用符号 q_{th} 表示。

理论流量 q_{th} 与排量 V 之间的关系为

$$q_{th} = Vn \tag{2-1}$$

式中:n——电动机的转速,r/min。

实际流量是指液压泵工作时出口实际输出的流量,等于理论流量减去泄漏、压缩等损失的流量 Δq,用符号 q_{ac} 表示。

$$q_{ac} = q_{th} - \Delta q \tag{2-2}$$

式中:Δq——液压泵的泄漏损失,液压泵运转时,液压油会从高压区泄漏到低压区。

3)额定流量 q_n

额定流量是指液压泵在正常工作条件下,按试验标准规定(如在额定压力和额定转速下),必须保证的流量,用 q_n 表示。

3. 液压泵的功率和效率

1)液压泵的功率

(1)输入功率 P_i 输入功率是指作用在液压泵主轴上的机械功率(即电动机的输出功率)。当输入转矩为 T_i,转速为 n 时,输入功率为

$$P_i = 2\pi n T_i \tag{2-3}$$

(2)输出功率 P_o 输出功率是指液压泵的输出压力 p 与实际流量 q_{ac} 的乘积,即

$$P_o = p q_{ac} \tag{2-4}$$

液压泵的输出功率还可表示为

$$P_o = \frac{p q_{ac}}{60} \ (\text{kW}) \tag{2-5}$$

式中:p——液压泵的工作压力,MPa;

$\quad q_{ac}$——液压泵的实际输出流量,L/min。

2)液压泵的容积损失和机械损失

理论上输入功率和输出功率是相等的,但实际上输出功率小于输入功率。二者之差为功率损失,包括容积损失和机械损失两部分。

容积损失是指流量损失,主要是液体在液压泵的内部泄漏造成的功率损失,即高压油腔的油因泄漏流回到吸油腔。表现为液压泵的实际流量小于它的理论流量。

机械损失是液压泵因液体黏性而引起的摩擦转矩损失及液压泵内元件相对运动引起的摩擦损失,主要反映在实际输入转矩总是大于理论所需的转矩上。

3)液压泵的效率

(1)容积效率 η_v 液压泵的容积效率是由容积损失(流量损失)来决定的。在一定转速下,液压泵实际流量与理论流量的比值即为容积效率,表示为

$$\eta_v = \frac{q_{ac}}{q_{th}} = \frac{q_{ac}}{Vn} \tag{2-6}$$

(2)机械效率 η_m 液压泵的机械效率是由机械损失所决定的。液压泵理论转矩 T_t 与实际输入转矩 T_i 的比值即为机械效率,表示为

$$\eta_m = \frac{T_t}{T_i} \tag{2-7}$$

根据能量守恒原理,液压泵的理论输出功率 pq_{th} 等于泵的理论输入功率 $2\pi nT_t$,即

$$pq_{th}=2\pi nT_t$$

由此得

$$T_t=\frac{pq_{th}}{2\pi n}=\frac{pVn}{2\pi n}=\frac{pV}{2\pi} \tag{2-8}$$

代入式(2-7)得

$$\eta_m=\frac{pV}{2\pi T_i} \tag{2-9}$$

(3)总效率 η　液压泵的总效率 η 是液压泵输出的液压功率与输入的机械功率的比值,即

$$\eta=\frac{P_o}{P_i}$$

代入式(2-3)、式(2-4)、式(2-6),得

$$\eta=\frac{pq_{ac}}{2\pi nT_i}=\frac{pq_{th}\eta_v}{2\pi nT_i}=\frac{pVn\eta_v}{2\pi nT_i}=\eta_v\eta_m \tag{2-10}$$

由此可见,液压泵的总效率等于容积效率和机械效率的乘积。

2.1.3　液压泵的类型、原理、结构及特点

1. 液压泵的类型

1)按液压泵输出的流量能否调节分类

液压泵 { 定量液压泵——液压泵输出的流量不能调节,即单位时间内输出的油液体积是一定的。
变量液压泵——液压泵输出的流量可以调节,即根据系统的需要,液压泵输出不同的流量。

2)按液压泵的结构不同分类

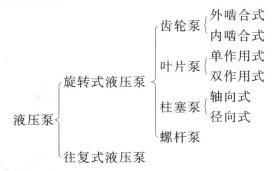

3)按液压泵的压力不同分类

液压泵的类型	低压泵	中压泵	中高压泵	高压泵	超高压泵
压力范围/MPa	0~2.5	2.5~8	8~16	16~32	32 以上

液压泵的图形符号如图 2-4 所示。

2. 齿轮泵的原理、结构及特点

齿轮泵是液压系统中广泛采用的一种液压泵,一般做成定量泵,分为外啮合齿轮泵和内啮

(a)　　　　　　　(b)　　　　　　　(c)　　　　　　　(d)

图 2-4　液压泵的图形符号

(a) 单向定量液压泵；(b) 单向变量液压泵；(c) 双向定量液压泵；(d) 双向变量液压泵

合齿轮泵两种。外啮合齿轮泵的特点是结构简单、紧凑，体积小，质量小，转速高，自吸性能好，对油液污染不敏感，工作可靠，寿命长，维修方便，成本低廉，故广泛应用于各种中、低压系统中。随着齿轮泵在结构上的不断完善，中、高压齿轮泵的应用逐渐增多。目前高压齿轮泵的工作压力可达 14～21 MPa。

但齿轮泵一般容积效率较低，轴承上不平衡力大，工作压力不高。另一个缺点是流量脉动大，噪声较高，主要用于低压或噪声限制不严的场合。

1) 外啮合齿轮泵的工作原理

图 2-5 所示为外啮合齿轮泵的工作原理。在泵的壳体内有一对齿数、宽度相等的外啮合圆柱齿轮，齿轮两侧由端盖和壳体罩住。

密闭工作腔是由壳体、端盖和齿轮的各个齿间槽组成；啮合齿轮的啮合线和齿顶将左右两个密闭腔自然分开，实现吸油腔和压油腔的配流。

当齿轮按图示方向旋转时，右侧吸油腔由于相互啮合的齿轮逐渐脱开，密封工作腔容积逐渐增大，形成局部真空，即吸油腔；油箱中的油液在外界大气压力的作用下，经吸油管进入吸油腔，将齿间槽充满，并随着齿轮旋转，把油液带到左侧密封工作腔内，左侧腔内轮齿又很快进入啮合。由于齿轮在这里逐渐进入啮合，密封工作腔的容积不断减小，即形成压油腔，腔内压力增大，齿槽内的油液被强行排出，经压油管路输送到系统中去。

外啮合齿轮泵是靠啮合线来将高压、低压两腔自然分隔开的，不需要专门的配流机构，称为自然配流。

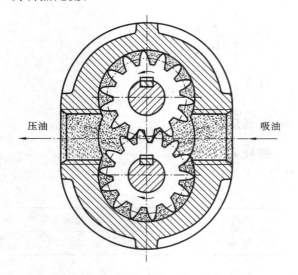

图 2-5　外啮合齿轮泵的工作原理

图 2-6　CB-B 型外啮合齿轮泵

2) 外啮合齿轮泵的结构

图 2-6 所示为 CB-B 型外啮合齿轮泵，其结构如图 2-7 所示。

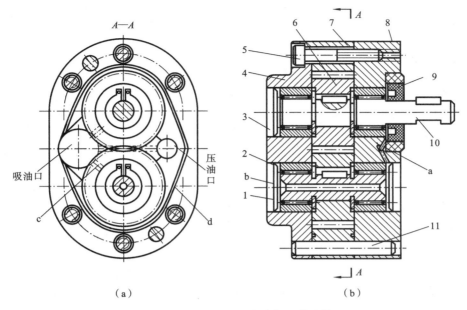

图 2-7　CB-B 型外啮合齿轮泵的结构

（a）俯视图；（b）左视图

1—从动轴；2—滚针轴承；3—轴承端盖；4—后端盖；5—螺钉；6—主动齿轮；7—泵体；

8—前端盖；9—密封圈；10—主动轴；11—定位销；a,b,c—卸油通道；d—卸荷槽

它采用三片式结构，三片分别是前端盖、后端盖和泵体，它们之间通过两个定位销定位，六个螺钉紧固。其中主动齿轮用键固定在主动轴上，并与电动机相连而转动，带动啮合的从动齿轮旋转。

在后端盖上开有吸油口和压油口，为保证吸油充分，吸油口一般较大，开口大的为吸油口，开口小的为压油口。从动轴和主动轴分别被四个滚针轴承装在前后端盖上，油液通过轴向间隙润滑轴承，然后经卸油通道流回吸油口。泵体的两端开有卸荷槽，将渗到泵体和盖板结合面间的压力油引回吸油腔。

为使齿轮转动灵活，在齿轮端面必须有轴向间隙，齿顶必须有径向间隙，这种装配间隙是泄漏的主要原因。

3）外啮合齿轮泵的技术问题

（1）泄漏问题。

内部泄油是液压泵不可避免的，即压油腔的压力油经间隙漏回到吸油腔，泄漏量的大小表现为液压泵的容积效率 η_{v}。

外啮合齿轮运转时泄漏主要有三个部位：一是端面泄漏，齿轮端面与端盖间必须有的端面间隙所产生的泄漏，该部分泄漏量最大，占总泄漏量的 75%～80%；二是齿顶泄漏，齿顶与泵体间必须有的装配间隙所产生的泄漏，但由于封油区长，泄漏方向与齿轮转向相反，因此该部分泄漏量较小；三是啮合线泄漏，啮合线的密封效果与齿轮质量有关，高、低压油腔仅"一线之隔"，会产生泄漏，其泄漏量仅占总泄漏量的 4%～5%。

泄漏量大则效率低，泄漏也会造成工作压力降低。端面泄漏是泄漏的主要组成部分，但外啮合齿轮泵的机械运转又要求必须有一定的装配间隙，因此，它的容积效率相对较低。齿轮泵不适合用作高压泵。

为解决外啮合齿轮泵的内泄漏问题，提高其压力，逐步开发出固定侧板式齿轮泵，其最高压力长期为 7～10 MPa，可动侧板式齿轮泵在高压时侧板被往内推，以减少高压时的内漏，其最高压力可达 14～17 MPa。

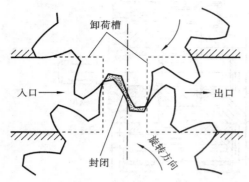

图 2-8　困油现象与卸荷困油

（2）困油问题。

为了保证齿轮啮合平稳，齿轮啮合系数必须大于 1，即前一对齿轮脱开前，后一对轮齿已经进入啮合。因此，必然会出现两对轮齿同时啮合的瞬间。这时，两对轮齿间形成一个封闭空间，如图 2-8 所示。

随着啮合齿轮的旋转，封闭空间容积大小不断变化。开始时封闭空间容积逐渐减小，直至两个啮合点处于节点两侧位置时达到最小，由于油液的可压缩性很小，被困油受到挤压，压力急剧升高，使油从可泄漏的缝隙中强行挤出，齿轮和轴承受到很大的径向力。当齿轮再旋转时，容积又逐渐增大，造成局部真空，由于无油补充，使油液中的气体分离出来，产生气穴现象，引起振动和噪声。这一现象称为困油现象。

困油危害极大，所以应消除齿轮泵困油现象。为消除困油，通常是在前、后端盖上铣两个卸荷槽，如图 2-8 中虚线所示。当封闭空间容积减小时，通过右边卸荷槽与压油腔相通；当封闭空间容积增大时，通过左边卸荷槽与吸油腔相通。一般两卸荷槽间距不能太小，以防吸、压油腔相通。

（3）径向作用力不平衡问题。

啮合齿轮是靠轴承装在前、后端盖上工作的，由于压油腔和吸油腔对啮合齿轮的作用是不同的，从高压油区到低压油区，作用力呈逐渐减少的趋势分布，因此会造成齿轮的径向作用力不平衡，使齿轮和轴承承受的不平衡载荷加大。工作压力越大，径向作用力不平衡也越大，使轴弯曲变形，齿顶与泵体内壁产生接触，同时加速轴承的磨损，降低轴承寿命。

为消除径向不平衡力，常采用缩小压油口的方法，以减少液压油对齿顶部分的作用面积来减小径向不平衡力。同时也可以在端盖上吸、压油腔对面开两个平衡槽，分别与吸、压油腔相通，以平衡径向不平衡力，但泄漏会相对增大，容积效率降低。

4）齿轮泵的应用特点

基于以上分析可知，外啮合齿轮泵的排量不可调节，只能是定量泵。其具有结构简单、质量小、体积小、制造与维护容易、价格低、工作可靠、自吸性能强、抗污染能力强、转速和流量调节范围大等优点；同时也有磨损较大、泄漏量大、流量脉动大、噪声较大等缺点。

齿轮泵主要用于中、低压液压系统，且与需求流量要匹配，防止功率损失过大。

在安装使用时，进、出油口不能装反，否则小口成吸油口，则吸油不充分，大口成压油口，则径向不平衡力加大。

3. 叶片泵的原理、结构及特点

图 2-9 所示为双作用叶片泵。叶片泵有两种结构形式，一种是单作用叶片泵，另一种是双作用叶片泵。

1）叶片泵的工作原理

图 2-10 所示为单作用叶片泵的工作原理。单作用叶片泵主要由定子、转子、叶片和配油

盘等组成。定子的内表面是一个圆柱形,转子偏心安
装在定子中,即有一个偏心距 e,叶片装在转子径向滑
槽中,并可在槽内径向滑动。当转子转动时,在离心
力和叶片根部压力油的作用下,使叶片紧贴在定子内
表面上,这样,定子、转子、叶片和两侧配油盘间就形
成了若干个密封工作腔。当转子按逆时针回转时,在
图 2-10 右部,叶片逐渐伸出,叶片间的空间逐渐增大,
形成局部真空,从吸油口吸油;在图 2-10 左部,叶片被
定子内壁逐渐压进槽内,工作空间逐渐缩小,将油液
从压油口压出。在吸油腔和压油腔之间有一段封油

图 2-9　双作用叶片泵

区,把吸油腔和压油腔隔开,叶片泵转子每旋转一周,叶片在滑槽内往复滑移一次,每个工作腔
就完成一次吸油和一次压油。转子不停地旋转,叶片泵就不断地吸油和压油。油压所产生的
径向力是不平衡的,故称单作用叶片泵,也称为不平衡式叶片泵。

　　改变转子与定子的偏心量,即可改变叶片泵的流量,偏心量越大,则流量越大。若调成几
乎是同心的,则流量接近于零。因此单作用叶片泵大多为变量泵。

　　图 2-11 所示为双作用叶片泵的工作原理。双作用泵由定子、转子、叶片和配油盘等组成。
定子内壁近似椭圆形。叶片安装在转子径向槽内并可沿槽滑动,转子与定子同心安装,有两个
吸油区和两个压油区对称布置。当转子转动时,叶片在离心力的作用下压向定子内表面,并随
定子内表面曲线的变化而被迫在转子槽内往复滑动,密封工作腔容积就发生增大和缩小的变
化。叶片由小半径圆弧向大半径圆弧处滑移时,密封工作腔随之逐渐增大,形成局部真空,于
是油箱中油液通过配油盘上吸油腔吸入;反之将油压出。转子每旋转一周,叶片在槽内往复滑
移两次,完成两次吸油和两次压油,并且油压所产生的径向力是平衡的,故称双作用叶片泵,也
称平衡式叶片泵。双作用叶片泵大多是定量泵。

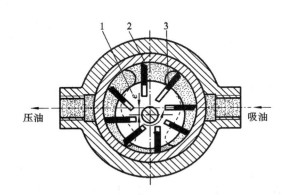

图 2-10　单作用叶片泵的工作原理
1—转子;2—定子;3—叶片

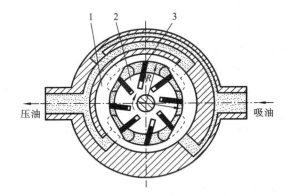

图 2-11　双作用叶片泵的工作原理
1—定子;2—转子;3—叶片

　　2)叶片泵的结构

　　图 2-12 所示为 YB1 型双作用叶片泵的结构。泵体分为前泵体和后泵体,泵体内安有左
配油盘、右配油盘、定子、转子、叶片。为使用和装配方便,将泵体内元件用两个紧固螺栓连接
为一个整体部件。用螺栓头部作为定位销与后泵体的定位孔相互定位,保证吸、压油口与定子
内表面过渡曲线相对位置准确无误。其中,吸油口开在后泵体上,压油口开在前泵体上。传动

轴与转子内花键相连,依靠两个滚动轴承支撑,并一起转动。为减小脉动,转子上一般开有 12 或 16 个叶片槽(偶数),叶片在槽内可自由滑动。密封圈可以防止油的泄漏和空气、灰尘的侵入。

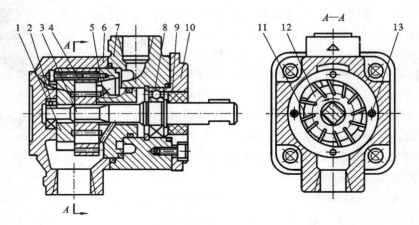

图 2-12 YB1 型双作用叶片泵的构造

1—左配油盘;2,8—滚动轴承;3—传动轴;4—定子;5—右配油盘;6—后泵体;

7—前泵体;9—密封圈;10—端盖;11—叶片;12—转子;13—紧定螺栓

3)定量叶片泵的几个技术问题

(1)困油现象。

叶片泵也存在困油现象,为此在左、右配油盘腰形孔端部开有卸荷槽,以消除困油现象。

(2)叶片安装倾角。

双作用叶片泵的叶片不是沿径向安装,而是沿转动方向向前倾斜一个角度,即叶片前倾一个 $\theta(10°\sim14°)$ 角。这样做的目的是使压力角减小,叶片在槽内运动时摩擦力降低,磨损减少,消除叶片卡住或折断现象。

双作用叶片泵在运转时,转子决不允许反向转动,否则将使叶片处于"后倾"角度,迅速磨损甚至折断。在安装调试电动机接线时,要正确判断电动机转向是否符合要求。

(3)叶片泵的泄漏。

泄漏主要有三处:配油盘与转子、叶片之间的轴向间隙泄漏,叶片顶端与定子内表面的径向间隙泄漏,叶片与转子槽之间的侧面间隙泄漏。三处泄漏中以轴向间隙泄漏量为最大。

4)双作用叶片泵的特点及应用

(1)定子曲线。

双作用叶片泵的定子内表面有四段过渡曲线。过渡曲线应能保证叶片在工作过程中顶紧在定子内表面,同时叶片在过渡曲线上滑动时,其径向速度、加速度应均匀,以减少对定子内表面的磨损。等加速-等减速曲线、余弦曲线和某些高次曲线是几种广泛应用的过渡曲线。

(2)叶片倾角。

为改善叶片在转子槽内的运动,减小叶片回缩的侧向作用力、叶片运动阻力,防止叶片回缩时被卡住,叶片有一个前倾安装角,这样可以改善叶片的运动,减少磨损。

(3)端面间隙的自动补偿。

为了减少端面泄漏,采取的间隙自动补偿措施是将一端配油盘的外侧引入压力油,在液压推力的作用下,配油盘的浮动保证了叶片泵的端面间隙,从而有较高的容积效率。

（4）叶片的卸荷。

在高压叶片泵中，为了避免在低压区，叶片对定子的压紧力过大，造成叶片和定子内表面的快速磨损，通常需要采用叶片的卸荷。减少叶片对定子压紧力的方法有两大类：一类是平衡法，即使叶片的顶部和底部油压力基本保持平衡，如双叶片结构和弹簧叶片式结构等；另一类是通过减少低压区叶片底部的供油面积来减小叶片对定子的压紧力，如母子叶片结构，或通过在低压区内减压供油，如带减压阀的叶片泵。

叶片泵的优点是运转平稳，压力脉动小，噪声小，结构紧凑，尺寸小，流量大；其缺点是对油液要求高，如油液中有杂质，则叶片容易卡死，与齿轮泵相比结构较复杂。它广泛应用于机械制造中的专用机床和自动线等中、低压液压系统中。

4. 柱塞泵的原理、结构及特点

图 2-13 所示为柱塞泵。柱塞泵是依靠柱塞在缸体中往复运动，使密封工作腔的容积发生变化来实现吸油、压油的。只要改变柱塞的工作行程就能改变柱塞泵的排量，容易实现单向和双向变量。与齿轮泵和叶片泵相比，柱塞泵能以最小的尺寸和最小的重量供给最大的动力，为一种高效率的泵，但制造成本相对较高。

（a）   （b）

图 2-13 柱塞泵

（a）径向柱塞泵；（b）轴向柱塞泵

1）柱塞泵的工作原理

柱塞泵按柱塞排列方向不同，可分为轴向柱塞泵和径向柱塞泵两大类。

图 2-14 所示为径向柱塞泵的工作原理。转子上有按径向排列沿圆周均匀分布的柱塞孔，柱塞可在其中滑动。衬套过盈配合装在转子孔内，随转子一起旋转，而配油轴则固定。当转子按图示方向旋转时，柱塞在离心力（或低压油）作用下压紧在定子的内表面上。由于转子和定

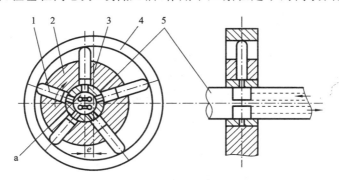

图 2-14 径向柱塞泵的工作原理

1—柱塞；2—转子；3—衬套；4—定子；5—配油轴

子间有一偏心距 e，故当柱塞随转子转到上半周时向外伸出，柱塞底部径向孔内的密封腔容积逐渐增大而产生局部真空，经固定配油轴上的 a 腔吸油；柱塞随转子转到下半周时则被向里推入，密封腔容积逐渐减小，经固定配油轴上的从腔压油。转子每旋转一周，每个柱塞各实现吸、压油一次。

移动定子，改变偏心距 e 的大小，泵的排量就得到改变；移动定子，使偏心距 e 从正值变为负值，泵的吸、压油口互换，可实现双向变量，这种泵亦可作为双向变量泵。

径向柱塞泵的径向尺寸大，结构复杂，自吸能力差，且配油轴受到径向不平衡液压力的作用，易磨损。

图 2-15 所示为斜盘式轴向柱塞泵的工作原理。轴向柱塞泵是利用与传动轴平行的柱塞在柱塞孔内往复运动所产生的容积变化来进行工作的。

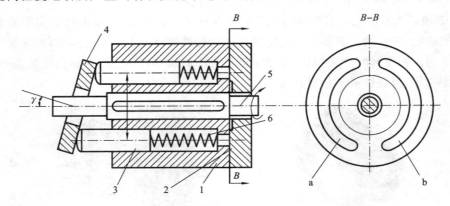

图 2-15　斜盘式轴向柱塞泵的工作原理
1—缸体；2—配油盘；3—柱塞；4—斜盘；5—传动轴；6—弹簧

轴向柱塞泵结构紧凑，由于柱塞泵的柱塞和柱塞孔都是圆形零件，加工时可以达到很高的精度配合，因此柱塞泵的容积效率高，运转平稳，流量均匀性好，噪声低，工作压力高，流量调节方便，寿命长。缺点是结构复杂，制造工艺要求高，价格贵，油液污染敏感性强，使用与维护的要求高。

在图 2-15 所示的斜盘式轴向柱塞泵中，缸体上沿圆周均匀分布着几个轴向柱塞孔，柱塞可在其中滑动。斜盘的法线与泵体轴线成 γ 角。斜盘和配油盘固定，传动轴带动缸体和柱塞一起转动。柱塞靠根部的弹簧作用而保持其头部与斜盘紧密接触。当传动轴按图示方向旋转时，柱塞在自下向上回转的半周（$\pi \sim 2\pi$）内逐渐向外伸出，使缸体柱塞孔内密封腔容积不断增大而产生局部真空，经配油盘上的吸油窗口 a 吸油；柱塞在自上向下回转的半周（$0 \sim \pi$）内，则被斜盘向里推移，使密封腔容积不断减小，通过配油盘上的压油窗口 b 压油。泵体每旋转一周，每个柱塞往复运动一次，完成一次吸、压油动作。

改变斜盘倾角 γ，就能改变柱塞行程的长度，也就改变了泵的排量。改变斜盘倾角方向，就能改变吸油和压油的方向而成为双向变量泵。

2）柱塞泵的结构

斜盘式轴向柱塞泵的结构如图 2-16 所示。

斜盘式轴向柱塞泵由右边主体部分和左边的变量机构部分组成。泵的主体部分中，缸体装在中间泵体和前泵体内，由传动轴通过花键带动旋转。在缸体的七个柱塞孔内装有柱塞，柱塞的球形头部装在滑履的孔内并可作相对转动。中心弹簧通过内套、钢球和压盘将滑履压在

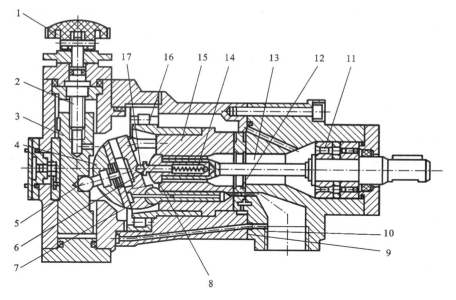

图 2-16　斜盘式轴向柱塞泵的结构

1—手轮；2—螺杆；3—活塞；4—倾斜盘；5—轴销；6—压盘；7—滑履；8—柱塞；9—中间泵体；
10—前泵体；11—前轴承；12—配流盘；13—传动轴；14—中心弹簧；15—缸体；16—大轴承；17—钢球

倾斜盘上，使泵具有一定的自吸能力，同时中心弹簧又通过外套筒将缸体压在配油盘上。缸体外镶有钢套，支撑在圆柱滚子轴承上，使压盘对缸体的径向分力由圆柱滚子轴承来承受，而避免传动轴和缸体承受弯矩。缸体柱塞孔中的压力油经柱塞和滑履的中心小孔，送至滑履与倾斜盘的接触平面间，形成静压润滑膜，以减少磨损。缸体对配油盘的压力除中心弹簧力外，还有缸体柱塞孔底部台阶面上所受的液压力，此力比弹簧力大得多，而且随泵的工作压力升高而增大，使泵体和配油盘保持良好贴合，使磨损间隙能得到自动补偿，因此该泵具有较高的容积效率。

图 2-16 左边部分为变量机构。轴向柱塞泵的最大优点是只要改变倾斜盘的倾角就能改变其排量。若转动手轮，使螺杆转动，因导向键的作用，活塞上下移动，轴销则使壳体支撑的倾斜盘绕钢珠的中心转动，从而改变倾斜盘的倾角，也相应改变了泵的排量。当流量达到要求时，可用锁紧螺母锁紧。这种变量机构结构简单，但操作力较大，通常只能在停机或工作压力较低的情况下操作。

3）柱塞泵的特点与应用

柱塞泵与齿轮泵和叶片泵相比具有以下特点。

（1）工作压力高。柱塞泵中的主要零件均受压应力作用，材料强度性能可得到充分利用；构成密封腔容积的零件为圆柱形的柱塞孔和缸孔，圆柱面相对加工方便，可以达到较高的尺寸精度和配合精度，密封性能好，工作压力高，在高压工作下仍有较高的容积效率。柱塞泵的工作压力一般为 20～40 MPa，最高可达 1 000 MPa。

（2）易于变量。只需改变柱塞的工作行程就能改变流量，易于实现变量，因此容易实现单向或双向变量。

（3）流量范围大。设计上可以选用不同的柱塞直径或数量，因此可以得到不同的流量。

（4）存在对油污染敏感和价格较昂贵的缺点。柱塞泵具有额定压力高、结构紧凑、效率高及流量调节方便等优点,被广泛用于高压、大流量和流量需要调节的场合,如龙门刨床、拉床、液压机、工程机械、矿山冶金机械、船舶上都得到了广泛的应用。

2.1.4 液压泵与电动机参数的选择

液压泵是液压系统不可缺少的核心元件,合理选则液压泵对降低液压系统的效率、降低噪声、改善工作性能和保证系统可靠工作都十分重要。选择不匹配、不适当的液压泵,会造成液压系统工作效率的降低和使用维护成本的增加。

液压泵与电动机参数的选择包括三个方面:① 液压泵类型的选择;② 液压泵大小的选择;③ 电动机参数的选择。

1. 液压泵类型的选择

1) 液压泵的选择步骤

根据主机工况、功率大小和系统对工作性能的要求,首先确定液压泵的类型,然后按系统所要求的压力、流量大小确定其规格型号。了解各种常用液压泵的性能有助于正确地选用液压泵。

工程上应用最广泛的是齿轮泵、叶片泵和柱塞泵,从使用性能上看,优劣次序是柱塞泵、叶片泵、齿轮泵。从结构复杂程度、自吸能力、抗污染能力和价格看,齿轮泵最好,柱塞泵最差。表 2-1 所示为液压系统中常用液压泵的性能比较。表 2-2 所示为几种常用液压泵的各种性能值。

表 2-1　液压系统中常用液压泵的性能比较

性能	外啮合齿轮泵	双作用叶片泵	限压式变量叶片泵	径向柱塞泵	轴向柱塞泵	螺杆泵
输出压力	低压	中压	中压	高压	高压	低压
流量调节	不能	不能	能	能	能	不能
效率	低	较高	较高	高	高	较高
输出流量脉动	很大	很小	一般	一般	一般	最小
自吸特性	好	较差	较差	差	差	好
对油污染的敏感性	不敏感	较敏感	较敏感	很敏感	很敏感	不敏感
噪声	大	小	较大	大	大	最小

表 2-2　几种常用液压泵的各种性能值

类型	速度/(r/min)	排量/(cm³/r)	工作压力/MPa	总效率
外啮合齿轮泵	500~3 500	12~250	6.3~16	0.8~0.91
内啮合齿轮泵	500~3 500	4~250	16~25	0.8~0.91
螺杆泵	500~4 000	4~630	2.5~16	0.7~0.85
叶片泵	960~3 000	5~160	10~16	0.8~0.93
轴向柱塞泵	750~3 000	25~800	16~32	0.8~0.92
径向柱塞泵	960~3 000	5~160	16~32	0.90

一般来说,由于各类液压泵各自突出的特点,其结构、功能和运转方式各不相同,因此应根据不同的使用场合选择合适的液压泵。一般情况下,工作压力在 2.5 MPa 以下的称为低压液压系统,可选用齿轮泵;工作压力在 6.3 MPa 以下的称为中压液压系统,可选用叶片泵;工作压力在 10 MPa 以上的称为高压液压系统,可选用柱塞泵。负载小、功率小的液压设备,可选用齿轮泵或双作用叶片泵;工程机械或锻压机械等负载大、功率大的液压设备,可采用柱塞泵;有快速和慢速工作行程的设备可采用双联叶片泵和限压式变量叶片泵。一般在机床液压系统中,往往选用双作用叶片泵和限压式变量叶片泵;而在筑路机械、港口机械以及小型工程机械中,往往选择抗污染能力较强的齿轮泵;在负荷大、功率大的场合往往选择柱塞泵;对平稳性、脉动性及噪声要求不高的液压系统,可采用中高压齿轮泵;送料、夹紧、润滑等辅助机械装置一般选用价格低的外啮合齿轮泵。

2) 液压泵类型选用的因素

(1) 是否要求变量。径向柱塞泵、轴向柱塞泵、单作用叶片泵均为变量泵。

(2) 工作压力范围。柱塞泵额定压力 p_n 可达 31.5 MPa;叶片泵额定压力 p_n 可达 6.3 MPa,高压化以后可达 16 MPa;齿轮泵额定压力 p_n 可达 2.5 MPa,高压化以后可达 21 MPa。

(3) 工作环境。齿轮泵的抗污染能力最好。

(4) 噪声指标。低噪声泵有内啮合齿轮泵、双作用叶片泵和螺杆泵。

(5) 效率。轴向柱塞的总效率最高;同一结构的泵,排量大的泵总效率高;同一排量的泵,在额定工况下总效率最高。

2. 液压泵大小的选择

1) 确定液压泵所需要提供的压力 $p_泵$

液压泵的工作压力是根据执行元件的最大工作压力来决定的,考虑到各种压力损失,泵的最大工作压力 p 可按下式确定

$$p_泵 \geqslant k_压 \times p_缸$$

式中:$p_泵$——液压泵所需要提供的压力,Pa;

　　　$k_压$——系统中压力损失系数,一般取 1.3～1.5;

　　　$p_缸$——液压缸中所需的最大工作压力,Pa。

2) 确定液压泵输出的流量 $q_泵$

泵所需输出的流量可按下式确定

$$q_泵 \geqslant k_流 \times q_缸$$

式中:$q_泵$——液压泵所需输出的流量,m^3/min;

　　　$k_流$——系统的泄漏系数,一般取 1.1～1.3;

　　　$q_缸$——液压缸所需提供的最大流量,m^3/min。

若为多液压缸同时动作,$q_缸$ 应为同时动作的几个液压缸所需的最大流量之和。

在 $p_泵$、$q_泵$ 求出以后,就可具体选择液压泵的规格了。选择时应使实际选用液压泵的额定压力大于所求出的 $p_泵$ 值,通常可放大 25%。液压泵的额定流量一般选择略大于或等于所求出的 $q_缸$ 值即可。

3. 电动机参数的选择

液压泵是由电动机驱动的,可根据液压泵的功率计算出电动机所需要的功率,再考虑液

压泵的转速,然后从样本中合理地选定标准的电动机。

驱动液压泵所需的电动机功率可按下式确定

$$P_{M}=\frac{p_{泵}\times q_{泵}}{60\eta}\ (kW)$$

式中:P_{M}——电动机所需的功率,kW;

$\quad\ p_{泵}$——液压泵所需的最大工作压力,Pa;

$\quad\ q_{泵}$——液压泵所需输出的最大流量,m³/min;

$\quad\ \eta$——液压泵的总效率。

各种液压泵的总效率大致如下。

齿轮泵:0.6~0.7。

叶片泵:0.6~0.75。

柱塞泵:0.8~0.85。

【任务实施】 液压升降台液压泵的选用。

1. 液压升降台的液压控制原理

重物上升时,液压油由泵形成一定的压力,经滤油器、电磁换向阀、节流阀、液控单向阀、平衡阀进入液缸下端,使液压缸的活塞向上运动,重物上升,液压缸上端回油经电磁换向阀回到油箱,其额定压力经溢流阀进行调整,通过压力表观察其读数。

重物下降时,液压油经电磁换向阀进入液压缸上端,液压缸的活塞向下运动,液压缸下端回油经平衡阀、液控单向阀、节流阀、电磁换向阀回到油箱。

为使重物下降平稳,制动安全可靠,在回油路上设置平衡阀,平衡回路、保持压力,由节流阀调节流量,控制升降速度。

2. 液压升降台的工作要求

(1)液压升降台主要用于室内、室外、封闭或半封闭平台及建筑高层之间货物的竖直运送,因此,液压升降台的液压系统对工作环境要有较好的适应性。

(2)液压升降台要有载重量大、升降平稳、安全可靠等特点。

(3)升降台上的液压泵要求维护和保养简单,成本低。

3. 液压泵类型的选择

齿轮泵结构简单、质量小、体积小、制造与维护容易、价格低、工作可靠、自吸性能强、抗污染能力强、转速和流量调节范围大,能很好地满足升降台的使用要求,为此这里选用齿轮泵作为动力元件。

4. 液压泵大小的选择

根据实际工作情况,确定液压泵所需要提供的压力 $p_{泵}$,确定液压泵的输出流量 $q_{泵}$,最终确定液压泵的大小。

5. 操作步骤

(1)分析液压升降台工作要求,了解各类液压泵的使用性能,正确选用液压泵。

(2)教师示范拆装齿轮泵,学生分组拆解齿轮泵,观察及了解各零件的结构及在齿轮泵中的作用,了解各种齿轮泵的工作原理,按一定的步骤装配齿轮泵。

（3）通过对液压泵的拆装,加深对液压泵的加工及装配工艺的认知。

（4）正确认识液压泵的使用与维护的方法,正确检测齿轮泵的工作压力,分析齿轮泵工作时出油口压力与负载之间的关系。

【相关训练】

[例 2-1]　已知某液压系统如图 2-17 所示,工作时活塞上所受的外载荷为 $F=9\ 720$ N,活塞有效作用面积 $A=0.008$ m²,活塞运动速度 $v=0.04$ m/s,问应选择额定压力和额定流量为多少的液压泵? 驱动它的电动机功率应为多少?

解　首先:确定最大工作压力 $p_{缸}$ 为

$p_{缸}=F/A=9\ 720/0.008=12.15\times10^{5}（Pa）=1.215（MPa）$

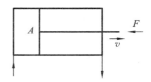

图 2-17　液压系统

然后:选择 $k_{压}=1.3$,计算液压泵所需最大压力为

$$p_{泵}=1.3\times1.215（MPa）=1.58（MPa）$$

再计算:根据运动速度计算液压缸中所需的最大流量为

$$q_{缸}=vA=0.04\times0.008（m^3/s）=3.2\times10^{-4}（m^3/s）$$

再选取:$k_{流}=1.1$,计算液压泵所需的最大流量为

$$q_{泵}=k_{流}\ q_{缸}=1.1\times3.2\times10^{-4}（m^3/s）=3.52\times10^{-4}（m^3/s）=21.12（L/min）$$

查液压泵样本资料,选择 CB-B25 型齿轮泵。

说明:该齿轮泵为定量泵,其额定流量为 25 L/min,略大于 $q_{泵}$;该泵的额定压力为 25 kgf/cm²。（约为 2.5 MPa,1 kgf/cm²=0.1 MPa）,大于泵所需要提供的最大压力。

选择电动机:取齿轮泵的总效率 $\eta=0.7$,驱动齿轮泵的电动机功率为

$$P_{M}=\frac{p_{泵}\times q_{泵}}{60\eta}=\frac{1.58\times25}{60\times0.7}（kW）=0.94（kW）$$

注意:此齿轮泵为定量泵,$q_{泵}$ 按额定流量取值。

【实练任务】

请从下列两台泵中选择泵的型号,使其能满足如下系统工作:工作时所需最大流量 $q=5\times10^{-4}$ m³/s,最大工作压力 $p=40\times10^{5}$ Pa,取 $k_{压}=1.3$,$k_{流}=1.1$。若泵的效率 $n=0.7$,请选择电动机。

CB-B50 型泵,$q_{额}=50$ L/min,$p_{额}=25\times10^{5}$ Pa;

YB-40 型泵,$q_{额}=40$ L/min,$p_{额}=63\times10^{5}$ Pa。

[例 2-2]　完成如图 2-17 所示的液压系统的液压泵与电动机的选择。

如图 2-17 所示的液压系统,已知负载 $F=30\ 000$ N,活塞有效作用面积 $A=0.01$ m²,空载时活塞快进速度 $v_{快}=0.05$ m/s,负载工作时的前进速度 $v=0.025$ m/s,选取 $k_{压}=1.5$,$k_{流}=1.3$,效率 $n=0.75$。选择一台合适的泵,并计算电动机的功率,选择电动机。

参考:泵型号与参数。

YB-32 型叶片泵,额定流量 $q_{n}=32$ L/min,额定压力 $p_{n}=6.3$ MPa

YB-40 型叶片泵,额定流量 $q_{n}=40$ L/min,额定压力 $p_{n}=6.3$ MPa

YB-32 型叶片泵,额定流量 $q_{n}=50$ L/min,额定压力 $p_{n}=6.3$ MPa

（1）确定最大工作压力 $p_{缸}$。

$$p_{缸}=F/A=30\ 000/0.01（Pa）=30\times10^{5}（Pa）$$

（2）计算液压泵所需最大压力。

选择 $k_压 = 1.5$，计算液压泵所需最大压力为

$$p_泵 = 1.5 \times 30 \times 10^5 (\text{Pa}) = 45 \times 10^5 (\text{Pa}) = 4.5 (\text{MPa})$$

（3）计算液压缸中所需的最大流量和液压泵所需的最大流量。

计算液压缸中所需的最大流量为

$$q_缸 = v_快 A = 0.05 \times 0.01 (\text{m}^3/\text{s}) = 5 \times 10^{-4} (\text{m}^3/\text{s})$$

选取 $k_流 = 1.3$，计算液压泵所需的最大流量为

$$q_泵 = k_流 \, q_缸 = 1.3 \times 5 \times 10^{-4} (\text{m}^3/\text{s}) = 6.5 \times 10^{-4} (\text{m}^3/\text{s}) = 39 (\text{L/min})$$

因为快速前进的速度大，所需流量也大，所以液压泵必须保证流量应满足快进的要求。

（4）选泵。

因为 $p_泵 = 4.5 (\text{MPa})$，而求出的 $q_泵 = 39 (\text{L/min})$，所以，应选 YB-40 型叶片泵。

（5）选电动机。

电动机的功率为

$$P_M = \frac{p_泵 \times q_泵}{60\eta} = \frac{4.5 \times 40}{60 \times 0.75} (\text{kW}) = 4 (\text{kW})$$

若 YB-40 型叶片泵的转速为 960 r/min，则可根据计算出来的电动机功率 4 kW 和转速，选择合适的电动机。

此例是选用一个既要满足空载快速行程的要求（此时压力较低，流量大），又要满足负载工作行程的要求（此时压力较高，流向相对较小）泵的实例，所以在计算时压力和流量两者都必须取大值。

[例 2-3] 某液压系统，液压泵的排量 $q = 10$ mL/r，电动机转速 $n = 1\ 200$ r/min，液压泵的输出压力 $p = 5$ MPa，液压泵容积效率 $\eta_v = 0.92$，总效率 $\eta = 0.84$，求：

（1）液压泵的理论流量；

（2）液压泵的实际流量；

（3）液压泵的输出功率；

（4）电动机的功率。

解

（1）泵的理论流量。

$$q_{th} = qn \times 10^{-3} = 10 \times 1\ 200 \times 10^{-3} (\text{L/min}) = 12 (\text{L/min})$$

（2）泵的实际流量。

$$q_{ac} = q_{th}\eta_v = 12 \times 0.92 (\text{L/min}) = 11.04 (\text{L/min})$$

（3）泵的输出功率。

$$P_{ac} = \frac{pq_a}{60} = \frac{5 \times 11.04}{60} (\text{kW}) = 0.9 (\text{kW})$$

（4）电动机的功率。

$$P_m = \frac{p_{ac}}{\eta} = \frac{0.9}{0.84} (\text{kW}) = 1.07 (\text{kW})$$

【实练任务】

某液压系统中液压泵的输出压力 5 MPa，排量为 10 mL/r，机械效率为 0.95，容积效率为 0.9。当转速为 1 000 r/min 时，确定液压泵的输出功率和驱动液压泵的电动机的功率。

任务 2.2　液压泵的拆装、使用与维护

【任务描述】 CB-B 型齿轮泵的拆装。

本任务就是在了解液压泵的原理、结构及特点的同时,了解液压泵的使用要求,利用专用工具拆装齿轮泵。

【知识储备】

2.2.1　液压泵使用的一般要求

(1) 液压泵启动前,必须保证其壳体内已充满油液,否则,液压泵会很快损坏,有的柱塞泵甚至会立即损坏。

(2) 液压泵启动时应先点动数次,当油流方向和声音正常后,在低压下运转 5~10 min,然后投入正常使用。

(3) 液压泵的吸油口和压油口的过滤器应及时进行清洗,污染物阻塞会导致泵工作时噪声大,压力波动严重或输出油量不足,并易使泵出现更严重的故障。

(4) 应避免在油温过低或过高的情况下启动液压泵。油温过低时,由于油液黏度大会导致吸油困难,严重时会很快造成泵的损坏。油温过高时,油液黏度降低,不能在金属表面形成正常油膜,使润滑效果降低,泵内的摩擦副发热加剧,严重时会烧结在一起。

(5) 液压泵的吸油管不应与系统回油管相连接,避免系统排出的热油未经冷却直接吸入液压泵,使液压泵乃至整个系统油温上升,并导致恶性循环,最终使元件或系统发生故障。

(6) 在自吸性能差的液压泵的吸油口设置过滤器,随着污染物的积聚,过滤器的压降会逐渐增加,液压泵的最低吸入压力将得不到保证,会造成液压泵吸油不足,出现振动及噪声,直至损坏液压泵。

(7) 对于大功率液压泵,电动机和液压泵的功率都很大,工作流量和压力也很高,会产生较大的机械振动。为防止这种振动直接传到油箱而引起油箱共振,应采用橡胶软管来连接油箱和液压泵的吸油口。

2.2.2　液压泵的维护规范

1. 液压泵使用维护的规范

1) 液压泵启动前检查与调试

液压泵运转前应进行全面检查,检查各零部件的配套件是否齐全完好,检查各连接密封部位是否符合要求。发现问题及时整改,直到符合要求。

2) 液压泵的启动操作

液压泵经过检查无问题后,打开管路上的进液阀门和回流针阀,打开液压泵出口截止阀及压力表各阀门,启动电动机,空载运行 10~20 min,监视各部分运转情况,包括温度、响声、润滑、泄漏等情况。

3) 紧急停泵操作

当发现液压泵运行异常,如剧烈震动、声响巨大、冒烟等,而自动保护装置又没有对这些异

常状况进行自动保护时,应采取紧急停泵措施。按停泵按钮或拉下电源开关,关闭液压泵的出口阀门、进口阀门和回流阀门,开启放空阀并使排出压力表归"零"。然后检修及排除故障。

4)维护保养

(1)日常维护。

保持设备及地面的清洁,经常检查油位,对柱塞泵的盘根压帽进行紧固调整,保证油的泄漏量小于 5 滴/分钟(在停泵的工况下进行调整)。检查电动机的轴承及机体温度。

(2)周维护保养。

在日常维护的基础上,保持设备及场地的整体清洁,观察设备整体的运行情况,有无振动、异响等,检查传动带的松紧度,有无磨损、打滑等现象。检查电器设备按钮、接线,是否齐全、完好。

(3)一级维护保养。

根据机油实际漏失情况,决定是否更换油封。对油品进行质量检测,根据检测结果决定是否更换机油。检查柱塞连接是否紧固,检查柱塞磨损及盘根密封情况,清洗、检查吸入端的过滤器。

(4)二级维护保养。

在一级维护保养的基础上,进行设备的维护保养。在检查柱塞连接、柱塞磨损、盘根密封、进、出口阀的基础上,进行相关部件的更换。

2. 液压泵常见故障的处理

1)液压泵输出流量不足或不输出油液

(1)吸入量不足。原因是吸油管路上的阻力过大或补油量不足,如液压泵的转速过大,油箱中液面过低,进油管漏气,滤油器堵塞等。

(2)泄漏量过大。原因是液压泵的间隙过大、密封不良造成,如配油盘被金属碎片、铁屑等划伤,端面漏油,变量机构中的单向阀密封面配合不好,泵体和配油盘的支承面有砂眼或研痕等。可以通过检查泵体内液压油中混杂的异物来判别液压泵被损坏的部位。

(3)倾斜盘倾角太小,液压泵的排量少,这需要调节变量活塞,增加斜盘倾角。

2)中位时排油量不为零

变量式轴向柱塞泵的斜盘倾角为零时称为中位,此时泵的输出流量应为零。但有时会出现中位偏离调整机构中点的现象,在中点时仍有流量输出。其原因是控制器的位置偏离、松动或损伤,需要重新调零、紧固或更换。泵的角度维持力不够,倾斜角耳轴磨损也会产生这种现象。

3)输出流量波动

输出流量波动与很多因素有关。对变量泵可以认为是变量机构的控制不佳造成的,如异物进入变量机构,在控制活塞上划出磨痕、伤痕等,造成控制活塞运动不稳定。放大器能量不足或零件损坏,含有弹簧的控制活塞的阻尼器效能差,都会造成控制活塞运动不稳定。流量不稳定又往往伴随着压力波动。这类故障一般要拆开液压泵,更换受损零部件,加大阻尼,提高弹簧刚度和控制压力等。

4)输出压力异常

液压泵的输出压力是由负载决定的,与输入转矩近似成正比。输出压力异常一般有如下两种情况。

(1)输出压力过低。

当液压泵在自吸状态下,若进油管路漏气或系统中液压缸、单向阀、换向阀等有较大的泄漏,均会导致压力升不上去。这就需要找出泄漏点,紧固、更换密封件,提高压力。溢流阀有故障或调整压力低,系统压力也上不去,应重新调整压力或检修溢流阀。如果液压泵的缸体与配流盘产生偏差,会造成大量泄漏,严重时,缸体可能破裂,应重新研磨配合面或更换液压泵。

（2）输出压力过高。

若回路负载持续上升,液压泵的压力也持续上升,属正常现象。若负载一定,液压泵的压力超过负载所需压力值,则应检查液压泵以外的液压元件,如方向阀、压力阀、传动装置和回油管道。若最大压力过高,应调整溢流阀。

5）振动和噪声

振动和噪声是同时出现的。它们不仅会对机器的操作人员造成危害,也会对环境造成污染。

（1）机械振动和噪声。

如泵轴和电动机轴不同心或顶死,旋转轴的轴承、联轴节损伤,弹性垫破损和装配螺栓松动均会产生噪声。对于高速运转或传输大能量的泵,要定期检查,记录各部件的振幅、频率和噪声。如泵的转动频率与压力阀的固有频率相同时,将会引起共振,可改变泵的转速来消除共振。

（2）管道内液流产生的噪声。

进油管道太细、进油滤油器通流能力过小或堵塞、进油管吸入空气、油液黏度过高、油面过低和高压管道中产生液击等,均会产生噪声。因此,必须正确设计油箱,正确选择滤油器、油管和方向阀。

6）液压泵过热

液压泵过度发热有两个原因:一是机械摩擦生热,由于运动表面处于干摩擦或半干摩擦状态,运动部件相互摩擦生热;二是液体摩擦生热,高压油通过各种缝隙泄漏到低压腔,大量的液压能损失转为热能。所以正确选择运动部件之间的间隙、油箱容积和冷却器,可以杜绝液压泵的过度发热和油温过高的现象。另外,回油过滤器堵塞造成回油背压过高,也会引起油温过高和液压泵体过热。

7）漏油

液压泵漏油主要有以下原因:① 主轴油封损坏或轴有缺陷、划痕;② 内部泄漏过大,造成油封处压力增大,而将油封损伤或冲出;③ 泄油管过细、过长,使密封处漏油;④ 液压泵的外接油管松动,管接头损伤,密封垫老化或产生裂纹;⑤ 变量调节机构螺栓松动,密封破损;⑥ 铸铁泵壳有砂眼或焊接不良。

现在生产液压泵的厂家很多,进口件和国产件的结构不尽相同,每一台液压泵都应严格按照其出厂使用说明书使用。在维修液压泵时,首先应该检查液压泵在系统中的安装、使用是否得当,便于及时查出损坏原因,消除隐患,保证系统正常工作。已修复的液压泵应通过一定的检测设备检测后才能使用。如不具备检测条件,也应在系统中反复调试,使其能正常工作。

【任务实施】　CB-B 型齿轮泵拆装。

参照如图 2-18 所示的装配示意图,拆装齿轮泵。

1. 齿轮泵的拆卸

（1）准备拆装工具。内六角扳手,螺丝刀,液压拆装实验台,钳工常用工具及煤油。

（2）参照如图 2-18 所示的齿轮泵装配示意图,用内六角扳手对称松开并卸下泵盖上的六个螺栓,连同垫片一一卸下。

图 2-18 齿轮泵装配示意图

1—后泵盖；2—泵体；3—前泵盖；4,11—端盖；5—密封圈；
6—主动轴；7—主动齿轮；8—从动轴；9—从动齿轮；10—滚针轴承

（3）用螺丝刀轻轻沿前泵盖与泵体的结合面处将前泵盖撬松，不要撬太深，以免划伤密封面。卸下前泵盖，取下密封胶圈，注意观察泵内结构及零件的相互位置。

（4）用手转动主动轴，根据进油口的位置，确定输入轴齿轮工作的旋转方向；观察密封腔容积的大小变化情况以及困油密封腔容积的大小变化情况，找到困油卸荷槽的位置，了解其作用。

（5）检查泵体及两齿轮厚度之差，分析三者厚度相关尺寸对保证泵的性能的重要性。

（6）从泵体中取下主、从动齿轮，拆下后泵盖，观察从动轴轴心的通孔、机油的流通通道、轴承状况等。

（7）用煤油将拆下的所有零部件进行清洗并放于容器内妥善保管，以便测量和检查。

2．观察和分析齿轮泵主要零件的结构和作用

（1）观察泵体两端面上的卸油槽的形状和位置，分析其作用。

（2）观察进、出油口的位置和尺寸。

（3）观察前、后泵盖上的两个矩形卸荷槽的形状和位置，分析其作用。

3．齿轮泵的装配

（1）装配前将全部零件清洗干净，保证所有油道清洁畅通，去除零件上的毛刺，清除划痕、磕碰等造成的损伤。

（2）将啮合良好的主、从动齿轮两轴装入左侧端盖的轴承中，装上泵体，安装时应按拆卸时所做的标记对应装入，切不可装反。

（3）装配密封件，其位置要正确，松紧合适。

（4）对准定位销钉与定位孔后，装右侧泵盖，旋紧螺栓。应一边转动主动轴一边拧紧，并对称拧紧，以保证端面间隙均匀一致。注意泵盖紧固螺栓应交替均匀拧紧，内六角螺栓头部不得凸出泵盖外端表面。

【练习与思考 2】

一、填空题

1. 液压泵是一种能量转换装置,它将机械能转换为_____,是液压传动系统中的动力元件。

2. 液压传动中所用的液压泵都是依靠液压泵的密封工作腔的容积变化来实现_____的,因而称为_____泵。

3. 液压泵实际工作时的输出压力称为液压泵的_____压力。液压泵在正常工作条件下,按试验标准规定连续运转的最高压力称为液压泵的_____压力。

4. 液压泵主轴每旋转一周所排出液体体积的理论值称为_____。

5. 液压泵按结构不同分为_____、_____、_____三种。

6. 单作用叶片泵往往做成_____的,而双作用叶片泵是_____的。

二、选择题

1. 液压传动系统是依靠密封腔中液体的静压力来传递力的,如(　　)。

A. 万吨水压机　　　B. 离心式水泵　　　C. 水轮机　　　D. 液压变矩器

2. 齿轮泵泵体的磨损一般发生在(　　)。

A. 压油腔　　　B. 吸油腔　　　C. 连心线两端

3. 下列属于定量泵的是(　　)。

A. 齿轮泵　　　B. 单作用叶片泵　　　C. 径向柱塞泵　　　D. 轴向柱塞泵

4. 柱塞泵中的柱塞往复运动一次,完成一次(　　)。

A. 进油　　　B. 压油　　　C. 进油和压油

5. 液压泵常用的压力中,(　　)是随外负载的变化而变化的。

A. 液压泵的工作压力　　　B. 液压泵的最高允许压力　　　C. 液压泵的额定压力

6. 机床的液压系统中,常用(　　)泵,其特点是压力中等,流量和压力脉动小,输送均匀,工作平稳可靠。

A. 齿轮　　　B. 叶片　　　C. 柱塞

7. 改变轴向柱塞变量泵倾斜盘倾斜角的大小和方向,可改变(　　)。

A. 流量大小　　　B. 油液流动方向　　　C. 流量大小和油液流动方向

8. 液压泵在正常工作条件下,按试验标准规定连续运转的最高压力称为(　　)。

A. 实际流量　　　B. 理论流量　　　C. 额定流量

9. 在没有泄漏的情况下,根据液压泵的几何尺寸计算得到的流量称为(　　)。

A. 实际流量　　　B. 理论流量　　　C. 额定流量

10. 驱动液压泵的电动机功率应比液压泵的输出功率大,是因为(　　)。

A. 泄漏损失　　　B. 摩擦损失　　　C. 溢流损失　　　D. 前两种损失

11. 齿轮泵多用于(　　)系统,叶片泵多用于(　　)系统,柱塞泵多用于(　　)系统。

A. 高压　　　B. 中压　　　C. 低压

12. 液压泵的工作压力取决于(　　)。

A. 功率　　　B. 流量　　　C. 效率　　　D. 负载

三、判断题

1. 容积式液压泵输油量的大小取决于密封腔容积的大小。　　　　　　　　（　）

2. 齿轮泵的吸油口制造得比压油口大，是为了减小径向不平衡力。　　　（　）

3. 叶片泵的转子能正、反方向旋转。　　　　　　　　　　　　　　　　（　）

4. 单作用泵如果反接就可以成为双作用泵。　　　　　　　　　　　　　（　）

5. 外啮合齿轮泵中，轮齿不断进入啮合的一侧的油腔是吸油腔。　　　　（　）

6. 理论流量是指考虑液压泵泄漏损失时，液压泵在单位时间内实际输出的油液体积。

　　　　　　　　　　　　　　　　　　　　　　　　　　　　　　　　（　）

7. 双作用叶片泵可以做成变量泵。　　　　　　　　　　　　　　　　　（　）

8. 定子与转子偏心安装，改变偏心距 e 值可改变泵的排量，因此径向柱塞泵可做变量泵使用。　　　　　　　　　　　　　　　　　　　　　　　　　　　　　　　（　）

9. 齿轮泵、叶片泵和柱塞泵相比较，柱塞泵最高压力最大，齿轮泵容积效率最低，双作用叶片泵噪声最小。　　　　　　　　　　　　　　　　　　　　　　　　　　　（　）

10. 双作用叶片泵的转子每旋转一周，每个密封腔容积完成两次吸油和压油。　（　）

四、简答题

1. 齿轮泵运转时油液的泄漏途径有哪些？

2. 试述叶片泵的特点。

3. 何谓液压泵的排量、理论流量和实际流量？

4. 何谓定量泵和变量泵？

5. 何谓液压泵的工作压力、额定压力和最高工作压力？液压泵的种类有哪三大类？各有何优缺点？

6. 为什么齿轮泵通常只能做低压泵使用？

五、计算题

1. 已知轴向柱塞泵的压力 $p=15$ MPa，理论流量 $q_{th}=330$ L/min，设液压泵的总效率 $\eta=0.9$，机械效率 $\eta_m=0.93$。求：液压泵的实际流量和驱动电动机的功率。

2. 某液压系统，液压泵的排量 $V=15$ mL/r，电动机转速 $n=1\,200$ r/min，液压泵的输出压力 $p=3$ MPa，液压泵的容积效率 $\eta_v=0.92$，总效率 $\eta=0.84$。求：

（1）液压泵的理论流量；

（2）液压泵的实际流量；

（3）液压泵的输出功率；

（4）驱动电动机的功率。

3. 某液压泵的转速 $n=950$ r/min，排量 $V=168$ mL/r，在额定压力 $p_n=30$ MPa 且转速相同的条件下，测得的实际流量为 $q_{ac}=150$ L/min，额定工况下的总效率为 $\eta=0.87$。求：

（1）液压泵的理论流量；

（2）液压泵的容积效率和机械效率；

（3）液压泵在额定工况下，所需驱动电动机的功率。

项目 3 液压执行元件的选用、安装与调试

【学习导航】

教学目标：以典型机械液压传动系统为载体，理解液压缸、液压马达的基本类型、工作原理及性能结构；学习执行元件的选用方法。

教学指导：教师选择典型设备，现场组织教学，引导学生观察和辨析执行元件；运用多媒体教学方式进行执行元件的类型、结构和工作原理的分析；学生分组进行选用和拆装任务的训练。

任务 3.1 液压缸的选用、安装与调试

【学习要求】

掌握液压缸的类型与结构特点，液压缸选用的参数计算，以及液压缸的安装、调试与维护方法；能合理选用液压缸的类型，会计算液压缸的基本参数，能正确安装和调试液压缸；养成良好的观察、思考和分析的习惯，培养动手能力。

【任务描述】 卧式双立柱带锯床液压缸的选用、安装与调试。

图 3-1 所示为卧式双立柱带锯床。带锯床是以锯带或锯条等为刀具，锯切金属圆料、方料、管料和型材等的机床，其加工精度一般不高，多用于备料车间。环形锯带张紧在两个锯轮上，并由锯轮驱动锯带进行切割。卧式带锯床的锯架水平或倾斜布置，沿竖直方向或绕一支点摆动的方向进给，锯带一般扭转40°，以保持锯齿与工件垂直。蜗轮箱上的电动机通过带轮、V 带驱动蜗轮箱内的蜗杆和蜗轮，带动主动轮旋转，再驱动绕在主动、被动轮缘上的锯条进行切削回转运动。而锯梁的升降运动（即锯条的进给运动）、工件的夹紧功能均由液压系统控制。在带锯床中，由什么元件带动锯梁完成这一运动？这种元件应选择何种类型？特点如何？参数如何？这些参数又由哪些因素来决定？安装、调试方法如何？

图 3-1 卧式双立柱带锯床

本任务就是要通过操作或观察认识带锯床的工作过程，重点了解带锯床如何在液压控制条件下实现锯切功能。在认识各类液压缸结构、原理和基本参数等知识点的基础上，为带锯床液压驱动系统配备合适的液压缸，并能进行正确的安装与调试。

【知识储备】

3.1.1 液压缸的类型、工作原理与应用

液压缸（俗称油缸）是液压系统中常用的一种执行元件，是把液体的压力能转变为机械能

的装置,主要用于实现机构的直线往复运动,也可以实现摆动运动,其结构简单,工作可靠,广泛应用工程机械、冶金、矿山、化工、船舶、汽车、电力等行业。如数控车床的液压卡盘、推土机的推土铲刀和松土器、液压钻床的动力滑台等,都有液压缸的具体应用。另外,液压缸与杠杆、连杆、齿轮齿条等机构配合使用,还能实现多种机械运动,满足生产的各种使用要求。

液压缸有多种形式与分类方法,按照液压缸的结构特点,可分为活塞缸、柱塞缸、摆动缸及组合缸;按照液压缸的作用方式,可分为双作用液压缸与单作用液压缸;按照液压缸的使用压力,可分为中低压缸、中高压缸、高压缸。对于机床类机械,一般采用中低压缸,其额定压力为2.5~6.3 MPa;在要求体积小、质量小、输出压力大的工程机械中,则采用中高压缸,其额定压力为10~16 MPa;对于油压机等设备,大多数采用高压缸,其额定压力为25~31.5 MPa。

1. 活塞式液压缸的基本构成、工作原理与应用

活塞式液压缸根据其使用要求的不同,可分为双杆式和单杆式两种。

1) 双杆式活塞缸

活塞两端都有一根直径相等的活塞杆伸出的液压缸称为双杆式活塞缸,它一般由缸体、缸盖、活塞、活塞杆和密封件等零件构成,根据安装方式的不同,可分为缸筒固定式和活塞杆固定式两种,其中缸筒固定式活塞缸的示意图如图3-2所示。

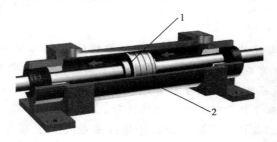

图3-2 缸筒固定式活塞缸

1—活塞;2—缸筒

图3-3(a)所示的为缸筒固定式的双杆活塞缸的工作原理。它的进、出口布置在缸筒两端,活塞通过活塞杆带动工作台移动,当活塞的有效行程为l时,整个工作台的运动范围为$3l$,所以机床占地面积大,一般适用于小型机床。当工作台行程要求较长时,可采用如图3-3(b)所示的活塞杆固定式的形式,这时,缸体与工作台相连,活塞杆通过支架固定在机床上,动力由缸体传出,这种安装形式中,工作台的移动范围只等于液压缸有效行程l的两倍($2l$),因此占地面积小,进、出油口可以设置在固定不动的空心的活塞杆的两端,但必须使用软管连接。

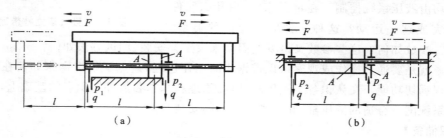

图3-3 双杆式活塞缸的工作原理

(a) 缸筒固定式;(b) 活塞杆固定式

由于双杆式活塞缸两端的活塞杆直径通常是相等的,因此它左、右两腔的有效作用面积也

相等,当分别向左、右两腔输入相同压力和相同流量的油液时,液压缸左、右两个方向的推力和速度相等。

当活塞的直径为 D,活塞杆的直径为 d,液压缸进、出油腔的压力为 p_1、p_2,输入流量为 q 时,如果不计容积效率和机械效率,则双杆式活塞缸的推力 F 和运动速度 v 分别为

$$F=A(p_1-p_2)=\frac{\pi}{4}(D^2-d^2)(p_1-p_2) \tag{3-1}$$

$$v=\frac{q}{A}=\frac{4q}{\pi(D^2-d^2)} \tag{3-2}$$

式中:A——活塞的有效作用面积。

双杆式活塞缸常用于往复运动速度相同的场合,比如外圆磨床工作台等。

2) 单杆式活塞缸

单杆式液压缸(见图 3-4)也有缸体固定式和活塞杆固定式两种形式,但它们的工作台移动范围都是活塞有效行程的两倍。

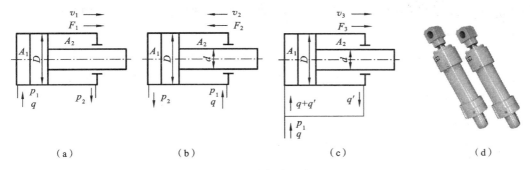

图 3-4　单杆式活塞缸

(a) 左腔进油;(b) 右腔进油;(c) 左、右腔同时进油;(d) 实物

由于活塞只有一端带活塞杆,因而两腔的有效作用面积不同,当向缸的两腔分别供油,且供油压力和流量不变时,活塞(或缸体)在两个方向上的速度和推力不相等。

如图 3-4(a)所示,液压缸左腔(无杆腔)进油时,有杆腔回油,若输入油液流量为 q,液压缸进、出油腔的压力分别为 p_1、p_2,不计容积效率和机械效率,则其活塞的推力 F_1 和运动速度 v_1 分别为

$$F_1=A_1p_1-A_2p_2=\frac{\pi}{4}\left[(p_1-p_2)D^2+p_2d^2\right] \tag{3-3}$$

$$v_1=\frac{q}{A_1}=\frac{4q}{\pi D^2} \tag{3-4}$$

如图 3-4(b)所示,液压缸右腔(有杆腔)进油时,无杆腔回油,若输入油液流量为 q,液压缸进、出油腔的压力分别为 p_1、p_2,不计容积效率和机械效率,则其活塞的推力 F_2 和运动速度 v_2 分别为

$$F_2=A_2p_1-A_1p_2=\frac{\pi}{4}\left[(p_1-p_2)D^2-p_2d^2\right] \tag{3-5}$$

$$v_2=\frac{q}{A_2}=\frac{4q}{\pi(D^2-d_2)} \tag{3-6}$$

比较式(3-3)至式(3-6)可知,对于同一液压缸,因为 $A_1>A_2$,所以 $v_2>v_1$,$F_2<F_1$,即无杆腔进油工作时,推力大而速度低;有杆腔进油工作时,推力小而速度快。因而,单杆式活塞缸

常用于伸出时承受工作载荷、缩回时为空载或轻载的场合。如各种金属切削机床、压力机、注塑机、起重机的液压系统,经常使用单杆式活塞缸。

如果把活塞杆两个方向的速度 v_2 和 v_1 的比值称为速度比,用 λ_v 表示,则 $\lambda_v = \dfrac{v_2}{v_1} = \dfrac{1}{1-(d/D)^2}$,因此,$d = D\sqrt{(\lambda_v-1)/\lambda_v}$。所以液压缸设计时,如果已知 λ_v 和 D,就可以确定 d 值。

当单杆式活塞缸左、右两腔互相接通并同时输入高压油时,称为"差动连接",做差动连接的液压缸称为差动液压缸。差动液压缸左、右两腔的油液压力相同,但是由于左腔(无杆腔)的有效面积 A_1 大于右腔(有杆腔)的有效面积 A_2,故活塞向右运动,同时使右腔中排出的油液(流量为 q')也进入左腔,加大了流入左腔的流量($q+q'$),从而也加快了活塞移动的速度。实际上活塞在运动时,由于差动连接时两腔间的管路中有压力损失,所以右腔中油液的压力稍大于左腔油液的压力,而这个差值一般都较小,可以忽略不计,如果不计容积效率和机械效率,且液压缸进油压力为 p_1,则差动连接时其活塞的推力 F_3 和伸出运动速度 v_3 分别为

$$F_3 = p_1(A_1 - A_2) = \frac{\pi}{4}d^2 p_1 \tag{3-7}$$

$$v_3 = \frac{q+q'}{A_1} = \frac{q + \frac{\pi}{4}(D^2-d^2)v_3}{\frac{\pi}{4}D^2}$$

即

$$v_3 = \frac{4q}{\pi d^2} \tag{3-8}$$

比较式(3-3)至式(3-8)可知,对于同一液压缸,$v_3 > v_2 > v_1$,$F_3 < F_2 < F_1$,即差动连接时液压缸的推力要比非差动连接小,而差动连接时液压缸的速度要比非差动连接大,在实际运用中,液压传动系统需要通过换向阀来改变单杆式活塞缸的回路连接,利用不同连接的速度和推力特点,获取不同的工况,形成快进(空行程需要速度大,推力小,差动连接)—工进(工进需要推力大,速度平稳,无杆腔进油)—快退(有杆腔进油)的工作循环,实现工作效率和能量的优化应用。差动连接是在不需要加大油液流量的情况下获得快速运动的有效途径,广泛应用于组合机床液压动力滑台、牛头刨床液压执行装置和推土机工作装置等,其中刨床液压执行装置如图 3-5 所示。

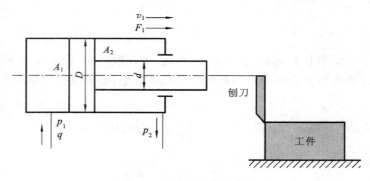

图 3-5　刨床液压执行装置

如果需要使差动液压缸的往复运动速度相等,即 $v_3 = v_2$,则由式(3-6)和式(3-8)可知,$D = \sqrt{2}d$。

2．柱塞式液压缸的基本构成、工作原理与应用

活塞式液压缸(又称活塞缸)的应用非常广泛,但这种液压缸的缸筒内壁加工精度要求很高,当液压缸行程较长、缸筒内壁过长时,加工难度大,使得制造成本增加。在生产实际中,有些工作场合的执行元件不需要双向控制,柱塞式液压缸(又称柱塞缸)正是满足了这种使用要求的一种价格低廉的液压缸。图 3-6 所示为柱塞式液压缸,主要由缸筒、柱塞、导向套、密封圈和缸盖等零件组成,它只能实现一个方向的液压传动(反向运动),依靠自身重力或弹簧弹力等外力复位。

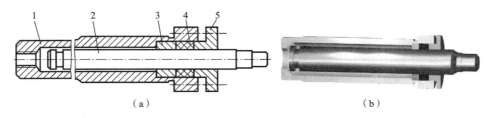

图 3-6　柱塞式液压缸

(a) 结构;(b) 实物

1—缸筒;2—柱塞;3—导向套;4—密封圈;5—缸盖

若需要实现双向运动,则必须成对使用,其工作原理如图 3-7 所示。柱塞式液压缸的柱塞端面是受压面,其面积大小决定了柱塞式液压缸的输出速度和推力,为保证其有足够的推力和良好的稳定性,一般柱塞较粗,质量较大,水平安装时易产生单边磨损,故柱塞式液压缸适宜竖直安装,为减小柱塞的质量,有时制成空心柱塞。

当柱塞直径为 d,液压缸进油压力为 p,输入流量为 q 时,如果不计容积效率和机械效率,则柱塞输出推力 F 和运动速度 v 分别为

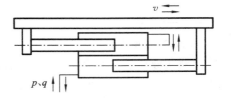

图 3-7　双向运动的柱塞式液压缸的工作原理

$$F = pA = p\frac{\pi}{4}d^2 \qquad (3\text{-}9)$$

$$v = \frac{q}{A} = \frac{4q}{\pi d^2} \qquad (3\text{-}10)$$

柱塞式液压缸的主要特点是柱塞和缸筒没有配合要求,缸筒内孔不需精加工,工艺性好,成本低,它特别适用于行程较长的场合,如大型拉床、龙门刨床、导轨磨床、矿用液压支架等。

3．其他液压缸的基本构成、工作原理与应用

1) 摆动式液压缸

摆动式液压缸也称摆动液压马达,是输出转矩实现往复摆动运动的执行元件。按照其结构的不同,可以分为单叶片式和双叶片式,其结构工作原理如表 3-1 所示。由于其径向力不平衡,叶片和壳体、叶片和挡块之间密封困难,限制了其工作压力的进一步提高,从而也限制了输出转矩的进一步提高,主要应用于仿真模拟、检测试验、可靠性试验、自动化生产线、特种设备等领域的运动仿真伺服转台和需要非连续旋转运动的机械。

表 3-1　叶片式摆动液压马达的结构与工作原理

类型	结构示意图	工 作 原 理
单叶片式		若从油口Ⅰ通入高压油,叶片作逆时针摆动,低压油从油口Ⅱ排出。因叶片与输出轴连在一起,输出轴摆动的同时输出转矩,克服负载,此类摆动液压马达的工作压力小于10 MPa,摆动角度小于280°
双叶片式		工作原理与单叶片式摆动液压马达类似,双叶片式摆动液压马达在径向尺寸和工作压力相同的条件下,分别是单叶片式摆动液压马达输出转矩的两倍,但回转角度要相应减小,双叶片式摆动液压马达的回转角度一般小于120°

2) 伸缩式液压缸

伸缩式液压缸又称多级液压缸,它由两个或多个活塞缸套装而成,前一级活塞缸的活塞杆内孔是后一级活塞缸的缸筒,伸出时可获得很长的工作行程,缩回时可保持很小的结构尺寸,主要应用于安装空间受限制而行程要求很长的场合,比如被广泛用于起重运输车辆的吊臂缸、自动装卸货车和液压电梯的举升缸等,如图 3-8 所示。

（a）　　　　　　　　　　　（b）

图 3-8　伸缩缸在车辆和电梯中的应用

（a）自动装卸货车；（b）液压电梯

伸缩式液压缸可以是如图 3-9（a）所示的单作用式,也可以是如图 3-9（b）所示的双作用式,前者靠外力回程,后者靠液压回程。

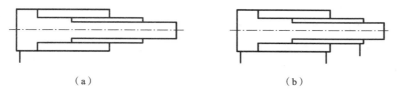

图 3-9　伸缩式液压缸

（a）单作用式;（b）双作用式

由于各级活塞的有效作用面积不同,如 3-10（a）所示,当左腔进油,先推动一级套筒活塞向右运动,液压缸伸出,由于一级套筒活塞有效作用面积大,故运动速度低,推力大;一级套筒活塞运动到终点时,二级活塞在压力油的推动下继续向右伸出,如 3-10（b）所示,由于二级活塞有效作用面积小,其速度快、推力小。

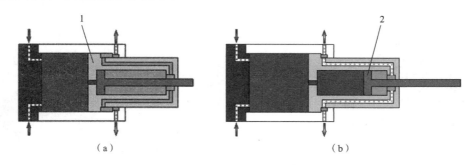

图 3-10　双作用式伸缩式液压缸

（a）一级活塞套筒向右伸出;（b）二级活塞向右伸出

1—一级套筒活塞;2—二级活塞

3）增压式液压缸

增压式液压缸简称增压缸,能将输入的低压油转变为高压油,供液压系统中的某一高压支路使用。图 3-11（a）所示为一种由活塞缸和柱塞缸组成的增压缸,它利用活塞和柱塞有效面积的不同,使液压系统中的局部区域获得高压。增压缸分为单作用式和双作用式两种形式,双作用式增压缸如图 3-11（b）所示。

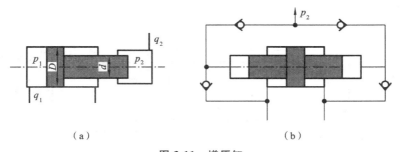

图 3-11　增压缸

（a）单作用式;（b）双作用式

当输入活塞缸的液体压力为 p_1,输出压力为 p_2,活塞直径为 D,柱塞直径为 d 时,柱塞缸中输出的液体压力为高压,如果不计摩擦力,则

$$p_2 = p_1 \frac{D^2}{d^2} = k p_1 \tag{3-11}$$

式中: k ——增压比,表示增压缸的增压能力。

增压缸常用于要求在低压时实现快速进给、在工作进给中需要很大压力的场合,从而优化系统,提高经济效益的同时减少系统发热;增压缸也常用于需要超高压的场合,当液压泵压力达不到要求的高压力指标时,可采用增压缸来达到。

4) 齿轮式液压缸

齿轮式液压缸简称齿轮缸,如图 3-12 所示,它由两个活塞和一套齿轮齿条传动装置组成,当压力油推动活塞左右往复运动时,齿条就推动齿轮往复转动,从而使齿轮驱动工作部件做往复旋转运动,实现工作部件的往复摆动或间歇进给运动。

4. 液压缸的典型结构与组成

在液压系统中,活塞式液压缸比较常用,结构相对比较复杂,在此就以活塞式液压缸为例详细介绍液压缸的典型结构。双作用单杆式活塞缸如图 3-13 所示,主要由后缸盖、缸筒、活塞、活塞杆和前缸盖等组成。

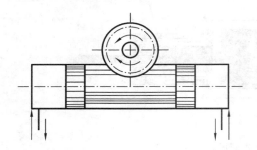

图 3-12　齿轮式液压缸

图 3-13　双作用单杆式活塞缸

1—后缸盖;2—缸筒;3—活塞;4—活塞缸;5—前缸盖;6—耳环

图 3-14 所示为双作用单杆式活塞缸的结构。它由缸底、缸筒、导向套、活塞和活塞杆等组成。缸筒一端与缸底焊接,另一端缸盖(导向套)与缸筒用卡键(6)、套和弹簧挡圈(4)固定,以便拆装与检修,两端设有油口 A 和 B。活塞与活塞杆利用卡键(15)、卡键帽和弹簧挡圈(17)连在一起。活塞与缸孔的密封采用的是一对 Y 形密封圈,由于活塞与缸孔有一定间隙,采用由尼龙制成的耐磨环(又称支承环)定心导向。活塞杆和活塞的内孔由密封圈(14)密封。较长的导向套则可保证活塞杆不偏离中心,导向套外径由 O 形密封圈(7)密封,而其内孔则由 Y 形

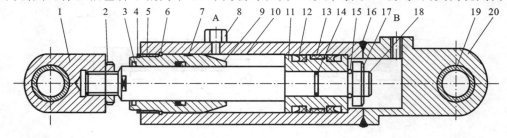

图 3-14　双作用单杆式活塞缸的结构

1—耳环;2—螺母;3—防尘圈;4,17—弹簧挡圈;5—套;6,15—卡键;

7,14—O 形密封圈;8,12—Y 形密封圈;9—导向套;10—缸筒;11—活塞;

13—耐磨环;14—密封圈;16—卡键帽;18—活塞杆;19—衬套;20—缸底

密封圈(8)和防尘圈分别防止油外漏和灰尘侵入缸内。

从图 3-14 可知,典型的活塞缸一般由缸体组件(缸筒、缸盖等)、活塞组件(活塞、活塞杆等)、密封装置、缓冲装置、排气装置五部分组成。

1) 缸体组件

缸体组件主要由缸筒、缸盖等组成,缸体组件和活塞组件构成密闭的工作腔,承受压力,因此缸体组件需要具备足够的强度、较高的加工精度和可靠的密封性。缸体组件材料的选择与工作压力有关,一般工作压力 $p<10$ MPa 时,使用铸铁;$p<20$ MPa 时,使用无缝钢管;$p>20$ MPa 时,使用铸钢或锻钢。缸体组件的连接方式如表 3-2 所示。

表 3-2　缸体组件的连接方式

序号	连接方式	结构示意图	特点及应用
1	法兰连接		结构简单,加工方便,连接可靠,但要求缸筒端部有足够的壁厚,用以安装旋入螺栓,常用于铸铁缸筒上,多用于高压和振动大的场合
2	半环连接		半环连接工艺性好,连接可靠,结构紧凑,但在缸筒壁部开了环形槽,削弱了缸筒的强度。半环连接应用十分普遍,常用于无缝钢管缸筒与端盖的连接
3	螺纹连接		体积小,质量小,结构紧凑,但缸筒端部结构较复杂,外径加工需要保证内径同心,拆装需要专门的工具。这种连接形式常用于无缝钢管或是铸钢缸筒上,一般用于要求外形尺寸小,质量小的场合
4	拉杆连接		结构简单,工艺性好,通用性强,但端盖的体积和质量较大,拉杆受力后会拉伸变长,影响密封效果,只适用于长度不大的中低压液压缸

续表

序号	连接方式	结构示意图	特点及应用
5	焊接连接	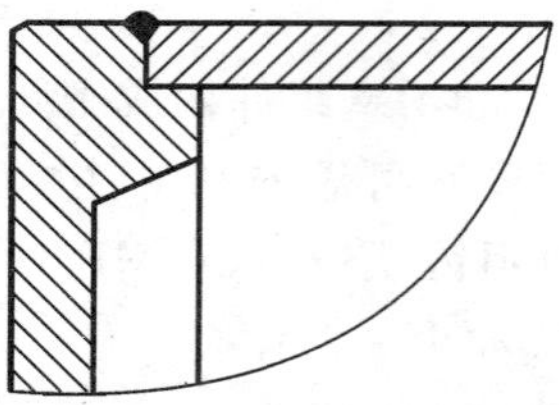	强度高,制造简单,但焊接时易引起缸筒变形,故应用较少,一般用于行程短、轴向尺寸要求紧凑的场合

2) 活塞组件

活塞组件主要由活塞、活塞杆及其连接件等组成。对于短行程的活塞缸,可以将活塞和活塞杆制作成整体式,结构简单,但当行程较长时,这种整体式活塞组件的加工较费事,所以常把活塞与活塞杆分开制造,然后再装配成一体,表 3-3 所示为几种常见的活塞组件连接方式。不管采用何种连接方式,都必须要保证在工作中连接可靠,防止活塞组件往复运行时产生松动。

表 3-3　几种常见的活塞组件连接方式

序号	连接方式	结构示意图	特点及应用
1	螺纹连接	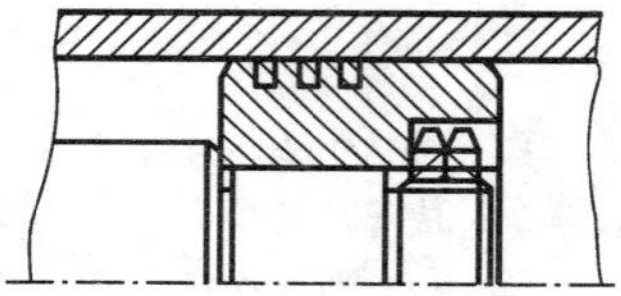	结构简单,装拆方便,但在活塞杆上车螺纹将削弱其强度,一般需配备螺母防松装置。此种连接方式在机床上应用较多
2	半环连接	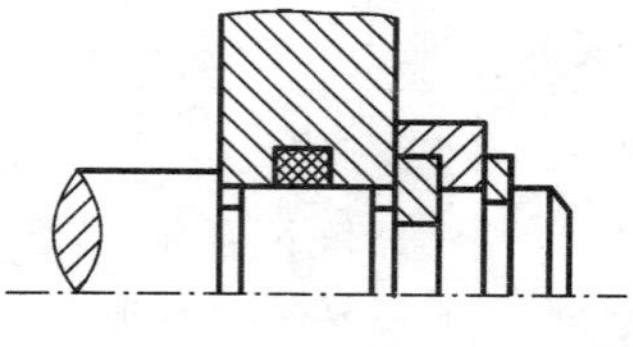	半环放置于活塞杆的环形槽内,并由套环套住,套环又由弹簧挡圈固定在活塞杆上。此种连接方式强度高,装拆方便,但结构复杂,多用于高压和振动极大的场合
3	锥销连接	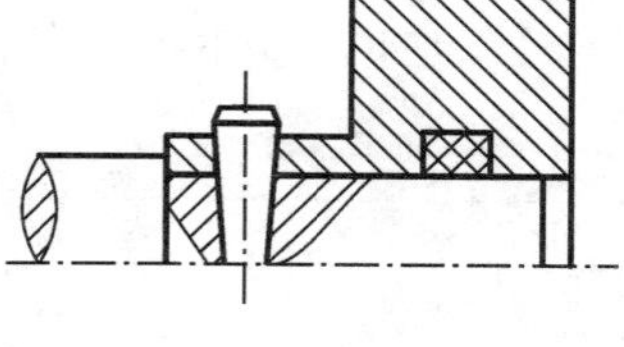	通过锥销把活塞固定到活塞杆上,此种连接方式加工容易,安装方便,但承受载荷能力差,多用于轻载场合
4	焊接方式	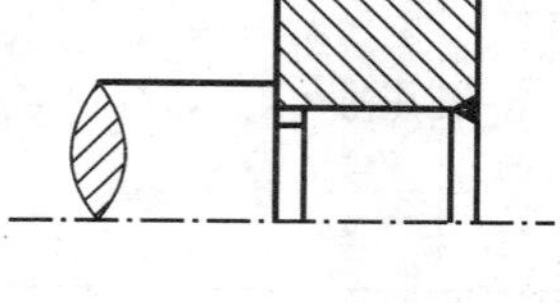	对于活塞与活塞杆的直径相差不大,行程较短或尺寸较小的液压缸,可以采用焊接连接方式或是制成一体

3）密封装置

液压缸工作时，由于存在压力差，油液可能通过固定件的连接处和相对运动部件的配合处产生泄漏。油液从液压缸的高压腔泄漏到低压腔，称为内泄漏，会引起液压缸在载荷作用下运动缓慢甚至停止；油液从液压缸内部泄漏到外部，称为外泄漏，如果出现外泄漏，必须更换全部的密封组件（或防尘圈），否则当活塞杆缩回时容易将污染物带进液压缸内。液压缸的泄漏方式如图 3-15 所示。

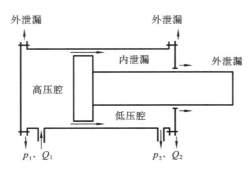

图 3-15　液压缸的泄漏方式

泄漏不仅会造成油液发热，还会降低活塞缸的容积效率，影响活塞缸的正常使用，因此采用必要的密封措施减小泄漏很重要，常用的密封方式如表 3-4 所示。

表 3-4　常用的密封方式

序号	密封方式	结构示意图	特点及应用
1	间隙密封		依靠加工在活塞上的环形槽，增大液压油流经此间隙的阻力，起到密封作用，对活塞与缸筒内壁配合之间的表面加工精度和表面粗糙度要求高。此种密封方式适合于直径较小、工作压力较低的液压缸
2	活塞环密封		通过活塞环槽中弹性金属环紧贴缸筒壁实现密封作用，密封效果好，耐高温，使用寿命长，能实现间隙自动补偿，易于保养维修，应用于高压、高速、高温的场合，但是活塞环制造工艺复杂，缸筒内壁表面加工要求较高
3	O 形密封圈密封		结构简单，密封可靠，摩擦阻力小，但其使用寿命不长，且要求缸孔内壁光滑，主要用于低速场合
4	V 形密封圈密封		密封、弹性、强度均较好，唇部有弹性，磨损后可以自动补偿，在压力较大、滑动速度较高的条件下时，需要用支承环固定密封圈

4）缓冲装置

液压缸带动质量较大的部件做快速往复运动时，由于运动部件具有很大的动能，因此当活塞运动到液压缸终端时，由于惯性作用会与端盖碰撞，产生冲击和噪声。这种机械冲击不仅会导致液压缸相关部件的损坏，而且会引起其他相关机械的损伤。为了防止这种危害，保证安全，应采取缓冲措施，对液压缸运动速度进行控制。缓冲装置的基本原理是当活塞或缸筒运动到行程终点时，将压油腔的液压油封闭起来，迫使液压油从缝隙或节流小孔流出，产生足够的缓冲压力，减缓活塞的运动速度，达到避免活塞和缸盖相互撞击的目的，常见的缓冲方式如表3-5所示。

表3-5　常见的缓冲方式

序号	缓冲方式	结构示意图	特点及应用
1	圆柱形环隙式		当缓冲柱塞进入与其相配的缸盖上的内孔时，孔中的液压油只能通过间隙 δ 排出，使活塞速度降低。由于配合间隙不变，故随着活塞运动速度的降低，起缓冲作用
2	可调节节流孔式		当缓冲柱塞进入配合孔之后，油腔中的液压油只能经节流阀排出。由于节流阀是可调的，因此缓冲作用也可调节，但仍不能解决速度降低后，缓冲作用随之减弱的缺点
3	可变节流槽式		在缓冲柱塞上开有三角槽，随着柱塞不断进入配合孔中，其节流面积越来越小，解决了在行程最后阶段缓冲作用过弱的问题

5）排气装置

液压缸停放一定时间不用，往往会混入空气，使系统工作不稳定，产生振动、爬行或前冲等现象，严重时会使系统不能正常工作。因此，设计液压缸时，必须考虑空气的排除。对于要求不高的液压缸，往往不设计专门的排气装置，而是将油口布置在缸筒两端的最高处，这样也能使空气随油液排往油箱，再从油箱溢出，对于速度稳定性要求较高的液压缸和大型液压缸，常在液压缸的最高处设置专门的排

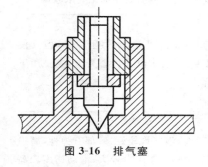

图 3-16　排气塞

气装置，如排气塞（见图3-16）、排气阀等。当松开排气塞或排气阀的锁紧螺栓后，低压往复运动几次，带有气泡的油液就会排出，空气排完后拧紧螺栓，液压缸便可正常工作。

3.1.2　液压缸的选用、安装与调试

1. 液压缸的选用

在一些特殊的场合,液压缸往往需要自行计算和选择,选择液压缸的时候,首先应该对所设计的液压系统进行工况分析、负载计算,确定其工作压力,根据使用要求选择液压缸的类型,然后再按照负载和运动要求确定液压缸的主要结构尺寸,必要时需要进行相关的强度计算。

1) 液压缸主要参数尺寸的计算

液压缸的主要参数尺寸包括液压缸的内径 D、活塞杆直径 d、液压缸的长度和活塞杆的长度等。

液压缸的内径和活塞直径的确定方法与使用的液压缸的设备类型有关,通常根据液压缸的推力(牵引力)和液压缸的有效工作压力来决定。

液压缸内径 D 和活塞杆直径 d 可根据液压系统中的最大总负载和选取的工作压力来确定。对于单杆式液压缸而言,当无杆腔进油并且不考虑机械效率时,由式(3-3)可得

$$D=\sqrt{\frac{4F_1}{\pi(p_1-p_2)}-\frac{d^2 p_2}{p_1-p_2}} \tag{3-12}$$

当有杆腔进油并且不考虑机械效率时,由式(3-5)可得

$$D=\sqrt{\frac{4F_2}{\pi(p_1-p_2)}+\frac{d^2 p_1}{p_1-p_2}} \tag{3-13}$$

一般选取回油背压 $p_2=0$,于是式(3-12)和式(3-13)便可简化,即无杆腔、有杆腔进油时分别为

$$D=\sqrt{\frac{4F_1}{\pi p_1}} \tag{3-14}$$

$$D=\sqrt{\frac{4F_2}{\pi p_1}+d^2} \tag{3-15}$$

上式中的活塞杆直径 d 可根据工作压力或设备类型选取,当液压缸往复运动速度比没有要求时,活塞杆直径 d 可以按照机械设计手册或工作压力来选取,详细内容参照表 3-6。

表 3-6　液压缸的工作压力与推荐的活塞杆直径

液压缸的工作压力 p/MPa	$\leqslant 5$	$5\sim 7$	>7
推荐的活塞杆直径 d/mm	$(0.5\sim 0.55)D$	$(0.6\sim 0.7)D$	$0.7D$

当液压缸往复运动速度比有一定要求时,由前述内容可知,活塞杆直径 d 为

$$d=D\sqrt{\frac{\lambda_v-1}{\lambda_v}} \tag{3-16}$$

其中液压缸往复运动速度比 λ_v 的推荐值如表 3-7 所示,λ_v 过大,会使液压缸产生过大的背压,λ_v 太小会使活塞杆太细,影响其稳定性。

表 3-7　液压缸往复速度比 λ_v 的推荐值

液压缸的工作压力 p/MPa	$\leqslant 10$	$12.5\sim 20$	>20
液压缸往复运动速度比 λ_v	1.33	1.4	2

液压缸的缸筒长度由活塞最大行程、活塞长度、活塞杆导向套长度、活塞密封长度等确定，其中活塞长度一般取 $(0.6\sim1)D$，导向套长度取 $(0.6\sim1.5)D$；为了降低加工难度，一般液压缸缸筒长度不应大于内径的 $20\sim30$ 倍。液压缸的进、出口直径 d_o 为

$$d_o=\sqrt{\frac{4q}{\pi v}} \qquad (3\text{-}17)$$

式中：q——进入液压缸的流量；

v——液压缸管道中液体的平均流速。

得到上述公式计算所得的液压缸内径 D、活塞杆直径 d 及液压缸的进、出口直径 d_o 后，应查相关液压设计手册，将其圆整到标准系列值。

2）液压缸的强度计算与校核

在中低压系统中，液压缸的缸筒壁厚一般由结构和工艺上的需要来确定；但在高压系统中且液压缸直径较大时，必须对液压缸的缸筒壁厚 δ、活塞杆直径 d 等进行强度校核。

（1）缸筒壁厚校核。

缸筒壁厚校核时分薄壁和厚壁两种情况，当 $D/\delta\geqslant10$ 时为薄壁，壁厚按下式进行校核。

$$\delta\geqslant\frac{p_y D}{2[\sigma]} \qquad (3\text{-}18)$$

当 $D/\delta<10$ 时为厚壁，壁厚按下式进行校核。

$$\delta\geqslant\frac{D}{2}\left(\sqrt{\frac{[\sigma]+0.4p_y}{[\sigma]-1.3p_y}}-1\right) \qquad (3\text{-}19)$$

式中：D——缸筒内径；

p_y——缸筒试验压力，比最大工作压力大 $20\%\sim30\%$；

$[\sigma]$——缸筒材料的许用应力，铸铁 $[\sigma]=60\sim70$ MPa，铸钢、无缝钢管 $[\sigma]=100\sim110$ MPa，锻钢 $[\sigma]=110\sim120$ MPa。

在使用式(3-18)、式(3-19)进行校核时，若液压缸缸筒与缸盖采用半环连接，δ 应取缸筒壁厚最小处的值。

（2）活塞杆直径校核。

活塞杆的直径 d 按下式进行校核。

$$d\geqslant\sqrt{\frac{4F}{\pi[\sigma]}} \qquad (3\text{-}20)$$

式中：F——活塞杆上的作用力；

$[\sigma]$——活塞杆材料的许用应力，$[\sigma]=R_m/1.4$，R_m 为材料的抗拉强度。

3）缓冲机构的选用

一般认为普通液压缸在工作压力大于 10 MPa、活塞速度大于 0.1 m/s 时，应采用缓冲装置或其他缓冲方法，这主要取决于具体情况和液压缸的用途等。例如，要求速度变化缓慢的液压缸，当活塞速度大于或等于 $0.05\sim0.12$ m/s 时，应采用缓冲装置。

4）密封装置的选用

在选用液压缸的密封装置时，可结合表 3-4 中的内容选用合适的密封装置。

5）工作介质的选用

按照环境温度可初步选定如下工作介质。

（1）在常温（$-20\sim60$ ℃）下工作的液压缸，一般采用石油型液压油。

（2）在高温（>60 ℃）下工作的液压缸，需采用难燃油液及特殊结构的液压缸。

不同结构的液压缸，对工作介质的黏度和过滤精度有以下不同的要求。

（1）工作介质的黏度要求：大部分生产厂要求其生产的液压缸所用的工作介质的黏度范围为 12～280 mm^2/s。个别生产厂（如意大利的 ATOS 公司）所用的工作介质的黏度范围为 2.8～380 mm^2/s。

（2）工作介质的过滤精度要求：用一般弹性物密封件的液压缸的工作介质的过滤精度为 20～25 μm；伺服液压缸的工作介质的过滤精度为 10 μm；用活塞环的液压缸的工作介质的过滤精度为 200 μm。

2．液压缸的安装和调试

1）使用工况及安装条件

（1）工作中有剧烈冲击时，液压缸的缸筒、端盖不能使用脆性的材料，如铸铁。

（2）排气阀需装在液压缸油液空腔的最高点，以便排除空气。

（3）采用长行程液压缸时，需综合考虑选用足够刚度的活塞杆和安装中隔圈。因为在长行程液压缸内，由于安装方式及负载的导向条件，可能使活塞杆导向套受到过大的侧向力而导致严重磨损，所以在长行程液压缸内需在活塞与前缸盖之间安装一个中隔圈（也称限位圈）。

（4）当工作环境污染严重，有较多的灰尘、砂、水分等杂质时，需采用活塞杆防护套。

（5）安装方式与负载导向会直接影响活塞杆的弯曲稳定性，具体要求如下。

耳环式安装：是指将液压缸的耳环与机械上的耳环用销轴连接在一起，使液压缸能在某个平面内自由摆动；由于作用力处在一个平面内，如耳环带有球铰，则可在±4°圆锥角内变向。

耳轴式安装：是指将固定在液压缸上的铰轴安装在机械的轴座内，使液压缸轴线能在某个平面内自由摆动；由于作用力处在一个平面内，通常较多采用的是前端耳轴和中间耳轴。后端耳轴只用于小型短行程液压缸，因其支承长度较大，影响活塞弯曲的稳定性。

法兰安装：作用力与支承中心处在同一轴线上，法兰与支承座的连接应使法兰面承受作用力，而不应使固定螺栓承受拉力。例如，前端法兰安装，如作用力是推力，应采用如图 3-17(a)所示的形式，避免采用图 3-17(b)所示的形式；如作用力是拉力，则反之。采用后端法兰安装，如作用力是推力，应采用如图 3-18(a)所示的形式，避免采用 3-18(b)所示的形式；如作用力是拉力，则反之。

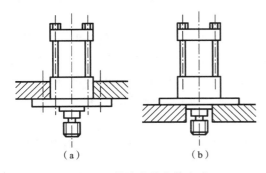

图 3-17　前端法兰安装方式

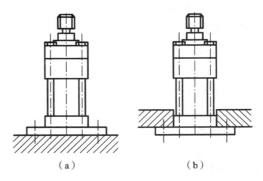

图 3-18　后端法兰安装方式

脚架安装：如图 3-19(a)所示，前端底座需加定位螺栓或定位销，后端底座则用较松螺孔，以使液压缸在受热时，缸筒能伸长；当液压缸的轴线较高，离开支承面的距离 H（见图 3-19(b)）较大时，底座螺栓及底座应能承受得住倾覆力矩 FH 的作用。

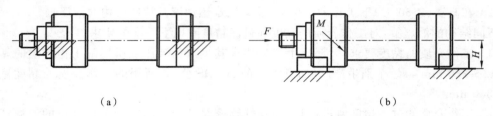

（a）　　　　　　　　　　　　　　　　（b）

图 3-19　前端脚架安装方式

负载导向：液压缸活塞不应承受侧向负载力，否则，必然使活塞杆直径过大，导向套长度过长，因此通常对负载加装导向装置，按不同的负载类型，推荐以下安装方式和导向条件，如表 3-8 所示。

表 3-8　负载与安装方式的对应关系

负载类型	推荐安装方式	作用力承受情况	负载导向要求	负载类型	推荐安装方式	作用力承受情况	负载导向要求
重型	法兰安装	作用力与支承中心在同一轴线上	导向	中型	耳环安装	作用力与支承中心在同一轴线上	导向
	耳轴安装		导向		法兰安装		导向
	脚架安装	作用力与支承中心不在同一轴线上	导向		耳轴安装		导向
	铰轴安装	作用力与支承中心在同一轴线上	不要求导向	轻型	耳环安装	作用力与支承中心在同一轴线上	可不导向

2）液压缸安装的注意事项

按照前述的液压缸安装条件，结合液压缸与负载大小、性质、方向等，安装时需注意以下几点。

（1）连接的基座必须有足够的强度。如果基座不牢固，加压时，缸筒将向上翘起，导致活塞杆弯曲或折损。

（2）大直径、行程在 2～2.5 m 以上的大液压缸，在安装时，必须安装活塞杆的导向支承环和缸筒本身的中间支座，以防止活塞杆和缸筒挠曲。因为挠曲会使缸体与活塞杆、活塞杆与导向套之间的间隙不均匀，造成滑动面不均匀磨损或拉伤，轻则使液压缸出现内泄漏和外泄漏，重则使液压缸不能使用。

（3）耳环式液压缸是以耳环为支点，它可以在与耳环垂直的平面内摆动的同时，做直线往复运动。所以，活塞杆顶端连接转轴孔的轴线方向，必须与耳轴孔的方向一致。否则，液压缸就会受到以耳轴孔为支点的弯曲载荷，有时还会由于活塞杆的弯曲，使杆端的头部螺纹折断。而且，活塞杆处于弯曲状态下进行往复运动，容易拉伤缸筒表面，使导向套的磨损不均匀，发生漏油等现象。

（4）当要求耳环式液压缸能以耳环孔为中心做自由回转时，可以使用万向接头或万向联轴器。采用万向接头时，液压缸能整体自由摆动。

（5）铰轴式液压缸的安装方法应与耳环式液压缸作相同考虑，因为液压缸是以铰轴为支点的，并在与铰轴相垂直的平面内摆动的同时，做往复直线运动。所以，活塞杆顶端的连接销应与铰轴位于同一方向。若连接销与铰轴相垂直，液压缸就会变形弯曲，活塞杆顶端的螺纹部分就会折断，加之有横向力的作用，活塞杆导向套和活塞面容易发生不均匀磨损或拉伤，这是造成破损和漏油的主要原因。

3）液压缸的调试

液压缸安装好后，需要进行试运转。

安装后试压，无漏油现象时，首先应当排气。将工作压力降至 0.5～1.0 MPa，进行排气。

排气方法：当活塞运动到终端，压力升高时，将处于高压腔的排气阀螺栓打开，使带有浊气的白泡沫状油液从排气阀喷出，喷出时带有"嘘、嘘"的响声。当活塞由终端开始返回的瞬间关闭该阀。如此多次，直至喷出澄清的油液为止。然后再换另一腔排气，排气方法同上。一般要将空气排净需要 25 min 左右的时间。

液压缸设有缓冲阀的，还应对缓冲阀进行调整，主要调整缓冲效果和动作的循环时间。当液压缸上作用有工作负载条件时，活塞速度按小于 50 mm/s 运行，逐渐提高。开始先把缓冲阀放在缓冲节流阻力较小的位置，然后逐渐增大节流阻力，使缓冲作用逐渐加强，一直调到符合缓冲要求为止。

【任务实施】　卧式双立柱带锯床液压缸的选用、安装与调试。

1. 带锯床液压缸的选择与安装

1）液压缸类型的选择

由上述介绍可知，带锯床锯切的运动要靠液压系统的相关元件来带动，这个元件就是液压系统的执行元件。由前述知识点介绍可知，作为执行元件的液压缸有增压式液压缸（简称增压缸），摆动式液压缸（简称摆动缸）等类型。增压缸将油压力转换为机械的直线运动，摆动缸将油压力转换为机械的摆动运动。带锯床液压系统中要执行带动锯梁的上、下升降和夹具的夹紧功能，故选用活塞式液压缸为执行元件。

2）液压缸结构的选择

由前述知识点可知，双作用单出杆液压缸带动工作部件的往复运动不相等，常用于实现机床设备中的快速退回和慢速工作进给。同时，双作用单出杆液压缸由于两端有效作用面积不同，无杆腔进油产生的推力大于有杆腔进油产生的推力，当无杆腔进油时能克服较大的外载荷，因此，也常用在需要液压缸产生较大推力的场合。带锯床工作时，向下工进时需要慢速运动并要克服较大的工作阻力，向上退回时需要快速返回，在此选择双作用单出杆液压缸较为合适。

3）液压缸实际选用与安装的步骤

（1）根据机构运动和结构的要求，选择液压缸的类型。

（2）根据机构工作推力要求，确定液压缸的输出压力。

（3）根据系统压力和往返速度比，确定液压缸的主要尺寸，如液压缸直径、活塞杆直径等，并按产品样本标准系列选择恰当的尺寸。

（4）根据机构运动行程和速度要求，确定液压缸的长度、流量及液压缸通油口尺寸。

（5）确定液压缸的密封装置、缓冲装置及排气装置。

（6）按照前述液压缸安装步骤正确安装。

2. 带锯床液压缸的拆装与调试

1）拆装与调试的准备

（1）液压缸的准备。

（2）拆装工具的准备：内六角扳手、活动扳手、一字旋具、十字旋具、尖嘴钳、其他辅助工具等。

2) 拆装与调试步骤

(1) 根据液压缸的产品铭牌,了解型号和参数,确定合理的拆装工序。

(2) 按照所制定的拆装工序,先拆卸掉四根拉杆,并卸下左、右端盖,观察端盖与缸体之间的配合关系和密封装置,如图 3-20 所示,并分析密封原理。

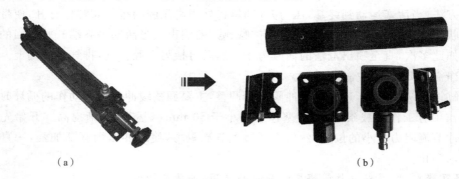

（a）　　　　　　　　　　　　　　　　　　　　　（b）

图 3-20　液压缸的组件

（a）液压缸;（b）组件

(3) 将活塞与活塞杆从缸体中分离,观察活塞与缸体之间的配合关系和密封装置,如图 3-21所示,并分析密封原理;拧掉螺母,拆下活塞,并观察活塞与活塞杆之间的装配关系。

图 3-21　活塞的组件

(4) 拆卸过程中注意关键零件的位置关系,记录好拆卸顺序。

(5) 装配前,检查各个零件,进行必要的修复,并更换已损坏的零件;各零件必须用清洁煤油仔细清洗干净并晾干(注意不要用抹布擦拭),然后涂上工作油液待装。

(6) 装配时,遵循先拆的零件后安装,后拆的零件先安装的原则,正确合理地进行安装。活塞与活塞杆装配后,需设法测量其同轴度和在全长上的直线度是否超差;液压缸装配后,保证活塞组件移动时应无阻滞感和阻力大小不均匀等现象。

3) 拆装与调试的注意事项

(1) 首先了解液压缸的产品铭牌,了解所选取的液压缸的型号和基本参数,熟悉元件的工作原理及装配图,按元件组成结构及特点划分拆装单元。

(2) 确定合理的拆装单元、拆装顺序,拆装过程中注意观察导向套、活塞、缸体的相互连接关系,卡位及其周围零件的装配关系,液压缸的密封部位和原理,以及液压缸的缓冲结构形式和工作原理。

(3) 确定合理的各单元拆装顺序,并注意哪些是可拆卸连接(螺纹连接、键连接、销连接等),哪些是不可拆卸连接(焊接、过盈连接等)。在拆卸过程中,遇到元件卡住的情况时,不要乱敲硬砸,请指导老师来解决。

(4) 拆卸下来的零件必须要用煤油清洗,注意检查密封元件和弹簧卡环等易损件是否损坏,必要时予以更换。

(5) 装配时要注意调整密封圈的压紧装置,使之松紧合适,保证活塞杆能够用手来回拉动,而且使用时不能有太多泄漏(允许有微量泄漏)。

（6）在拆装液压缸时要注意密封圈是否过度磨损、老化而失去弹性，唇边是否损伤；检查缸筒、活塞杆、导向套的零件表面有无纵向拉痕或单边过大磨损，若有则予以修复。

【相关训练】

［例 3-1］ 外圆磨床液压系统液压缸的应用分析。

1. 外圆磨床工作台运动要求的分析

图 3-22 所示为外圆磨床。外圆磨床是加工工件圆柱形、圆锥形或其他形状素线展成的外表面和轴肩端面的磨床。工作台做频繁地往复运动，并且要求往复运动速度相等。

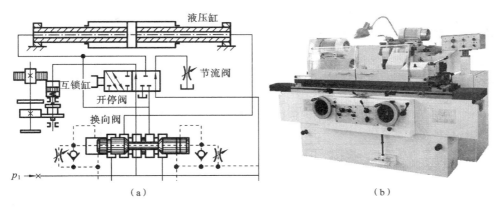

图 3-22　外圆磨床

（a）工作台液压的传动原理；（b）实物图

2. 工作台驱动液压缸的选择

由于双杆式活塞缸具有带动工作部件往复运动时推力和运动速度相等的特点，故常用于需要工作部件做等速往返直线运动的场合。这一点正符合外圆磨床的工作台的运动要求，故外圆磨床的工作台采用双杆式活塞缸。此外，此类液压缸分为缸体固定式和活塞杆固定式两类，外圆磨床采用缸体与工作台相连，活塞杆固定在设备床身上的形式，压力油经活塞杆进入液压缸两腔，运动行程为有效行程的两倍，虽然行程相对于缸体固定式的双杆式活塞缸有所减少，但是减少了设备运行时的占地空间，提高了车间空间的有效利用率。

任务 3.2　液压马达的使用与维护

【学习要求】

掌握液压马达的类型与结构特点、参数计算，液压缸与液压马达的差异；能合理选用液压马达的类型与基本参数，并能正确进行安装和调试；养成良好的观察、思考、分析的习惯，培养动手能力。

【任务描述】 YM 型叶片式液压马达的拆装。

本任务是通过对 YM 型叶片式液压马达进行拆装，认识叶片式液压马达的结构、组成、外形尺寸等，深入理解叶片式液压马达的工作原理、功用，以及零件材料、工艺及配合等要求，以便将来在工作实践中能正确选用液压马达，设计出合理的液压系统，并能正确安装和在使用中正确维护液压元件。

【知识储备】

3.2.1 液压马达的工作原理

液压马达是将液体的压力能转换为机械能的装置,从原理上讲,液压泵可作液压马达用,液压马达也可作液压泵用。但事实上,同类型的液压泵和液压马达虽然在结构上相似,但由于两者的工作情况不同,使得两者在结构上也有些差异,如表 3-10 所示。

表 3-10 液压泵与液压马达的区别

区别	液压泵	液压马达
功能	能源装置,输入机械能,输出液压能	执行元件,输入液压能,输出机械能
元件一般符号		
泵进、出油口尺寸	吸油腔一般为真空,通常进口尺寸大于出口尺寸	压油腔的压力稍高于大气压力,没有特殊要求,进、出油口尺寸相同
自吸能力	保证自吸能力	无要求
旋转方向	单向旋转	需要正反转(内部结构需对称)
启动要求	启动靠外在机械动力	启动需克服较大的静摩擦力,因此要求启动转矩大,转矩脉动小,内部摩擦小
效率	容积效率需较高,一般比液压马达的容积效率要高	机械效率需较高,一般液压马达的机械效率比液压泵的机械效率高
转速	通常泵的转速高	输出较低的转速
叶片安装方式	叶片倾斜安装	叶片径向安装
叶片压紧方式	叶片通常依靠根部的压力油和离心力压紧在定子表面上	叶片通常依靠根部的扭转弹簧压紧在定子表面上
齿数	齿轮泵的齿数少	齿轮马达的齿数多
运转情况	液压泵连续运转,油温变化相对较小	经常空转或停转,受频繁的温度冲击
安装	与原动机装在一起,主轴不受额外的径向负载	主轴常受径向负载(轮子或带、链轮、齿轮直接装在马达上时)

由于液压马达与液压泵相比有不同的特点,使得很多类型的液压马达和液压泵不能互换使用。

液压马达按其额定转速,分为高速和低速两大类,额定转速高于 500 r/min 的属于高速液压马达,额定转速低于 500 r/min 的属于低速液压马达。

高速液压马达又称为高速小转矩液压马达,它的基本形式有齿轮式、叶片式和轴向柱塞式等,它的主要特点是转速高,转动惯量小,便于启动、制动、调速和换向。通常高速液压马达的输出转矩不大,最低稳定转速较高,只能满足高速小转矩工况。

低速大转矩液压马达是相对于高速液压马达而言的,通常这类液压马达在结构形式上多为径向柱塞式,其特点是最低转速低,为 5~10 r/min;输出转矩大,可达几万牛顿·米;径向尺寸大;转动惯量大。由于上述特点,它可以与工作机构直接连接,不需要减速装置,使传动结构大为简化。低速大转矩液压马达广泛用于起重、运输、建筑、矿山和船舶等机械的液压传动系统中,实现提升绞盘、卷筒驱动、各种回转机械驱动、履带和轮子行走的驱动功能。

液压马达也可按其结构来分,可以分为齿轮式、叶片式、柱塞式和其他形式,如图 3-23 所示。

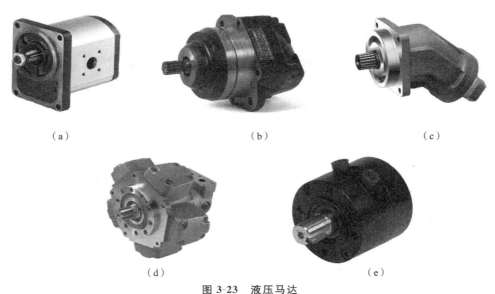

（a）   （b）   （c）

（d）   （e）

图 3-23   液压马达
（a）外啮合齿轮式液压马达;（b）叶片式液压马达;（c）轴向柱塞式液压马达;
（d）径向柱塞式液压马达;（e）叶片摆动式液压马达

1. 齿轮式液压马达

齿轮式液压马达的结构与齿轮泵相似,但是由于齿轮泵和齿轮式液压马达的使用要求与泵不同,也存在结构上的区别:齿轮式液压马达在结构上适应正反转的要求,其进、出油口相等,具有对称性,由单独外泄油口将轴承部分的泄漏油引出壳体外;为了减少启动摩擦力矩,其采用滚动轴承;为了减小转矩脉动,齿轮式液压马达的齿数比齿轮泵的齿数要多。齿轮式液压马达具有体积小、质量小、结构简单、工艺性好、对油液的污染不敏感、耐冲击和惯性小等优点;缺点有转矩脉动较大、效率较低、启动转矩较小(仅为额定转矩的 $60\%\sim70\%$)和低速稳定性差等,一般用于工程机械、农业机械及对转矩均匀性要求不高的机械设备。

外啮合齿轮式液压马达的工作原理如图 3-24 所示。图中 I 为输出转矩的齿轮,II 为空

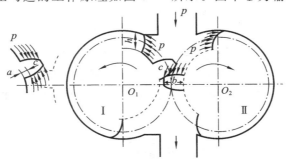

图 3-24   外啮合齿轮式液压马达的工作原理

转齿轮,当高压油输入液压马达高压腔时,处于高压腔的所有齿轮均受到压力油的作用,其中互相啮合的两个齿的齿面,只有一部分处于高压腔。设啮合点 c 到两个齿轮齿根的距离分别为 a 和 b,由于 a 和 b 均小于齿高 h,因此两个齿轮上就各作用一个使它们产生转矩的作用力 $pB(h-a)$ 和 $pB(h-b)$,其中 p 为输入油的压力,B 为齿宽。在这两个力的作用下,两个齿轮按图示方向旋转,由转矩输出轴输出转矩。随着齿轮的旋转,油液被带到低压腔排出。

2. 叶片式液压马达

叶片式液压马达与其他类型液压马达相比较,具有结构紧凑、轮廓尺寸较小、噪声低、寿命长等优点,其惯性比柱塞式液压马达小,但抗污染能力比齿轮式液压马达差,且转速不能太高,一般在 200 r/min 以下工作。叶片式液压马达由于泄漏量较大,故负载变化在低速时不稳定,常用于转速高、转矩小和动作灵敏的工况场合。

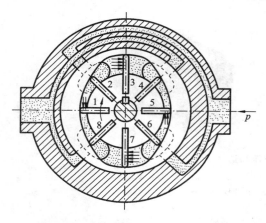

图 3-25 所示为叶片式液压马达的工作原理。当压力为 p 的油液从进油口进入叶片(1)和叶片(3)之间时,叶片(2)因两面均受液压油的作用,所以不产生转矩。叶片(1)和叶片(3)的一侧作用高压油,另一侧作用低压油,并且叶片(3)伸出的面积大于叶片(1)伸出的面积,因此使转子产生顺时针的转矩。同样,当压力油进入叶片(5)和叶片(7)之间时,叶片(7)伸出的面积大于叶片(5)伸出的面积,也产生顺时针的转矩,从而把油液的压力能转换成机械能,这就是叶片式液压马达的工作原理。为保证叶片在转子转动前就紧密地与定子内表面接触,通常是在叶片根部

图 3-25 叶片式液压马达的工作原理

加装弹簧,弹簧的作用力使叶片压紧在定子内表面上。叶片式液压马达一般均设置有单向阀,以便为叶片根部配油。为适应正反转的要求,叶片沿转子径向安置。

3. 轴向柱塞式液压马达

一般来说,轴向柱塞式液压马达都是高速液压马达,输出转矩小,因此,必须通过减速器来带动工作机构。如果能使液压马达的排量显著增大,也就可以将轴向柱塞式液压马达做成低速大转矩液压马达。轴向柱塞式液压马达的结构形式基本上与轴向柱塞式液压泵一样,工作原理是可逆的,也分为斜盘式和斜轴式两类,所以大部分产品也可作为液压泵使用。图3-26所示为轴向柱塞式液压马达的工作原理。斜盘和配油盘固定不动,缸体和液压马达轴相连接,并可一起旋转。当压力油经配油窗口进入缸体柱塞孔,作用到柱塞端面上时,压力油将柱塞顶出,对斜盘产生推力,斜盘则对处于压油区一侧的每个柱塞都产生一个法向反力 F,这个力的水平分力 F_x 与柱塞上的液压力平衡,而竖直分力 F_y 则使每个柱塞都对转子中心产生一个转矩,使缸体和液压马达轴做逆时针旋转。如果改变液压马达压力油的输入方向,液压马达轴就可做顺针旋转。

3.2.2 液压马达的主要性能参数

在液压马达的各项性能参数中,压力、排量、流量等参数与液压泵同类参数有相似的含义,

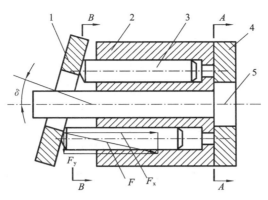

图 3-26　轴向柱塞式液压马达的工作原理
1—斜盘；2—缸体；3—柱塞；4—配油盘；5—液压马达轴

其原则差别在于：在液压泵中它们是输出参数，在液压马达中则是输入参数，主要参数与计算公式如表 3-10 所示。

表 3-10　液压马达的主要参数及计算公式

参数名称		单位	参 数 含 义	计 算 公 式
排量及流量	排量 q_0	m^3/r	每旋转一周，由其密封腔内几何变化计算得到排出液体的体积	—
	理论流量 q_{th}	m^3/s	在单位时间内为形成指定转速，液压马达密封腔容积变化所需要的流量	$q_{th} = \dfrac{1}{60} q_0 n$
	实际流量 q_{ac}		液压马达进口处流量	$q_{ac} = \dfrac{1}{60} q_0 n \dfrac{1}{\eta_v}$
压力	额定压力 p_n	Pa	在正常工作条件下，按试验标准规定能连续运转的最高压力	—
	最高压力 p_{max}		按试验标准规定允许短暂运行的最高压力	—
	工作压力 p		工作时的压力	—
转速	额定转速 n	r/min	在额定压力下，能连续长时间正常运转的最高速度	—
	最高转速		在额定压力下，超过额定转速而允许短暂运行的最大转速	—
	最低转速		正常运转所允许的最低转速（液压马达不出现爬行现象）	—
功率	输入功率 P_i	W	液压马达进口处输出的液压功率	$P_i = p q_{ac}$
	输出功率 P_0		液压马达输出轴上输出的机械功率	$P_0 = p q_{ac} \eta$
	机械功率		液压马达单位时间内做功的多少	$P = \dfrac{\pi}{30} T n$（T——压力为 p 时液压马达的输出转矩，$N \cdot m$）

续表

参数名称		单位	参 数 含 义	计算公式
转矩	理论转矩 T_{th}	N·m	液体压力作用于液压马达转子形成的转矩	—
	实际转矩 T_0		液压马达轴输出的转矩	$T_0 = \dfrac{1}{2\pi} p q_0 \eta_m$
效率	容积效率 η_v	—	液压马达的理论流量与实际流量的比值	$\eta_v = q_{th}/q_{ac}$
	机械效率 η_m	—	液压马达的实际转矩与理论转矩的比值	$\eta_m = \dfrac{2\pi T_0}{p q_0}$
	总效率 η	—	液压马达输出的机械功率与输入的液压功率的比值	$\eta = \eta_v \eta_m$

3.2.3 液压马达的选用、安装、使用注意事项与维护

1. 液压马达的选用

液压马达的选用需要考虑实际工作压力、转速范围、运行扭矩、总效率、容积效率、寿命等机械性能及在机械设备上的安装条件、外观等。

液压马达的种类很多,特性和应用场合不一样,如齿轮式液压马达输出转矩小,泄漏量大,但结构简单,价格便宜,可用于高转速、低转矩的场合;叶片式液压马达惯性小,动作灵敏,但容积效率不够高,机械特性软,适用于转速较高、转矩不大而要求启动换向频繁的场合;轴向柱塞式液压马达应用广泛,容积效率较高,调整范围也较大,且稳定转速较低,但耐冲击性较差,油液要求过滤,价格也较高,常用于低速大扭矩场合。实际选用过程中,应针对具体用途选择合适的液压马达,表3-11列出了常用液压马达的性能参数。低速场合可以用低速液压马达,也可以用带减速装置的高速液压马达,二者在结构布置、空间占用、成本、效率等方面各有优点,必须仔细论证后才可确定。

表 3-11 常用液压马达的性能参数

性能	齿轮式		叶片式		轴向柱塞式		球铰连杆径向柱塞式
	外啮合	内啮合	单作用	双作用	斜盘	斜轴	
排量范围/(mL/r)	5.2~160	80~1 250	10~200	50~220	2.5~560	2.5~3 600	188~6 800
最高压力/MPa	20~25	20	20	25	40	40	29.3
转速范围/(r/min)	150~2 500	10~800	100~2 000	100~2 000	100~3 000	100~4 000	5~500
容积效率/%	85~94	94	90	75	95	95	95
总效率/%	77~85	76	90	75	90	90	90
噪声	较大	较小	中	中	大	较大	较小
对油污染的敏感性	较好	较好	中	中	敏感	敏感	较好
价格	最低	较低	较低	低	较高	高	较高

确定了所用液压马达的种类之后,结合实际工作所需要的转速和扭矩,参照产品系列型号选出能满足需要的若干种规格,并根据综合技术经济评价来确定某种规格。

2. 液压马达的安装、使用注意事项与维护

1）液压马达的安装

液压马达的支架、机座必须有足够的刚度。液压马达的传动轴与其他机械连接时要保证同轴,或采用挠性连接,同轴度不大于 0.1 mm。低速液压马达与被驱动机构连接时可选用链轮等方法,联轴器与输出轴的配合尺寸应合理选用;如果使用带轮驱动液压马达时,应设置托架支承,避免液压马达承受径向力,因为承受径向力后的液压马达的油封容易变形,导致漏油。

液压马达运转开始前应该检查以下几个方面。

（1）液压马达的安装是否准确、可靠,螺栓是否拧紧,联轴器安装是否符合要求。

（2）液压马达壳体内是否充满工作油液。

（3）其他液压元件的安装是否正确、可靠。

（4）液压系统中的安全阀是否调整到规定的压力值,各类阀的启闭是否正常可靠。

2）液压马达的使用注意事项

（1）使用过程中转速和压力应符合液压马达的额定值,如工作转速不应低于液压马达的额定最低转速,否则将出现爬行现象,工作转速不应高于额定最高转速,因为超负荷工作会降低液压马达的使用寿命。

（2）避免在液压系统有负载的情况下突然启动或停止,在液压系统有负载的情况下突然启动或停止会造成系统压力峰值升高,如果泄压阀来不及反应,会损害液压马达。

（3）选择使用符合系统工况要求、安全性能好的工作油液及其型号。

（4）工作过程中液压马达出现异常升温、泄漏、振动及噪声应立即停车,进行检查,分析原因并清除故障。

（5）必须严格保证液压系统中的工作油液的清洁度,工作油液的工作温度一般以 25～55 ℃为最佳,最高不超过 60 ℃,最低启动油温为 15 ℃,如果低于 15 ℃,应将油液加热至15 ℃以上,再启动液压马达。

（6）液压马达初始运转或是长时间停运后使用,应在无负荷工况下运转 1 h,观察液压马达的工作是否正常。

3）液压马达的维护

为了保证液压马达正常工作,防止意外故障发生,延长使用寿命,使用过程中要做好检查维护工作,其内容如下。

（1）经常检查油箱的油量,可以及时发现油箱泄漏处并及时修理,避免出现系统严重缺油现象;尽可能使液压油保持清洁,液压马达的故障多是由于液压油的质量下降导致的。

（2）经常检查液压马达的壳体温度,壳体温度一般不超过 80 ℃;定期检查工作油液的水分、机械杂质、黏度、酸值等,若超过规定值应采取净化措施或更换新油,绝对禁止使用未经过净化处理的废油或是未达标的假冒伪劣油液。

（3）及时更换堵塞的过滤器的滤芯,新滤芯必须确认过滤精度,达不到系统要求的过滤精度的滤芯,不得使用。

（4）液压系统在进行定期检修维护时,尽量不拆开液压马达等主要液压元件,当确定要拆开时,务必注意拆装工具和拆装场所的清洁,拆下的零件要严防刮伤碰毛,装配时各个零件要清洗干净,加润滑油并注意安装部位,不要装错。

（5）液压马达长期不用时,应将原壳内油液放出,再灌满酸值较低的油液,外露部分涂上

防锈油,各油口需用螺塞封堵好,避免杂质进入。

【任务实施】 YM 型叶片式液压马达的拆装。

1. 拆装准备

1)元件准备

YM 型叶片式液压马达。

2)拆装工具

内六角扳手、活动扳手、一字旋具、十字旋具、尖嘴钳、其他辅助工具等。

2. 拆装注意事项

根据 YM 型叶片式液压马达的结构特点,拟定合理的拆装工序。

拟定拆装工序时,应考虑以下几点。

(1)首先了解液压马达的产品铭牌,了解所选取的液压马达的型号和基本参数,熟悉元件的工作原理及装配图,按元件的组成结构及特点划分拆装单元。

(2)确定合理的拆装单元、拆装顺序。

(3)确定各单元拆装顺序,并注意哪些是可拆卸连接(螺纹连接、键连接、销连接等),哪些是不可拆卸连接(焊接、过盈连接等)。

(4)确定拆装方法、技术要求及所需工具,拆卸过程中,遇到元件卡住的情况时,不要乱敲硬砸,请指导老师来解决。

(5)在确定拆装顺序及拆装方法时必须保证元件的装配精度。

3. 实施拆装

(1)拆解叶片式液压马达时,先用内六角扳手对准位置。松开液压马达壳体上的螺栓,再取掉螺栓,用铜棒轻轻敲打,卸下端盖,拆卸结果如图 3-27 所示。

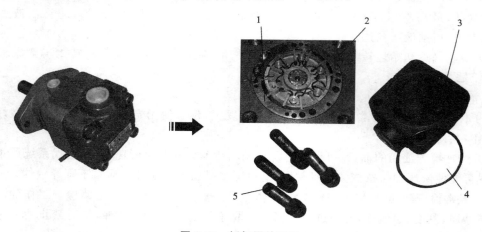

图 3-27　拆卸零件展示一
1—定子;2—液压马达壳体;3—端盖;4—密封圈;5—螺栓

(2)观察壳体内定子、转子、叶片、配油盘等安装位置,分析其结构、特点,理解工作过程。

(3)将转子组件从定子中取出,再将定子从壳体中取出,将配油盘从壳体中取出,取下卡环,将花键轴部件取出,拆卸结果如图 3-28 所示。

(4)观察叶片式液压马达所用的密封元件,了解其特点、作用。

(5)装配前,各零件用清洁煤油仔细清洗干净并晾干(注意不要用抹布擦拭),并涂上工作

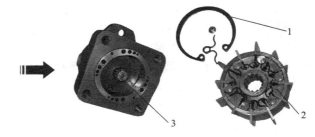

图 3-28   拆卸零件展示二

1—卡环；2—转子；3—花键轴

油液待装。

（6）装配时，遵循先拆的零件后安装，后拆的零件先安装的原则，正确合理地安装，注意配油盘、定子、转子、叶片应保持正确的装配方向，安装完毕后应使液压马达转动灵活，没有卡死现象。

【练习与思考 3】

一、填空题

1. 液压执行元件有_____和_____两种类型，这两者不同点在于：_____将液压能转换成直线运动或摆动的机械能，_____将液压能转换成连续回转的机械能。

2. 液压缸按结构特点的不同，可分为_____缸、_____缸和摆动缸三类。液压缸按其作用方式不同，可分为_____式和_____式两种。

3. _____缸和_____缸用以实现直线运动，输出推力和速度；_____缸用以实现小于 300° 的转动，输出转矩和角速度。

4. 活塞式液压缸一般由_____、_____、缓冲装置、放气装置和_____装置等组成。选用液压缸时，首先应考虑活塞杆的_____，再根据回路的最高_____选用适合的液压缸。

5. 两腔同时输入压力油，利用_____进行工作的单杆式液压缸称为差动液压缸。它可以实现_____的工作循环。

6. 液压缸常用的密封方式有_____和_____两种。

7. _____式液压缸由两个或多个活塞式液压缸套装而成，可获得很长的工作行程。

二、单项选择题

1. 液压缸差动连接工作时，缸的（   ），缸的（   ）。

A. 运动速度增加了   B. 输出推力增加了   C. 运动速度减少了   D. 输出推力减少了

2. 在某一液压设备中，需要一个能完成很长工作行程的液压缸，宜采用（   ）。

A. 单杆式液压缸   B. 双杆式液压缸   C. 柱塞式液压缸   D. 伸缩式液压缸

3. 在液压系统中，液压缸是（   ）。

A. 动力元件   B. 执行元件   C. 控制元件   D. 传动元件

4. 在液压传动中，液压缸的（   ）取决于流量。

A. 压力   B. 负载   C. 速度   D. 排量

5. 将压力能转换为驱动工作部件机械能的能量转换元件是（   ）。

A. 动力元件　　　　　　B. 执行元件　　　　　C. 控制元件

6. 要求机床工作台做往复运动的速度相同时,应采用(　　)液压缸。

A. 双杆式　　　　　B. 差动　　　　　C. 柱塞式　　　　　　D. 单叶片摆动式

7. 单杆式液压缸作为差动液压缸使用时,若使其往复速度相等,其活塞直径应为活塞杆直径的(　　)倍。

A. 0　　　　　B. 1　　　　　C. $\sqrt{2}$　　　　　D. $\sqrt{3}$

8. 一般单杆式液压缸在快速缩回时,往往采用(　　)。

A. 有杆腔回油,无杆腔进油　　B. 差动连接　　C. 有杆腔进油,无杆腔回油

9. 活塞直径为活塞杆直径$\sqrt{2}$倍的单杆式液压缸,当两腔同时与压力油相通时,则活塞(　　)。

A. 不动　　B. 动,速度低于任一腔单独通压力油　　C. 动,速度高于任一腔单独通压力油

10. 不能成为双向变量液压泵的是(　　)。

A. 双作用式叶片泵　　　　　　　　　B. 单作用式叶片泵
C. 轴向柱塞式液压泵　　　　　　　　D. 径向柱塞式液压泵

三、简答题

1. 液压缸中为什么要设置缓冲装置?常见的缓冲装置有哪几种?

2. 何谓差动连接?它应用在什么场合?怎样计算差动液压缸的运动速度和牵引力?

3. 当机床工作台的行程较长时,如龙门刨床的工作台行程可达6~8 m,需要采用什么类型的液压缸较为合适?如何实现工作台的往复运动?

4. CB-B型液压泵和YB型叶片液压泵能否作为液压马达使用?为什么?

四、判断题

1. 液压缸负载的大小决定进入液压缸油液压力的大小。　　　　　　　　　　　　(　　)

2. 改变活塞的运动速度,可采用改变油压的方法来实现。　　　　　　　　　　　(　　)

3. 工作机构的运动速度取决于一定时间内,进入液压缸油液流量的多少和液压缸推力的大小。　　　　　　　　　　　　　　　　　　　　　　　　　　　　　　　　　　　(　　)

4. 一般情况下,进入液压缸的油液压力要低于液压泵的输出压力。　　　　　　　(　　)

5. 如果不考虑液压缸的泄漏,液压缸的运动速度只取决于进入液压缸的流量。　(　　)

6. 液压执行元件包含液压缸和液压马达两大类型。　　　　　　　　　　　　　　(　　)

7. 双作用单杆式液压缸的活塞,两个方向所获得的推力不相等:工作台作慢速运动时,活塞获得的推力小;工作台做快速运动时,活塞获得的推力大。　　　　　　　　　　(　　)

8. 为实现工作台的往复运动,可成对地使用柱塞缸。　　　　　　　　　　　　　(　　)

9. 采用增压缸可以提高系统的局部压力和功率。　　　　　　　　　　　　　　　(　　)

五、计算题

1. 如图3-29所示,试分别计算图3-29(a)、(b)中的大活塞杆上的推力和运动速度。

2. 某一差动液压缸,求在(1) $v_{快进}=v_{快退}$,(2) $v_{快进}=2v_{快退}$两种条件下活塞面积A_1和活塞杆面积A_2之比。

3. 如图3-30所示,已知液压缸内径D、活塞杆直径d、进油压力p、进油流量q,各缸上负载F相同。试求活塞1和2的运动速度v_1、v_2和负载F。

4. 某差动液压缸,进油压力$p=4$ MPa,进油流量$q=30$ L/min,要求活塞做往复运动的速度均为6 m/min。试求此液压缸内径D和活塞杆直径d,并求出输出推力F。

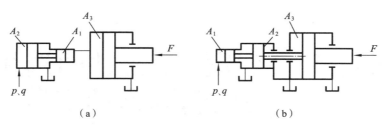

图 3-29 题 1 图

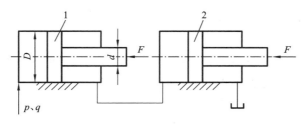

图 3-30 题 3 图

5. 已知某液压马达的排量 $V=250$ mL/r，液压马达入口压力 $p_1=10.5$ MPa，出口压力 $p_2=1.0$ MPa，其总效率 $\eta=0.9$。容积效率 $\eta_v=0.92$。当输入流量 $q=22$ L/min 时，试求液压马达的实际转速 n 和液压马达的输出转矩 T。

6. 某一液压马达的流量 $q=12$ L/min，压力 $p=17.5$ MPa，输出扭矩 $T=40$ N·m，转速 $n=700$ r/min，试求出该液压马达的机械效率。

7. 某单叶片摆动式液压马达的供油压力 $p_1=2$ MPa，供油流量 $q=25$ L/min，回油压力 $p_2=0.3$ MPa，液压缸内径 $D=240$ mm，叶片安装轴直径 $d=80$ mm。设输出轴的回转角速度 $\omega=0.7$ rad/s，试求叶片的宽度 b 和输出轴的转矩 T。

项目 4　液压控制元件的选用
与控制回路的组装

【学习导航】

　　教学目标：以典型机械液压传动系统为载体，学习液压控制元件的基本类型、工作原理、性能结构，掌握方向控制元件、流量控制元件、压力控制元件的选用方法，并掌握方向控制回路、速度控制回路、压力控制回路的分析与组装方法。

　　教学指导：教师选择典型设备，现场组织教学，引导学生观察和辨析各种控制元件；采用多媒体教学方式，引导学生进行方向控制元件、流量控制元件、压力控制元件的结构和工作原理的分析；学生分组进行控制元件的选用和控制回路的组装训练。

任务 4.1　方向控制元件的选用与控制回路的组装

【学习要求】

　　掌握液压系统方向控制元件的基本类型、性能结构及工作原理，以及方向控制回路的控制原理；根据工况选用适宜的方向控制元件，能对控制回路进行油路分析，正确组装并运行调试；养成良好的观察、思考、分析的习惯，培养动手能力。

　　【任务描述】　汽车助力转向机构的方向控制元件的选用与控制回路的组装。

　　图 4-1 所示为汽车助力转向机构。目前，已有许多汽车的转向系统采用液压助力转向系统，该系统使车辆时转向轻便灵活，更利于提高车辆的行驶安全性。汽车助力转向机构在工作中由液压传动系统带动两个前轮进行往复运动。那么在液压传动系统中，控制转向的是哪些元件？这些元件是如何在系统中工作的呢？

　　只要使液压油进入驱动汽车助力转向机构运动的液压缸的不同工作腔，就能使液压缸带动转向机构完成往复运动。这种能够使液压油进入不同的液压缸工作腔，从而实现液压缸不同的运动方向的元件称为方向控制阀。方向控制阀是如何改变和控制液压传动系统中油液流动的方向、油路的接通和关闭，从而来改变液压系统的工作状态的呢？

　　本任务就是要通过观察，学习汽车助力转向机构的工作过程，重点了解汽车如何实现在液压控制下转向。在掌握各类方向控制阀的结构、原理和基本参数等知识的基础上，为汽车助力转向机构的液压驱动设备配备合适的方向控制阀，并能实施正确的安装与

图 4-1　汽车助力转向机构

调试。

【知识储备】

方向控制阀用于控制液压传动系统中液压油的流动方向或液流的通断,它分为单向阀和换向阀两类。

4.1.1　单向阀的工作原理与应用

液压传动系统中常见的单向阀有普通单向阀和液控单向阀两种。

1. 普通单向阀

普通单向阀控制液压油只能沿一个方向流动而反向截止,故又称为止回阀,也简称单向阀。它由阀体、阀芯、弹簧等零件组成,其结构如图 4-2(a)所示。当液压油从阀体左端的通口 P_1 流入时,克服弹簧作用在阀芯上的力,使阀芯向右移动,打开阀口,并通过阀芯上的径向孔 a、轴向孔 b 从阀体右端的通口流出。但是当液压油从阀体右端的通口 P_2 流入时,液压油随同弹簧所加的弹簧力一起使阀芯锥面压紧在阀体上,使阀口关闭,因此油液不能反向流动。图 4-2(b)所示为单向阀的图形符号,图 4-2(c)所示为单向阀的实物图。

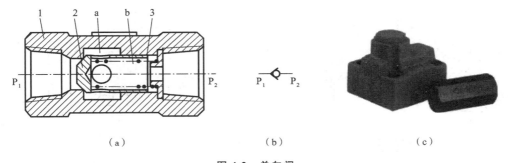

（a）　　　　　　　　　　（b）　　　　　　　　　　（c）

图 4-2　单向阀

(a)结构;(b)图形符号;(c)实物图

1—阀体;2—阀芯;3—弹簧

单向阀主要性能要求:液压油正向通过时压力损失要小,反向截止时密封性能要好。因此,单向阀的弹簧仅用于使阀芯顶压在阀座上,刚度较小,阀的开启压力仅有 $0.035 \sim 0.05$ MPa。若更换为硬弹簧,使其开启压力达到 $0.2 \sim 0.6$ MPa,则可当背压阀使用,这种阀常安装在液压系统的回油路上。另外,单向阀也可以用来分隔油路,防止油路间相互干扰。

2. 液控单向阀

液控单向阀是一种通入控制液压油后即允许油液双向流动的单向阀,由单向阀和液控装置两部分组成,如图 4-3(a)所示。

当控制油口 K 处无压力油通入时,它的工作机制和普通单向阀一样,压力油只能从通口 P_1 流向通口 P_2,不能反向流动。当控制油口 K 有压力油通入时,因控制活塞右侧 a 腔通泄油口(图中未画出),在液压力作用下活塞右移,推动顶杆顶开阀芯,使通口 P_1 和 P_2 接通,油液就可在两个方向自由通流。图 4-3(b)所示为液控单向阀的图形符号,图 4-3(c)所示为液控单向阀的实物图。

根据液控单向阀的泄油方式不同,其可分为内泄式和外泄式两种。在高压系统中,液控单向阀反向开启前,P_2 口的压力比较高,导致顶开锥阀所需要的控制压力也比较高,为了降低控

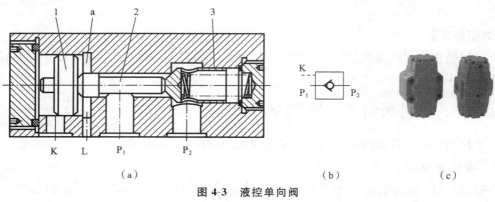

图 4-3　液控单向阀

(a) 结构;(b) 图形符号;(c) 实物图

1—活塞;2—顶杆;3—阀芯

制油口 K 的控油压力,可以采用带卸荷阀芯的液控单向阀,如图 4-4 所示。

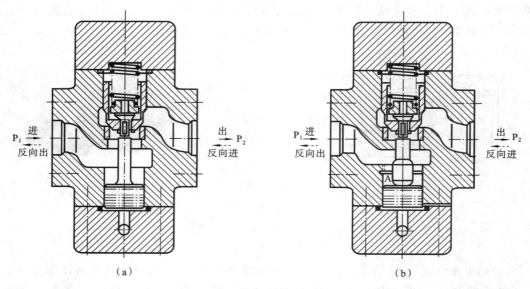

图 4-4　带卸荷阀芯的液控单向阀

(a) 内泄式;(b) 外泄式

在带卸荷阀芯的液控单向阀中,当控制活塞上移时先顶开卸荷阀的小阀芯,使主油路卸压,然后再顶开单向阀芯,这样可大大减小控制压力,因此可用于压力较高的场合。

图 4-4(a)所示为内泄式液控单向阀,其控制活塞的背压腔与通口 P_1 相通。图 4-3 和图 4-4(b)所示为外泄式液控单向阀,活塞背压腔直接通油箱,这样反向开启时就可减小 P_1 腔压力对控制压力的影响,从而减小控制压力。故一般在反向出油口压力较低时采用内泄式,高压系统采用外泄式。

4.1.2　换向阀的工作原理与应用

换向阀是利用阀芯相对于阀体的相对运动,使油路接通、断开或变换油液的流动方向,从而使液压执行元件启动、停止或变换运动方向。根据阀的结构不同,一般可分为转阀式和滑阀式。转阀式换向阀结构简单、紧凑,但密封性能较差,一般在中低压系统中用作单向阀或小流量换向阀。滑阀式换向阀则在液压传动系统中广泛应用。

1. 滑阀式换向阀的主体结构形式

滑阀式换向阀是靠阀芯在阀体内的相对运动使相应的油路接通或断开的换向阀。图 4-5 所示为滑阀式换向阀,滑阀是一个具有多个环形槽的圆柱体,而阀体孔内有若干个沉割槽。每个沉割槽都通过相应的孔道与外部相通,其中 P 为进油口,T 为回油口,而 A 和 B 则为通液压缸的两个工作腔。

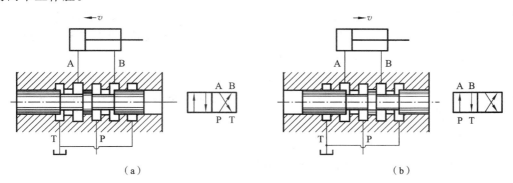

图 4-5　滑阀式换向阀

(a) 活塞向左运动;(b) 活塞向右运动;(c) 图形符号

当阀芯处于图 4-5(a)位置时,P 与 B、A 与 T 相通,活塞向左运动;当阀芯向右移至图 4-5(b)位置时,P 与 A、B 与 T 相通,活塞向右运动。图中右侧用简化了的图形符号清晰地表明了以上所述的通断情况。

几种常用的滑阀式换向阀的结构及图形符号如表 4-1 所示。

表 4-1　几种常用的滑阀式换向阀的结构及图形符号

名称	结　构	职能符号
二位二通滑阀式换向阀	A　B	B A
二位三通滑阀式换向阀	A　P　B	A B P
二位四通滑阀式换向阀	B　P　A　T	A　B P　T
三位四通滑阀式换向阀	A　P　B　T	A B P T

表 4-1 中图形符号的含义为如下。

（1）用方框表示阀的工作位置，方框数即"位"数。

（2）在一个方框内，箭头或"⊥"符号与方框的交点数为油口的通路数，即"通"数。

（3）方框内的箭头表示两油口连通，但箭头方向不一定表示液流的实际方向；"⊥"表示此油口不通。

（4）一般，用 P 表示压力油的进油口，用 T（有时用 O）表示阀与系统回油路连通的回油口，用 A、B 等表示阀与执行元件连接的油口；有时在图形符号上用 L 表示泄油口。

（5）换向阀都有两个或两个以上的工作位置，其中一个为常态位，即阀芯未受到操纵力时所处的位置。

三位阀的中位及二位阀的侧面画有弹簧的那一方框为常态位。在绘制液压的工作原理图中，换向阀的油路连接一般应画在常态位上。一个换向阀完整的图形符号还应表示出操纵方式、复位方式和定位方式等。

2．滑阀式换向阀的操纵方式

常见的滑阀式换向阀的操纵方式如图 4-6 所示。

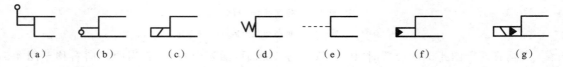

图 4-6　滑阀式换向的操纵方式

(a) 手动控制；(b) 机动控制；(c) 电磁控制；(d) 弹簧控制；(e) 液动控制；(f) 液压先导控制；(g) 电液控制

1）手动换向阀

手动换向阀是用手动杠杆操纵阀芯换位的换向阀。它主要有弹簧自动复位式和钢珠定位式两种。

图 4-7(a)所示为弹簧自动复位式换向阀的结构，可用手操纵使换向阀左位或右位工作，但当操纵力取消后，阀芯便在弹簧力作用下自动恢复至中位，停止工作。要想维持在极端位置，必须用手扳住手柄不放，一旦松开了手柄，阀芯会在弹簧力的作用下，自动弹回中位，因而适用于换向动作频繁、工作持续时间短的场合。

图 4-7(b)所示为钢球定位式换向阀，用手操纵手柄推动阀芯相对阀体移动后，其阀芯端部的钢球定位装置可使阀芯分别停止在左、中、右三个位置上，当松开手柄后，阀仍保持在所需的工作位置上，因而可用于工作持续时间较长的场合。

图 4-7(c)所示为手动换向阀的实物图。

2）机动换向阀

机动换向阀又称行程阀，它主要用来控制机械运动部件的行程。它是借助于安装在运动部件上的挡块或凸轮来推动阀芯移动，从而控制油液的流动方向的。机动换向阀通常是二位的，有二通、三通、四通和五通几种，其中二位二通机动换向阀又分为常闭和常开两种。

图 4-8(a)所示为滚轮式二位二通机动换向阀的结构。在图示位置（常态位），阀芯被弹簧压向上端，油口 P 与 A 不相通；当运动部件上的挡铁压住滚轮使阀芯移至下端时，油口 P 与 A 相通。

图 4-8(b)、(c)所示分别为机动换向阀的图形符号和实物图。

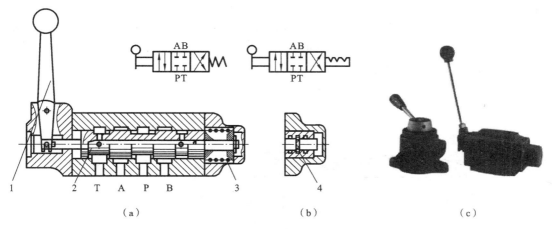

图 4-7 手动换向阀

（a）弹簧自动复位式；（b）钢球定位式；（c）实物图

1—手柄；2—阀芯；3—弹簧；4—钢球

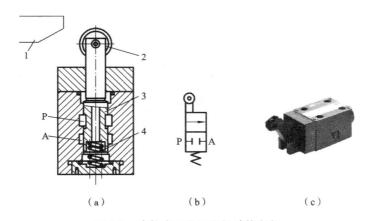

图 4-8 滚轮式二位二通机动换向阀

（a）结构；（b）图形符号；（c）实物图

1—挡铁；2—滚轮；3—阀芯；4—弹簧

　　机动换向阀的结构简单，换向时阀口逐渐关闭或打开，故换向平稳、可靠，位置精度高。但它必须安装在运动部件附近，一般油管较长，常用于控制运动部件的行程。

　　3）电磁换向阀

　　电磁换向阀简称电磁阀，它利用电磁铁的通电吸合与断电释放而直接推动阀芯来控制液流方向。电磁换向阀包括换向滑阀和电磁铁两部分。

　　电磁铁按使用电源的不同，可分为交流和直流两种。电磁铁按衔铁是否浸在油里，又分为干式和湿式两种。

　　交流电磁铁使用的电压为交流 220 V 或 380 V，直流电磁铁使用的电压为直流 24 V。交流电磁铁的优点是电源简单方便，电磁吸力大，换向迅速；缺点是噪声大，启动电流大，在阀芯被卡住时易烧毁电磁铁线圈。直流电磁铁工作可靠，换向冲击小，噪声小，但需要有直流电源。

　　干式电磁铁不允许油液进入电磁铁内部，因此推动阀芯的推杆处要有可靠的密封。湿式电磁铁可以浸在油液中工作，所以电磁阀的相对运动部件之间不需要密封装置，这就减小了阀芯运动的阻力,提高了滑阀换向的可靠性。湿式电磁铁性能好,但价格较高。

图 4-9(a)所示为二位三通电磁换向阀的结构,采用干式交流电磁铁。图示位置为电磁铁不通电状态,即常态位,此时油口 P 与 A 相通,油口 B 断开;当电磁铁通电吸合时,衔铁右移,通过推杆使阀芯推压弹簧,并移至右端,这时油口 P 和 A 断开,而与油口 B 相通。而当电磁铁断电释放时,弹簧推动阀芯复位。图 4-9(b)、(c)所示分别为二位三通电磁换向阀的图形符号和实物图。

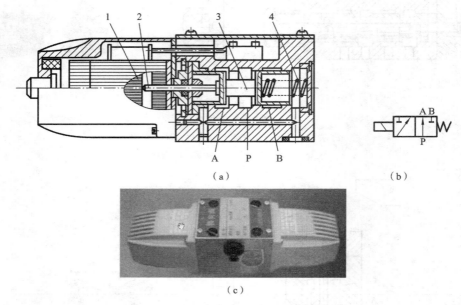

（a）　　　　　　　　　　　　　　　　　（b）

（c）

图 4-9　二位三通电磁换向阀
（a）结构;（b）图形符号;（c）实物图
1—衔铁;2—推杆;3—阀芯;4—弹簧

图 4-10(a)所示为三位四通电磁换向阀的结构,采用湿式直流电磁铁。当两边电磁铁都不通电时,阀芯在两边弹簧的作用下处于中位,此时油口 P、T、A、B 互不相通;当右端电磁铁通电时,右衔铁通过推杆将阀芯推至左端,此时油口 P 与 B 通,A 与 T 通;当左端电磁铁通电时,其阀芯移至右端,油口 P 与 A 通,B 与 T 通。图 4-10(b)、(c)所示分别为三位四通电磁换向阀的图形符号和实物图。

电磁换向阀操纵方便,布置灵活,易于实现动作转换的自动化。但因电磁铁吸力有限,因此电磁换向阀只适用于流量不太大的场合。当流量较大时,需采用液动或电液动控制。

4）液动换向阀

液动换向阀是利用控制压力油来改变阀芯位置的换向阀。由于它是利用控制油路的压力油推动阀芯实现换向,因此液动换向阀可以制成流量较大的换向阀。

图 4-11(a)所示为三位四通液动换向阀的结构。阀芯是由其两端密封腔中油液的压差来移动的,当其两端控制油口 K_1 和 K_2 均不通入压力油时,阀芯在两端弹簧的作用下处于中位;当控制油路的压力油从阀右边的控制油口 K_2 进入滑阀右腔时,油口 K_1 接通回油,阀芯向左移动,使压力油口 P 与 B 相通,A 与 T 相通;当油口 K_1 接通压力油,油口 K_2 接通回油时,阀芯向右移动,使得油口 P 与 A 相通,B 与 T 相通。图 4-11(b)、(c)所示分别为三位四通液动换向阀的图形符号和实物图。

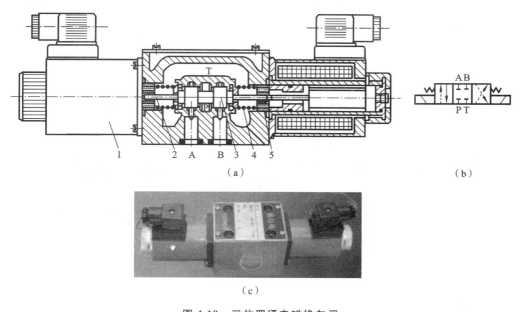

图 4-10　三位四通电磁换向阀

（a）结构；（b）图形符号；（c）实物图

1—电磁铁；2—推杆；3—阀芯；4—弹簧；5—挡圈

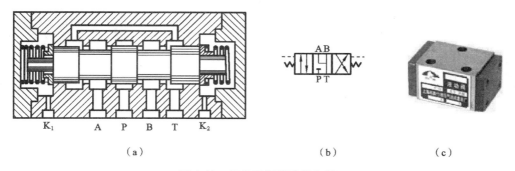

图 4-11　三位四通液动换向阀

（a）结构；（b）图形符号；（c）实物图

液动换向阀结构简单，动作可靠平稳，由于液压驱动力大，故可用于流量大的液压系统中，但它不如电磁换向阀控制方便。

5）电液换向阀

电液换向阀是由电磁换向阀和液动换向阀组合而成的复合阀。其中，电磁换向阀为先导阀，它用来改变控制油路的方向，控制液动换向阀的动作，改变液动换向阀的工作位置；液动换向阀为主阀，它用来改变主油路的方向，控制液压系统中的执行元件。这种阀综合了电磁换向阀和液动换向阀的优点，具有控制方便、流量大的特点。因此，电液换向阀主要用在流量超过电磁换向阀额定流量的液压系统中，从而用较小的电磁铁控制较大的流量。电液换向阀的使用方法与电磁换向阀相同。

图 4-12（a）所示为三位四通电液换向阀的结构。当先导阀的电磁铁 1YA 和 2YA 都断电时，阀芯在两端弹簧力作用下处于中位，控制油口 P' 关闭。这时主阀芯两侧的油液经两个小

节流阀及电磁换向阀的通路与油箱相通,因而主阀芯也在两端弹簧的作用下处于中位。在主油路中,油口 P、A、B、T 互不相通。

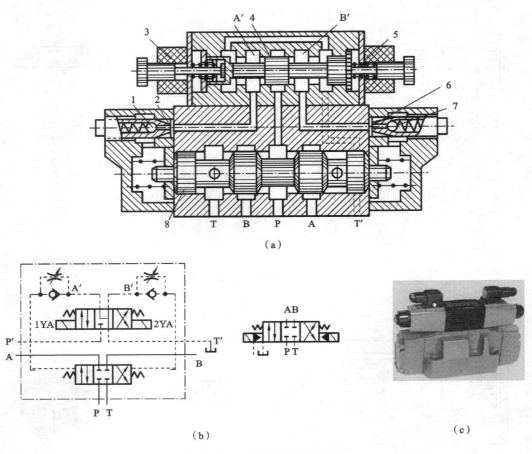

图 4-12　三位四通电液换向阀

(a) 结构;(b) 图形符号;(c) 实物图

1,6—节流阀;2,7—单向阀;3,5—电磁铁;4—电磁阀阀芯;8—主阀阀芯

当先导阀的电磁铁 1YA 通电、2YA 断电时,阀芯移至右端,电磁阀处于左位工作,控制压力油经过 P′→A′→单向阀→主阀芯左端油腔,而回油经过主阀芯右端油腔→节流阀→B′→T′→油箱。于是,主阀芯在左端液压油推力的作用下移至右端,即主阀左位工作,油口 P 通 A,B 通 T。

同理,当先导阀的电磁铁 2YA 通电、1YA 断电时,电磁阀处于右位工作,控制主阀阀芯右位工作,油口 P 通 B,A 通 T。液动换向阀的换向速度可由两端节流阀调整,因而可使换向平稳,无冲击。图 4-12(b)、(c)所示分别为三位四通电液换向阀的图形符号和实物图。

3. 换向阀的中位机能

滑阀式换向阀处于中间位置或原始位置时,阀中各油口的连通方式称为换向阀的中位机能(又称滑阀机能)。换向阀的中位机能直接影响执行元件的工作状态,不同的中位机能可满足系统的不同要求。正确选择换向阀的中位机能是十分重要的。表 4-2 列出了几种常用的三位四通换向阀的中位机能。

表 4-2 　 几种常用的三位四通换向阀的中位机能

形式	结构简图	图形符号	特点及应用
O 型		AB PT	各油口全部封闭,液压缸被锁紧,液压泵不卸荷
H 型		AB PT	各油口全部连通,液压缸浮动,液压泵卸荷
Y 型		AB PT	液压缸两腔通油箱,液压缸浮动,液压泵不卸荷
P 型		AB PT	压力油口与液压缸两腔连通,回油口封闭,液压泵不卸荷,单杆式活塞缸实现差动连接
M 型		AB PT	液压缸两腔封闭,液压缸被锁紧,液压泵卸荷

在分析和选择阀的中位机能时,通常考虑以下几点。

(1)系统保压。当油口 P 被堵塞时,系统保压,液压泵能用于多缸系统。当油口 P 不太通畅地与油口 T 接通时,系统能保持一定的压力,供控制油路使用。

(2)系统卸荷。油口 P 通畅地与油口 T 接通时,系统卸荷。

(3)启动平稳性。阀处于中位时,液压缸某腔,如通油箱,在启动时该腔内因无油液起缓冲作用,启动不太平稳。

(4)液压缸"浮动"和在任意位置上的停止。阀处于中位时,当油口 A、B 互通时,卧式液压缸呈"浮动"状态,可利用其他机构移动工作台,调整其位置。当油口 A、B 堵塞或与油口 P 连接(在非差动情况下),则可使液压缸在任意位置处停下来。

4.1.3　方向控制回路的工作原理

1. 换向回路

液压系统中执行元件运动方向的变换一般由换向阀实现,根据执行元件换向的要求,可采用二位(或三位)四通(或五通)控制阀,控制方式可以是手动、机械、电动、液动和电液等。在容积调速的闭式回路中,也可以利用双向变量泵控制油液的方向来实现液压缸(或液压马达)的换向。

图 4-13(a)所示为采用二位四通电磁换向阀的换向回路。当电磁铁通电时,压力油进入液压缸左腔,推动活塞杆向右移动;电磁铁断电时,弹簧力使阀芯复位,压力油进入液压缸右腔,推动活塞杆向左移动。此回路只能停留在缸的两端,不能停留在任意位置上。

图 4-13(b)所示为采用三位四通手动换向阀的换向回路。当阀处于中位时,M 型滑阀机能使泵卸荷液压缸两腔油路封闭,活塞制动;当阀左位工作时,液压缸左腔进油,活塞向右移动;当阀右位工作时,液压缸右腔进油,活塞向左移动。此回路可以使执行元件在任意位置停止运动。

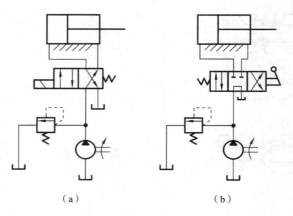

（a）　　　　　　　　　（b）

图 4-13　换向回路

（a）采用二位四通电磁换向阀；（b）采用三位四通手动换向阀

电磁换向阀的换向回路应用最为广泛,尤其在自动化程度要求较高的组合机床液压系统中被普遍采用。对于流量较大和换向平稳性要求较高的场合,电磁换向阀的换向回路已不能适应上述要求,这时往往采用手动换向阀或机动换向阀作先导阀,并采用以液动换向阀为主阀的换向回路,或者采用电液换向阀的换向回路。

图 4-14 所示为手动转阀(先导阀)控制液动换向阀的换向回路。回路中用辅助油泵提供低压控制油液,通过手动先导阀(三位四通转阀)来控制液动换向阀的阀芯移动,实现主油路换向。当手动先导阀在右位时,控制油液进入液动换向阀的左端,右端的油液经手动先导阀流回油箱,使液动换向阀左位接入工件,活塞下移。当手动先导阀切换至左位时,即控制油液使液动换向阀换向,活塞向上退回。当手动先导阀在中位时,液动换向阀两端的控制油液通油箱,在弹簧力的作用下,其阀芯回复到中位,主油泵卸荷。这种换向回路常用于大型液压机上。

在液动换向阀或电液换向阀的换向回路中,控制油液除了用辅助油泵供给外,在一般的系统中也可以把控制油路直接接入主油路;但是,当主阀(换向阀)采用 Y 型或 H 型中位机能时,

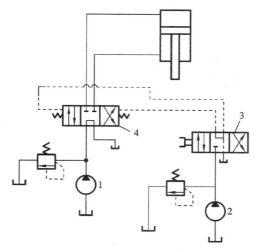

图 4-14 先导阀控制液动换向阀的换向回路
1—主油泵;2—辅助油泵;3—手动先导阀;4—液动换向阀

必须在回路中设置背压阀,保证控制油液有一定的压力,以控制换向阀阀芯的移动。

在机床夹具、油压机和起重机等不需要自动换向的场合,常常采用手动换向阀来进行换向。

2. 锁紧回路

锁紧回路又称闭锁回路,用以实现使执行元件在任意位置上停止,并防止停止后窜动。

常用的锁紧回路有以下两种。

1) 采用 O 型或 M 型滑阀机能三位换向阀的锁紧回路

图 4-15(a)所示为采用三位四通 O 型滑阀机能换向阀的锁紧回路,当左边电磁铁通电时,换向阀左位接入系统,压力油经换向阀进入液压缸左腔,液压缸右腔的油液经换向阀流回油箱,活塞向右运动;当右边电磁铁通电时,换向阀右位接入系统,压力油经换向阀进入液压缸右腔,液压缸左腔的油液经换向阀流回油箱,活塞向左运动。当两边电磁铁均断电时,弹簧使阀芯处于中间位置,液压缸的两工作油口被封闭。由于液压缸两腔都充满油液,而油液又是不可压缩的,所以向左或向右的外力均不能使活塞移动,活塞被双向锁紧。图 4-15(b)所示为采用三位四通 M 型滑阀机能换向阀的锁紧回路,具有相同的锁紧功能。不同的是前者液压泵不卸荷,后者的液压泵卸荷。

这种采用 O 型或 M 型滑阀机能三位四通换向阀的锁紧回路,结构简单,但由于滑阀式换向阀密封性能不好,不可避免地存在泄漏,锁紧效果差,因此仅适用于短时间锁紧或锁紧程度要求不高的场合。

2) 采用液控单向阀的锁紧回路

图 4-16 所示为采用液控单向阀的锁紧回路。当左边电磁铁通电,换向阀左位接入系统,压力油经单向阀 A 进入液压缸左腔,同时进入单向阀 B 的控制油口,打开单向阀 B,液压缸右腔的油液可经单向阀 B 及换向阀流回油箱,活塞向右运动。当右边电磁铁通电时,换向阀右位接入系统,压力油经单向阀 B 进入液压缸右腔,同时打开单向阀 A,使液压缸左腔油液经单向阀 A 和换向阀流回油箱,活塞向左运动。而当换向阀处于中间位置时,液压泵卸荷,输出油液经换向阀流回油箱,由于系统无压力,单向阀 A 和 B 关闭,液压缸左、右两腔的油液均不能流动,活塞停止运动,被双向闭锁。

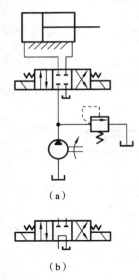

（a）

（b）

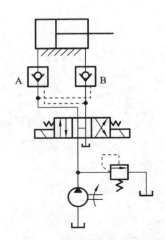

图 4-15　采用三位四通换向阀中位机能的锁紧回路
(a) 采用 O 型滑阀机能换向阀的锁紧回路；
(b) 采用 M 型滑阀机能换向阀的锁紧回路

图 4-16　采用液控单向阀的锁紧回路

液控单向阀具有良好的单向密封性，锁紧效果较好。常用于执行元件需要长时间保压、锁紧的情况，这种阀也称为液压锁。

【任务实施】　汽车助力转向机构方向控制元件的选用与控制回路的组装。

1. 汽车助力转向机构方向控制阀控制功能的分析

转向机构在工作时，需要自动地完成往复运动，液压泵由电动机驱动后，从油箱中吸油，油液经滤油器进入液压泵，油液在泵腔中从入口（低压）流至泵出口（高压），通过溢流阀、节流阀、换向阀进入液压缸左腔或右腔，推动活塞使工作台向右或向左移动。在汽车助力转向机构中，方向控制阀就是通过改变油液的流动方向来控制工作台向左或向右移动，从而达到转向的目的。

2. 方向控制阀的配置

因为转向机构在工作时，需要自动地完成往复运动，所以选择二位四通双作用电磁换向阀，控制双作用双杆式液压缸带动工作台实现所需的运动要求。图 4-17 所示为转向机构液压控制回路。

3. 控制回路的组装

1) 实际工作台控制回路的组装步骤

(1) 熟悉换向阀的类型与结构，看懂换向回路图。

(2) 正确选用元件，在工作台上合理布置各元件，规范安装元器件。

(3) 用油管正确连接元件的各油口。

(4) 检查各油口连接情况后，启动液压泵。

(5) 观察液压泵的运行情况，并解决异常问题。

图 4-17　转向机构液压控制回路

2）用软件模拟组装

利用软件模拟组装并调试汽车助力转向机构的液压控制回路。

【相关训练】

[例 4-1]　汽车起重机支腿液压方向控制回路的分析。

汽车起重机（见图 4-18）由汽车发动机通过传动装置驱动工作，由于汽车轮胎支承能力有限，且为弹性变形体，并不是很安全，故在起重作业前必须放下前、后支腿，使汽车轮胎架空，用支腿承重。在行驶时又必须将支腿收起，轮胎着地。要确保支腿停放在任意位置，并能可靠地锁住而不受外界影响而发生漂移或窜动，应选用何种液压元件来实现这一功能呢？

图 4-18　汽车起重机

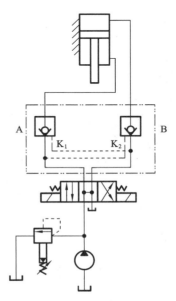

图 4-19　采用液控单向阀的汽车起重机
支腿的液压控制回路

实际应用中，常在每一个支腿液压缸的油路中设置一个由两个液控单向阀组成的双向液压锁来实现。

液压传动系统中执行机构（液压缸或活塞杆）的运动是依靠换向阀来控制的，而换向阀的阀芯和阀体间总存在间隙，这就造成了换向阀内部的泄漏。若要求执行机构在停止运动时不受外界的影响，仅依靠换向阀是无法保证的，这时就要利用单向阀来控制液压油的流动，从而可靠地使执行元件能停在某处而不受外界影响。

图 4-19 所示为采用液控单向阀的汽车起重机支腿的液压控制回路。

三位四通电磁换向阀处于中位时，液压泵卸荷，输出油液经换向阀流回油箱，由于系统无压力，液控单向阀 A、B 均关闭，液压缸上、下两腔的油液均不能流动，活塞被双向锁紧，汽车起重机支腿也被双向锁紧。

当左边电磁铁通电，三位四通换向阀左位接入系统，压力油经液控单向阀 A 进入液压缸下腔，同时进入液控单向阀 B 的控制油口 K_2，打开液控单向阀 B，液压缸上腔的油液可经液控单向阀 B 及三位四通换向阀流回油箱，活塞向上运动，汽车起重机支腿缩回。

当右边电磁铁通电，三位四通换向阀右位接入系统，压力油经液控单向阀 B 进入液压缸上腔,同时进入液控单向阀 A 的控制油口 K₁,打开液控单向阀 A,液压缸下腔的油液可经液控单向阀 A 及三位四通换向阀流回油箱,活塞向下运动,汽车起重机支腿伸出。

在这种回路中,液压缸的进、回油路中都串接了液控单向阀,活塞可以在行程的任何位置锁紧,其锁紧精度只受液压缸内少量的内泄漏影响,因此,锁紧精度较高。

任务 4.2　压力控制元件的选用与控制回路的组装

【学习要求】

掌握液压系统压力控制元件的基本类型、性能结构和工作原理,以及压力控制回路的控制原理;根据工况选用适宜的压力控制元件,能对压力控制回路进行油路分析;组装各种基本回路并合理调节系统压力;养成良好的观察、思考、分析的习惯,培养动手能力。

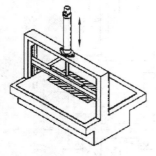

图 4-20　工业胶黏机

【任务描述】　工业胶黏机压力控制回路的分析与组装。

图 4-20 所示为工业胶黏机,其功能是通过液压缸的伸出,将图形或字母粘贴在塑料板上。根据材料的不同,需要调整压紧力,当一个动作任务完成后返回,准备做下一个动作。要求采用液压控制阀设计液压回路,这就需要液压系统能够提供不同的工作压力,同时为了保证系统安全,还必须保证系统过载时能有效地卸荷。那么在液压传动系统中,是依靠什么元件来实现这一目的的呢?这些元件又是如何工作的呢?

【知识储备】

4.2.1　压力控制阀的工作原理与应用

在液压传动系统中,控制油液压力高低的阀称为压力控制阀,简称压力阀。这类阀的共同点是利用作用在阀芯上的液压力和弹簧力相平衡的原理进行工作的。根据其功能和用途的不同,压力控制阀可分为溢流阀、减压阀、顺序阀和压力继电器等。

1. 溢流阀

溢流阀在液压传动系统中的功能主要有两个方面:① 调压和稳压,保持液压系统的压力恒定,如用在由定量泵构成的液压源中,用以调节定量泵的出口压力,保持该压力恒定;② 限压,防止液压系统过载,如用作安全阀,当系统正常工作时,溢流阀处于关闭状态,仅在系统压力大于其调定压力时才开启溢流,对系统起过载保护作用。溢流阀通常接在液压泵出口处的油路上。

根据结构和工作原理的不同,溢流阀可分为直动式溢流阀和先导式溢流阀两类。

1) 直动式溢流阀的工作原理

直动式溢流阀是依靠系统中作用在阀芯上的主油路液压力与调压弹簧力相平衡,以控制阀芯的启闭动作的溢流阀。

图 4-21 所示为一种低压直动式溢流阀。由图可知,P 为进油口,T 为回油口,进油口 P 的压力油经阀芯中间的阻尼孔 a 通入阀芯底部,当进油压力较小时,阀芯在弹簧的作用下处于下端位置,将 P 和 T 两油口隔开。当进油压力升高,在阀芯下端所产生的作用力超过弹簧的预

紧力 F_s。此时,阀芯上升,阀口被打开,将多余的油液排回油箱,阀芯上的阻尼孔 a 用来对阀芯的动作产生阻尼,以提高阀的工作平衡性,调整调压螺母可以改变弹簧的压紧力,这样也就调整了溢流阀进口处的油液压力 p。

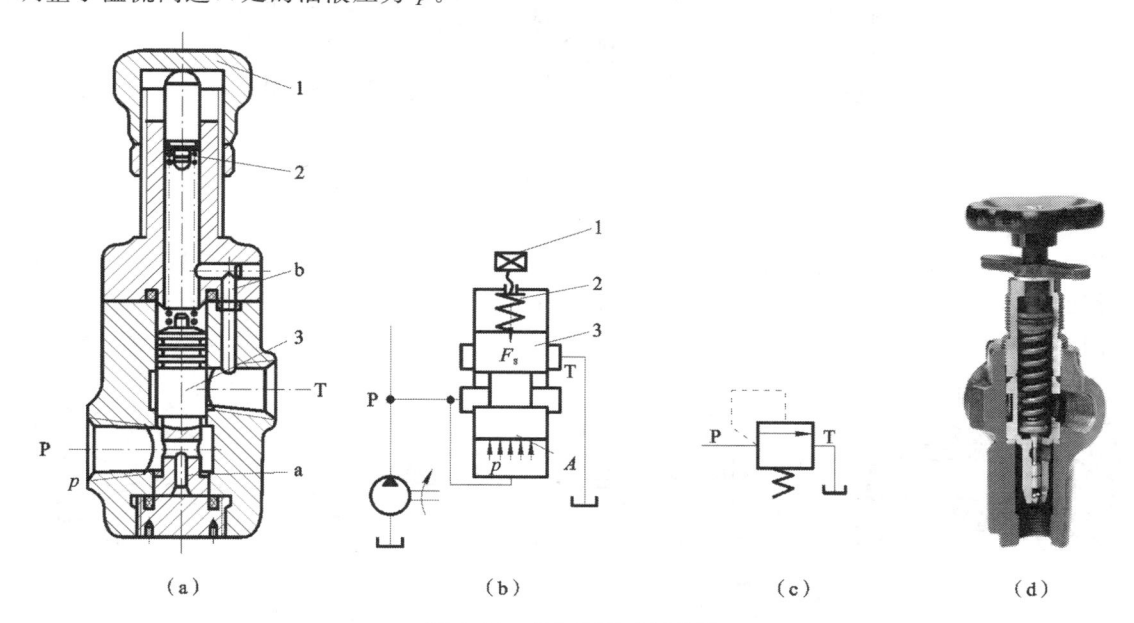

图 4-21　低压直动式溢流阀

(a) 结构;(b) 工作原理;(c) 图形符号;(d) 实物图
1—调压螺母;2—弹簧;3—阀芯

当进油压力较小,即 $pA < F_s$ 时,阀芯处于下端(图示)位置,关闭回油口 T,P 与 T 不通,不溢流,即为常闭状态。

随着进油压力升高,当 $pA > F_s$ 时,阀芯上移,弹簧被压缩,阀芯上移,打开回油口 T,P 与 T 接通,溢流阀开始溢流。

当溢流阀稳定工作时,若不考虑阀芯的自重、摩擦力和液动力的影响,则溢流阀进口压力 $p = F_s/A$。

由于 F_s 变化不大,故可以认为溢流阀进口处的压力 p 基本保持恒定,这时溢流阀稳压溢流作用。

调压螺母可以改变弹簧的预压缩量,从而调定溢流阀的工作压力 p。通道 b 使弹簧腔与回油口连通,以排掉泄入弹簧腔的油液,此泄油方式为内泄式。阀芯上阻尼孔 a 的作用是减小油液的脉动,提高溢流阀工作的平稳性。

低压直动式溢流阀结构简单,制造容易,成本低。但因油液压力直接与调压弹簧力相平衡,所以定压精度低,压力稳定性差,不适于在高压、大流量下工作。此外,系统压力较高时,要求弹簧刚度大,使阀的开启性能变坏。所以直动式溢流阀只用于低压液压传动系统,或作为先导阀使用,其最高调定压力为 2.5 MPa,而中高压系统常采用先导式溢流阀。

图 4-22 所示为锥阀芯直动式溢流阀,一般常作为先导式溢流阀的先导阀用。

2) 先导式溢流阀的工作原理

先导式溢流阀(见图 4-23)是由先导阀和主阀两部分组成先导式溢流阀(简称先导阀)实际上是一个小流量的直动式溢流阀,阀芯是锥阀芯,用来调定压力;主阀阀芯是滑阀,用来实现

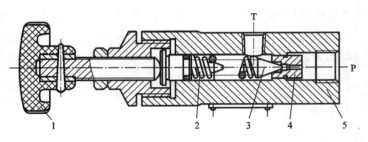

图 4-22　锥阀芯直动式溢流阀

1—手轮；2—调压弹簧；3—阀芯；4—阀座；5—阀体

溢流。由图可知，压力油经进油口 P、通道 a，进入主阀阀芯底部油腔 A，并经节流小孔 b 进入上部油腔，再经通道 c 进入先导阀右侧油腔 B，从而给锥阀以向左的液压作用力，调压弹簧给锥阀芯以向右的弹簧力。

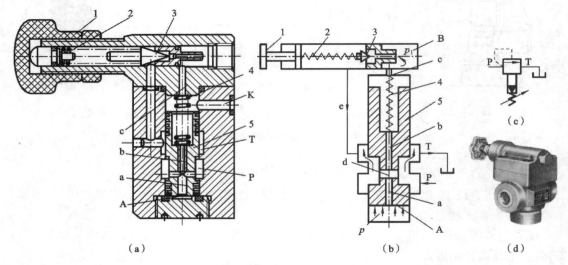

图 4-23　先导式溢流阀

（a）结构；（b）工作原理；（c）图形符号；（d）实物图

1—调压螺母；2—调压弹簧；3—锥阀；4—主阀弹簧；5—主阀阀芯

当油液压力 p 较小时，作用于锥阀上的液压作用力小于弹簧力，先导阀关闭。此时，没有油液流过节流小孔 b，油腔 A、B 的压力相同，在主阀弹簧的作用下，主阀阀芯处于最下端位置，回油口 T 关闭，没有溢流。

当油液压力 p 增大，作用于锥阀上的液压作用力大于调压弹簧的弹簧力时，先导阀开启，油液经通道 e、回油口 T 流回油箱。这时，压力油流经节流小孔 b 时产生压力降，使油腔 B 中油液压力 p_1 小于油腔 A 中油液压力 p，当此压力差（$\Delta p = p - p_1$）产生的向上作用力超过主阀弹簧的弹簧力并克服主阀阀芯的自重和摩擦力时，主阀阀芯向上移动，进油口 P 和回油口 T 接通，溢流阀溢流。

当溢流阀稳定工作时，溢流阀进口处的压力 $p = p_1 + F_s/A$。

主阀阀芯上腔有 p_1 存在，且它由先导阀弹簧调定，基本为定值；同时主阀阀芯上可用刚度较小的弹簧，且 F_s 的变化也较小，所以压力 p 在溢流阀的溢流量变化时变动仍较小。因此，先导式溢流阀克服了直动式溢流阀的缺点，具有压力稳定、定压精度高的特点，故广泛用于中高压液压系统。

先导式溢流阀阀体上设有远程控制口 K,当 K 口与油箱接通时,先导阀的控制压力 $p_2 \approx$ 0。主阀阀芯在很小的液压力(基本为零)作用下便可向上移动,打开阀口,实现溢流,这时系统可实现卸荷。当 K 口与远程调压阀接通时(要求远程调压阀的调定压力应小于先导式溢流阀中先导阀的调定压力),可实现远程调压;不用时 K 口封闭。

3）溢流阀的应用

（1）稳压溢流。

如图 4-24(a)所示,系统采用定量泵供油,且其进油路或回油路上设置有节流阀或调速阀,使液压泵输出的压力油一部分进入液压缸工作,而多余的油液经溢流阀流回油箱,溢流阀处于其调定压力的常开状态。调节弹簧的压紧力,也就调节了系统的工作压力。因此,在这种情况下,溢流阀的作用即为溢流稳压。

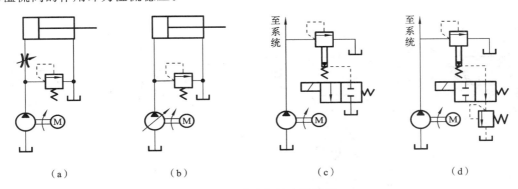

图 4-24　溢流阀的应用举例
(a) 稳压溢流;(b) 安全保护;(c) 使泵卸荷;(d) 远程调压

（2）安全保护。

如图 4-24(b)所示,系统采用变量泵供油,液压泵供油量随负载大小自动调节至需要值,系统内没有多余的油液需要溢流,其工作压力由负载决定。溢流阀只有在过载时才打开,对系统起安全保护作用。故该系统中的溢流阀又称为安全阀,且系统正常工作时它是常闭的。

（3）使泵卸荷。

如图 4-24(c)所示,当电磁铁通电时,先导式溢流阀的远程控制口 K 与油箱连通,相当于先导阀的调定值为零,此时其主阀阀芯在进口压力很低时即可迅速抬起,使泵卸荷,以减少能量损耗与泵的磨损。

（4）远程调压。

如图 4-24(d)所示,当换向阀的电磁铁不通电时,其右位工作,先导式溢流阀的远程控制口与低压调压阀连通,当溢流阀主阀阀芯上腔的油压达到低压调节阀的调整压力时,主阀阀芯即可抬起溢流(其先导阀不再起调压作用),即实现远程调压。

2. 减压阀

减压阀是使出口压力低于进口压力的一种压力控制阀。其作用是降低并稳定液压传动系统中某一分支油路的油液压力,使之低于液压泵的供油压力,以满足执行机构(如夹紧、润滑、控制等)的需要。

减压阀根据所控制的压力不同,可分为定值输出减压阀、定差减压阀和定比减压阀。在本书中讲到的减压阀若没有特殊说明,均为定值输出减压阀。

减压阀根据结构和工作原理的不同,可分为直动式减压阀和先导式减压阀两类,一般采用先导式减压阀。

由于直动式减压阀在工程实际中很少单独使用,一般常见的是先导式减压阀,故在此以先导式减压阀为例来介绍减压阀的结构及工作原理。

1)先导式减压阀的工作原理

图 4-25(a)所示为先导式减压阀的结构,它与先导式溢流阀的结构有相似之处,也是由先导阀和主阀两部分组成。图 4-25(b)所示为先导式减压阀的工作原理,它主要依靠压力油通过缝隙的液阻降压,使出口压力低于进口压力,并保持出口压力为一定值。缝隙愈小,压力损失愈大,减压作用就愈强。图 4-25(c)所示为先导式减压阀的图形符号,图 4-25(d)所示为先导式减压阀的实物图。

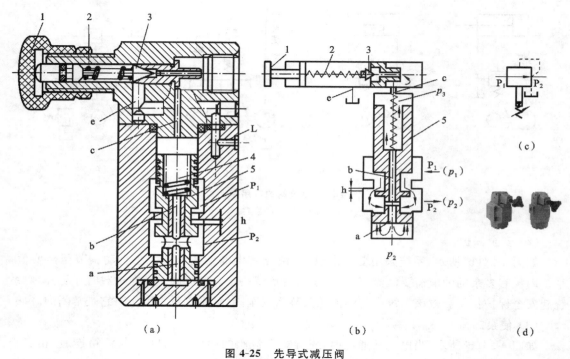

图 4-25　先导式减压阀

(a) 结构;(b) 工作原理;(c) 图形符号;(d) 实物图

1—调压螺母;2—调压弹簧;3—锥阀;4—主阀弹簧;5—主阀阀芯

如图 4-25(a)、(b)所示,液压传动系统中压力为 p_1 的压力油从阀的进油口 P_1 流入减压阀,经过节流口 h 减压后,压力降低为 p_2,再从出油口 P_2 流出,经分支油路送往执行机构。同时低压油液 p_2 经通道 a 进入主阀阀芯下端油腔,又经节流小孔 b 进入主阀阀芯上端油腔,且经通道 c 进入锥阀右端油腔,给锥阀一个向左的液压作用力。该液压力与调压弹簧的弹簧力相平衡,从而控制出口油液压力 p_2 基本保持在调定压力。

当出口油液压力 p_2 低于调定压力时,锥阀关闭,主阀阀芯上端油腔油液压力 $p_2 = p_3$,主阀弹簧的弹簧力克服摩擦阻力将主阀阀芯推向下端,节流口 h 增至最大,减压阀处于不工作状态,即常开状态。

当分支油路负载增大时,p_2 升高,p_3 随之升高,当 p_3 超过调定压力时,锥阀打开,少量油液经锥阀口、通道 e，由泄油口 L 流回油箱。这时由于有油液流过节流小孔 b，使 $p_3 < p_2$，产生压力差 $\Delta p = p_2 - p_3$。

当压力差 Δp 所产生的向上的作用力大于主阀阀芯的重力、摩擦力与主阀弹簧的弹簧力之和时，主阀阀芯向上移动，使节流口 h 减小，节流加剧，p_2 随之下降，直到作用在主阀阀芯上的各作用力相平衡，主阀阀芯便处于新的平衡位置。

此时，主阀阀芯受力平衡方程为 $p_2 A = p_3 A + F_s$。

出口压力 $p_2 = p_3 + \dfrac{F_s}{A} \approx$ 恒定值。

由于进、出油口均接压力油，所以泄油口要单独接回油箱。

将先导式减压阀和先导式溢流阀进行比较，它们主要的区别如下。

（1）减压阀的进、出油口的位置与溢流阀相反，减压阀保持出油口压力基本不变，而溢流阀保持进油口处压力基本不变。

（2）在不工作时，减压阀阀口开得很大（常开），而溢流阀阀口则关闭（常闭）。

（3）在正常情况下，减压阀的出油口接系统某一支路，而溢流阀的出油口则直接通油箱。

（4）由于减压阀的进、出油口油液均有压力，所以其先导阀的泄油不能像溢流阀一样流入回油口，而必须设有单独的泄油口。

2）减压阀的应用

在液压传动系统中，当一个液压泵需要向若干个执行元件供油，且各执行元件所需要的工作压力不相同时，就要分别控制。若某个执行元件所需的供油压力较液压泵供油压力低时，可在此分支油路中串联一个减压阀，所需压力由减压阀来调节控制，如控制油路、夹紧油路、润滑油路就常采用减压回路。

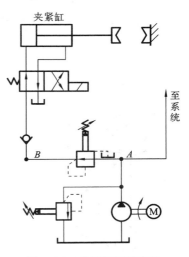

图 4-26　减压阀驱动夹紧机构的应用

图 4-26 所示为减压阀驱动夹紧机构的应用。液压泵供给主系统的油压由溢流阀来控制，同时经减压阀、单向阀、换向阀向夹紧缸供油。夹紧缸的压力由减压阀调节，并稳定在调定值上。一般减压阀调整的最高值要比系统中控制主回路压力的溢流阀调定值低 0.5～1 MPa。

3. 顺序阀

顺序阀是利用油路中的油液压力作为控制信号来控制阀口的启闭，从而控制液压传动系统中各执行元件按先后顺序动作的压力控制阀。根据结构、工作原理和功用不同，顺序阀可分为直动式顺序阀、先导式顺序阀、液控顺序阀等。

1）顺序阀的工作原理

（1）直动式顺序阀。

图 4-27（a）所示为直动式顺序阀的结构，图 4-27（b）所示为直动式顺序阀的图形符号，图 4-27（c）所示为直动式顺序阀的实物图。直动式顺序阀的结构和工作原理与直动式溢流阀的相似。

压力油从进油口 P_1 进入阀体，经阀芯中间小孔流入阀芯底部油腔，对阀芯产生一个向上的液压作用力。当油液的压力较低时，液压作用力小于阀芯上部的弹簧力，在弹簧力的作用

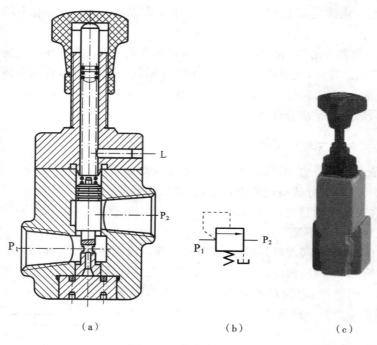

（a）　　　　　　　　（b）　　　　　　　　（c）

图 4-27　直动式顺序阀

（a）结构；（b）图形符号；（c）实物图

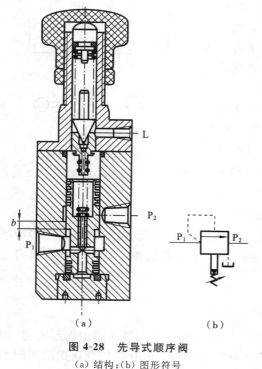

（a）　　　　　　　（b）

图 4-28　先导式顺序阀

（a）结构；（b）图形符号

下，阀芯处于下端位置，P_1 和 P_2 两油口被隔断，即处于常闭状态。当油液的压力升高到作用于阀芯底部的液压作用力大于调定的弹簧力时，在液压作用力的作用下，阀芯上移，进油口 P_1 与出油口 P_2 相通，压力油液自出油口 P_2 流出，可控制执行元件顺序动作。

直动式顺序阀的最大调定压力为 2.5 MPa。

（2）先导式顺序阀。

图 4-28（a）所示为先导式顺序阀的结构，图 4-28（b）所示为先导式顺序阀的图形符号。先导式顺序阀的结构和工作原理与先导式溢流阀的相似。

将先导式顺序阀和先导式溢流阀进行比较，它们主要的区别如下。

① 溢流阀打开时，进油口的油液压力基本上保持在调定值；顺序阀打开后，进油口的油液压力由出油口压力决定，当出油口压力比进油口压力低得多时，进油口压力基本不变，而当出油口压力增大时，进油口压力也随之增加。

② 溢流阀出油口必须连接油箱，而顺序阀的出油口通常连接另一工作油路，因此顺序阀的进、出油口处的油液都是压力油。

③ 溢流阀通常为内泄漏,而顺序阀通常为外泄漏。由于溢流阀出油口连通油箱,其内部泄油可通过回油口直接流回油箱;而顺序阀出油口油液为压力油,且通往另一工作油路,所以顺序阀的内部要有单独设置的泄油口 L。

（3）液控顺序阀。

图 4-29(a)所示为液控顺序阀的结构,图 4-29(b)所示为液控顺序阀的图形符号。液控顺序阀与直动式顺序阀的主要差异在于阀芯底部有一个控制油口 K。当控制油口 K 通入的控制压力油产生的液压作用力大于阀芯上端调定的弹簧力时,阀芯上移,阀口打开,进油口 P_1 与出油口 P_2 相通,压力油从出油口 P_2 流出,控制执行元件动作。

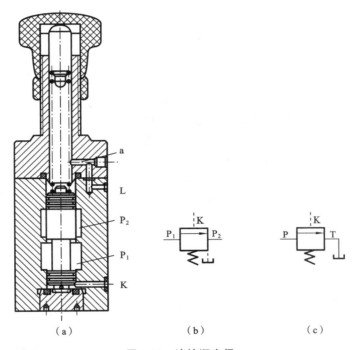

图 4-29　液控顺序阀

(a) 结构;(b) 图形符号;(c) 作卸荷阀用时的图形符号

液控顺序阀阀口的启闭与阀的主油路进油口压力无关,而只决定于控制油口 K 通入油液的控制压力。

图 4-29(c)所示为液控顺序阀作卸荷阀用时的图形符号。此时,液控顺序阀的端盖转过一定角度,使泄油孔处的小孔 a 与阀体上接通出油口 P_2 的小孔连通,并使顺序阀的出油口与油箱连通。当阀口打开时,进油口 P_1 的压力油可以直接通往油箱,实现卸荷。

（4）单向顺序阀。

图 4-30(a)所示为单向顺序阀的结构,图 4-30(b)所示为单向顺序阀的图形符号。单向顺序阀是由单向阀和顺序阀并联组合而成。当油液从油口 P_1 进入时,单向阀关闭,顺序阀起作用;当油液从油口 P_2 进入时,油液经单向阀从油口 P_1 流出。

2) 顺序阀的应用

（1）作顺序阀用。

图 4-31 所示为机床夹具上用顺序阀实现工件先定位后夹紧的顺序动作回路。当电磁换向阀的电磁铁由通电状态变为断电时,压力油先进入定位缸的下腔,定位缸上腔回油,活塞向

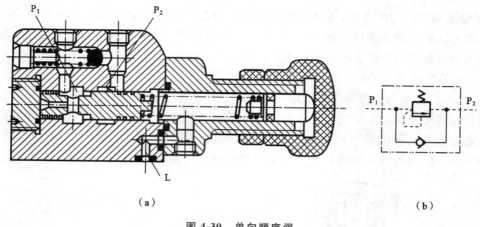

图 4-30　单向顺序阀

(a) 结构；(b) 图形符号

上运动，实现定位。这时由于油路压力低于顺序阀的调定压力，因而压力油不能进入夹紧缸下腔，工件不能夹紧。当定位缸活塞停止运动时，油路压力升高到顺序阀的调定压力，顺序阀开启，压力油进入夹紧缸的下腔，夹紧缸上腔回油，活塞向上移动，将工件夹紧。实现了先定位后夹紧的顺序要求。当电磁换向阀的电磁铁在通电时，压力油同时进入定位缸、夹紧缸上腔，两缸下腔回油（夹紧缸经单向阀回油），使工件松开。

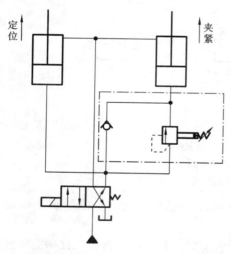

图 4-31　机床夹具上用顺序阀实现工件
先定位后夹紧的顺序动作回路

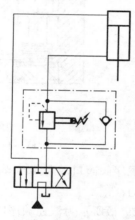

图 4-32　采用单向顺序阀作平衡阀的回路

（2）用顺序阀控制平衡回路。

图 4-32 所示为采用单向顺序阀作平衡阀的回路。根据用途，要求顺序阀的调定压力应稍大于工作部件的自重在液压缸下腔形成的压力。这样，当换向阀处于中位，液压缸不工作时，顺序阀关闭，工作部件不会自行下滑。当换向阀左位工作时，液压缸上腔通压力油，下腔的背压大于顺序阀的调定压力，顺序阀开启，活塞与运动部件下行，由于自重得到平衡，故不会产生超速现象。当换向阀右位工作时，压力油经单向阀进入液压缸下腔，液压缸上腔回油，活塞及工作部件上行。这种回路采用 M 型中位机能换向阀，可使液压缸停止工作时，液压缸上、下腔压力油被封闭，从而有助于锁紧工作部件，另外还可以使泵卸荷，以减少能耗。另外，由于下行

时回油腔背压大,必须提高进油腔的工作压力,所以功率损失较大。它主要用于工作部件质量不变且质量较小的系统,如立式组合机床、插床和锻压机床的液压系统等。

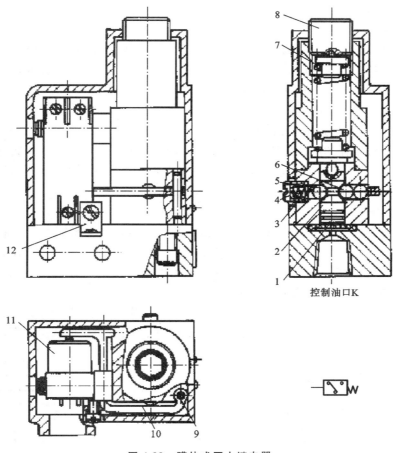

控制油口K

图 4-33　膜片式压力继电器

1—膜片;2—柱塞;3,7—弹簧;4—调节螺栓;5,6—钢球;
8—调压螺栓;9—销轴;10—杠杆;11—微动开关;12—调节架

4．压力继电器

压力继电器是将液压传动系统中的压力信号转换为电信号的电液控制元件。其作用是根据液压传动系统中的压力变化,通过压力继电器内的微动开关,自动接通或断开有关电路,从而实现对系统的程序控制和安全保护功能。

根据其结构特点的不同,压力继电器可分为柱塞式、弹簧管式、膜片式和波纹管式等。

1) 压力继电器的工作原理

图 4-33 所示为膜片式压力继电器。控制油口 K 与液压系统相通,当控制油口 K 的压力达到弹簧(7)的调定值(开启压力)时,膜片在液压力的作用下产生中凸变形,使柱塞向上移动。柱塞上的圆锥面使钢球(5、6)做径向移动,钢球(6)推动杠杆绕销轴逆时针偏转,致使其端部压下微动开关,接通电路,发出电信号,接通或断开某一电路。当进油口压力因漏油或其他原因下降到一定值时,弹簧(7)使柱塞下移,钢球(5、6)回落到柱塞的锥面槽内,微动开关复位,切断电信号,并将杠杆推回,断开或接通电路。

压力继电器的主要性能指标如下。

（1）调压范围。

压力继电器发出电信号的最低压力和最高压力之间的范围称为调压范围。打开面盖，拧动调压螺栓，即可调整其工作压力。

（2）通断返回区间。

压力继电器发出电信号时的压力称为开启压力，切断电信号时的压力称为闭合压力。由于开启时摩擦力的方向与油压作用力的方向相反，闭合时则相同，故开启压力大于闭合压力。两者之差称为压力继电器通断返回区间，它应有足够大的数值，否则，系统压力脉动时，压力继电器发出的电信号会时断时续。返回区间可用调节螺栓调节弹簧（3）对钢球（6）的压力来调整。如中压系统中使用的压力继电器返回区间一般为 0.35～0.8 MPa。

膜片式压力继电器的膜片位移小、反应快、重复精度高，其缺点是易受压力波动的影响，不宜用于高压系统，常用于中低压系统中。高压系统中常使用单触点柱塞式压力继电器。

2）压力继电器的应用

（1）实现保压卸荷。

如图 4-34 所示，当电磁铁 1YA 通电时，液压泵向蓄能器和夹紧缸左腔供油，活塞向右移动，当夹头接触工件时，液压缸左腔油压开始上升，当达到压力继电器的开启压力时，表示工件已被夹紧，蓄能器已储备了足够的压力油，这时压力继电器发出信号，使电磁铁 3YA 通电，控制溢流阀使泵卸荷。如果液压缸有泄漏，油压下降，则由蓄能器补油保压。当系统压力下降到压力继电器的闭合压力时，压力继电器自动复位，使电磁铁 3YA 断电，液压泵重新向液压缸和蓄能器供油。该回路适用于夹紧工件持续时间较长的系统，可明显地减少功率损耗。

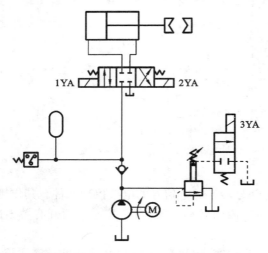

图 4-34　压力继电器的应用一

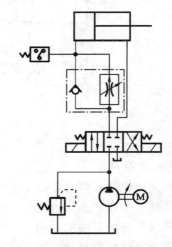

图 4-35　压力继电器的应用二

（2）实现顺序动作。

如图 4-35 所示，当图中电磁铁左位工作时，液压缸左腔进油，活塞右移实现慢速工进；当活塞行至终点停止时，液压缸左腔油压升高，当油压达到压力继电器的开启压力时，压力继电器发出电信号，使换向阀右端电磁铁通电，换向阀右位工作。这时压力油进入液压缸右腔，左腔经单向阀回油，活塞快速向左退回，实现了由工进到快退的转换。

5．压力控制阀应用的区别

压力控制阀应用的区别如表 4-3 所示。

表 4-3　压力控制阀应用的区别

	溢流阀	减压阀	顺序阀
控制压力	从阀的进油口引压力油来实现控制	从阀的出油口引压力油来实现控制	从阀的进油口或从外部油源引压力油构成内控式或外控式
连接方式	连接溢流阀的油路与主油路并联,阀的出口直接通油箱	串联在减压油路上,出口油流到减压部分去工作	当用作卸荷阀或平衡阀时,出口接油箱;当用作顺序控制时,出口通工作系统
回油方式	内部回油,常态下阀口关闭	外部回油,常态下阀口开启	外部回油,当用作卸荷阀时内部回油
阀芯状态	当用作安全阀时,阀口常闭; 当用作溢流阀、背压阀时,阀口常开	常态下阀口开启,工作过程中也是微开状态	常态下阀口关闭,工作过程中阀口开启
作用	安全、稳压、溢流、背压、卸荷	减压、稳压	顺序控制、卸荷、平衡、背压

4.2.2　压力控制回路的工作原理与应用

1. 调压回路

根据系统负载的大小来调节系统工作压力的回路称为调压回路。调压回路的核心元件是溢流阀。

1）单级调压回路

图 4-36(a)所示为由溢流阀组成的单级调压回路,用于定量泵的液压系统。液压泵输出油液的流量除满足系统工作用油量和补偿系统泄漏外,还有油液经溢流阀流回油箱。所以这种回路效率较低,一般用于流量不大的场合。

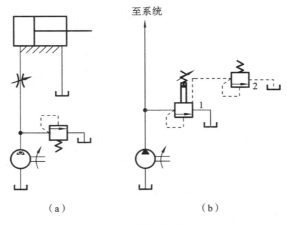

图 4-36　单级调压回路

(a)由溢流阀组成;(b)由远程调压阀组成

1—先导式主溢流阀;2—远程调压阀

图 4-36(b)所示为由远程调压阀组成的单级调压回路。将远程调压阀接在先导式溢流阀的远程控制口上,液压泵的压力即由远程调压阀作远程调节。这时,远程调压阀起调节系统压力的作用,绝大部分油液仍从先导式溢流阀溢走。回路中,远程调压阀的调定压力应低于先导式溢流阀的调定压力。

2) 多级调压回路

当液压系统在其工作过程中需要两种或两种以上不同的工作压力时,常采用多级调压回路。

图 4-37(a)所示为二级调压回路。当换向阀的电磁铁通电时,远程调压阀的出口被换向阀关闭,故液压泵的供油压力由溢流阀调定;当换向阀的电磁铁断电时,远程调压阀的出口经换向阀与油箱接通,这时液压泵的供油压力由远程调压阀调定,且远程调压阀的调定压力应小于溢流阀的调定压力。

图 4-37(b)所示为三级调压回路。远程调压阀(2、3)的进油口经换向阀与溢流阀的远程控制油口相连。改变三位四通换向阀的阀芯位置,则可使系统有三种压力调定值。换向阀左位工作时,系统压力由远程调压阀 2 来调定;换向阀右位工作时,系统压力由远程调压阀 3 来调定;而中位时系统压力最高,由溢流阀来调定。

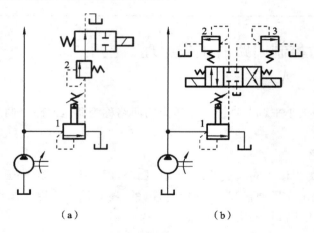

图 4-37 多级调压回路

(a) 二级调节回路;(b) 三级调节回路
1—溢流阀;2,3—远程调压阀

注意:回路中溢流阀的调定压力必须高于远程调压阀(2、3)的调定压力,且远程调压阀(2、3)的调定压力不相等。

3) 双向调压回路

当执行元件正、反行程需要不同的供油压力时,可采用双向调压回路。

如图 4-38(a)所示,当换向阀左位工作时,活塞右移为工作行程,液压泵出油口由溢流阀(1)调定为较高的压力,液压缸右腔油液经换向阀卸压回油箱,溢流阀(2)关闭,不起作用;当换向阀右位工作时,活塞左移实现空程返回,液压泵输出的压力油由溢流阀(2)调定为较低的压力,此时溢流阀(1)因调定压力高而关闭,不起作用,液压缸左腔的油液经换向阀流回油箱。

如图 4-38(b)所示,当回路在图示位置时,溢流阀(2)的出油口被高压油封闭,即溢流阀(1)的远程控制口被堵塞,故液压泵输出的压力油由溢流阀(1)调定为较高的压力;当换向阀右位工作时,液压缸左腔通油箱,压力为零,溢流阀(2)相当于溢流阀(1)的远程调压阀,液压泵输

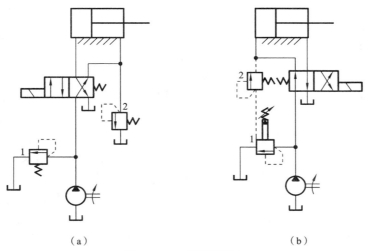

图 4-38　双向调压回路

(a) 双向调压回路一;(b) 双向调压回路二

1,2—溢流阀

出的压力油被调定为较低的压力。

2. 卸荷回路

当液压系统中的执行元件停止运动或需要长时间保持压力时,卸荷回路可以使液压泵输出的油液以最小的压力直接流回油箱,以减小液压泵的输出功率,降低驱动液压泵电动机的动力消耗,减小液压系统的发热,从而延长液压泵的使用寿命。下面介绍几种常用的卸荷回路。

1) 采用三位四通换向阀的卸荷回路

图 4-39 所示为采用三位四通换向阀中的 H 型中位滑阀机能实现卸荷的回路。

换向阀处于中位时,进油口与回油口相连通,液压泵输出的油液可以经换向阀中间通道直接流回油箱,实现液压泵卸荷,M 型中位滑阀机能也有类似功用。

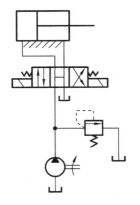

图 4-39　采用三位四通换向阀的 H 型中位滑阀机能实现卸荷的回路

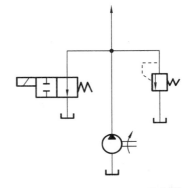

图 4-40　采用二位二通换向阀的卸荷回路

2) 采用二位二通换向阀的卸荷回路

图 4-40 所示为采用二位二通换向阀的卸荷回路。

当执行元件停止运动时,使二位二通换向阀电磁铁断电,其右位接入系统,这时液压泵输

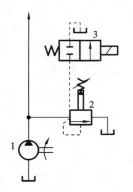

图 4-41　采用先导式溢流阀
的卸荷回路

1—液压泵；2—先导式溢流阀；
3—二位二通阀

出的油液通过该阀流回油箱，使液压泵卸荷。

注意：采用这种卸荷回路时，二位二通换向阀的流量规格应大于液压泵的最大流量。

3）采用溢流阀的卸荷回路

图 4-41 所示为采用先导式溢流阀的卸荷回路。

采用小型的二位二通阀，将先导式溢流阀的远程控制口接通油箱，即可使液压泵卸荷。

注意：此回路中，二位二通换向阀可选用较小的流量规格。

4）采用液控顺序阀的卸荷回路

在双泵供油的液压系统中，常采用如图 4-42 所示的卸荷回路，即在快速行程时，两液压泵同时向系统供油，进入工作阶段后，由于压力升高，打开液控顺序阀使低压大流量泵卸荷。溢流阀调定工作行程时的压力，单向阀的作用是对高压小流量泵的高压油起止回作用。

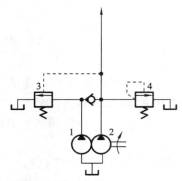

图 4-42　采用液控顺序阀的卸荷回路

1—低压大流量泵；2—高压小流量泵；
3—液控顺序阀；4—溢流阀

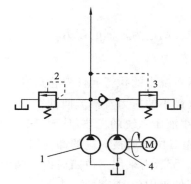

图 4-43　采用液压泵的保压回路

1—高压小流量泵；2—溢流阀；
3—卸荷阀；4—低压大流量泵

3. 保压回路

在液压系统中，液压缸在工作循环的某一阶段，若为了维持系统压力稳定或防止局部压力波动影响其他部分，如在液压泵卸荷并要求局部系统仍要维持原来的压力时，就需采用保压回路来实现其功能。在保压阶段，液压缸没有运动，最简单的办法是用一个密封性能好的单向阀来保压。但是，阀类元件处的泄漏使得这种回路的保压时间不能维持太久。常用的保压回路有以下几种。

1）采用液压泵的保压回路

图 4-43 所示为采用液压泵的保压回路。系统压力较低，低压大流量泵供油，当系统压力升高到卸荷阀的调定压力时，低压大流量泵卸荷，高压小流量泵供油保压，溢流阀调节压力。

2）采用蓄能器的保压回路

图 4-44（a）所示为采用蓄能器的保压回路。当主换向阀左位工作时，液压缸向前运动并且压紧工件，进油路压力升高到调定值，压力继电器动作使二通阀通电，液压泵卸荷，单向阀自动关闭，此时液压缸由蓄能器保压。当液压缸压力不足时，压力继电器复位使液压泵重新工作。保压时间的长短取决于蓄能器的容量，调节压力继电器的工作区间即可调节液压缸中压力的

最大值与最小值。

图 4-44(b)所示为多缸系统中的保压回路。当主油路压力降低时,单向阀关闭,支路由蓄能器保压补偿泄漏,压力继电器的作用是当支路压力达到预定值时发出信号,使主油路开始动作。

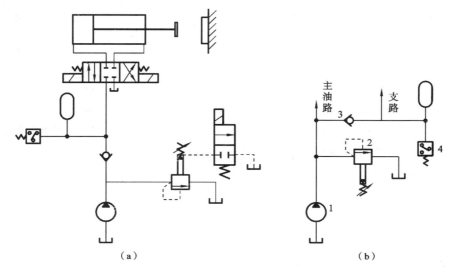

图 4-44　采用蓄能器的保压回路

(a) 采用蓄能器的保压回路;(b) 多缸系统中的保压回路

1—液压泵;2—溢流阀;3—单向阀;4—压力继电器

3）自动补油的保压回路

图 4-45 所示为采用液控单向阀和电接触式压力表的自动补油保压回路。当电磁铁 1YA 得电时,换向阀右位接入回路,液压缸上腔压力上升到电接触式压力表的上限值时,上触点接电,使电磁铁 1YA 失电,换向阀处于中位,液压泵卸荷,液压缸由液控单向阀保压。当液压缸上腔压力下降到电接触式压力表的下限值时,电接触式压力表又发出信号,使电磁铁 1YA 得电,液压泵再次向系统供油,使压力上升。当压力达到上限值时,上触点接电,使电磁铁 1YA 失电,换向阀处于中位,液压泵又卸荷,液压缸由液控单向阀保压。因此,这种回路能自动地使液压缸补充压力油,使其压力能长期保持在一定范围内。

4. 增压回路

如果系统或系统的某一支路需要压力较高但流量又不大的压力油,而采用高压泵又不经济,或者根本就没有必要增设高压力的液压泵时,就常采用增压回路,这样不仅易于选择液压泵,而且系统工作较可靠,噪声小。增压回路中提高压力的主要元件是增压缸或增压器。

增压回路是用来使局部油路或个别执行元件得到比主系统油压高得多的压力,图 4-46 所示为采用增压缸的增压回路。

增压缸由大、小两个液压缸 a 和 b 组成,a 缸中的大活塞(有效作用面积为 A_a)和 b 缸的小活塞(有效作用面积为 A_b)用一根活塞杆连接起来。当压力为 p_a 的压力油进入液压缸 a 左腔时,作用在大活塞上的液压作用力 F_a 推动大、小活塞一起向右运动,液压缸 b 的油液以压力 p_b 进入工作液压缸,推动其活塞运动。

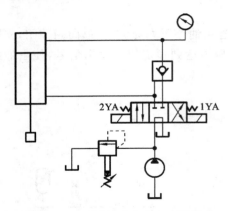

图 4-45　采用液控单向阀和电接触式
压力表的自动补油保压回路

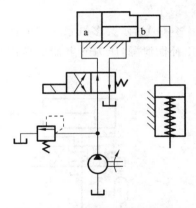

图 4-46　采用增压缸的增压回路

增压原理：因为作用在大活塞左端和小活塞右端的液压作用力相平衡，即 $F_a = F_b$，又因 $F_a = p_a A_a$，$F_b = p_b A_b$，所以 $p_a A_a = p_b A_b$，则 $p_b = p_a A_a / A_b$。由于 $A_a > A_b$，则 $p_b > p_a$，所以起到增压作用。

5. 减压回路

在定量泵供油的液压系统中，溢流阀按主系统的工作压力进行调定。若系统中某个执行元件或某个支路所需要的工作压力低于溢流阀所调定的主系统（或主油路）压力，这时就要采用减压回路。如机床液压系统中的定位、夹紧、回路分度及液压元件的控制油路等，它们往往要求比主油路压力较低的压力。减压回路主要由减压阀组成。

1）采用减压阀的减压回路

图 4-47(a)所示为单级减压回路。回路中单向阀的作用是当主油路压力降低到小于减压阀的调定压力时，防止油液倒流，起短时保压作用。

图 4-47(b)所示为由减压阀和远程调压阀组成二级减压回路。在图示状态下夹紧压力由溢流阀调定；当二通阀通电后，夹紧压力则由远程调压阀决定，故此回路为二级减压回路。若系统只需一级减压，可取消二通阀和远程调压阀，堵塞溢流阀的外控口。

2）采用单向减压阀的减压回路

图 4-48 所示为采用单向减压阀的减压回路。液压泵输出的压力油，以经溢流阀调定后压力的进入液压缸(2)，再经减压阀减压后的压力进入液压缸(1)。采用带单向阀的减压阀是为了当液压缸(1)活塞返程时，油液可经单向阀直接流回油箱。

为了使减压回路工作可靠，减压阀的最低调整压力不应小于 0.5 MPa，最高调整压力至少应比系统压力小 0.5 MPa。当减压回路中的执行元件需要调速时，调速元件应放在减压阀的后面，以避免减压阀泄漏（指油液由减压阀泄油口流回油箱），对执行元件的速度产生影响。

减压回路较为简单，一般是在需要低压的支路上串接减压阀。采用减压回路虽能方便地使某支路获得稳定的低压，但压力油经减压阀口时会产生压力损失，这是它的缺点。

6. 平衡回路

为防止竖直放置的液压缸及其工作部件因自重自行下落或在下行运动中因自重造成失控、失速，可设置平衡回路。平衡回路通常用单向顺序阀或液控单向阀来实现平衡控制。

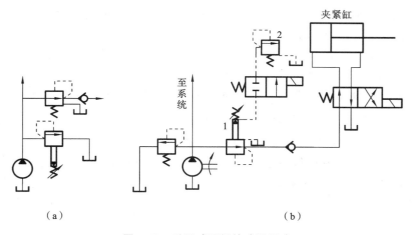

图 4-47　采用减压阀的减压回路

（a）单级减压回路；（b）多级减压回路

1—溢流阀；2—远程调压阀

1）采用单向顺序阀的平衡回路

图 4-49 所示为采用单向顺序阀的平衡回路。由单向顺序阀组成的平衡回路中,在液压缸的下腔油路上加设一个平衡阀（即单向顺序阀）,使液压缸下腔形成一个与液压缸运动部分重量相平衡的压力,可防止其因自重而下滑。这种回路在活塞下行时,回油腔会有一定的背压,故运动平稳,但功率损失较大。

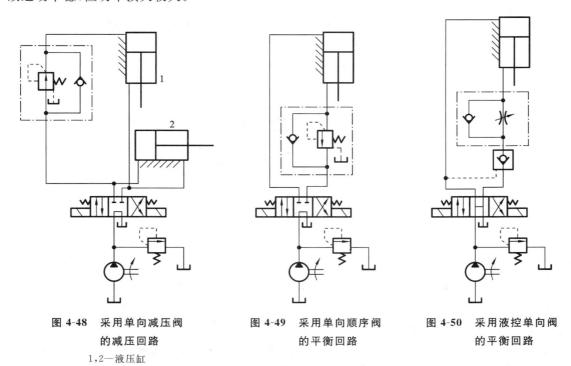

图 4-48　采用单向减压阀
的减压回路

1,2—液压缸

图 4-49　采用单向顺序阀
的平衡回路

图 4-50　采用液控单向阀
的平衡回路

2）采用液控单向阀的平衡回路

图 4-50 所示为采用液控单向阀的平衡回路。当换向阀右位工作时,液压缸下腔进油,液

压缸上升至终点;当换向阀处于中位时,液压泵卸荷,液压缸停止运动;当换向阀左位工作时,液压缸上腔进油,液压缸下腔的回油由节流阀限速,由液控单向阀锁紧,当液压缸上腔压力足以打开液控单向阀时,液压缸才能下行。由于液控单向阀泄漏量极小,故其锁紧性能较好,回油路上的单向节流阀可用于保证活塞向下运动的平稳性。

【任务实施】 工业胶黏机压力控制回路的分析与组装(二级、三级调压回路)。

1. 工业胶黏机压力阀控制功能的分析

稳定的工作压力是保证系统工作平稳的先决条件,一旦液压传动系统过载,如果缺少有效的卸荷措施,将会使液压传动系统中的液压泵处于过载状态,很容易发生损坏,所以液压传动系统必须能有效地控制系统压力,可以采用压力控制阀来解决上述问题。常用的压力控制阀有溢流阀、减压阀和顺序阀等。它们的共同特点是利用作用于阀芯上的油液压力和弹簧力相平衡的原理进行工作。其中溢流阀在系统中的主要作用就是稳压和卸荷。通过换向阀改变液压缸活塞杆的运动方向。采用减压阀来获取不同的材料所需的压力,可通过二级减压回路来实现,也可通过多级调压回路使液压设备在不同的工作阶段获得不同的压力。

2. 压力控制阀的配置

胶黏机工作时,系统的压力必须与负载相适应,可以通过溢流阀来调整回路的压力来实现。在液压缸进油口前旁路连接一个溢流阀,来调定系统,稳定压力。在液压缸进油口前安装减压阀,以获得不同的材料所需的压力。

1) 采用二级调压回路实现

图 4-51 所示为采用二级调压回路实现工业胶黏机粘贴工作的液压回路。把胶黏机的液压缸安装在支路上,通过减压阀来获取不同的压力。在图示工作状态下,夹紧压力由溢流阀来调定;当二通阀通电后,夹紧压力则由远程调压阀来决定。

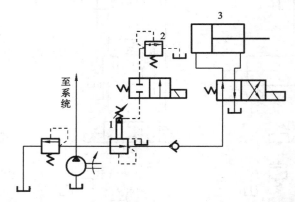

图 4-51 采用二级调压回路实现工业胶黏机粘贴工作的液压回路
1—溢流阀;2—远程调压阀;3—工作缸

2) 采用多级调压回路实现

图 4-52 所示为采用三级调压回路实现工业胶黏机粘贴工作的液压回路。在图示工作状态下,液压泵的出口压力由溢流阀调定为最高压力;当换向阀(4)的左、右电磁铁分别通电时,液压泵的出油口压力分别由远程调压阀(2、3)调定。远程调压阀(2、3)的调定压力必须小于溢流阀的调定压力。通过换向阀(5)可实现工作缸的工作与退回。

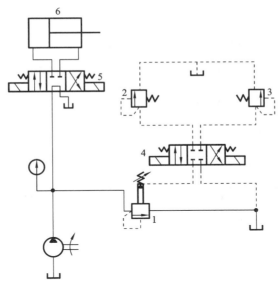

图 4-52　采用三级调压回路实现工业胶黏机粘贴工作的液压回路

1—溢流阀；2,3—远程调压阀；4,5—换向阀；6—工作缸

3. 控制回路的组装与系统压力的调节

1）实验台的组装与压力调节

操作步骤如下。

（1）能看懂换向回路图，根据项目要求分析压力控制回路。

（2）选择相应元器件，在工作台上合理布置各元件，组建回路。

（3）用油管正确连接元件的各油口，检查各油口连接情况后，启动液压泵，观察压力表上显示的系统压力值，调节溢流阀调压手柄，观察压力表显示值的变化情况。

（4）完成实验并经老师检查评估后，关闭液压泵，拆下管线，将元件放回原来位置。

2）用软件模拟

利用软件模拟组装并调试工业胶黏机粘贴工作的液压回路。

【相关训练】

［例 4-2］　液压钻床顺序动作控制回路的分析。

图 4-53 所示为液压钻床的工作示意图。钻头的进给和工件的夹紧都是由液压系统来控制的。由于加工的工件不同，加工时所需的夹紧力也不同，所以工作时液压缸（1）的夹紧力必须能够固定在不同的压力值，同时为了保证安全，液压缸（2）必须在液压缸（1）的夹紧力达到规定值时才能推动钻头进给。要达到这一要求，系统中应采用什么样的液压元件来控制这些动作呢？它们又是如何工作的呢？

通过分析上述任务可以知道，要控制液压缸（1）的夹紧力，就要求输入端的液压油压力能够随输出端的压力的降低而自动减小，实现这一功能的液压元件就是减压阀。此外，系统还要求液压缸（2）必须在液压缸（1）的夹紧力达到规定值时才能动作，即动作前需要通过检测液压缸（1）的压力，把液压缸（1）的压力作为控制液压缸（2）动作的信号，这在液压系统中可以使用顺序阀通过控制压力信号来接通和断开液压回路，从而达到控制执行元件动作的目的。要达到这一要求，需设计压力控制回路。

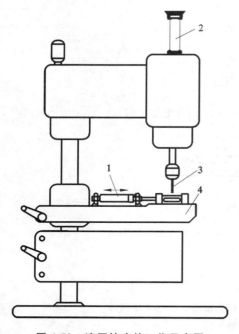

图 4-53　液压钻床的工作示意图

1,2—液压缸；3—钻头；4—工件

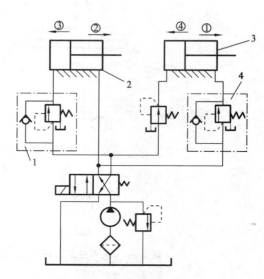

图 4-54　液压钻床的液压回路

1,4—单向顺序阀；2—钻孔液压缸；3—夹紧液压缸

根据上述分析，可以设计出如图 4-54 所示的液压钻床的液压回路。利用减压阀来控制夹紧液压缸的夹紧力，用顺序阀来控制夹紧液压缸和钻孔液压缸的动作顺序。

如图 4-54 所示，夹紧液压缸与钻孔液压缸按①→②→③→④顺序动作。动作开始时使二位四通换向阀电磁铁通电，换向阀左位接入系统，此时压力油只能先进入夹紧液压缸的左腔，回油经单向顺序阀(4)中的单向阀、再经换向阀流回油箱，实现动作①；夹紧液压缸中的活塞右行到达终点后，工件被夹紧（夹紧力的大小由减压阀的调定压力来决定），系统油液压力升高，打开单向顺序阀(1)中的顺序阀，压力油进入钻孔液压缸左腔，钻头伸出，回油经换向阀流回油箱，实现动作②。钻孔结束后，电磁铁断电，使换向阀换向，回路处于如图 4-54 所示状态，此时压力油只能先进入钻孔液压缸的右腔，回油经单向顺序阀(1)中的单向阀、再经换向阀流回油箱，实现动作③，钻头退回；钻孔液压缸中的活塞左行到达终点后，系统油液压力升高，打开单向顺序阀(4)中的顺序阀，压力油进入夹紧液压缸右腔，回油经换向阀流回油箱，实现动作④，至此完成一个工作循环。

该顺序动作回路的可靠性在很大程度上取决于顺序阀的性能和压力调定值。为保证动作可靠，应使顺序阀的调定压力大于 0.8～1.0 MPa，否则顺序阀可能在压力波动时先行打开，使钻孔液压缸产生先动现象（即工件未夹紧就钻孔），影响工作的可靠性。

[例 4-3]　YB32-300 型四柱万能液压机压力变换控制回路的应用分析。

液压机是用来对金属、塑料、木材等材料进行压力加工的机械设备，它常用于压制工艺和压制成形工艺，如锻压、冲压、冷挤、校直、弯曲、翻边、薄板拉深、粉末冶金、压装等，其液压传动系统是以压力变换为主的系统。由于液压传动用于机器的主传动，故系统压力高、流量大、功率大。工作中压力需要经常变换和调节，而且要求压力能够缓慢或急速升降。保压时由于液压缸的弹性变形、油液的压缩及管路的膨胀而储存了相当大的能量，泄压过快将引起液压系统的剧烈冲击、振动和噪声，甚至会使管路和阀破裂，因此，液压系统一般要有预泄功能。

液压机的类型很多,其中以四柱液压机最为典型。图 4-55 所示为 YB32-300 型四柱万能液压机,它的四个立柱之间安装着上、下两个液压缸,分别驱动上、下滑块,可进行冲裁、弯曲、拉伸、冷挤、装配、成形等加工。为适应各种加工工艺,要求主液压缸能完成上滑块的快速下行、慢速加压、保压延时、回程和悬空停止等动作,顶出液压缸能完成顶出、回程和在任意位置静止等动作。

YB32-300 型四柱万能液压机典型的工作循环如图 4-56 所示。

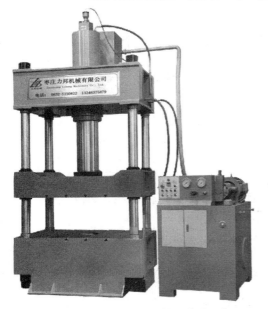

图 4-55　YB32-300 型四柱万能液压机

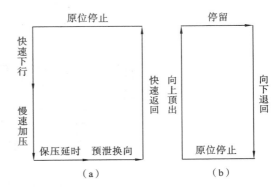

图 4-56　YB32-300 型四柱万能液压机典型的工作循环
(a) 上滑块;(b) 下滑快

图 4-57 所示为 YB32-300 型四柱万能液压机液压系统的工作原理。该系统由主液压缸液压传动系统和顶出液压缸液压传动系统两个子系统组成,包括调速回路、增速回路、换向回路、调压回路、保压回路及卸荷回路等基本回路。

1. 主液压缸液压传动系统

在图 4-57 所示状态下,启动液压泵,压力油经顺序阀、三位四通液动换向阀、三位四通电磁换向阀流回油箱,液压泵卸荷,其卸荷压力由顺序阀来调定,保证了控制油路有足够的控制压力。系统的工作压力由远程调压阀调定。

(1) 快速下行。

按下按钮,使电磁铁 1YA 通电,控制油液推动三位四通液动换向阀的阀芯,使其左位接入系统,并打开液控单向阀(19)。此时控制油液的油路如下。

进油路:液压泵→减压阀→三位四通电磁换向阀左位→三位四通电磁换向阀左位。

回油路:三位四通液动换向阀右位→单向阀(11)→三位四通电磁换向阀左位→油箱。

主液压缸的油路接通后,压力油进入主液压缸的上腔,上滑块快速下行,其油路如下。

进油路:液压泵→顺序阀→三位四通液动换向阀左位→单向阀(21)→主液压缸上腔。

回油路:主液压缸下腔→液控单向阀(19)→三位四通液动换向阀左位→三位四通电磁换向阀中位→油箱。

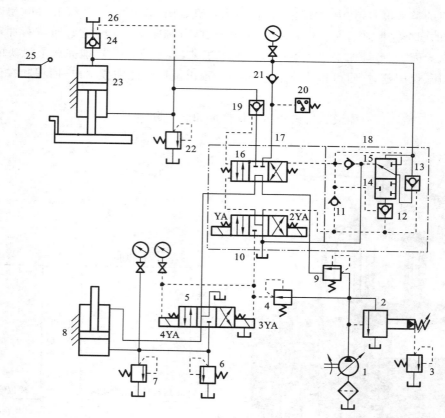

图 4-57　YB32-300 型四柱万能液压机液压系统的工作原理

1—液压泵；2—先导式溢流阀；3—远程调压阀；4—减压阀；5—三位四通电磁换向阀(P 型中位机能)；
6,7—直动式溢流阀；8—顶出液压缸；9—顺序阀；10—三位四通电磁换向阀(Y 型中位机能)；11,12,15,21—单向阀；
13,19,24—液控单向阀；14—二位三通液动换向阀；16—三位四通液动换向阀(M 型中位机能)；20—压力继电器；
22—安全阀；23—主液压缸；25—行程开关；26—补充油箱

　　上滑块在接触工件前,滑块在自重作用下快速下行,此时液压泵输出的油液不能充满液压缸上腔的空间而使液压缸上腔形成局部真空,并吸开液控单向阀(24),补充油箱中的油液在大气压力的作用下向主液压缸上腔补油。回油要经过三位四通电磁换向阀是为了使两液压缸动作协调,以保证下滑块在处于下位或停止状态时主液压缸才动作。安全阀可防止液控单向阀(19)失灵时发生过载。

　　(2) 慢速加压。

　　当上滑块接触工件后,主液压缸上腔油压升高,液控单向阀(24)关闭。主液压缸在液压泵供给的压力油的作用下驱动上滑块慢速加压下行。滑块下行速度由液压泵的流量决定。

　　(3) 保压延时。

　　当主液压缸上腔油压达到压力继电器所调定的保压值时,压力继电器发出信号,使电磁铁 1YA 断电,三位四通电磁换向阀和三位四通液动换向阀的中位接入系统,油路断开,主液压缸上腔的高压油被封闭而实现保压。保压时间由时间继电器(图中未画出)调整,其范围为 0~24 min。

　　(4) 预泄换向。

　　保压到规定时间后,时间继电器发出信号,电磁铁 2YA 通电,三位四通电磁换向阀的右位接入系统,控制油液通至单向阀(12)的下端和液控单向阀(13)的控制油口。因单向阀(12)与二位三通液动换向阀采用刚性连接,而主液压缸上腔的高压油又作用在二位三通液动换向阀上,故控制油液不能使单向阀(12)开启,只能打开液控单向阀(13),使主液压缸上腔的高压油经液控单向阀(13)、二位三通液动换向阀流回油箱,从而使主液压缸上腔压力得到预泄。此时三位四通液动换向阀仍处于中位。当主液压缸上腔压力预泄至低于控制油路压力后,单向阀(12)开启,并使二位三通液动换向阀动作,切断预泄油路,控制油液经单向阀(12)进入三位四通液动换向阀右端,使其右位接入系统,实现换向。单向阀(11、15)用于三位四通液动换向阀右侧的压油、吸油。

(5)快速返回。

三位四通液动换向阀切换后,油液进入主液压缸的下腔,并将液控单向阀(24)打开。因活塞有效面积小,上滑块快速返回。此时的油路如下。

进油路:液压泵→顺序阀→三位四通液动换向阀右位→液控单向阀(19)→主液压缸下腔。

回油路:主液压缸上腔→液控单向阀(24)→补充油箱。

当补充油箱中的液面上升至溢流管(图中未画出)位置时,多余油液经溢流管流回主油箱。

(6)原位停止。

当上滑块上升至原位时,压下行程开关,电磁铁 2YA 断电,三位四通电磁换向阀、三位四通液动换向阀回复中位,油路被切断,上滑块原位停止。

2. 顶出液压缸液压传动系统

(1)向上顶出。

按下按钮,电磁铁 3YA 通电,三位四通电磁换向阀右位接入系统,压力油进入顶出液压缸下腔,推动活塞上升,将工件顶出,其油路如下。

进油路:液压泵→顺序阀→三位四通液动换向阀中位→三位四通电磁换向阀右位→顶出液压缸下腔。

回油路:顶出液压缸上腔→三位四通电磁换向阀右位→油箱。

进油之所以要经过三位四通液动换向阀,是为了保证顶出液压缸只有在主液压缸静止时才能动作。

(2)停留。

当下滑块上升至顶出液压缸活塞碰到上缸盖时,下滑块停止运动并在该位置停留,以便更换工件。

在进行"薄板倒拉伸成形"工艺时,可利用顶出液压缸进行压边工作。下滑块上升至预定位置后停留,当主液压缸压下时,下滑块被随之压下,实现浮动压边。顶出液压缸下腔的油液经直动式溢流阀(6)流回油箱,并建立所需的压边压力;其上腔可通过三位四通电磁换向阀的中位吸油,以免形成真空。

(3)向下退回。

按下按钮,使电磁铁 4YA 通电,3YA 断电,三位四通电磁换向阀左位接入系统,油液进入顶出液压缸上腔,下滑块向下退回。其油路与向上顶出相似。

(4)原位停止。

下滑块退回原位后,电磁铁 3YA、4YA 都断电,下滑块原位停止。

液压系统工作循环中电磁铁动作情况如表 4-4 所示。

表 4-4　电磁铁动作顺序表

工　况		电　磁　铁			
		1YA	2YA	3YA	4YA
上滑块	快速下行	+	−	−	−
	慢速加压	+	−	−	−
	保压延时	−	−	−	−
	预泄	−	+	−	−
	快速回程	−	+	−	−
	停止	−	−	−	−
	顶出	−	−	+	−
下滑块	退回	−	−	−	+
	停止	−	−	−	−

任务 4.3　流量控制元件的选用与速度控制回路的组装

【学习要求】

掌握液压系统流量控制阀的基本类型、性能结构及工作原理,以及速度控制回路的作用、组成及控制原理;根据工况选用适宜的流量控制阀,能对各类速度控制回路进行油路分析,正确组装、调试回路;养成良好的观察、思考、分析的习惯,培养动手能力。

【任务描述】　液压吊机流量控制元件的选用与速度控制回路的组装。

图 4-58　液压吊机

图 4-58 所示为液压吊机。液压吊机工作时,起重吊臂的伸出与返回是由液压缸驱动的,根据工作要求,吊臂运行时的速度必须能进行调节。

在该任务中,液压吊机的液压传动系统必须能有效地调节液压臂的速度。前面已经学过液压传动中有关压力和流量的知识,也知道了在液压传动系统中,改变系统中的流量才能改变执行元件(液压缸)的速度。那么流量控制元件有哪些?如何选择流量控制元件?控制回路应如何设计?

本任务就是要通过操作和观察,学习液压吊机的工作过程,重点了解液压吊机如何在液压系统控制下实现平稳吊起功能。在掌握各类流量控制元件的结构、原理和基本参数等知识的基础上,为液压吊机的驱动设备配备合适的速度控制元件,组成控制回路,并能进行正确地安装与调试。

【知识储备】

4.3.1　流量控制阀的工作原理与应用

流量控制阀是通过改变阀口通流截面积来调节通过阀口的流量,从而控制执行元件的运动速度的控制阀。流量控制阀主要有节流阀和调速阀两种。

1．节流阀的结构与原理

图 4-59 所示为轴向三角槽式节流阀的结构。压力油从进油口 P_1 流入，经节流口从出油口 P_2 流出。节流口的形式为轴向三角槽式。由于作用于节流阀阀芯上的力是平衡的，因而调节力矩较小，便于在高压下进行调节。当调节节流阀的手轮时，可通过顶杆推动节流阀阀芯向下移动，节流阀阀芯的复位靠弹簧的弹簧力来实现；节流阀阀芯的上下移动改变着节流口的开口量，从而实现对油液流量的调节。

1）节流口的流量特性与节流口的形式

节流阀输出流量的平稳性与节流口的结构形式有关。节流口通常有三种基本形式：薄壁孔、短孔和细长孔，但无论节流口采用何种形式，通过节流口的流量都遵循节流口流量特性公式 $q = CA_T \Delta p^m$。理论上，当系数 C、压力差 Δp

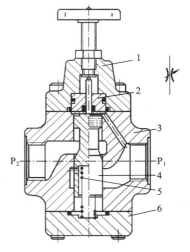

图 4-59　轴向三角槽式节流阀的结构
1—顶盖；2—导套；3—阀体；
4—节流阀阀芯；5—弹簧；6—底盖

和指数 m 不变时，改变节流口的通流截面积 A_T 便可调节通过节流口的流量，但实际上由于液压缸的负载常发生变化，当通流截面积 A_T 一定时，通过节流口的流量是变化的，特别是在小流量时变化较大。节流阀流量随其压差变化的关系如图 4-60 所示的节流阀流量特性曲线。

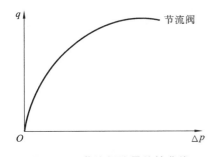

图 4-60　节流阀流量特性曲线

影响流量稳定性的主要因素如下。

（1）节流口前后的压力差 Δp 对流量的影响：由于负载变化，引起节流口出口压力变化，而进油压力由溢流阀调定，所以造成节流口前后压力差 Δp 变化，使流量不稳定。指数 m 越小，Δp 变化对流量的影响就越小。由于节流口中薄壁孔的 m 值最小，所以薄壁孔受压力差的影响最小。

（2）温度对流量的影响：温度变化影响黏度变化，从而影响流量的稳定性，薄壁孔 C 值与黏度关系很小，而细长孔的 C 值与黏度关系大，所以薄壁孔的流量受油温的影响很小。

（3）孔口堵塞对流量的影响：油液中的杂质，油液高温氧化后析出的胶质、沥青，以及油液老化或受到挤压后产生的带电极化分子，会吸附在金属表面上，在节流口表面逐步形成附着层，造成节流口的局部堵塞，它不断地堆积又不断被高速液流冲掉，这就不断改变着通流截面积的大小，使流量不稳定（周期性脉动），尤其是开口较小时，这一影响更为突出，严重时会完全堵塞而出现断流现象。因此，节流口的抗堵塞性能也是影响流量稳定性的重要因素，尤其会影响流量控制阀的最小稳定流量。所谓流量控制阀的最小稳定流量是指流量控制阀能正常工作（指无断流且流量变化不大于 10%）的最小流量限制值。

由以上分析，为保证流量稳定，节流口的形式以薄壁孔较为理想。

节流阀节流口的形式很多，图 4-61 所示为常用的几种。

图 4-61(a) 所示为针阀式节流口，针阀芯做轴向移动时，将改变环形通流截面积的大小，从而调节流量。

图 4-61(b)所示为偏心式节流口,在阀芯上开有一个截面为三角形(或矩形)的偏心槽,当转动阀芯时,就可以调节通流截面积大小,从而调节流量。

上述两种形式的节流口结构简单、制造容易,但节流口容易堵塞,流量不稳定,适用于性能要求不高的场合。

图 4-61(c)所示为轴向三角槽式节流口,在阀芯端部开有一个或两个斜的三角槽,轴向移动阀芯时,就可以改变三角槽通流截面积的大小,从而调节流量。这是目前应用很广的节流口形式。

图 4-61(d)所示为狭缝式节流口,阀芯上开有狭缝,油液可以通过狭缝流入阀芯内孔,然后由左侧孔流出,旋转阀芯就可以改变狭缝的通流截面积。

图 4-61(e)所示为轴向缝隙式节流口,在套筒上开有轴向缝隙,轴向移动阀芯即可改变缝隙的通流截面积大小,从而调节流量。

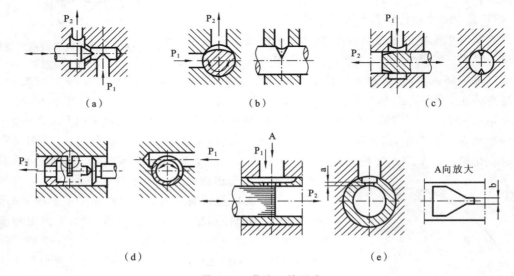

图 4-61 节流口的形式
(a) 针阀式;(b) 偏心式;(c) 轴向三角槽式;(d) 狭缝式;(e) 轴向缝隙式

上述三种节流口性能较好,尤其是轴向缝隙式节流口,其节流通道厚度可薄到 0.07～0.09 mm,可以得到较小的稳定流量。

节流阀结构简单,制造容易,体积小,使用方便,成本低,但负载和温度的变化对流量稳定性的影响较大,因此只适用于负载和温度变化不大或速度稳定性要求不高的液压系统。

2. 调速阀的结构与原理

调速阀是由定差减压阀与节流阀串联而成的组合阀。节流阀用来调节通过的流量,定差减压阀则自动补偿负载变化产生的影响,使节流阀前后的压差为定值,消除负载变化对流量的影响。

图 4-62(a)、(b)、(c)所示分别为调速阀的工作原理、图形符号、简化符号。图中定差减压阀(简称减压阀)与节流阀串联。当压力为 p_1 的油液由调速阀进油口流入,经减压阀阀口后压力降为 p_m,再分别经孔道 e 和 f 进入油腔 c 和 d。减压阀出口同时也是节流阀的入口,油液经节流口后,压力由 p_m 降为 p_2。压力为 p_2 的油液一部分经调速阀的出口进入执行元件,另一部分经孔道 a 进入减压阀芯的上腔 b。若腔 b、c、d 的有效作用面积分别为 A_1、A_2、A_3,则 $A_1 =$

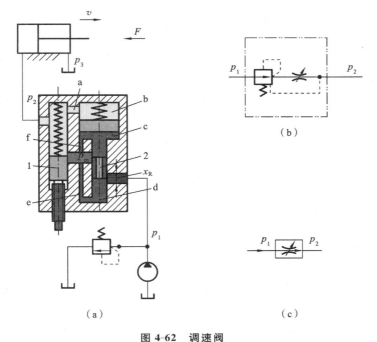

图 4-62　调速阀

(a) 工作原理；(b) 图形符号；(c) 简化符号

1—节流阀；2—定差减压阀

A_2+A_3。减压阀阀芯的受力平衡方程为

$$p_2A_1+F_s=p_mA_2+p_mA_3$$

即

$$\Delta p=p_m-p_2=\frac{F_s}{A_1} \tag{4-1}$$

　　由于定差减压阀的弹簧刚度很小，工作时阀芯的移动量也很小，故弹簧力 F_s 的变化也很小，因此节流阀前后的压力差基本保持不变。因此，当节流阀通流截面积 A_T 不变时，通过它的流量 q 为定值。也就是说，调速阀的流量只随节流口开度大小而改变，而与负载变化无关。若负载增加，使 p_2 增大的瞬间，减压阀上腔向下的推力增大，使阀芯下移，阀口开大，阀口液阻减小，使 p_m 也增大，其差值 $\Delta p=p_m-p_2=\dfrac{F_s}{A_1}$ 基本保持不变。当负载减小时，p_2 减小，减压阀阀芯上移，阀口开度减小，液阻增大，使 p_m 也减小，其差值亦不变。所以只要将弹簧力固定，则在油温不变时，输出的流量就可固定。因此调速阀适用于负载变化较大、速度平稳性要求较高的液压系统，如各类组合机床、车床、铣床等设备的液压系统。

　　调速阀与节流阀流量特性的比较如图 4-63 所示，节流阀的流量随进、出口压力差 Δp 变化较大。而调速阀在压差较小时，性能与普通节流阀相同，即二者曲线重合，这是由于较小的压力差不能克服定差减压阀的弹簧力，减压阀不起减压作用，整个调速阀就相当于一个节流阀。因此，为了保证调速阀正常工作，必须保证其前后压差 Δp 在 0.5 MPa 以上。

图 4-63　调速阀与节流阀流量特性的比较

4.3.2　调速控制回路的工作原理与应用

用来控制执行元件运动速度的回路称为速度控制回路。速度控制回路包括调速回路、快速运动回路和速度换接回路等。

调速回路的功用是调节执行元件的工作行程速度。在不考虑液压油的可压缩性和泄漏的情况下，液压缸的运动速度为

$$v=\frac{q}{A} \tag{4-2}$$

液压马达的转速为

$$n=\frac{q}{V_M} \tag{4-3}$$

由以上两式可知，改变输入执行元件的流量 q 或液压马达的排量 V_M，就可以达到调节速度的目的。

调速的方法有以下三种。

(1) 节流调速回路：用定量泵供油，采用流量控制阀调节执行元件的流量，以实现速度调节。

(2) 容积调速回路：改变变量泵的供油流量或改变变量液压马达的排量，以实现速度调节。

(3) 容积节流调速回路：采用变量泵和流量控制阀相配合的调速方法，又称为联合调速。

1. 节流调速回路

根据流量控制阀在回路中的位置不同，分为进口节流调速、出口节流调速及旁路节流调速三种调速回路。

1) 进口节流调速回路

进口节流调速回路如图 4-64(a) 所示，把流量控制阀串联在执行元件的进油路上的节流调速回路称为进口节流调速回路。节流阀串联在液压缸的进油路上，液压泵的供油压力由溢流阀调定。调节节流阀开口面积，改变进入液压缸的流量，即可调节液压缸的运动速度。液压泵的多余流量经溢流阀流回油箱。

(1) 速度负载特性。

液压缸在稳定工作时，其受力平衡方程为

$$p_1 A_1 = F + p_2 A_2 \tag{4-4}$$

式中：p_1——液压缸进油腔压力；

p_2——液压缸回油腔压力；

F——液压缸的负载；

A_1——液压缸左腔有效作用面积；

A_2——液压缸右腔有效作用面积。

由于回油腔通油箱，$p_2 \approx 0$，则有

$$p_1 = \frac{F}{A_1} \tag{4-5}$$

设液压泵的进油压力为 p_p，则节流阀进、出口的压差为

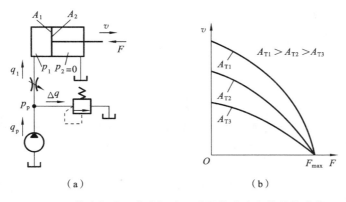

图 4-64　节流阀进口节流调速回路及其速度负载特性曲线

(a) 回路；(b)特性曲线

$$\Delta p = p_{\mathrm{p}} - p_1 = p_{\mathrm{p}} - \frac{F}{A_1} \tag{4-6}$$

由薄壁孔流量公式知，流经节流阀进入液压缸的流量为

$$q_1 = CA_{\mathrm{T}} \Delta p^m = CA_{\mathrm{T}} \left(p_{\mathrm{p}} - \frac{F}{A_1} \right)^m \tag{4-7}$$

式中：C——系数，视为常数；

　　A_{T}——节流阀通流截面积；

　　m——节流阀指数。

因此液压缸的运动速度为

$$v = \frac{q_1}{A_1} = C \frac{A_{\mathrm{T}}}{A_1} \left(p_{\mathrm{p}} - \frac{F}{A_1} \right)^m \tag{4-8}$$

式(4-8)即为进口节流调速回路的速度负载特性方程。由公式可知，液压缸的运动速度主要与节流阀通流截面积 A_{T} 和负载 F 有关。当负载恒定时，液压缸的运动速度与节流阀通流截面积 A_{T} 成正比，调节 A_{T} 可实现无级调速，且调速范围较大。当 A_{T} 一定时，速度随负载的增大而减小。

若以 v 为纵坐标，F 为横坐标，A_{T} 为参变量，其速度负载特性曲线如图 4-64(b)所示。速度 v 随负载 F 的变化程度称为速度刚度，表现在速度负载特性曲线的斜率上。特性曲线上某点处的斜率越小，速度刚度就越大，说明回路在该处速度受负载变化的影响越小，即该点的速度稳定性好。

（2）最大承载能力。

液压缸能产生的最大推力，即最大承载能力为

$$F_{\mathrm{max}} = p_{\mathrm{p}} A_1 \tag{4-9}$$

（3）功率和效率。

液压泵输出功率 $P_{\mathrm{p}} = p_{\mathrm{p}} q_{\mathrm{p}} =$ 常数。

液压缸输出功率 $P_1 = p_1 q_1$。

则回路的功率损失为

$$\Delta P = P_{\mathrm{p}} - P_1 = p_{\mathrm{p}} q_{\mathrm{p}} - p_1 q_1 = p_{\mathrm{p}} (\Delta q + q_1) - (p_{\mathrm{p}} - \Delta p) q_1 = p_{\mathrm{p}} \Delta q + \Delta p q_1 \tag{4-10}$$

式中：q_{p}——液压泵供油量；

　　Δq——溢流阀溢流量。

其余符号意义同前。

由式(4-10)可知,这种调速回路的功率损失由两部分组成,即溢流损失 $p_p \Delta q$ 和节流损失 $\Delta p q_1$。

回路效率为

$$\eta = \frac{P_1}{P_p} = \frac{p_1 q_1}{p_p q_p} \qquad (4\text{-}11)$$

由上述特点可知,节流阀的进口节流调速回路一般用于轻载、低速、负载变化不大和对速度稳定性要求不高的小功率液压系统。

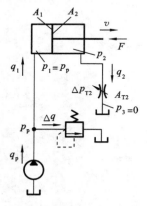

图 4-65　节流阀出口节流
调速回路

2) 出口节流调速回路

出口节流调速回路如图 4-65 所示。它是将节流阀放置在回油路上,用它来控制从液压缸回油腔流出的流量,从而控制进入液压缸的流量,达到调速目的。其静态特性同进口节流调速回路相同。

但是,它们也有如下不同。

节流阀装在回油路上,由于回油路上有较大的背压,因此在外界负载变化时可起缓冲作用,运动的平稳性比进口节流调速回路要好。

出口节流调速回路中,经节流阀后因压力损耗而发热,导致温度升高的油液直接流回油箱,容易散热。

停车后的启动性能不同。长期停车后,液压缸油腔内的油液会流回油箱,当液压泵重新向液压缸供油时,在出口节流调速回路中,由于进油路上没有节流阀控制流量,即使回油路上节流阀关得很小,也会使活塞前冲;而在进口节流调速回路中,由于进油路上有节流阀控制流量,故活塞前冲很小,甚至没有前冲。

实际应用中,常采用进口节流调速回路,并在其回油路上加背压阀。这种方式兼具了两种回路的优点。

3) 旁路节流调速回路

旁路节流调速回路如图 4-66 所示。它是将节流阀安放在与执行元件并联的支路上,用它

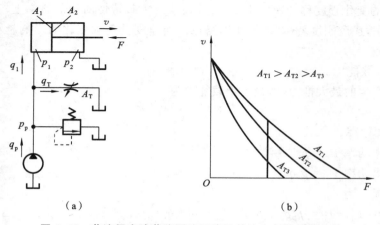

(a)　　　　　　　　　　　　(b)

图 4-66　节流阀旁路节流调速回路及其速度负载特性曲线

(a) 回路;(b) 特性曲线

来调节从支路流回油箱的流量,以控制进入液压缸的流量来达到调速的目的。这种回路不需要溢流阀"常开"溢流,因此回路中溢流阀起安全作用,其调定的压力为液压缸最大工作压力的1.1～1.2倍。液压泵的出口压力与液压缸的工作压力相等,随负载的变化而变化,不是定值。

采用节流阀的节流调速回路,在负载变化时液压缸的运动速度随节流阀进、出口压差而变化,故速度平稳性差。如果用调速阀来代替节流阀,速度平稳性将大为改善,但由于调速阀中包含减压阀和节流阀的功率损失,所以功率损失将会增大。调速阀节流调速回路的速度负载特性曲线如图4-67所示。

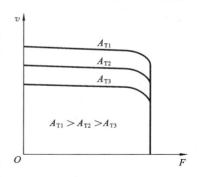

**图 4-67　调速阀节流调速回路
速度负载特性曲线**

2. 容积调速回路

容积调速回路是通过改变液压泵或液压马达的排量来实现调速的。其主要优点是功率损失小(没有溢流损失和节流损失),系统效率高,广泛应用于大功率液压系统中,如液压压力机、工程机械、矿山机械等。

按油液循环方式的不同,容积调速回路可分为开式和闭式两种,在开式回路中,液压泵从油箱中吸油,执行元件的回油仍返回油箱。油液在油箱中能得到较好的冷却,且便于油中杂质的沉淀和气体逸出。但油箱尺寸较大,污染物容易侵入。闭式回路中,液压泵的吸油口与执行元件的回油口直接连接,油液在封闭的油路系统内循环。其结构紧凑,运行平稳,空气和污染物不易侵入,噪声小,但其散热条件差。为了补偿泄漏,以及补偿由于执行元件的进、回油腔中面积不等所引起的流量之差,闭式回路中需设置补油装置(如顶置充液箱、辅助泵及与其配套的溢流阀、油箱等)。

根据液压泵和执行元件组合方式的不同,容积调速回路通常有三种形式,即变量泵和定量液压马达容积调速回路,定量泵和变量液压马达容积调速回路,变量泵和变量液压马达容积调速回路。

1) 变量泵和定量液压马达容积调速回路

变量泵和定量液压马达组成的容积调速回路如图4-68(a)所示,该回路的工作特性曲线如图4-68(b)所示。

在如图4-68所示的变量泵和定量液压马达容积调速回路中,由变量泵和定量液压马达组成闭式回路,高压管路上的溢流阀起安全阀的作用,低压管路上连接一小流量补油泵,补油压

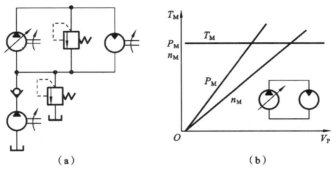

图 4-68　变量泵和定量液压马达容积调速回路

(a) 回路;(b) 工作特性曲线

力(一般为0.3 MPa)由溢流阀调定,补油的流量一般为回路中主泵最大流量的 $10\% \sim 15\%$ 。

2) 定量泵和变量液压马达容积调速回路

定量泵和变量液压马达组成的容积调速回路如图 4-69(a)所示,该回路的工作特性曲线如图如图 4-69(b)所示。

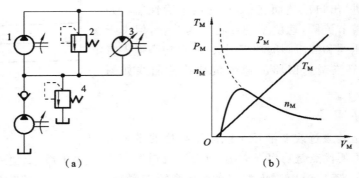

（a）　　　　　　　　　　（b）

图 4-69　定量泵和变量液压马达容积调速回路

(a) 回路；(b) 工作特性曲线

3) 变量泵和变量液压马达容积调速回路

由变量泵和变量液压马达组成的容积调速回路如图 4-70 所示。调节变量泵和变量液压马达均可调节液压马达的转速,所以这种回路的工作特性是上述两种回路工作特性的综合。这种回路的调速范围很大,等于泵的调速范围和马达调速范围的乘积。这种回路适用于大功率的液压系统。

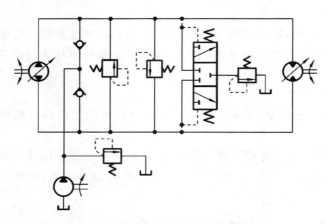

图 4-70　变量泵和变量液压马达容积调速回路

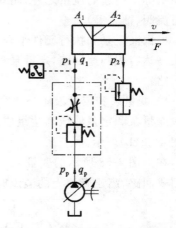

图 4-71　由限压式变量泵和调速阀
组成的容积节流调速回路

3. 容积节流调速回路

容积节流调速回路是由变量泵和节流阀或调速阀组合而成的一种调速回路,它保留了容积调速回路无溢流损失、效率高和发热少的优点。

图 4-71 所示为由限压式变量泵和调速阀组成的容积节流调速回路。变量泵输出的压力油经调速阀进入液压缸工作腔,回油则经背压阀返回油箱。活塞运动速度由调速阀中节流阀的开口大小来控制。变量泵输出的流量 q_p 和进入液压缸的流量 q_1 相适应。当 $q_p > q_1$ 时,变

量泵的供油压力 p_p 上升,使限压式变量泵的偏心距自动减小,直到变量泵的输出流量等于流入液压缸的流量,即:$q_p \approx q_1$;反之,当 $q_p < q_1$ 时,变量泵的供油压力 p_p 下降,变量泵的偏心距自动增大,使得 $q_p \approx q_1$。可见调速阀在回路中的作用不仅是使进入液压缸的流量保持恒定,而且还使变量泵的供油量的供油压力基本保持不变,从而使变量泵的输出流量和进入液压缸的流量匹配。

这种容积节流调速回路的速度刚性、运动平稳性、承载能力及调速范围都和调速阀节流调速回路相同。但是随着负载减小,调速阀的前、后压差增大,节流损失也越大,相应效率降低,因此这种回路不宜用于负载变化大且大部分时间处于低负载工作的场合。

4.3.3 快速运动控制回路的工作原理与应用

快速运动控制回路又称增速回路,其作用是加快工作机构空载运行时的速度,以提高系统的工作效率。下面介绍几种常见的快速运动控制回路。

1. 差动连接的快速运动控制回路

图 4-72 所示为采用液压缸的差动连接来实现的快速运动控制回路。当二位三通电磁换向阀处于右位时,液压缸呈差动连接,液压泵输出的油液和液压缸有杆腔返回的油液合流,进入液压缸的无杆腔,实现活塞的快速运动。

这种回路简单易行,但要注意此时阀和管道应按差动时的较大流量选用,否则压力损失过大,易使溢流阀在快进时也开启,无法实现差动。另处,其快、慢速换接不够平稳,差动连接速度与非差动连接速度之比等于活塞面积与活塞杆面积之比,而且当无杆腔面积等于有杆腔面积的两倍时,差动连接速度也只是非差动连接速度的两倍,往往不能满足负载快进运动的要求,有时必须与双联泵或限压式变量泵等联合使用。

2. 双泵供油的快速运动控制回路

图 4-73 所示为双泵并联供油的快速运动控制回路。这种回路采用了低压大流量泵和高压小流量泵 7 并联,它们同时向系统供油时,可实现液压缸的空载快速运动;进入工作行程时,负载增大,系统压力增高,外控顺序阀被打开,并关闭单向阀,使低压大流量泵卸荷,此时系统仅由高压小流泵供油,实现工作进给。其中外控顺序阀的开启压力应比快速运动时所需压力大 $0.8 \sim 1.0$ MPa。

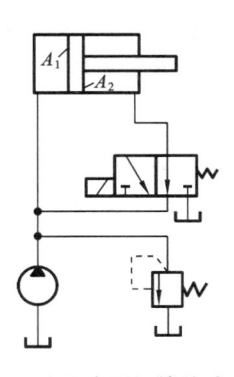

图 4-72 采用液压缸的差动连接来实现的快速运动控制回路

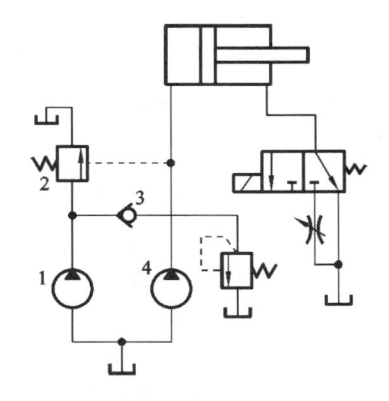

图 4-73 双泵并联供油的快速运动控制回路
1—低压大流量泵;2—外控顺序阀;3—单向阀;4—高压小流量泵

3. 采用蓄能器的快速运动控制回路

图 4-74 所示为采用蓄能器的快速运动控制回路。这种回路适用于系统短期需要大流量的场合。当液压缸停止工作时,液压泵向蓄能器充油,油液压力升至外控顺序阀的调定压力,打开外控顺序阀,液压泵卸荷。当液压缸工作时,由蓄能器和液压泵同时供油,使活塞获得短期较大的速度。这种回路可以采用小容量液压泵,实现短期大量供油,减小能量损耗,但蓄能器充油时,液压缸必须有足够的停歇时间。

4. 采用增速缸的快速运动控制回路

图 4-75 所示为采用增速缸的快速运动控制回路。当换向阀在左位工作时,液压泵输出的压力油先进入工作面积小的柱塞缸内,使活塞快进,增速缸 I 腔内出现真空,通过单向阀补油。活塞快进结束时应使二通阀在右位工作,压力油同时进入增速缸 I 腔和 II 腔,此时因工作面积增大,获得大推力,低速运动,实现工作进给。换向阀在右位工作时,压力油便进入工作面积很小的增速缸 III 腔并打开液控单向阀,增速缸快退。

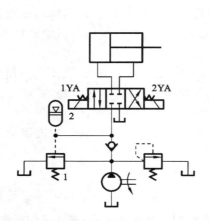

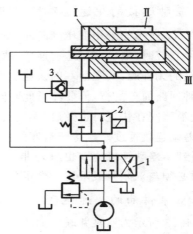

图 4-74　采用蓄能器的快速运动控制回路
1—外控顺序阀;2—蓄能器

图 4-75　采用增速缸的快速运动控制回路
1—换向阀;2—二通阀;3—单向阀

4.3.4　速度换接回路

设备工作部件在实现自动工作循环的过程中,需要进行速度换接。比如从快进变为工进,一工进变为二工进等,并且在速度换接的过程中,要求转换平稳、可靠,不出现前冲现象。

1. 快-慢换接回路

图 4-76 所示为利用二位二通电磁换向阀与调速阀并联的速度换接回路。当电磁铁 1YA、3YA 通电时,液压泵的压力油经二位二通阀全部进入液压缸中,工作部件实现快速运动。当电磁铁 3YA 断电时,切换油路,则液压泵的压力油经调速阀进入液压缸,将快进换接为工进。当工进结束后,运动部件碰到止挡块停留,液压缸工作腔压力升高,压力继电器发出信号,使电磁铁 1YA 断电,电磁铁 2YA、3YA 通电,工作部件快速退回。这种速度转换回路速度换接快,行程调节比较灵活,便于实现自动控制,应用很广泛,其缺点是平稳性较差。

图 4-77 所示为利用行程阀控制的速度换接回路。当在图示位置,活塞杆上的挡块未压下行程阀时,液压缸右腔的油液经行程阀流回油箱,活塞快速运动;当挡块压下行程阀时,油液经

节流阀流回油箱,活塞转为慢速工进。这种回路的速度换接比较平稳,而且换接位置比较准确,其缺点是行程阀的安装位置有所限制。

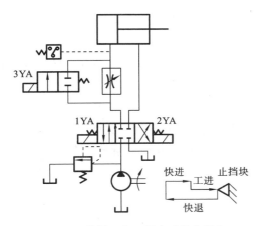

图 4-76　利用二位二通电磁换向阀与
调速阀并联的速度换接回路

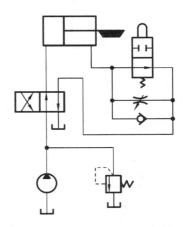

图 4-77　利用行程阀控制的速度换接回路

2. 慢-慢换接回路

图 4-78 所示为利用两个调速阀并联实现两种进给速度的换接回路。两个调速阀由二位三通换向阀换接,可实现第一次工进和第二次工进的速度换接,它们各自独立调节流量,互不影响。但当一个调速阀工作时,另一个调速阀没有油液通过。在速度换接过程中,由于原来没有工作的调速阀中的减压阀处于非工作状态,其阀口完全打开,一旦换接,大量油液通过该阀,将使执行元件突然产生前冲的现象。

图 4-79 所示为利用两个调速阀串联实现两种进给速度的换接回路。当换向阀不通电时,压力油经调速阀①、换向阀进入液压缸左腔,速度由调速阀①调节,实现第一次进给。当换向阀通电时,压力油经调速阀①、再经调速阀②进入液压缸的左腔,速度由调速阀②调节,实现第二次进给。其中调速阀②的开口必须小于调速阀①的开口。

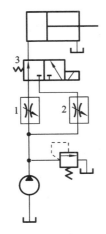

图 4-78　利用两个调速阀并联实现
两种进给速度的换接回路

1,2—调速阀;3—二位三通换向阀

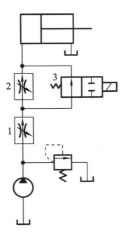

图 4-79　利用两个调速阀串联实现
两种进给速度的换接回路

1,2—调速阀;3—换向阀

【任务实施】 液压吊机流量控制元件的选用与速度控制回路的组装。

1. 液压吊机功能的分析

液压吊机工作时,把不同质量的物件吊放在指定位置,吊臂要求上下都可以控制速度。

2. 控制元件的选用

这里用一个双作用液压缸来完成载荷的升降运行。由于吊臂在运行中活塞杆的冲出速度过大,所以选用节流阀和单向阀组合成出口节流调速回路来调节速度,如图 4-80 所示。

3. 实训台控制回路的组装

(1) 熟悉节流阀的结构和应用,按照液压回路图选用液压元件组装回路。

(2) 检查各油口连接的情况后,启动液压泵,观察回路动作是否符合要求。

(3) 调节节流阀,观察执行元件的运动速度的变化情况。

(4) 先卸压,再关液压泵,拆下管路,整理好所有元件。

【相关训练】

[例4-4] 液压系统基本回路的应用分析。

1. 训练任务

分析液压系统的工作循环,并说明其工作原理。图 4-81 所示为实现"快进—工进Ⅰ—工进Ⅱ—快退—停止"工作循环的液压系统。

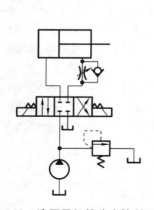

图 4-80 液压吊机的速度控制回路

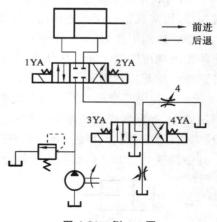

图 4-81 例 4-4 图

2. 训练实施

1) 工作循环分析

如图 4-81 所示,液压系统为出口节流调速回路,实现工作循环的原理如下。

(1) 快进 电磁铁 1YA 和 3YA 通电,回油路直接与油箱相通,回油速度快,因此活塞快速向前运动。

(2) 工进Ⅰ 此时要求较快的快速进给,因此在回油路上并联两个节流阀。电磁铁 1YA 通电,电磁铁 3YA 和 4YA 断电,换向阀处于中位,这时回油通过两个节流阀同时流回油箱,回油速度较快,因此活塞以较快速度向前进给。

(3) 工进Ⅱ 这时要求较慢的慢速进给,电磁铁 4YA 通电,回油通过节流阀流回油箱。由于油液通过节流阀流回油箱,回油速度较慢,因此活塞慢速向前进给。

(4) 快退 要求活塞快速退回,因此电磁铁 1YA 和 2YA 断电,电磁铁 2YA 和 3YA 通电,回油油路直接与油箱相通,活塞快速退回。

(5) 快退至原位停止　这时电磁铁 1YA、2YA、3YA 和 4YA 均断电。

2) 电磁铁动作状态分析

电磁铁的动作顺序如下:

元件\动作	1YA	2YA	3YA	4YA
快进	+	−	+	−
工进Ⅰ	+	−	+	−
工进Ⅱ	+	−	−	+
快退	−	+	+	−
停止	−	−	−	−

[例 4-5]　液压出口节流调速回路的组装与调试。

1. 训练任务

利用节流阀或调速阀设计出口节流调速回路,在实验台组装调试,并做实验分析。

根据已学过的有关液压回路的基本知识,利用节流阀或调速阀、溢流阀等液压元件设计出口节流调速回路,如图 4-82 所示,在液压传动实验台上实现所设计的回路的安装、连接及调试,进行系统的运行,调节节流阀或调速阀的通流截面积,即控制节流口的大小以调节回路中工作液压缸活塞的运动速度,利用速度传感器检测工作液压缸活塞的运动速度(根据节流阀或调速阀通流截面积的调节旋钮的调节量推算该通流截面积的大小),利用上述实验数据和计算结果,绘制本出口节流调速回路的速度负载特性曲线。

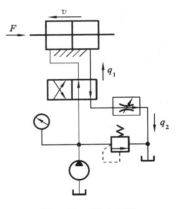

图 4-82　例 4-5 图

2. 训练实施

(1) 设计利用节流阀或调速阀的出口节流调速回路。

(2) 检查实验台上搭建的液压回路是否正确,各接管连接部分是否插接牢固,确定无误则接通电源,将换向阀插座与二位四通电磁换向阀进行连接,启动电气控制面板上的开关。

(3) 旋转液压泵开关,调节液压泵的转速使压力表达到预定压力,将回路中的节流阀或调速阀调节旋钮调至较小位置(使通流截面积尽可能小),进行该回路实验的预运行。

(4) 缓慢调节节流阀或调速阀调节旋钮,以使节流口逐渐增大(其调节量与速度传感器的测速精度相适应),测定并记录工作液压缸活塞的运动速度及调节量。

(5) 利用所记录的实验数据,通过计算和整理,绘制出口节流调速回路的速度负载特性曲线。

(6) 进行实验分析,并完成实验报告。

【练习与思考 4】

一、填空题

1. 根据用途和工作特点的不同,控制阀主要分为_____、_____、_____三大类。

2. 方向控制阀用于控制液压系统中液流的_____和_____。

3. 换向阀实现液压执行元件及其驱动机构的_____、_____或变换运动方向。

4. 换向阀处于常态位置时,其各油口的_____称为滑阀机能,常用的有_____型、_____型、_____型和_____型等。

5. 方向控制阀包括_____和_____等。

6. 单向阀的作用是使油液只能向_____流动。

7. _____是利用阀芯和阀体的相对运动来变换油液流动的方向,接通或关闭油路。

8. 方向控制回路是指在液压系统中,起控制执行元件的_____、_____及换向作用的液压基本回路,它包括_____回路和_____回路。

9. 在液压系统中,控制_____或利用压力的变化来实现某种动作的阀称为压力控制阀。这类阀的共同点是利用作用在阀芯上的液压力和弹簧力相_____的原理来工作的。按用途不同,可分_____、_____、_____和压力继电器等。

10. 根据溢流阀在液压系统中所起的作用,溢流阀可作_____、_____、_____和背压阀使用。

11. 先导式溢流阀是由_____和_____两部分组成,前者控制_____,后者控制_____。

12. 减压阀主要用来_____液压系统中某一分支油路的压力,使之低于液压泵的供油压力,以满足执行机构的需要,并保持基本恒定。减压阀也有_____式减压阀和_____式减压阀两类,_____式减压阀应用较多。

13. 减压阀在_____油路、_____油路和润滑油路中应用较多。

14. _____阀是利用系统压力变化来控制油路的通断,以实现各执行元件按先后顺序动作的压力阀。

15. 压力继电器是一种将油液的_____信号转换成_____信号的电液控制元件。

16. 流量控制阀是通过改变阀口通流截面积来调节阀口流量,从而控制执行元件运动_____的液压控制阀。常用的流量控制阀有_____阀和_____阀两种。

17. 速度控制回路是研究液压系统的速度_____和_____问题,常用的速度控制回路有调速回路、_____回路、_____回路等。

18. 节流阀结构简单,体积小,使用方便,成本低。但负载和温度的变化对流量稳定性的影响较_____,因此只适用于负载和温度变化不大或速度稳定性要求_____的液压系统。

19. 调速阀是由定差减压阀和节流阀_____组合而成。用定差减压阀来保证节流阀前后的压力差不受负载变化的影响,从而使通过节流阀的_____保持稳定。

20. 速度控制回路的功用是使执行元件获得能满足工作需求的运动_____。它包括_____回路、_____回路、速度换接回路等。

21. 节流调速回路是用_____泵供油,通过调节流量阀的通流截面积的大小来改变进入执行元件的_____,从而实现运动速度的调节。

22. 容积调速回路是通过改变回路中液压泵或液压马达的_____来实现调速的。

二、判断题

1. 单向阀作背压阀用时,应将其弹簧更换成软弹簧。　　　　　　　　　　　(　　)

2. 手动换向阀是用手动杆操纵阀芯换位的换向阀,可分为弹簧自动复位和弹簧钢珠定位两种。　　　　　　　　　　　　　　　　　　　　　　　　　　　　　(　　)

3. 电磁换向阀只适用于流量不太大的场合。　　　　　　　　　　　　（　　　）

4. 液控单向阀控制油口不通压力油时,其作用与单向阀相同。　　　　（　　　）

5. 三位五通换向阀有三个工作位置,五个油口。　　　　　　　　　　（　　　）

6. 三位换向阀的阀芯未受操纵时,其所处位置上各油口的连通方式就是它的滑阀机能。

　　　　　　　　　　　　　　　　　　　　　　　　　　　　　　　（　　　）

7. 溢流阀通常接在液压泵出口的油路上,它的进口压力即为系统压力。　（　　　）

8. 溢流阀用作系统的限压保护,防止过载,在系统正常工作时,该阀处于常闭状态。

　　　　　　　　　　　　　　　　　　　　　　　　　　　　　　　（　　　）

9. 压力控制阀的基本特点:利用油液的压力和弹簧力相平衡的原理来进行工作。（　　　）

10. 液压传动系统中常用的压力控制阀是单向阀。　　　　　　　　　　（　　　）

11. 溢流阀在系统中作安全阀调定的压力比作调压阀调定的压力大。　　（　　　）

12. 减压阀的主要作用是使阀的出口压力低于进口压力且保证进口压力稳定。（　　　）

13. 利用远程调压阀的远程调压回路中,只有在溢流阀的调定压力高于远程调压阀的调定压力时,远程调压阀才能起调压作用。　　　　　　　　　　　　　　　　（　　　）

14. 使用节流阀进行调速时,执行元件的运动速度不受负载变化的影响。　（　　　）

15. 节流阀是最基本的流量控制阀。　　　　　　　　　　　　　　　　（　　　）

16. 流量控制阀的基本特点:利用油液的压力和弹簧力相平衡的原理来进行工作。

　　　　　　　　　　　　　　　　　　　　　　　　　　　　　　　（　　　）

17. 进口节流调速回路比出口节流调速回路的运动平稳性好。　　　　　（　　　）

18. 进口节流调速回路和出口节流调速回路损失的功率都较大,效率都较低。（　　　）

三、选择题

1. 对三位换向阀的中位机能,液压缸锁紧,液压泵不卸载的是(　　　);液压缸锁紧,液压泵卸载的是(　　　);液压缸浮动,液压泵卸载的是(　　　);液压缸浮动,液压泵不卸载的是(　　　);可实现液压缸差动回路的是(　　　)。

A. O 型　　　　　　B. H 型　　　　　　C. Y 型　　　　　　D. M 型　　　　　　E. P 型

2. 液控单向阀的锁紧回路比用滑阀机能为中间封闭或 PO 连接的换向阀锁紧回路的锁紧效果好,其原因是(　　　)。

A. 液控单向阀结构简单

B. 液控单向阀具有良好的密封性

C. 换向阀锁紧回路结构复杂

D. 液控单向阀锁紧回路锁紧时,液压泵可以卸荷

3. 用于立式系统中的换向阀的中位机能为(　　　)型。

A. C　　　　　　　　B. P　　　　　　　　C. Y　　　　　　　　D. M

4. 溢流阀的作用是溢出系统中多余的油液,使系统保持一定的(　　　)。

A. 压力　　　　　　B. 流量　　　　　　C. 流向　　　　　　D. 清洁度

5. 要降低液压系统中某一部分的压力时,一般系统中要配置(　　　)。

A. 溢流阀　　　　　B. 减压阀　　　　　C. 节流阀　　　　　D. 单向阀

6. (　　　)是用来控制液压系统中各元件动作的先后顺序的。

A. 顺序阀　　　　　B. 节流阀　　　　　C. 换向阀

7. 在常态下,溢流阀(　　　),减压阀(　　　),顺序阀(　　　)。

A. 常开　　　　　　B. 常闭

8. 压力控制回路包括（　　）。

A. 卸荷回路　　　　B. 锁紧回路　　　　C. 制动回路

9. 将先导式溢流阀的远程控制口接通回油箱，将会发生（　　）问题。

A. 没有溢流量　　　　　　　　　B. 进口压力为无穷大

C. 进口压力随负载的增加而增加　　D. 进口压力调不上去

10. 液压系统中的工作机构在短时间停止运行，可采用（　　）以达到节省动力损耗、减少液压系统发热、延长液压泵的使用寿命的目的。

A. 调压回路　　　B. 减压回路　　　C. 卸荷回路　　　D. 增压回路

11. 液压传动系统中常用的压力控制阀是（　　）。

A. 换向阀　　　　B. 溢流阀　　　　C. 液控单向阀

12. 一级或多级调压回路的核心控制元件是（　　）。

A. 溢流阀　　　　B. 减压阀　　　C. 压力继电器　　　D. 顺序阀

13. 当减压阀出口压力小于调定值时，（　　）起减压和稳压作用。

A. 仍能　　　　　B. 不能　　　　C. 不一定能

14. 卸荷回路（　　）。

A. 可节省动力消耗，减少系统发热，延长液压泵的寿命

B. 可使液压系统获得较低的工作压力

C. 不能用换向阀实现卸荷

D. 只能用滑阀机能为中间开启型的换向阀

15. 在液压系统中，可用于安全保护的控制阀是（　　）。

A. 顺序阀　　　　B. 节流阀　　　　C. 溢流阀

16. 调速阀是（　　），单向阀是（　　），减压阀是（　　）。

A. 方向控制阀　　　B. 压力控制阀　　　C. 流量控制阀

17. 系统功率不大，负载变化较小，应采用的调速回路为（　　）。

A. 进口节流调速回路　　　　　　B. 旁路节流调速回路

C. 回口节流调速回路　　　　　　D. A 或 C

18. 出口节流调速回路（　　）。

A. 调速特性与进口节流调速回路不同　B. 经节流阀而发热的油液不容易散热

C. 广泛应用于功率不大、负载变化较大或运动平衡性要求较高的液压系统

D. 串联背压阀可提高运动的平稳性

19. 容积节流调速回路（　　）。

A. 主要由定量泵和调速阀组成　　　B. 工作稳定、效率较高

C. 运动平稳性比进口节流调速回路差　D. 在较低速度下工作时运动不够稳定

20. 调速阀是组合阀，其组成是（　　）。

A. 节流阀与单向阀串联　　　　　　B. 定差减压阀与节流阀并联

C. 定差减压阀与节流阀串联　　　　D. 节流阀与单向阀并联

四、问答题

1. 换向阀在液压系统中起什么作用？通常有哪些类型？

2. 什么是换向阀的"位"与"通"？

3. 什么是换向阀的"滑阀机能"？

4. 单向阀能否作为背压阀使用？

5. 绘出下列名称的阀的图形符号：(1) 单向阀；(2) 二位二通常断型电磁换向阀；(3) 三位四通弹簧复位"H"型电磁换向阀。

6. 电液换向阀有何特点？

7. 比较溢流阀、减压阀、顺序阀的异同点。

8. 溢流阀在液压系统中有何作用？

9. 何谓溢流阀的开启压力和调整压力？

10. 使用顺序阀应注意哪些问题？

11. 试比较先导式溢流阀和先导式减压阀的异同点。

12. 影响节流阀的流量稳定性的因素有哪些？

13. 为什么调速阀能够使执行元件的运动速度稳定？

14. 若先导式溢流阀主阀阀芯或阀座上的阻尼孔被堵死，将会出现什么故障？

15. 把减压阀的进、出口对换会出现什么情况？

16. 阀的铭牌不清楚时，不许拆开，如何判断哪个是溢流阀？ 哪个是减压阀？ 哪个是顺序阀？

17. 液压系统对换向阀的主要性能要求是什么？

18. 节流阀可以反接而调速阀不能反接，这是为什么？

19. 如图 4-83 所示，节流阀串联在液压泵和执行元件之间，调节节流阀的通流截面积，能否改变执行元件的运动速度？ 简述理由。

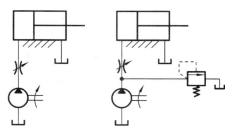

图 4-83　问答题 19 图

20. 液压传动系统中实现流量控制的方式有哪几种？ 采用的关键元件是什么？

21. 调速阀为什么能够使执行机构的运动速度稳定？

22. 试选择下列问题的答案。

① 在进口节流调速回路中，当外负载变化时，液压泵的工作压力(变化，不变化)。

② 在出口节流调速回路中，当外负载变化时，液压泵的工作压力(变化，不变化)。

③ 在旁路节流调速回路中，当外负载变化时，液压泵的工作压力(变化，不变化)。

④ 在容积调速回路中，当外负载变化时，液压泵的工作压力(变化，不变化)。

23. 试说明图 4-84 所示的平衡回路是怎样工作的？ 回路中的节流阀能否省去？ 为什么？

24. 说明图 4-85 所示回路的名称及工作原理。

五、计算题

1. 图 4-86 所示溢流阀的调定压力为 4 MPa，若阀芯阻尼小孔造成的损失不计，试判断下列情况下压力表读数各为多少？

(1) 电磁铁 YA 断电，负载为无限大时；

(2) 电磁铁 YA 断电，负载压力为 2 MPa 时；

(3) 电磁铁 YA 通电，负载压力为 2 MPa 时。

2. 图 4-87 所示回路中，溢流阀的调整压力为 5.0 MPa，减压阀的调整压力为 2.5 MPa，试分析下列情况，并说明减压阀阀口处于什么状态？

(1) 当液压泵压力等于溢流阀的调定压力，夹紧缸使工件夹紧后，点 A、C 各处的压力各为多少？

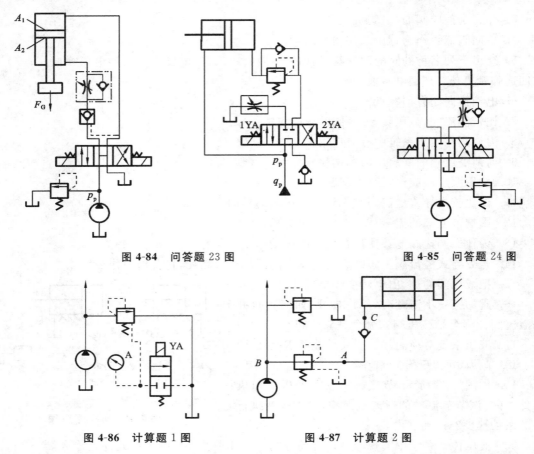

图 4-84 问答题 23 图   图 4-85 问答题 24 图

图 4-86 计算题 1 图   图 4-87 计算题 2 图

(2) 当液压泵压力由于工作液压缸的快进压力降到 1.5 MPa 时(工件原先处于夹紧状态),点 A、B、C 各处的压力各为多少?

(3) 夹紧缸在夹紧工件前作空载运动时,点 A、B、C 各处的压力各为多少?

3. 图 4-88 所示的液压系统中,两液压缸的有效面积 $A_1 = A_2 = 100$ cm²,液压缸Ⅰ负载 $F = 35\ 000$ N,液压缸Ⅱ运动时负载为零。不计摩擦阻力、惯性力和管路损失,溢流阀、顺序阀和减压阀的调定压力分别为 4 MPa、3 MPa 和 2 MPa,求在下列三种情况下,点 A、B 和 C 各处的压力。

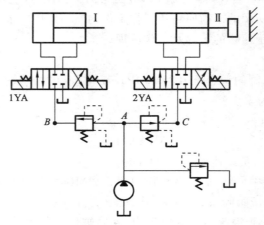

图 4-88 计算题 3 图

（1）液压泵启动后，两换向阀处于中位；

（2）电磁铁 1YA 通电，液压缸 Ⅰ 活塞移动时及活塞运动到终点时；

（3）电磁铁 1YA 断电，2YA 通电，液压缸 Ⅱ 活塞运动时及活塞碰到固定挡块时。

4．如图 4-89 所示，两个减压阀串联，已知减压阀的调整值分别为 $p_{J1} = 35 \times 10^5$ Pa，$p_{J2} = 20 \times 10^5$ Pa，溢流阀的调整值 $p_y = 45 \times 10^5$ Pa；活塞运动时，负载力 $F = 1\ 200$ N，活塞面积 $A = 15$ cm^2，减压阀全开时的局部损失及管路损失不计，试确定活塞在运动时和到达终端位置时，点 A、B、C 各处的压力为多少？

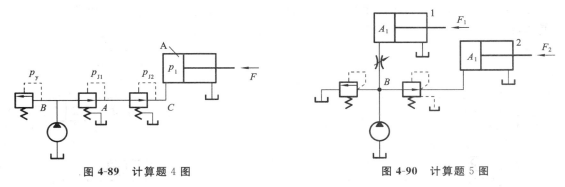

图 4-89　计算题 4 图　　　　　　　　　　图 4-90　计算题 5 图

5．如图 4-90 所示，已知两液压缸的活塞面积相同，液压缸无杆腔面积 $A_1 = 20 \times 10^{-4}$ m^2，但负载分别为 $F_1 = 8\ 000$ N，$F_2 = 4\ 000$ N，如溢流阀的调整压力为 4.5 MPa，试分析当减压阀压力调整值分别为 1 MPa、2 MPa、4 MPa 时，两液压缸的动作情况。

6．如图 4-91 所示，由复合泵驱动液压系统，活塞快速前进时负荷 $F = 0$，慢速前进时负荷 $F = 20\ 000$ N，活塞有效作用面积 $A = 40 \times 10^{-4}$ m^2，左边溢流阀及右边卸荷阀调定压力分别为 7 MPa 与 3 MPa。大排量泵流量 $q_大 = 20$ L/min，小排量泵流量 $q_小 = 5$ L/min，摩擦阻力、管路损失、惯性力忽略不计，求：

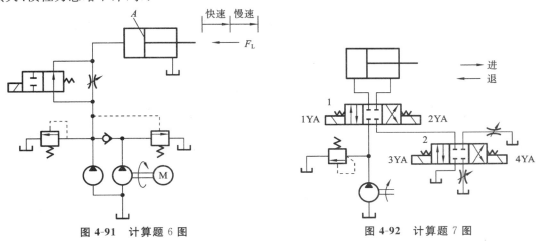

图 4-91　计算题 6 图　　　　　　　　　　图 4-92　计算题 7 图

（1）活塞快速前进时，复合泵的出口压力是多少？进入液压缸的流量是多少？活塞的前进速度是多少？

（2）活塞慢速前进时，大排量泵的出口压力是多少？复合泵的出口压力是多少？如欲改变活塞的前进速度，由哪个元件调整？

7．试分析图 4-92 所示回路的工作原理，欲实现"快进—工进Ⅰ—工进Ⅱ—快退—停止"

的动作循环回路,且工进Ⅰ的速度比工进Ⅱ的快,请列出各电磁铁的动作顺序表,比较阀1和阀2的异同之处。

8. 图 4-93 所示的回路为实现"快进—工进Ⅰ—工进Ⅱ—快退—停止"的动作循环回路,且工进Ⅰ速度比工进Ⅱ快,试完成以下要求。

(1)列出电磁铁动作顺序表;

(2)说明系统由哪些基本回路组成;

(3)简述阀1和阀2的名称和作用。

9. 假如要求图 4-94 所示的系统实现"快进—工进—快退—原位停止且液压泵卸荷"的工作循环,试列出电磁铁动作顺序表,并指出系统中包括哪些液压基本回路。

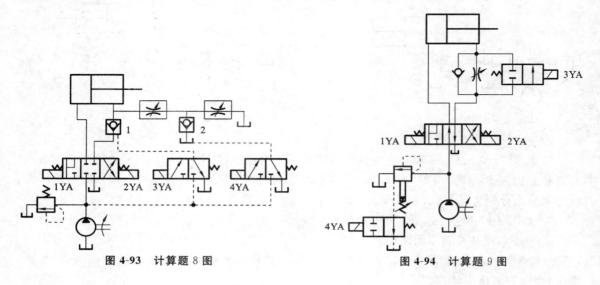

图 4-93　计算题 8 图　　　　　　　　　图 4-94　计算题 9 图

项目 5 液压系统多缸控制回路的分析与组装

【学习导航】

教学目标:以典型机械液压传动系统为载体,学习新型液压控制元件的基本类型、工作原理、性能结构,并掌握多缸控制回路分析与回路搭接的方法。

教学指导:教师选择典型设备,现场组织教学,引导学生观察和辨析新型液压控制元件;采用多媒体教学方式,引导学生进行新型液压控制元件的结构和工作原理的分析;学生分组进行选用和回路搭接任务的训练。

任务 5.1 自动车床多缸控制回路的分析

【学习要求】

掌握比例阀、插装阀、叠加阀的基本类型、工作原理与应用,以及多缸控制回路的工作原理;能对多缸控制回路进行油路分析,正确、合理地调节系统压力,调节执行元件的速度,能正确组装与运行调试;养成良好的观察、思考、分析的习惯,培养动手能力。

【任务描述】 自动车床多缸控制回路的分析。

图 5-1 所示为自动车床。目前,随着科学技术的进步和经济社会的发展,在机械制造业中已大量采用数控机床等高效的生产设备。自动车床就是机械零部件生产中使用较普遍的一类数控机床,其液压系统的工作原理如图 5-2 所示。在自动车床液压系统中,夹紧液压缸用于实现工件的夹紧与松开,进给液压缸带动进给机构完成进给运动。自动车床液压系统要实现上述功能,需要采用多缸工作控制回路,那么这种回路是如何在系统中工作的呢?

图 5-1 自动车床

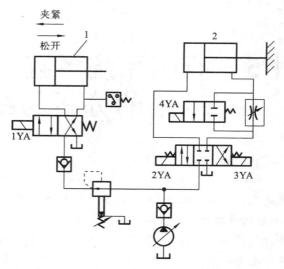

图 5-2　自动车床液压系统的工作原理

1—夹紧缸；2—动力滑动进给缸

【知识储备】

5.1.1　新型液压元件的分类及应用

前面所介绍的三大类液压控制阀，完全能够控制一个液压系统，但是还远远不能满足生产自动化程度的需求，必须加以改进，于是出现了一些新型的液压控制阀，如叠加阀、插装阀、比例阀和数字阀等。本节要学习的就是这些阀的结构组成、工作原理、特点及应用。

1. 叠加式液压阀

叠加式液压阀简称叠加阀，它是在板式阀集成化的基础上发展起来的集成式液压元件。它既具有板式液压阀的功能，又有自身的特性，即阀体本身除容纳阀芯外，还兼有通道体的作用，每个阀体上都制造有公共油液通道，各阀芯相应油口在阀体内与公共油道相接，从而能用其阀体的上、下安装面进行叠加式无管连接，组成集成化液压系统。

1）叠加阀的分类

叠加阀根据其工作功能，可分为单功能叠加阀和复合功能叠加阀两类。

2）叠加阀的结构组成及工作原理

叠加阀与一般液压阀基本相同，只是在具体结构和连接尺寸上有些不同，在规格上它自成系列。同一种通径系列的各类叠加阀，上、下面主油路通道的直径与位置相同，并且其连接螺栓孔的位置、尺寸大小也相同，这样就可以用同一通径系列的叠加阀叠加成不同功能的系统。通常把控制同一个执行元件的各叠加阀与底板叠加起来，把不属于叠加阀的换向阀安装在最上面，组成一个子系统，各子系统之间再通过底板横向叠加，组成完整的液压系统，其外观如图 5-3 所示。

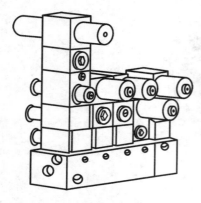

图 5-3　叠加阀液压系统

（1）单功能叠加阀。

单功能叠加阀与普通板式液压阀一样，也有压力控制阀(溢流阀、减压阀、顺序阀等)、流量控制阀(节流阀、调速阀等)和方向控制阀(只有单向阀,主换向阀不属于叠加阀)等。在一块阀体内,可以组装为一个单阀,也可以组装为双阀。一个阀体内有 P、T、A、B 四条以上的通路,所以阀体内各阀根据其通道连接情况,可形成多种不同的组合控制方式。

(2) 复合功能叠加阀。

复合功能叠加阀,又称为多机能叠加阀。它是在一个控制阀芯单元中实现两种以上控制机能的叠加阀,多采用复合结构形式。

3) 叠加阀的特点

用叠加阀组成的液压系统,结构紧凑,体积小,质量小,安装简便,装配周期短;若液压系统有变化,改变工况需要增减元件,组装方便迅速;元件之间实现无管连接,消除了因油管、管接头等引起的泄漏、振动和噪声;整个系统配置灵活,外观整齐,维护保养容易;标准化、通用化和集成化程度高。但其回路形式少,通径较小,品种规格尚不能满足较复杂和大功率液压系统的需要。

4) 叠加阀的生产规格

我国叠加阀现有通径 $\phi6\ mm$、$\phi10\ mm$、$\phi16\ mm$、$\phi20\ mm$、$\phi32\ mm$ 五个系列,额定压力为 20 MPa,额定流量为 10～200 L/min。

2. 插装式锥阀

1) 插装阀的结构组成及工作原理

插装式锥阀简称插装阀,其结构及图形符号如图 5-4 所示。它由插装块体、插装单元(由阀套、阀芯、弹簧及密封件组成)、控制盖板和先导式控制阀(简称先导阀)组成。由于这种阀的插装单元在回路中主要起通、断作用,故又称二通插装阀。

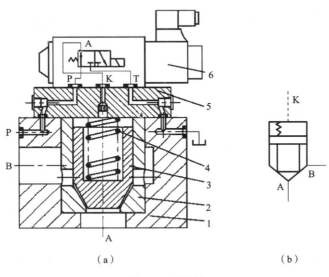

图 5-4　插装阀

(a) 结构;(b) 图形符号

1—插装块体;2—阀套;3—阀芯;4—弹簧;5—控制盖板;6—先导式控制阀

插装阀的工作原理相当于一个液控单向阀。图中 A 和 B 为主油路仅有的两个工作油口,K 为控制油口(与先导阀相接)。当 K 口无液压力作用时,阀芯受到的向上的液压力大于弹簧力,阀芯开启,A 与 B 相通,油液的方向依 A、B 的压力大小而定。反之,当 K 口有液压力作用时,且 K 口的液压力大于 A 和 B 的液压力,才能保证 A 与 B 之间关闭。

2)插装阀的分类

将插装阀进行相应组合,并将小流量方向控制阀、压力控制阀作为先导阀,便可组成方向控制插装阀、压力控制插装阀和流量控制插装阀。

(1)方向控制插装阀。

图 5-5 所示为插装阀组成的各种方向控制插装阀。

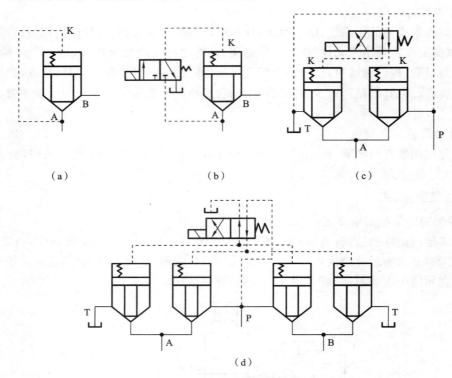

图 5-5　方向控制插装阀

(a) 单向阀;(b) 二位二通阀;(c) 二位三通阀;(d) 二位四通阀

图 5-5(a)所示为单向阀,当 $p_A > p_B$ 时,阀芯关闭,A 与 B 不通;而当 $p_B > p_A$ 时,阀芯开启,油液从 B 流向 A。

图 5-5(b)所示为二位二通阀,当二位三通电磁阀断电时,阀芯开启,A 与 B 接通;电磁阀通电时,阀芯关闭,A 与 B 不通。

图 5-5(c)所示为二位三通阀,当二位四通电磁阀断电时,A 与 T 接通;电磁阀通电时,A 与 P 接通。

图 5-5(d)所示为二位四通阀,当二位四通电磁阀断电时,P 与 B 接通,A 与 T 接通;电磁阀通电时,P 与 A 接通,B 与 T 接通。

(2)压力控制插装阀。

图 5-6 所示为插装阀组成的两种压力控制插装阀。

在图 5-6(a)中,若 B 接油箱,则插装阀作溢流阀用,其原理与先导式溢流阀相同。若 B 接负载,插装阀起顺序阀的作用。

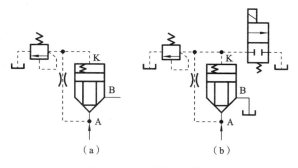

图 5-6　压力控制插装阀

在图 5-6(b)中,当二位二通电磁阀断电时,插装阀作溢流阀用,当二位二通电磁阀通电时,插装阀起卸荷作用。

(3) 流量控制插装阀。

在插装阀的盖板上,增加阀芯行程调节装置,调节阀芯开口的大小,就构成了一个插装式可调节流阀,图 5-7 所示为二通插装节流阀。

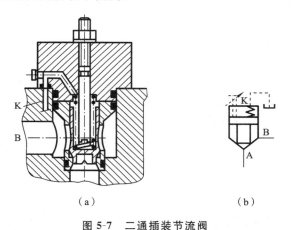

图 5-7　二通插装节流阀

(a) 结构;(b) 图形符号

在插装阀的控制盖板上有阀芯限位器,用来调节阀芯的开度,从而起到流量控制阀的作用。若在二通插装节流阀前串联一个定差减压阀,则可组成二通插装调速阀。

3) 插装阀的特点及应用

插装阀与一般液压阀相比,具有以下特点。

(1) 结构简单,制造方便,工作可靠,不易堵塞。

(2) 通流能力大,最大可达 5 000 L/min 左右,特别适用于大流量的场合。

(3) 动作灵敏,密封性能好,泄漏小,适宜使用低黏度介质,特别适合于高速启动的场合。

(4) 对大流量、高压力、较复杂的液压系统有较好的经济性。

(5) 插装式元件已标准化,一阀多能,易于实现系统的标准化、系列化和通用化,易于系统集成。

插装阀主要用于流量较大的系统或对密封性能要求较高的系统,对于小流量及多液压缸无单独调压要求的系统和动作要求简单的液压系统,不宜采用插装阀。

3. 电液比例控制阀

电液比例控制阀简称比例阀,它是一种把输入的电气信号连续地、按比例地转换成力或位移,从而对压力、流量或方向等参数进行远距离连续控制的一种液压阀。

1)比例阀的分类

比例阀由直流比例电磁铁与液压控制阀两部分组成。其液压阀部分与一般液压阀差别不大,而直流比例电磁铁和一般电磁阀所用的电磁铁不同,比例电磁铁要求吸力(或位移)与输入电流成比例。

与普通液压阀的主要区别:其阀芯的运动是采用比例电磁铁控制,使输出的压力或流量与输入的电流成正比。所以可以用改变输入电信号的方法对压力、流量进行连续控制。有的阀还兼有控制流量大小和方向的功能。

这种阀在加工制造方面的要求接近于普通阀,但其性能大大提高。同时它还能使液压系统简化,所用液压元件数量大为减少,且可用计算机进行控制,自动化程度明显提高。

根据用途和工作特点的不同,比例阀可分为比例压力阀(如比例溢流阀、比例减压阀、比例顺序阀)、比例流量阀(如比例节流阀、比例调速阀)和比例方向流量阀(如比例方向节流阀、比例方向调速阀)三大类。

2)比例阀的结构组成及工作原理

(1)比例溢流阀。

用比例电磁铁取代先导式溢流阀导阀的手调装置(调压手柄),便成为先导式比例溢流阀,其结构如图 5-8(a)所示。比例电磁铁的衔铁通过推杆控制先导锥阀,从而控制溢流阀阀芯上腔的压力,使控制压力与比例电磁铁输入的电流成比例。其中手动调整的手动先导阀用来限制比例溢流阀的最高压力。远程控制口 K 可进行远程控制。

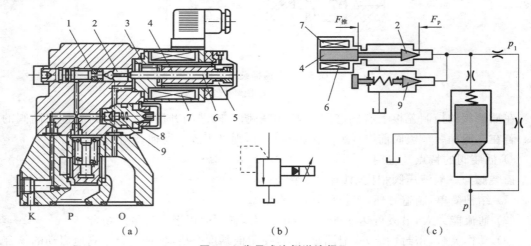

图 5-8 先导式比例溢流阀

(a) 结构;(b) 图形符号;(c) 工作原理

1—先导阀座;2—先导锥阀;3—极靴;4—衔铁;5,8—弹簧;6—推杆;7—线圈;9—手调先导阀

随着输入电信号强度的变化,比例电磁铁的电磁力也发生变化,从而改变指令力 p 值的大小,使锥阀的开启压力随输入信号的变化而变化。若输入信号连续地、按比例地或按一定的程序变化,则比例溢流阀所调节的系统压力也连续地、按比例地或按一定的程序进行变化。因此比例溢流阀多用于系统的多级调压或实现连续的压力控制。

（2）比例调速阀。

用比例电磁铁取代节流阀或调速阀的手调装置，以输入电信号控制节流口开度，便可连续地或按比例地远程控制其输出流量，实现执行部件的速度调节。图 5-9 所示为电液比例调速阀。图中的节流阀阀芯由比例电磁铁的推杆操纵，输入的电信号不同，则电磁力不同，推杆受力不同，与阀芯左端弹簧力平衡后，便有不同的节流口开度。由于定差减压阀已保证了节流口前、后压差为定值，所以某一输入电流就对应相应的输出流量，不同的输入信号变化，就对应着不同的输出流量变化。

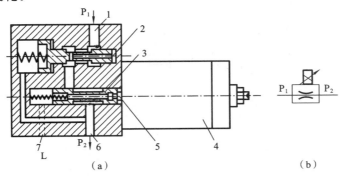

图 5-9　电液比例调速阀

（a）结构；（b）图形符号

1—进油口；2—定差减压阀；3—节流阀阀芯；4—比例电磁铁；5—推杆；6—出油口；7—泄油口

（3）比例方向节流阀。

用比例电磁铁取代电磁换向阀中的普通电磁铁，便构成直动型比例方向节流阀，如图5-10所示。由于使用了比例电磁铁，阀芯不仅可以换位，而且换位的行程可以连续地或按比例地变化，因而连通油口间的通流截面积也可以连续地或按比例地变化，所以比例方向节流阀不仅能控制执行元件的运动方向，而且能控制其速度。

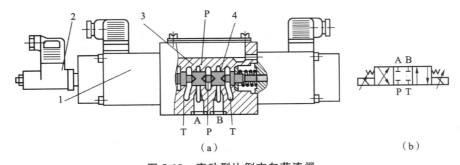

图 5-10　直动型比例方向节流阀

（a）结构；（b）图形符号

1—比例电磁铁；2—位移传感器；3—阀体；4—阀芯

部分比例电磁铁前端还附有位移传感器（或称差动变压器），这种比例电磁铁称为行程控制比例电磁铁。位移传感器能准确地测定电磁铁的行程，并向放大器发出反馈信号。放大器将输入信号和反馈信号加以比较后，再向电磁铁发出纠正信号以补偿误差，因此阀芯位置的控制更加精确。

3）比例阀的应用举例

图 5-11（a）所示为采用比例溢流阀调压的多级调压回路。改变输入电流 I，即可控制系统

获得多级工作压力。它比采用普通溢流阀的多级调压回路所用的液压元件数量少，回路简单，且能对系统压力进行连续控制。

图 5-11(b)所示为采用比例调速阀的调速回路。改变比例调速阀的输入电流即可使液压缸获得所需要的运动速度。比例调速阀可在多级调速回路中代替多个调速阀，也可用于远距离速度控制。

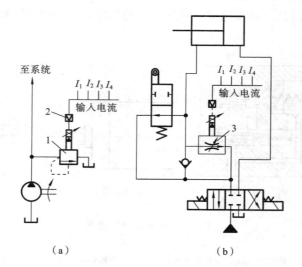

（a）　　　　　　　　　　　（b）

图 5-11　比例阀的应用举例

（a）采用比例溢流阀的多级调压回路；（b）采用比例调速阀的调速回路

1—比例溢流阀；2—电子放大器；3—比例调速阀

4）比例阀的特点

与普通液压阀相比，比例阀主要有以下优点。

（1）油路简化，元件数量少。

（2）能简单地实现远距离控制，自动化程度高。

（3）能连续地、按比例地对油液的压力、流量或方向进行控制，从而实现对执行机构的位置、速度和力的连续控制，并能防止或减小压力、速度变换时的冲击。

比例阀广泛应用于要求对液压参数进行连续控制或程序控制，但对控制精度和动态特性要求不太高的液压系统中。

4. 电液数字控制阀

电液数字控制阀简称数字阀或电液数字阀，它是一种用数字信号直接控制液流的压力、流量和方向的液压阀。

电液数字阀是 20 世纪 80 年代初发展起来的可用计算机实现电液系统控制的一种新型的机、电、液一体化的智能型液压元件，不需要 D/A 转换器，可直接与计算机接口连接，实现对液压特性参数（压力、流量及方向）的程序控制。与伺服阀和比例阀相比，电液数字阀具有结构简单、价格低、抗污染能力强、工作稳定可靠、功耗小等优点，在机床、飞行器、注塑机、压铸机、工程机械等领域得到了广泛应用。由于它将计算机和液压技术紧密结合起来，因而其应用前景十分广阔。

1）电液数字阀的分类

用数字量进行控制的方法有很多，目前常用的是增量控制法和脉宽调制控制法两种。相应的按控制方式可将数字阀分为增量式数字阀和脉宽调制(PWM)式数字阀两类。

增量调制是一种特殊的脉码调制,它不是对信号本身进行采样、量化和编码,而是对信号相隔一定重复周期的瞬时值的增量进行采样、量化和编码。现在已有多种增量调制方法,其中最简单的一种是在每一采样瞬间,当增量值超过某一规定值时发正脉冲,小于规定值时发负脉冲。这样每个码组只有一个脉冲,故为二进制一维编码,每个码组不是表示信号的幅度,而是表示幅度的增量。这种增量调制信号的解调也很简单,只要将收到的脉冲序列进行积分和滤波即可复原,因此编码和解码设备都比较简单。

脉宽调制是用调制信号控制脉冲序列中各脉冲的宽度,使每个脉冲的持续时间与该瞬时的调制信号值成比例。此时脉冲序列的幅度保持不变,被调制的是脉冲的前沿或后沿,或同时是前、后两沿,使脉冲持续时间发生变化。

2) 电液数字阀的结构组成及工作原理

(1) 增量式数字阀。

增量式数字阀由步进电动机带动工作,步进电动机直接由数字量控制,其转角与输入的数字式信号脉冲成正比,其转速随输入的脉冲频率的不同而变化。当输入反向脉冲时,步进电动机将反向旋转。步进电动机在脉冲信号的基础上,使每个采样周期的步数较前一采样周期增加若干步,以保证所需的幅值。由于步进电动机是采用增量控制方式进行工作的,所以它所控制的阀称为增量式数字阀。

按用途不同,增量式数字阀又可分为数字流量阀、数字方向流量阀和数字压力阀等。

① 增量式数字流量阀。

图 5-12 所示为增量式数字流量阀,属于直控式(由步进电动机直接控制)数字节流阀。它由步进电动机、滚珠丝杠、节流阀芯、阀套、阀杆、位移传感器等组成。步进电动机按计算机的指令转动,通过滚珠丝杠转换为轴向位移,使节流阀阀芯打开阀口,从而控制流量。该阀有两个面积梯度不同的节流口,阀芯移动时首先打开右节流口,由于并非全周边通流,故流量较小;继续移动时打开全周边通流的左节流口,流量增大,可达 3 600 L/min。阀开启时的液动力可抵消一部分向右的液动力。

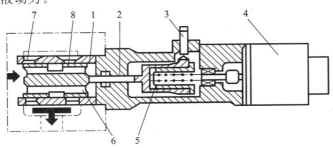

图 5-12   增量式数字流量阀

1—阀套;2—阀杆;3—位移传感器;4—步进电动机;5—滚珠丝杠;6—节流阀阀芯;7—左节流口;8—右节流口

该阀从节流阀阀芯、阀套和阀杆的相对热膨胀中获得了温度补偿,维持流量恒定。该阀无反馈功能,但装有零位移传感器,每个控制终了,阀芯都可在它的控制下回到零位,重复精度较高。

② 增量式数字方向流量阀。

图 5-13 所示为增量式数字方向流量阀,其结构与电液换向阀类似,也是由先导阀和主阀(液动换向阀)两部分组成,只是以步进电动机取代了电磁先导阀中的电磁铁。通过控制步进

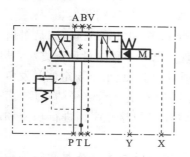

图 5-13 增量式数字方向流量阀

电动机的旋转方向和角位移的大小,不仅可以改变这种阀的液流方向,而且可以控制各油口的输出流量。为了使输出流量不受负载压力变化的影响,在主阀阀口并联一个溢流阀,且使溢流阀阀芯两端分别受主阀口 P、T 液压的控制,从而使溢流阀的溢流压力随负载压力的变化而变化,保证主阀口 P、T 压差恒定,消除了负载压力对流量的影响。

③ 增量式数字压力阀。

将普通压力阀(包括溢流阀、减压阀和顺序阀)的手动机构改用步进电动机控制,即可构成增量式数字压力阀。步进电动机旋转时,由凸轮或螺纹等机构将角位移转换成直线位移,使弹簧压缩,从而控制压力。

(2)脉宽调制式数字阀。

脉宽调制式数字阀可以直接用计算机进行控制,控制阀的开关及开关的时间间隔(即脉宽),从而控制液流的方向、流量和压力。

这种阀的阀芯多为锥阀、球阀或喷嘴挡板阀,可快速切换,且只有开和关两个位置,故又称快速开关型数字阀,简称快速开关阀。

快速开关阀是由力矩马达和球阀组成的。按照阀芯的运动方式可分为滑阀、球阀、锥阀、平板阀等。

① 二位二通电磁锥阀式快速开关型数字阀。

如图 5-14 所示,当螺管电磁铁不通电时,衔铁在右端弹簧(图中未画出)的作用下使锥阀关闭;当螺管电磁铁有脉冲信号通过时,电磁吸力使衔铁带动左面的锥阀开启。

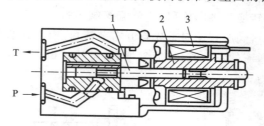

图 5-14 二位二通电磁锥阀式快速开关型数字阀
1—锥阀;2—衔铁;3—螺管电磁铁

② 二位三通电液球式快速开关型数字阀。

如图 5-15 所示,它是由先导级(二位四通电磁球式换向阀)和第二级(二位三通液控球式换向阀)组合而成。力矩马达通电时得到计算机输入的脉冲信号后衔铁偏转,推动先导级球阀向下运动,关闭压力油口 P_P,油腔 L_2 通回油口 P_r,球阀(4)在下端压力油的作用下向上运动,开启 P_P 和 P_R。同时,先导级二位三通球阀因下端压力油的作用而处在上边位置,油腔 L_1 与压力油口 P_P 通,球阀(3)向下关闭,切断 P_P 与 P_r 的通路。

如力矩马达衔铁反向偏转,则压力油口 P_P 与回油口 P_R 沟通,油口 P_A 被切断。

由此可知,此阀为二位三通换向阀,其工作压力可达 20 MPa,额定流量为 1.2 L/min,切换时间为 0.8 ms。这种阀也有用电磁铁代替力矩马达的。

快速开关型数字阀与伺服阀、比例阀相比,控制方式更为简单,不需要 A/D 转换器元件,极易实现无级变速控制、位置控制,如工程机械、运输机械的数字控制和远距离控制。此外还

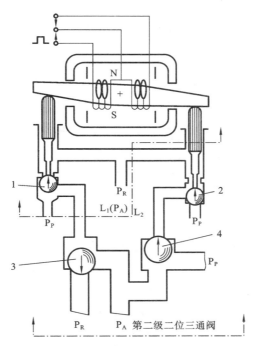

图 5-15 二位三通电液球式快速开关型数字阀

1—先导级二位三通球阀;2—先导级球阀;3,4—球阀

有结构简单紧凑、响应速度快、重复性好、寿命长等优点。

3）电液数字阀的应用举例

图 5-16 所示为增量式数字阀在数控系统中的应用。计算机发出需要的脉冲序列,经驱动电源放大后使步进电动机工作。每个脉冲使步进电动机沿给定方向转动一个固定的步距角,再通过凸轮或螺纹等机构使转角转换成位移量,带动液压阀的阀芯(或挡板)移动一定的距离。因此,根据步进电动机原有的位置和实际行走的步数,可使数字阀达到相应的开度。

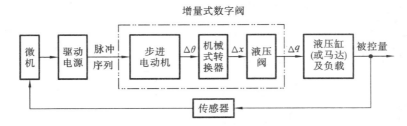

图 5-16 增量式数字阀在数控系统中的应用

4）电液数字阀的特点

电液数字阀与伺服阀、比例阀相比,主要有以下优点。

（1）直接与计算机接口相连,不需要 D/A 转换。

（2）结构简单,工艺性好,价廉,抗污染能力强,重复性好,脉冲频率或宽度调节控制可靠,工作稳定可靠,功耗小。

数字阀广泛应用于各种机床、成形机、工程机械、材料试验机等工业行业中,具有广阔的应用前景,经济效益和社会效益高。

5.1.2 多缸工作控制回路的工作原理

当液压系统有两个或两个以上的执行元件时,按照系统的要求,这些执行元件或顺序动作,或同步动作。多个执行元件之间要求能避免压力和流量上的相互干扰。

1. 顺序动作回路

在有多个执行元件的液压系统中,往往需要按照一定的要求顺序动作。例如,自动车床中刀架的纵、横向运动,夹紧机构的定位和夹紧等。

控制液压系统中执行元件动作的先后次序的回路称为顺序动作回路。

顺序动作回路按其控制方式的不同,可分为压力控制、行程控制和时间控制三类,其中时间控制的顺序动作回路控制准确性较低,应用较少。常用的是压力控制和行程控制的顺序动作回路。

1) 用压力控制的顺序动作回路

压力控制就是利用油路本身的压力变化来控制阀口的启闭,从而使执行元件按顺序动作的一种控制方式,其主要控制元件是顺序阀和压力继电器。

(1) 用压力继电器控制的顺序动作回路。

图 5-17 所示为用压力继电器控制的顺序动作回路,是机床的夹紧、进给液压系统。要求的动作顺序:先将工件夹紧,然后动力滑台进行切削加工,动作循环开始时,二位四通电磁阀处于图示位置,液压泵输出的压力油进入夹紧缸的右腔,左腔回油,活塞向左移动,将工件夹紧。夹紧后,夹紧缸右腔的压力升高,当油压超过压力继电器的调定值时,压力继电器发出信号,指令电磁阀的电磁铁 2DT、4DT 通电,动力滑动进给液压缸动作。油路中要求先夹紧后进给,工件没有夹紧则不能进给,这一严格的顺序是由压力继电器保证的。压力继电器的调整压力应比减压阀的调整压力低 $3 \times 10^5 \sim 5 \times 10^5$ Pa。

(2) 用顺序阀控制的顺序动作回路。

图 5-18 所示为用两个单向顺序阀的顺序动作回路。其中单向顺序阀(4)控制两液压缸前

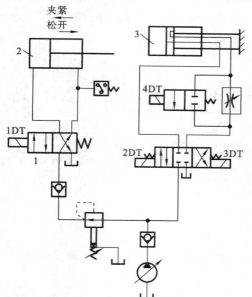

图 5-17 用压力继电器控制的顺序动作回路

1—二位四通电磁阀;2—夹紧缸;3—动力滑动进给液压缸

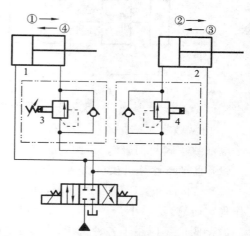

图 5-18 用两个单向顺序阀控制的顺序动作回路

1,2—液压缸;3,4—单向顺序阀

进时的先后顺序,单向顺序阀(3)控制两液压缸后退时的先后顺序。当电磁换向阀通电时,压力油进入液压缸(1)的左腔,右腔油液经单向顺序阀(3)中的单向阀流回油箱,此时由于压力较低,单向顺序阀(4)关闭,液压缸(1)的活塞先动。当液压缸(1)的活塞运动至终点时,油压升高,达到单向顺序阀(4)的调定压力时,顺序阀开启,压力油进入液压缸(2)的左腔,右腔油液直接流回油箱,液压缸(2)的活塞向右移动。当液压缸(2)的活塞右移达到终点后,电磁换向阀断电复位,此时压力油进入液压缸(2)的右腔,左腔油液经单向顺序阀(4)中的单向阀流回油箱,使液压缸(2)的活塞向左返回,到达终点时,压力油升高,打开单向顺序阀(3),再使液压缸(1)的活塞返回。

这种顺序动作回路的可靠性,在很大程度上取决于顺序阀的性能及其压力调整值。顺序阀的调定压力应比先动作的液压缸的工作压力高 $8\times10^5\sim10\times10^5$ Pa,以免在系统压力波动时产生错误动作。

2) 用行程控制的顺序动作回路

行程控制是利用执行元件运动到一定的位置时发出控制信号,启动下一个执行元件的动作,使各执行元件实现顺序动作的控制过程。它可以利用行程开关、行程阀或顺序缸来实现。

(1) 用行程阀控制的顺序动作回路。

图 5-19 所示为用行程阀控制的顺序动作回路。循环开始前,两液压缸活塞如图示位置。二位四通换向阀电磁铁通电后,左位接入系统,压力油液经换向阀进入液压缸(3)右腔,推动活塞向左移动,实现动作①;到达终点时,活塞杆上的挡块压下二位四通行程阀的滚轮,使阀芯下移,压力油液经行程阀进入液压缸(4)的右腔,推动活塞向左运动,实现动作②;当二位四通换向阀电磁铁断电时,弹簧复位,使右位接入系统,压力油经换向阀进入液压缸(3)左腔,推动活塞向右退回,实现动作③;当挡块离开二位四通行程阀滚轮时,行程阀复位,压力油经行程阀进入液压缸(4)左腔,使活塞向右运动,实现动作④。

这种回路动作灵敏,工作可靠,其缺点是行程阀只能安装在执行元件的附近,调整和改变动作顺序也较为困难。

(2) 用行程开关控制的顺序动作回路。

图 5-20 所示为用行程开关控制的顺序动作回路,液压缸按①→②→③→④的顺序动作,其工作过程如下。

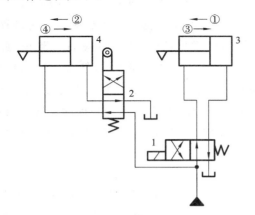

图 5-19 　用行程阀控制的顺序动作回路

1—二位四通换向阀;2—二位四通行程阀;3,4—液压缸

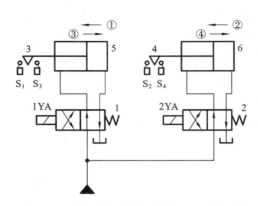

图 5-20 　用行程开关控制的顺序动作回路

1,2—换向阀;3,4—挡块;5,6—液压缸

a. 电磁铁 1YA 通电,换向阀(1)左位工作,液压缸(5)活塞左移,实现动作①。

b. 挡块(3)压下行程开关 S1,电磁铁 2YA 通电,换向阀(2)换至左位,液压缸(6)活塞左移,实现动作②。

c. 挡块(4)压下行程开关 S2,电磁铁 1YA 断电,换向阀(1)换至右位,液压缸(5)活塞右移,实现动作③。

d. 挡块(3)压下行程开关 S3,电磁铁 2YA 断电,换向阀(2)换至右位,液压缸(6)活塞右移,实现动作④。

当液压缸(6)的活塞运动至挡块(4),压下行程开关 S4,电磁铁 1YA 通电,即可开始下一个工作循环。

这种回路使用方便,调节行程和动作顺序均很方便,且可利用电气互锁使动作顺序可靠,但顺序转换时有冲击,且电气线路比较复杂,回路的可靠性取决于电气元件的质量。

2. 同步回路

在多缸工作的液压系统中,常常会遇到要求两个或两个以上的执行元件同时动作的情况,并要求它们在运动过程中克服负载、摩擦阻力、泄漏、制造精度误差和结构变形上的差异,维持相同的速度或相同的位移——即做同步运动。同步运动包括速度同步和位置同步两类。速度同步是指各执行元件的运动速度相同,而位置同步是指各执行元件在运动中或停止时都保持相同的位移量。

同步回路就是用来实现同步运动的回路。同步回路的作用就是为了克服上述这些影响,补偿它们在流量上所造成的变化。

1) 串联同步

图 5-21 所示为串联液压缸的同步回路。图中液压缸(1)回油腔排出的油液,被送入液压缸(2)的进油腔。如果串联油腔活塞的有效作用面积相等,便可实现同步运动。这种回路两液压缸能承受不同的负载,但液压泵的供油压力要大于两液压缸工作压力之和。

由于泄漏和制造误差影响了串联液压缸的同步精度,当活塞往复多次后,会产生严重的失调现象,为此要采取补偿措施。

图 5-22 所示为采用补偿措施的串联液压缸同步回路。为了达到同步运动,液压缸(1)有杆腔 A 的有效作用面积应与液压缸(2)无杆腔 B 的有效作用面积相等。在活塞下行的过程中,如果液压缸(1)的活塞先运动到底,触动行程开关 1XK 发出信号,使电磁铁 1DT 通电,此时压力油便经过二位三通电磁阀(3)、液控单向阀,向液压缸(2)的 B 腔补油,使液压缸(2)的活塞继续运动到底。如果液压缸(2)的活塞先运动到底,触动行程开关 2XK,使电磁铁 2DT 通电,此时压力油便经二位三通电磁阀(4)进入液控单向阀的控制油口,液控单向阀反向导通,使液压缸(1)能通过液控单向阀和二位三通电磁阀(3)回油,使液压缸(1)的活塞继续运动到底,对失调现象进行补偿。

2) 机械连接同步

图 5-23 所示为采用液压缸机械连接的同步回路,这种同步回路是用刚性梁、齿轮、齿条等机械零件在两个液压缸的活塞杆间实现刚性连接以实现位移的同步,此方法比较简单经济,基本上能保证位置同步的要求,但由于机械零件在制造、安装上的误差,同步精度不高;同时,两个液压缸的负载差异不宜过大,否则会造成卡死现象。

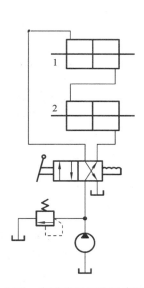

图 5-21　串联液压缸的同步回路

1,2—液压缸

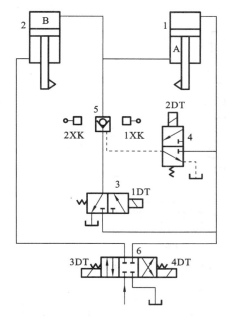

图 5-22　采用补偿措施的串联液压缸同步回路

1,2—液压缸；3,4—二位三通电磁阀；5—液控单向阀

3）调速阀控制同步

（1）用调速阀控制的同步回路。

图 5-24 所示为采用调速阀控制的单向同步回路。两个液压缸是并联的，在它们的进（或回）油路上，分别串接一个调速阀。调节两个调速阀的开口大小，便可控制或调节进入或流出液压缸的流量，使两个液压缸在一个运动方向上实现同步，即单向同步。

这种同步回路结构简单，并且可以调速，但是两个调速阀的调节比较麻烦，而且还受油温、泄漏及调速阀性能差异等影响，故同步精度不高，不宜用在偏载或负载变化频繁的场合。

（2）用电液比例调速阀控制的同步回路。

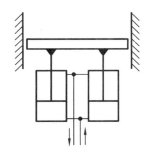

图 5-23　采用液压缸机械
连接的同步回路

图 5-25 所示为采用电液比例调整阀控制的同步回路。回路中使用了一个普通调速阀和一个比例调速阀，它们装在由多个单向阀组成的桥式回路中，并分别控制着液压缸（3、4）的运动。当两个活塞出现位置误差时，检测装置就会发出信号，调节比例调速阀的开度，使液压缸（4）的活塞跟上液压缸（3）的活塞的运动而实现同步。

这种回路的同步精度较高，位置精度可达 0.5 mm，已能满足大多数工作部件所要求的同步精度。比例阀的性能虽然比不上伺服阀，但费用低，系统对环境适应性强，因此用它来实现同步控制具有广阔的应用前景。

3. 其他回路

在多个执行元件的液压系统中，往往其中一个液压缸快速运动时，会造成系统的压力下降，影响其他液压缸工作进给的稳定性。因此，在工作进给要求比较稳定的多缸液压系统中，必须采用快慢速互不干涉的回路。

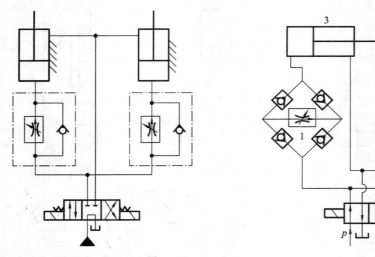

图 5-24　采用调速阀控制的单向同步回路　　　图 5-25　采用电液比例调速阀控制的同步回路

1—普通调速阀；2—比例调速阀；3,4—液压缸

在图 5-26 所示的回路中,各液压缸分别要完成快进、工作进给(简称工进)和快速退回的自动循环。回路采用双泵的供油系统,高压小流量泵供给各缸工进所需的压力油,低压大流量泵为各缸快进或快退时输送低压油,它们的压力分别由溢流阀(3、4)调定。

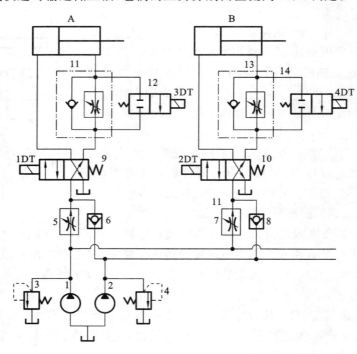

图 5-26　多缸工作互不干涉的回路

1—高压小流量泵；2—低压大流量泵；3,4—溢流阀；5,7—调速阀；

6,8—单向阀；9,10,12,14—换向阀；11,13—单向调速阀

当开始工作时,电磁阀 1DT、2DT 和 3DT、4DT 同时通电,低压大流量泵输出的压力油经单向阀(6、8)进入液压缸的左腔,此时两泵供油使各活塞快速前进。当电磁铁 3DT、4DT

断电后,由快进转换成工进,单向阀(6、8)关闭,工进所需压力油由高压小流量泵供给。如果其中某一液压缸(如液压缸 A)先转换成快速退回,即换向阀(9)失电换向,低压大流量泵输出的油液经单向阀(6)、换向阀(9)和单向调速阀(11)的单向元件进入液压缸 A 的右腔,左腔经换向阀回油,使活塞快速退回。

而其他液压缸仍由高压小流量泵供油,继续进行工进。这时,调速阀(5、7)使高压小流量泵仍然保持溢流阀(3)的调整压力,不受快退的影响,防止了相互干扰。在回路中调速阀(5、7)的调整流量应适当大于单向调速阀(11、13)的调整流量,这样,工进的速度由单向调速阀(11、13)来决定,这种回路可以用在具有多个工作部件各自分别运动的机床液压系统中。换向阀(10)用来控制液压缸 B 的换向,换向阀(12、14)分别控制液压缸 A、B 的快速进给。

【任务实施】 自动车床多缸控制回路的分析与组装。

1. 自动车床多缸控制回路的功能分析

自动车床的夹紧、进给系统要求的动作顺序:先将工件夹紧,然后动力滑台进行切削加工。动作循环开始时,先利用夹紧液压缸的运动将工件夹紧。夹紧后,当夹紧液压缸压力升高到某一调定值时,进给液压缸再动作。油路中要求先夹紧后进给,工件没有夹紧则不能进给,这一严格的动作顺序是由压力继电器保证的。

夹紧缸的工作压力,可通过减压阀来获得不同的夹紧力。动力滑台进行切削加工时,要求可以调节速度,这时可选用调速阀来控制。

2. 自动车床多缸控制回路的元件选择

因自动车床在工作时,需要严格控制夹紧液压缸和进给液压缸的顺序动作,所以选择用压力继电器来控制的顺序动作回路来实现。自动车床多缸控制回路如图 5-27 所示。

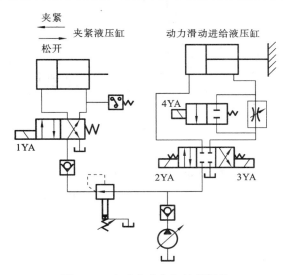

图 5-27 自动车床多缸控制回路

动作循环开始时,二位四通电磁阀处于图示位置,液压泵输出的压力油进入夹紧液压缸的右腔,左腔回油,活塞向左移动,将工件夹紧。夹紧后,夹紧液压缸右腔的压力升高,当油压超过压力继电器的调定值时,压力继电器发出信号,指令电磁阀的电磁铁 2YA、4YA 得电,动力滑台进给液压缸动作。压力继电器的调整压力应比减压阀的调整压力低 0.3～0.5 MPa。

3. 自动车床多缸控制回路的搭接

1）实验台组装

组装步骤如下。

（1）根据项目要求，设计回路。

（2）选择相应元件，在实验台上组建回路并检查回路的功能是否正确。

（3）检查各油口连接情况后，启动液压泵，观察执行元件的运动速度。

（4）观察运行情况，对使用中遇到的问题进行分析和解决。

（5）先卸压，再关油泵，拆下管路，整理好所有元件，归位。

2）用软件模拟

利用软件模拟组装并调试自动车床多缸控制顺序动作回路。

【相关训练】

[例 5-1]　自动装配机控制回路的分析

图 5-28 所示为自动装配机，液压缸 A、B 分别将两个工件压入基础工件的孔中，工件压入的速度要求可调。首先液压缸 A 将第一个工件压入，当压力达到或超过 20 bar(1 bar＝0.1 MPa＝100 kPa)时，液压缸 B 才将另一个工件压入。液压缸 B 先缩回，然后液压缸 A 再缩回。液压缸缩回的条件：液压缸 A 压力达到 30 bar 时，液压缸 A 必须缩回。设计一个模拟上述设备的液压回路，要求采用压力顺序阀控制液压缸的工作顺序。

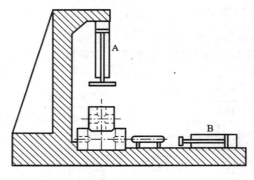

图 5-28　自动装配机

1. 任务分析

要使工件压入的速度可以调节，可采用节流阀或调速阀来调节速度，根据任务分析可知，在工件的装配过程中，要使液压缸 A 先向下运动将第一个工件压入，当压力达到某一值时，使液压缸 B 向左运动将另一个工件压入；完成后当压力达到一定值时，液压缸 B 先缩回，然后液压缸 A 缩回。要求采用顺序阀控制两缸运动顺序，完成上述工作。

2. 任务实施

图 5-29 所示为采用两个单向顺序阀的压力控制顺序动作回路。其中单向顺序阀 D 控制两液压缸前进（压入工件）时的先后顺序，单向顺序阀 C 控制两液压缸缩回时的先后顺序。单向调速阀可以使工件压入的速度可调。

3. 操作步骤

（1）根据项目要求分析两液压缸顺序控制回路。

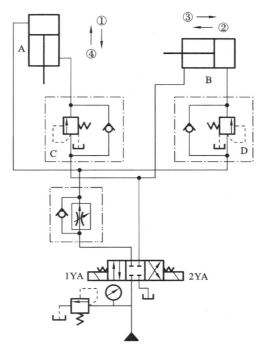

图 5-29　采用两个单向顺序阀的压力控制顺序动作回路

（2）选择相应元件，在实验台上组建回路并检查回路的功能是否正确。

（3）检查各油口的连接情况后，启动液压泵，观察执行元件的运动速度。

（4）观察运行情况，对使用中遇到的问题进行分析和解决。

（5）先卸压，再关液压泵，拆下管路，整理好所有元件，归位。

任务 5.2　多缸顺序专用铣床控制回路的分析

【任务描述】

铣床工作时，铣刀只做回转运动，工件被夹紧在工作台上，工作台的水平和竖直两个方向的进给运动由液压传动系统的液压缸Ⅰ、Ⅱ带动执行。铣床液压传动系统要实现上述功能需要采用多缸工作控制回路，那么这种回路是如何在系统中工作的呢？

【任务实施】

1. 功能分析

图 5-30 所示为多缸顺序专用铣床的液压传动系统。铣床工作时，铣刀只做回转运动，工件被夹紧在工作台上，工作台的水平和竖直两个方向的进给运动由液压传动系统的液压缸Ⅰ、Ⅱ带动执行。

其动作顺序：液压缸Ⅰ的活塞水平向左快进→液压缸Ⅰ的活塞水平向左慢进（工进）→液压缸Ⅱ的活塞竖直向上慢进（工进）→液压缸Ⅱ的活塞竖直向下快退→液压缸Ⅰ的活塞水平向右快退。

根据分析，系统共有 5 个工作状态和 1 个停止状态，各状态由电磁阀和顺序阀进行控制。

1）液压缸Ⅰ的活塞水平向左快进

启动液压泵，按下电钮，使二位四通换向阀电磁铁通电，左位接入系统。压力油液进入液

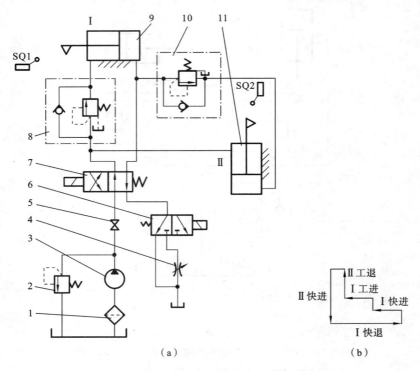

图 5-30　多缸顺序专用铣床的液压传动系统

1—过滤器；2—溢流阀；3—液压泵；4—可调节流阀；5—截止阀；6—二位三通电磁换向阀；

7—二位四通电磁换向阀；8、10—单向顺序阀；9—液压缸Ⅰ；11—液压缸Ⅱ

压缸Ⅰ的右腔，左腔的油液经单向顺序阀（8）的单向阀、二位四通电磁换向阀（左位）和二位三通电磁换向阀（左位）直接流回油箱，实现水平向左快进运动。

2）液压缸Ⅰ的活塞水平向左慢进

当液压缸Ⅰ的活塞快进至一定位置时，活塞杆上的撞块触动位置开关 SQ1，使二位三通电磁换向阀的电磁铁通电，其右位接入系统。此时液压缸Ⅰ左腔的油液经单向顺序阀（8）的单向阀、二位四通电磁换向阀（左位）和二位三通电磁换向阀（右位）、可调节流阀流回油箱，从而实现液压缸Ⅰ的活塞水平向左慢进。慢进的速度由可调节流阀调节。

3）液压缸Ⅱ的活塞竖直向上慢进

液压缸Ⅰ的活塞水平向左慢进一定行程后碰到固定挡铁（图中未画出），停止运动，系统压力迅速升高。当压力值超过单向顺序阀（10）预先调定的压力值后，单向顺序阀（10）打开，压力油液进入液压缸Ⅱ的下腔，上腔的油液经二位四通电磁换向阀（左位）、二位三通电磁换向阀（右位）和可调节流阀流回油箱，实现竖直向上慢进。

4）液压缸Ⅱ的活塞竖直向下快退

液压缸Ⅱ的活塞竖直向上慢进至一定位置时，活塞杆上的撞块触动位置开关 SQ2，二位四通电磁换向阀和二位三通电磁换向阀的电磁铁均断电，复位到图示位置。压力油液经换向阀进入液压缸Ⅱ的上腔，下腔的油箱经单向顺序阀（10）的单向阀、二位四通电磁换向阀（右位）和二位三通电磁换向阀（左位）直接流回油箱，实现竖直向下快退。

5）液压缸Ⅰ的活塞水平向右快退

液压缸Ⅱ的活塞竖直向下快退到底，活塞停止运动，系统压力升高，打开单向顺序阀（8），压力油液进入液压缸Ⅰ的左腔,右腔的油液经二位四通电磁换向阀、二位三通电磁换向阀直接流回油箱,实现水平向右快退。

若再次按下电钮,使二位四通电磁换向阀电磁铁通电,系统便可重复上述工作循环。换向阀电磁铁和单向顺序阀的工状态如表5-1所示。

表 5-1　换向阀电磁铁和单项顺序阀的工作状态

液压缸顺序动作	电磁铁和顺序阀的工作状态			
	二位四通电磁换向阀电磁铁	二位三通电磁换向阀电磁铁	单向顺序阀(8)	单向顺序阀(10)
液压缸Ⅰ的活塞向左快进	＋	－	－	－
液压缸Ⅰ的活塞向左慢进	＋	＋	－	－
液压缸Ⅱ的活塞向上慢进	＋	＋	－	＋
液压缸Ⅱ的活塞向下快退	－	－	－	－
液压缸Ⅰ的活塞向右快退	－	－	＋	－

注:"＋"表示电磁铁通电、顺序阀动作,"－"则相反。

6)系统停止

当截止阀处于工作状态时,系统卸荷,液压油经油管和溢油阀流回油箱。

【练习与思考 5】

一、简答题

1. 简述插装阀的工作原理及应用。

2. 何谓叠加阀? 它在结构和安装形式上有何特点?

3. 试说明电液比例溢流阀与普通溢流阀相比,有何优点?

4. 举例说明,如果一个液压系统同时控制几个执行元件按规定的顺序动作,应采用什么回路?

二、分析题

1. 图 5-31 所示的回路是怎样实现①→②→③→④的工作顺序动作的?

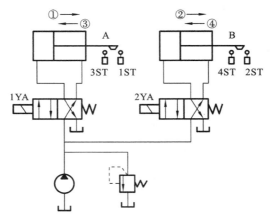

图 5-31　题 1 图

2. 如图 5-32 所示,自动钻床液压系统能实现"A 进(送料)→A 退回→B 进(夹紧)→C 快进→C 工进(钻削)→C 快退→B 退(松开)→停止"的工作顺序动作。

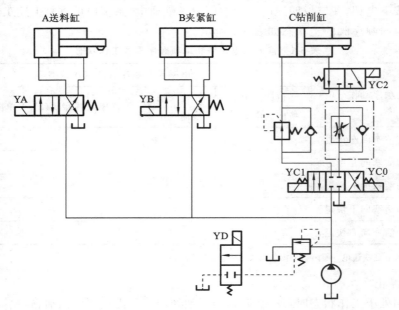

图 5-32 题 2 图

列出上述循环时电磁铁的动态表。

工作过程	电磁铁动态					
	YA	YB	YC0	YC1	YC2	YD
A 进(送料)						
A 退回						
B 进(夹紧)						
C 快进						
C 工进(钻削)						
C 快退						
B 退(松开)						
停止						

注:电磁铁通电时填"+",断电时填"-"。

项目6　典型机械液压传动系统的分析

【学习导航】

教学目标：以典型机械液压传动系统为载体，分析液压系统的工作原理和系统特点；学习液压系统的设计思路，培养液压系统原理图的识读能力。

教学指导：教师根据典型机械液压传动系统，进行多媒体教学，引导学生读懂液压系统的工作原理图，分析系统的工作原理；现场组织案例教学，引导学生学习各种控制元件及其在回路中所起的作用，分析油路，掌握系统维护的基本技能。

任务6.1　机械手液压系统的分析

【学习要求】

掌握机械手液压系统的工作原理，液压系统的工作原理图的识读方法，以及简单液压系统的设计步骤；理解各元件在油路中的作用，理解系统设计意图；养成良好的观察、思考、分析的习惯，培养动手能力。

【任务描述】　机械手液压系统的分析。

图6-1所示为机械手液压系统图的结构。机械手是自动化装置的重要组成部分，用于工业生产中代替手工工作，是生产作业机械化、自动化的重要手段。它由升降液压缸、夹持液压缸、摆动液压缸和伸缩液压缸来驱动机械机构，具有手臂升降、伸缩、回转和手指松开、夹紧四个自由度，按照设计好的流程完成工件的抓取、搬运、送料、卸料等动作，代替人工从事简单重复或非安全性的工作。

从机械手代替人工从事简单重复或非安全性的工作角度出发，要求机械手不仅要完成功能要求，而且还必须满足结构轻巧，动作准确、灵活，定位精度高，位置可调等方面的性能指标。

本任务就是在了解机械手一般功能的基础上，识读液压系统原理图，理解机械手液压系统的结构、组成、动作过程及功能状态，掌握机械手完成工件的抓取、搬运、送料、卸料的工作流程，掌握实现手臂升降、伸缩、回转和手指松开、夹紧等功能要求和准确定位，以及位置可调的性能指标。理解系统设计意图，弄清系统功能的实现与液压系统油路的组成及各液压元件的作用的关系，以及液压系统维护的意义。

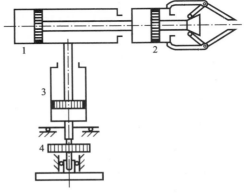

图6-1　机械手液压系统的结构

1—伸缩液压缸；2—夹持液压缸；

3—升降液压缸；4—摆动液压缸

【知识储备】

液压传动系统是根据机械设备的工作要求，

选用适当的液压基本回路,经有机组合实现机械系统运动功能的驱动系统。其工作原理一般用液压系统原理图来表示,各液压元件及它们之间的连接关系与控制方式,均用液压元件图形符号绘制。

1. 阅读液压系统原理图的步骤

(1) 根据液压系统原理图的标题或已知要完成的工作循环,了解机械设备工况对液压系统的要求。

(2) 初读液压系统原理图,了解系统(回路)中包含哪些元件,以及它们之间的连接关系,弄清各个元件的类型,查阅其性能和规格,估计它们的作用。

(3) 以执行元件为中心,将系统分为若干子系统,即液压泵—执行元件—回油箱的一个循环路线。

(4) 对每一个执行元件及其有关的阀件等组成的子系统进行分析,了解子系统中各个元件的功用和基本组成回路,以及各元件之间的相互关系;根据对执行元件的动作要求,参照有关说明和电磁铁动作循环表,读懂此子系统,分析实现每步动作的进油和回油路线。

(5) 分析各子系统之间的联系以及如何实现这些要求,根据系统中各执行元件间互锁、同步、顺序动作和防干扰等要求,分析各子系统之间的联系,并进一步读懂系统是如何实现这些要求的。

(6) 对系统作综合分析,最后归纳总结整个液压系统的特点,理解系统设计的意图。

2. 液压系统图综合分析的内容

(1) 设备功能的分析。

根据给定条件,查阅材料确定设备的基本功能,分析设备的工作特点、动作性能的要求。

(2) 液压系统组成回路的分析。

初读液压系统原理图,首先确定对主机主要性能起决定性影响的主要回路,如机床液压系统中的调速和速度转换回路,压力机液压系统中的调压回路等;然后再确定其他辅助回路,如有竖直运动部件的系统要考虑平衡回路,有多个执行元件的系统要考虑顺序动作、同步和干扰回路。

此外,要确定主油路之间、主油路与辅助油路之间的关系,分析各子系统的完整性。

(3) 液压系统功能状态的分析。

分析实现主机功能的基本回路状态,确定为实现每步动作或性能要求而设置的进油和回油路线。

(4) 液压系统性能特点的分析。

整体上归纳总结回路系统,从液压系统的安全性、灵活性、可靠性、稳定性、节能性、便于维护等方面分析比较其特点。

3. 简单液压系统的设计简介

液压系统设计是整机设计的一部分,它的任务是根据整机的用途、特点和要求,明确整机对液压系统设计的要求,进行工况分析,确定液压系统的主要参数;拟定合理的液压系统原理图;计算和选择液压元件;验算液压系统的性能;绘制工作图,编制技术文件。

(1) 明确设计要求,进行工况分析。

设计确定哪些运动需要用液压传动来完成,确定各运动的工作顺序或工作循环过程,确定液压系统的主要参数,确定液压元件的主要性能。

（2）拟定合理的液压系统原理图。

根据各运动要求，选择或拟定各基本回路；将基本回路按要求连接，并配备必要的辅助回路，形成完整的回路系统，再审核、调整回路。

（3）计算和选择液压元件。

主要包括执行元件主要参数的计算，液压泵主要参数的计算，辅助元件相关计算，尽量选择标准元件。

（4）验算液压系统的性能。

按照上述步骤初步确定各元件之后，对液压系统的技术性能进行必要的计算，以判断液压系统的工作性能是否符合要求，大致验算包括系统的压力损失、发热升温、液压冲击及换向性能等。

（5）绘制工作图，编制技术文件。

液压系统技术文件一般包括液压系统的原理图，机器管路装配图，各种非标准液压元件的装配图、零件图及设计说明书等。

【任务实施】　机械手液压系统的分析。

1. 液压设备功能的分析

液压机械手可按照给定的程序、运行轨迹和预定要求模仿人的部分动作，实现自动抓取、搬运、送料、卸料等简单动作。在一些笨重、单调及简单重复性体力工作中，利用机械手可以代替人力劳动，特别是在高温、易燃、易爆及具有放射性辐射危害等危险恶劣环境下，采用机械手可以代替人类的非安全性工作。机械手液压系统的工作原理如图6-2所示。

液压机械手一般由驱动系统、控制系统、执行机构及位置检测装置等组成，而智能机械手还具有相应的感觉系统和智能系统。根据使用要求，机械手的驱动系统可以采用电气、液压、气压、机械等方式，也可以采用上述几种方式联合传动控制。机械手的执行机构由伸缩臂、升降臂、回转底座和夹持器等机构组成，夹持器安装在伸缩臂上，伸缩臂安装在升降臂上，升降臂安装在回转底座（以下简称底座）上。

2. 液压系统组成回路的分析

本系统由一个双作用定量泵向四个执行机构供油，包括手臂升降液压缸、夹持器松紧夹持液压缸、底座回转液压缸和手臂伸缩液压缸。从定量泵输出的液压油通过单向阀（5）后，经过4个三位四通方向控制阀，又经四组由可调节流量控制阀组成的流量控制回路分别送入四个液压缸。

3. 液压系统功能状态的分析

机械手常按照设计好的流程完成规定的顺序动作，因此，一般要设定一个初始状态，又称为机械手原位。

初始状态：升降臂位于上位置，夹持器松开，底座在初始位置，伸缩臂缩回。

一个工作循环为：

从原位开始→升降臂下降→夹持器夹紧→升降臂上升→底座快进回转→底座慢进回转→伸缩臂伸出→夹持器松开→伸缩臂缩回→伸缩臂伸出→夹持器夹紧→伸缩臂缩回→底座快退回转→底座慢退回转→升降臂下降→夹持器松开→升降臂上升到原位停止，准备下一次循环。

机械手动作过程如下。

（1）升降臂下降　当传送带上有工件传送过来时，传感器0ST（图中未画出）发送信号给

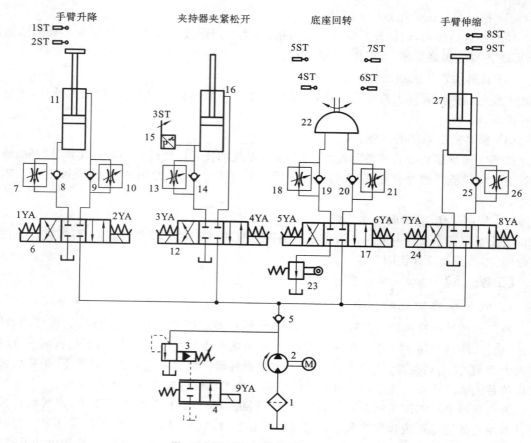

图 6-2　机械手液压系统的工作原理

1—过滤器；2—定量泵；3—先导式溢流阀；4—二位二通流量控制阀；5、8、9、14、19、20、25—单向阀；
6、12、17、24—三位四通方向控制阀；7、10、13、18、21、26—可调节流量控制阀；11—手臂升降液压缸；
15—压力传感器；16—夹持液压缸；22—摆动液压缸；23—行程节流阀；27—手臂伸缩液压缸

电磁铁 1YA，手臂升降液压缸工作，升降臂下降到位置后压下行程开关 1ST，切断电磁铁 1YA
信号，升降臂停止运动。

进油路：定量泵→单向阀（5）→三位四通方向控制阀（6）→单向阀（8）→手臂升降液压缸
（无杆腔）。

回油路：手臂升降液压缸（有杆腔）→可调节流量控制阀（10）→三位四通方向控制阀（6）→
油箱。

（2）夹持器夹紧　行程开关 1ST 接通后，将电信号传送给电磁铁 3YA，夹持液压缸工作，
开始夹紧工件，当进油路压力达到设定值时，压力继电器 3ST 发出信号，使电磁铁 3YA 断电，
夹持器处于夹紧状态。

进油路：定量泵→单向阀（5）→三位四通方向控制阀（12）→单向阀（14）→手臂升降液压缸
（无杆腔）。

回油路：手臂升降液压缸（有杆腔）→三位四通方向控制阀（12）→油箱。

（3）升降臂上升　电磁铁 3YA 断电的同时，发送信号给电磁铁 2YA，手臂升降液压缸工
作，升降臂上升到原位后压下行程开关 2ST，并撞到挡铁停下来，切断电磁铁 1YA 信号，升降
臂停止。

进油路:定量泵→单向阀(5)→三位四通方向控制阀(6)→单向阀(9)→手臂升降液压缸(有杆腔)。

回油路:手臂升降液压缸(无杆腔)→可调节流量控制阀(7)→三位四通方向控制阀(6)→油箱。

(4)底座快进回转　行程开关 2ST 接通后将电信号传送给电磁铁 5YA,摆动液压缸工作,底座快进回转。

进油路:定量泵→单向阀(5)→可调节流量控制阀(21)→三位四通方向控制阀(17)→单向阀(19)→摆动液压缸(左油口)。

回油路:摆动液压缸(右油口)→可调节流量控制阀(7)→行程节流阀→油箱。

(5)底座慢进回转　当底座回转快到位时压下行程开关 4ST,并压下行程节流阀,摆动液压缸的回油分别经可调节流量控制阀(21)和行程节流阀慢速流回油箱实现底座慢进,到位后碰到行程开关 5ST 后停下来。

(6)伸缩臂伸出　行程开关 5ST 接通后将电信号传给电磁铁 7YA,手臂伸缩液压缸工作并伸出,当伸出到位时压下行程开关 8ST 后,电磁铁 7YA 断电,停止运动。

进油路:定量泵→单向阀(5)→三位四通方向控制阀(24)→伸缩液压缸(无杆腔)。

回油路:伸缩液压缸(有杆腔)→可调节流量控制阀(26)→三位四通方向控制阀(24)→油箱。

(7)夹持器松开　行程开关 8ST 接通后将电信号传送给电磁铁 4YA,使夹持液压缸工作,夹持器松开工件。

进油路:定量泵→单向阀(5)→三位四通方向控制阀(12)→夹持液压缸(有杆腔)。

回油路:夹持液压缸(无杆腔)→可调节流量控制阀(13)→三位四通方向控制阀(12)→油箱。

(8)伸缩臂缩回　行程开关 8ST 接通后,触发时间继电器延时 2 s 后,将电信号传给电磁铁 8YA,使手臂伸缩液压缸工作并缩回,当缩回到位时压下行程开关 9ST 后,电磁铁 8YA 断电,伸缩臂停止运动。行程开关 9ST 得电的同时将电信号传送给电磁铁 9YA,使定量泵在先导式溢流阀的作用下处于卸荷状态,同时发出信号使机床开始加工。

进油路:定量泵→单向阀(5)→三位四通方向控制阀(24)→手臂伸缩液压缸(有杆腔)。

回油路:手臂伸缩液压缸(无杆腔)→三位四通方向控制阀(24)→油箱。

(9)伸缩臂伸出　加工完成后,机床发出信号传给电磁铁 7YA,使手臂伸缩液压缸伸出,到位时压下行程开关 8ST,停止运动。

(10)夹持器夹紧　行程开关 8ST 接通后将电信号传送给电磁铁 3YA,使夹持液压缸工作,夹持器夹紧加工好的工件,当进油路压力达到设定值时,压力继电器 3ST 发出信号,使电磁铁 3YA 断电,夹持器处于夹紧状态。

(11)伸缩臂缩回　压力继电器 3ST 发出电信号传给电磁铁 8YA,使手臂伸缩液压缸缩回,当缩回到位时压下行程开关 9ST 后,电磁铁 8YA 断电,伸缩臂停止运动。

(12)底座快退回转　行程开关 9ST 接通后将电信号传送给电磁铁 6YA,摆动液压缸工作,底座快退回转。

(13)底座慢退回转　当底座回转快到位时压下行程开关 6ST,并压下行程节流阀,摆动液压缸的回油分别经可调节流量控制阀(18)和行程节流阀慢速流回油箱实现底座慢进,到位后碰到行程开关 7ST 后停下来。

（14）升降臂下降　行程开关 7ST 发送信号给电磁铁 1YA，手臂升降液压缸工作，升降臂开始下降，下降到位置后压下行程开关 1ST，切断电磁铁 1YA 信号，升降臂停止运动。

（15）夹持器松开　行程开关 1ST 接通后将电信号传送给电磁铁 4YA，使夹持液压缸工作，夹持器松开加工好的工件。

（16）升降臂上升到原位停止　行程开关 1ST 接通后，触发时间继电器延时 2 s，将电信号传给电磁铁 2YA，升降臂上升，到位后压下行程开关 2ST，停止在原位，电磁铁 9YA 得电，液压系统卸荷，一个周期循环完成。

机械手的上述工作循环设定为送料的工件（未加工的毛坯工件）和卸料的工件（机床加工好的工件）在同一位置，若要安排二者不在同一位置，则需在底座回转行程中设置另一对行程开关来控制卸料位置，其动作过程中要加入相应的控制环节，请读者自行设计。

表 6-1 所示为机械手液压控制阀继电器的输入、输出信号表。

表 6-1　机械-液压控制阀继电器的输入、输出信号表

运动情况	输入条件	输出状态								
		1YA	2YA	3YA	4YA	5YA	6YA	7YA	8YA	9YA
原位	2ST	−	−	−	−	−	−	−	−	+
升降臂下降	0ST	+	−	−	−	−	−	−	−	−
夹持器夹紧	1ST	−	−	+	−	−	−	−	−	−
升降臂上升	3ST	−	+	−	−	−	−	−	−	−
底座快进回转	2ST	−	−	−	−	+	−	−	−	−
底座慢进回转	4ST	−	−	−	−	+	−	−	−	−
伸缩臂伸出	5ST	−	−	−	−	−	−	+	−	−
夹持器松开	8ST	−	−	−	+	−	−	−	−	−
伸缩臂缩回	时间继电器	−	−	−	−	−	−	−	+	−
伸缩臂伸出	机床信号	−	−	−	−	−	−	+	−	−
夹持器夹紧	8ST	−	−	+	−	−	−	−	−	−
伸缩臂缩回	3ST	−	−	−	−	−	−	−	+	−
底座快退回转	9ST	−	−	−	−	−	+	−	−	−
底座慢退回转	6ST	−	−	−	−	−	+	−	−	−
升降臂下降	7ST	+	−	−	−	−	−	−	−	−
夹持器松开	1ST	−	−	−	+	−	−	−	−	−
升降臂上升	时间继电器	−	+	−	−	−	−	−	−	−
原位	2ST	−	−	−	−	−	−	−	−	+

注：表中"＋"表示通电，"－"表示断电。

4.液压系统性能特点的分析

通过对机械手液压系统的分析可知，该系统具有如下特点。

（1）采用了定量泵和三位四通方向控制阀组成方向控制回路，结构简单。在底座回转回路的回油路上增加了一个行程节流阀，调节系统背压，使底座在开始时快速回转，当接近回转终点位置时转为慢速回转，改善速度稳定性，提高机械手的定位精度。

（2）系统具有较强的灵活性。通过调整各行程开关的位置,可调整机械手的运行行程和状态,满足不同工况下对机械手的要求。

任务6.2　组合机床动力滑台液压系统的分析

【学习要求】

掌握组合机床动力滑台液压系统的工作原理,液压系统原理图的识读方法,以及动作状态的分析方法;能正确识读复杂的液压系统原理图,分析系统的动作状态,指出各工作循环进油、回油路线,正确理解系统的特点;养成良好的观察、思考、分析的习惯,培养动手能力。

【任务描述】　组合机床动力滑台液压系统的分析。

组合机床是一种高效率和自动化程度较高的专用机床,由具有一定功能的通用部件和某些专用部件所组成,加工工艺范围广,自动化程度高,在机械制造业的批量生产中得到了广泛应用。它能完成钻、镗、铣、刮端面、倒角、攻螺纹等加工和工件的转位、定位、夹紧、输送等动作,并可实现多种工作循环。图6-3所示为组合机床的结构。

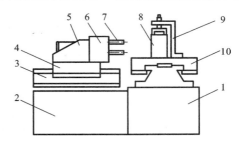

图 6-3　组合机床的结构

1—底座;2—床身;3—导轨;4—动力滑台;5—动力头;
6—主轴箱;7—加工刀具;8—工件;9—夹具;10—工作台

本任务就是在了解组合机床基本功能的基础上,识读液压系统原理图,理解组合机床动力滑台的结构,液压系统的组成、动作过程及功能状态,理解系统设计意图,弄清系统功能的实现与液压系统油路的组成及各液压元件作用的关系,以及液压系统维护的意义。

【任务实施】　组合机床动力滑台液压系统的分析。

1. 液压设备功能的分析

液压动力滑台是组合机床实现进给运动的一种通用部件。液压动力滑台用液压缸驱动,实现进给运动。根据加工工艺的需要,可在滑台台面上安装动力箱、多轴箱或各种专用的切削头等工作部件,以完成各种加工工序。对于液压动力滑台液压系统性能的要求主要是工作可靠、换速平稳、进给速度稳定、功率利用合理、系统效率高及发热小等。

2. 液压系统组成回路的分析

本系统采用限压式变量叶片泵向一个执行机构供油,从泵输出的液压油通过单向阀后,经电液换向阀换向,由液压缸差动连接来实现快进,用行程阀实现快速前进与工作进给的转换,用二位二通电磁换向阀实现两个工作进给的速度之间的转换。

3. 液压系统功能状态的分析

组合机床液压动力滑台可以实现多种不同的工作循环,图6-4所示为一种比较典型的工作循环,工作过程依次为快进→一工进→二工进→死挡铁停留→快退→停止,而每次工作循环均从原位开始。

组合机床动力滑台液压系统的工作原理如图6-5所示。系统中采用限压式变量叶片泵供油,并使液

图 6-4　组合机床液压动力滑台的工作循环

压缸差动连接以实现快速运动。由三位五通电液换向阀换向,用行程阀、液控顺序阀实现快进与工进的转换,用二位二通电磁换向阀实现一工进和二工进之间的速度换接。为保证进给的尺寸精度,采用了死挡铁停留来限位。液压动力滑台工作循环的工作原理如下。

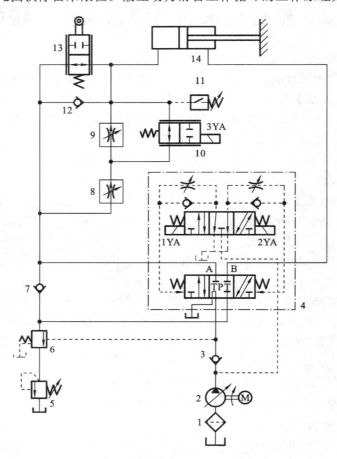

图 6-5 组合机床动力滑台液压系统的工作原理

1—过滤器;2—变量泵;3,7,12—单向阀;4—三位五通电液换向阀;5—背压阀;

6—液控顺序阀;8,9—调速阀;10—二位二通电磁换向阀;11—压力继电器;13—行程阀;14—液压缸

1) 快进

按下启动按钮,三位五通电液换向阀的电磁铁 1YA 得电,使其阀芯右移,左位进入工作状态,这时的主油路如下。

进油路:过滤器→变量泵→单向阀(3)→三位五通电液换向阀的 P 口到 A 口→行程阀→液压缸左腔。

回油路:液压缸右腔→三位五通电液换向阀的 B 口到 T 口→单向阀(7)→行程阀→液压缸左腔。

这时形成差动连接回路。因为快进时,滑台的载荷较小,同时进油可以经行程阀直通液压缸左腔,系统中压力较低,所以变量泵输出流量大,动力滑台快速前进,实现快进。

2) 第一次工进

在快进行程结束,滑台上的挡铁压下行程阀,行程阀上位工作,使油路断开。电磁铁 1YA 继续通电,三位五通电液换向阀左位仍在工作,二位二通电磁换向阀的电磁铁处于断电状态。

进油路经调速阀(8)和二位二通电磁换向阀进入液压缸左腔,与此同时,系统压力升高,将液控顺序阀打开,并关闭单向阀(7),使液压缸实现差动连接的油路切断。回油经液控顺序阀(6)和背压阀回到油箱。这时的主油路如下。

进油路:过滤器→变量泵→单向阀(3)→三位五通电液换向阀的 P 口到 A 口→调速阀(8)→二位二通电磁换向阀→液压缸左腔。

回油路:液压缸右腔→三位五通电液换向阀的 B 口到 T 口→液控顺序阀→背压阀→油箱。

因为工作进给(工进)时油压升高,所以变量泵的流量自动调整减小,动力滑台向前做第一次工作进给,进给量的大小可以用调速阀(8)调节。

3) 第二次工进

在第一次工作进给结束时,滑台上的挡铁压下行程开关,使二位二通电磁换向阀的电磁铁3YA 得电,二位二通电磁换向阀右位接入工作,切断了该阀所在的油路,经调速阀(8)的油液必须经过调速阀(9)进入液压缸的左腔,其他油路不变。由于调速阀(9)的开口量小于调速阀(8),进给速度降低,进给量的大小可由调速阀(9)来调节。

4) 死挡铁停留

当动力滑台第二次工作进给终了,碰上死挡铁后,液压缸停止不动,系统的压力进一步升高,达到压力继电器的调定值时,经过时间继电器的延时,再发出电信号,使滑台退回。在时间继电器延时动作前,滑台停留在死挡块限定的位置上。

5) 快退

时间继电器发出电信号后,电磁铁 2YA 得电,电磁铁 1YA 失电,电磁铁 3YA 断电,三位五通电液换向阀的电磁铁 2YA 得电,右位工作,这时的主油路如下。

进油路:过滤器→变量泵→单向阀(3)→三位五通电液换向阀的 P 口到 B 口→液压缸的右腔。

回油路:液压缸的左腔→单向阀(12)→三位五通电液换向阀的 A 口到 T 口→油箱。

这时系统的压力较低,变量泵输出流量大,动力滑台快速退回。由于活塞杆的面积约为活塞的一半,所以动力滑台快进、快退的速度大致相等。

6) 原位停止

当动力滑台退回到原始位置时,挡块压下行程开关,这时电磁铁 1YA、2YA、3YA 都失电,三位五通电液换向阀处于中位,动力滑台停止运动,变量泵输出油液的压力升高,使泵的流量自动减至最小。

表 6-2 所示为该液压系统的电磁铁和行程阀的动作表。

表 6-2　组合机床动力滑台液压系统电磁铁和行程阀的动作表

运动情况	输入条件	输出条件			
		1YA	2YA	3YA	行程阀
快进	启动按钮	+	−	−	−
一工进	行程阀	+	−	−	+
二工进	一工进行程开关	+	−	+	+
死挡铁停留	死挡铁限位	−	−	−	−
快退	时间继电器	−	+	−	−
原位停止	原位行程开关	−	−	−	−

注:表中"＋"表示通电或动作,"−"表示断电或不动作。

通过以上分析可以看出,为了实现自动工作循环,该液压系统应用了下列一些基本回路。

(1)调速回路　采用了由限压式变量泵和调速阀的调速回路,调速阀放在进油路上,回油经过背压阀,增加调速的稳定性。

(2)快速运动回路　应用限压式变量泵在低压时输出的流量大的特点,并采用差动连接来实现快速前进。

(3)换向回路　应用电液换向阀实现换向,工作平稳、可靠,并由压力继电器与时间继电器发出的电信号控制换向信号。

(4)快速运动与工作进给的换接回路　采用行程阀实现速度的换接,换接的性能较好。同时利用换向后系统的压力升高使液控顺序阀接通,系统由快速运动的差动连接转换为使回油排回油箱。

(5)两种工作进给的换接回路　采用了由两个调速阀串联的回路结构。

4．液压系统性能特点的分析

组合机床动力滑台液压系统的特点。

(1)系统采用了限压式变量叶片泵—调速阀—背压阀的调速回路,能保证稳定的低速运动、较好的速度刚性和较大的调速范围。

(2)系统采用了限压式变量叶片泵和差动连接式液压缸来实现快进,有利于能源的合理利用。滑台停止运动时,换向阀使液压泵在低压下卸荷,减少能量损耗。

(3)系统采用了行程阀和顺序阀实现快进与工进的换接,不仅简化了电气回路,而且使动作可靠,换接精度也比电气控制高。

(4)采用时间可调的三位五通电液换向阀,提高了滑台的换向平稳性。滑台停止时,由限压式变量叶片泵自动进行流量卸荷,且采用五通换向阀结构又使滑台快退时没有背压,能量损失少。

任务6.3　注塑机液压系统的分析

【学习要求】

掌握注塑机液压系统的工作原理,液压系统原理图的识读方法,动作状态的分析方法;正确识读复杂的液压系统原理图,理解各工艺过程与系统回路的关系,正确分析各液压元件的作用,理解系统的特点;养成良好的观察、思考、分析的习惯,培养动手能力。

【任务描述】　注塑机液压系统的分析。

图6-6所示为注塑机。注塑机是一种通用注塑制品生产设备,它可与不同的专用注塑模

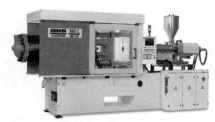

图6-6　注塑机

具配套使用,利用塑料的热塑性,经加热融化后,以高压、高温使其快速流入模腔,经一段时间的保压和冷却,制成各种形状的塑料制品。注塑机能一次成形外形复杂、尺寸精确或带有金属嵌件的质地致密的塑料制品,被广泛应用于国防、机电、汽车、交通运输、建材、包装、农业及人们日常生活的各个领域。注射成形工艺对各种塑料的加工具有良好的适应性,生产能力较高,并易于实现自动化。

本任务就是在了解注塑机的基本功能、工艺过程的基础上,识读液压系统原理图,理解注塑机的结构,液压系统的组成、动作过程及功能状态。理解系统设计意图,弄清系统功能的实现与液压系统油路的组成及各液压元件作用的关系,以及液压系统维护的意义。

【任务实施】 注塑机液压系统的分析。

1. 液压设备功能的分析

注塑机主要由机架、动静模板、合模保压部件、预塑部件、注射部件、液压系统、电气控制系统等部件组成。注塑机工作时,按照其注塑工艺要求,要完成对塑料原料的预塑、合模、注射机筒快速移动、熔融塑料注射、保压冷却、开模、顶出成品等一系列动作。注塑机液压系统受电气控制系统的驱动,通过液压传动系统去推动机械传动部分,将液压能转换为机械能,完成相应的动作。注塑机的工艺过程如图 6-7 所示。

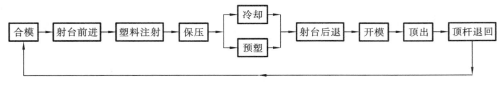

图 6-7 注塑机的工艺过程

2. 液压系统组成回路的分析

图 6-8 所示为注塑机液压系统的工作原理。液压传动系统主要以动力元件液压泵为核心元件,通过控制元件(各种流量阀、压力阀和方向阀)驱动执行机构运动,液压马达推动螺杆进行旋转运动来塑化塑料。

3. 液压系统功能状态的分析

注塑机对液压系统的要求如下。

(1)具有足够的合模力。由于熔融塑料以 $120 \sim 200$ MPa 的高压注入模腔,在已经闭合的模具上会产生很大的开模力,所以合模液压缸必须产生足够的合模力,确保锁紧闭合后的模具,否则注塑时模具会产生缝隙使塑料制品产生溢料,出现废品。

(2)模具的开、合模速度可调。当动模离定模距离较远时,即开、合模具为空程时,为了提高生产效率,要求动模快速运动;合模时要求动模慢速运动,以免冲击力太大撞坏模具,并减小合模时的振动和噪声。因此,一般开、合模的速度按慢—快—慢的规律变化。

(3)射台整体进退。要求射台移动液压缸应有足够的推力,确保注塑时注射嘴和模具浇口能紧密接触,防止注射时有熔融的塑料从缝隙中溢出。

(4)注射压力和注射速度可调。注塑机为了适应不同塑料的品种、制品形状及模具浇注系统的工艺要求,注射时的压力与速度应在一定的范围内可调。

(5)保压及压力可调。当熔融塑料依次经过机筒、注射嘴、模具浇口和模具型腔完成注射后,需要对注射在模具中的塑料保压一段时间,以保证塑料紧贴模腔而获得精确的形状,另外在制品冷却凝固收缩的过程中,熔化塑料可不断充入模腔,防止产生充料不足的废品。保压的压力也要求根据不同的情况可以加以调整。

(6)制品顶出速度要平稳,以保证制品不受损坏。

如图 6-8 所示,注塑机各执行元件的动作循环主要依靠行程开关切换电磁换向阀来实现。为保证安全生产,注塑机设置了安全门,并在安全门上装设一个行程阀加以控制,只有在

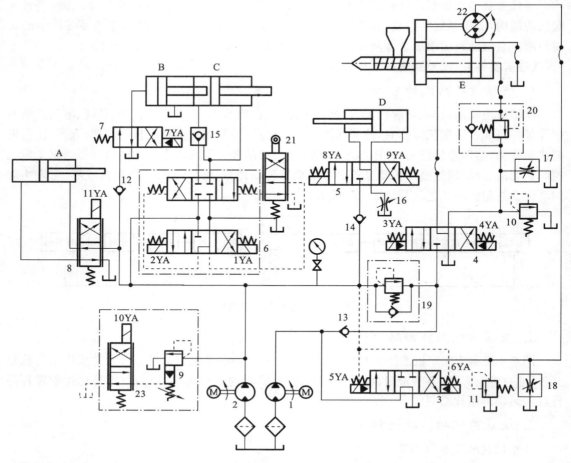

图 6-8　注塑机液压系统的工作原理

1—低压大流量液压泵;2—高压小流量液压泵;3,4,6,7—电液换向阀;5,8,23—电磁换向阀;

9—先导式溢流阀;10,11—溢流阀;12,13,14—单向阀;15—液控单向阀;16—节流阀;

17,18—调速阀;19,20—单向顺序阀;21—行程阀;22—液压马达

A—推料液压缸;B—增力液压缸;C—合模液压缸;D—射台移动液压缸;E—注射液压缸

安全门关闭、行程阀的上位接入系统的情况下,系统才能进行合模运动。系统工作过程如下。

(1) 合模。合模是动模板向定模板靠拢并最终合拢的过程,动模板由合模液压缸或机液组合机构驱动,合模速度一般按慢—快—慢的顺序进行。具体如下。

① 动模板慢速合模运动。当按下合模按钮,电磁铁 1YA、10YA 通电,电液换向阀(6)右位接入系统,电磁换向阀(8)下位接入系统。低压大流量液压泵通过电液换向阀(3)的 M 型中位机能卸荷,高压小流量液压泵输出的压力油经电液换向阀(6)、液控单向阀(15)进入合模缸左腔,右腔油液经电液换向阀(6)流回油箱。合模液压缸推动动模板开始慢速向右运动。此时系统油液流动情况如下。

进油:高压小流量液压泵→电液换向阀(6)(右位)→液控单向阀(15)→合模缸左腔。

回油路:合模液压缸右腔→电液换向阀(6)(右位)→油箱。

② 动模板快速合模运动。当慢速合模转为快速合模时,动模板上的行程挡块压下行程开关,使电磁铁 5YA 通电,电液换向阀(3)左位接入系统,低压大流量液压泵不再卸荷,其压力油

经单向阀(13)、单向顺序阀(19)与高压小流量液压泵的压力油汇合,共同向合模液压缸供油,实现动模板快速合模运动。此时系统油液流动情况如下。

进油路:(低压大流量液压泵→单向阀(13)→单向顺序阀(19))+(高压小流量液压泵)→电液换向阀(6)(右位)→液控单向阀→合模缸左腔。

回油路:合模液压缸右腔→电液换向阀(6)(右位)→油箱。

③ 合模前动模板的慢速运动。当动模板快速靠近静模板时,另一行程挡块将压下其对应的行程开关,使电磁铁 5YA 断电、电液换向阀(3)复位到中位,低压大流量液压泵卸荷,油路又恢复到以前状况,使快速合模运动又转为慢速合模运动,直至将模具完全合拢。

(2) 增压锁模。当动模板合拢到位后压下行程开关,使电磁铁 7YA 通电、5YA 失电,低压大流量液压泵卸荷,高压小流量液压泵工作,电液换向阀(7)右位接入系统,增力液压缸开始工作,将其活塞输出的推力传给合模液压缸的活塞以增加其输出推力。此时,先导式溢流阀开始溢流,调定高压小流量液压泵输出的最高压力,该压力也是最大合模力下对应的系统最高工作压力。因此,系统的锁紧力由先导式溢流阀调定,动模板的锁紧由单向阀(12)保证。此时系统油液回路情况如下。

进油路:高压小流量液压泵→单向阀(12)→电液换向阀(7)(右位)→增压缸左腔;
　　　　高压小流量液压泵→电液换向阀(6)(右位)→液控单向阀→合模液压缸左腔。

回油路:增压液压缸右腔→油箱;
　　　　合模液压缸右腔→电液换向阀(6)(右位)→油箱。

(3) 射台整体快进。射台的整体运动由射台移动液压缸驱动。当电磁铁 9YA 通电时,电磁换向阀(5)右位接入系统,高压小流量液压泵的压力油经单向阀(14)、电磁换向阀(5)进入射台移动液压缸右腔,左腔油液经节流阀流回油箱。此时注射座整体向左移动,使注射嘴与模具浇口接触。注射座的保压顶紧由单向阀(14)实现。此时系统油液回路情况如下。

进油路:高压小流量液压泵→单向阀(14)→电磁换向阀(5)(右位)→射台移动液压缸右腔。

回油路:射台移动液压缸左腔→电磁换向阀(5)(右位)→节流阀→油箱。

(4) 注射。当注射座到达预定位置后,压下行程开关,使电磁铁 4YA、5YA 通电,电液换向阀(4)右位接入系统,电液换向阀(3)左位接入系统。于是,低压大流量液压泵的压力油经单向阀(13),与经单向顺序阀(19)而来的高压小流量液压泵的压力油汇合,一起经电液换向阀(4)、单向顺序阀(20)进入注射液压缸右腔,左腔油液经电液换向阀(4)流回油箱。注射液压缸活塞带动注射螺杆将料筒前端已经预塑好的熔料经注射嘴快速注入模腔。注射液压缸的注射速度由旁路节流调速的调速阀(17)调节。单向顺序阀(20)在预塑时能够产生一定背压,确保螺杆有一定的推力。溢流阀(10)起调定螺杆注射压力作用。此时系统油液回路情况如下。

进油路:(低压大流量液压泵→单向阀(13))+(高压小流量液压泵→单向顺序阀(19))→电液换向阀(4)(右位)→单向顺序阀(20)→注射缸右腔。

回油路:注射液压缸左腔→电液换向阀(4)(右位)→油箱。

(5) 注射保压。当注射液压缸对模腔内的熔料实行保压并补塑时,注射液压缸活塞工作位移量较小,只需少量油液即可。所以,电磁铁 5YA 断电,电液换向阀(3)处于中位,使低压大流量液压泵卸荷,高压小流量液压泵继续单独供油,以实现保压,多余的油液经先导式溢流阀回油箱。

(6) 减压(放气)、再增压。先让电磁铁 1YA、7YA 失电,电磁铁 2YA 通电;后让电磁铁

1YA、7YA 通电,电磁铁 2YA 失电,使动模板略松一下后,再继续压紧,以排放模腔中的气体,保证制品质量。

(7) 预塑进料。保压完毕后,从料斗加入的塑料原料随着裹在机筒外壳上的电加热器对其的加热和螺杆的旋转将加热熔化混炼好的熔塑带至料筒前端,并在螺杆头部逐渐建立起一定压力。当此压力足以克服注射缸活塞退回的背压阻力时,螺杆逐步开始后退,并不断将预塑好的塑料送至机筒前端。当螺杆后退到预定位置,即螺杆头部熔料达到所需注射量时,螺杆停止后退和转动,为下一次向模腔注射熔料做好准备。与此同时,已经注射到模腔内的制品冷却成形过程完成。

预塑螺杆的转动由液压马达通过一对减速齿轮驱动实现。这时,电磁铁 6YA 通电,电液换向阀(3)右位接入系统,低压大流量液压泵的压力油经电液换向阀(3)进入液压马达,液压马达回油直通油箱。马达转速由调速阀(18)调节,溢流阀(10)为安全阀。螺杆后退时,电液换向阀(4)处于中位,注射液压缸右腔油液经单向顺序阀(20)和电液换向阀(4)流回油箱,其背压力由单向顺序阀(20)调节。同时活塞后退时,注射液压缸左腔会形成真空,此时依靠电液换向阀(4)的 Y 型中位机能进行补油。此时系统油液回路情况如下。

液压马达回路　进油路:低压大流量液压泵→电液换向阀(3)右位→液压马达进油口。

回油路:液压马达回油口→油箱。

液压缸背压回路　注射液压缸右腔→单项顺序阀(20)→调速阀(17)→油箱。

(8) 射台后移。当保压结束,电磁铁 8YA 通电,电磁换向阀(5)左位接入系统,高压小流量液压泵的压力油经单向阀(14)、电磁换向阀(5)进入射台移动液压缸左腔,右腔油液经电磁换向阀(5)、节流阀流回油箱,使注射座后退。低压大流量液压泵经电液换向阀(3)卸荷。此时系统油液回路情况如下。

进油路:高压小流量液压泵→单向阀(14)→电磁换向阀(5)(左位)→射台移动液压缸左腔。

回油路:射台移动液压缸右腔→电磁换向阀(5)(左位)→节流阀→油箱。

(9) 开模。开模过程与合模过程相似,开模速度一般也历经慢—快—慢的过程。

① 慢速开模。电磁铁 2YA 通电,电液换向阀(6)左位接入系统,高压小流量液压泵的压力油经电液换向阀(6)进入合模液压缸右腔,左腔的油经液控单向阀(15)、电液换向阀(6)流回油箱。低压大流量液压泵经电液换向阀 3 卸荷。

② 快速开模。此时电磁铁 2YA 和 5YA 都通电,两液压泵汇流向合模液压缸右腔供油,开模速度提高。

(10) 顶出。模具开模完成后,压下一行程开关,使电磁铁 11YA 得电,从高压小流量液压泵来的压力油,经过单向阀(12),电磁换向阀(8)上位,进入推料液压缸的左腔,推料液压缸右腔回油经电磁换向阀(8)的上位回油箱。推料液压缸通过顶杆将已经注塑成形的塑料制品从模腔中推出。

(11) 推料液压缸退回。推料完成后,电磁阀 11YA 失电,从高压小流量液压泵来的压力油经电磁换向阀(8)下位进入推料液压缸油腔,左腔回油经过电磁换向阀(8)下位后流回油箱。

(12) 系统卸荷。上述循环动作完成后,系统所有电磁铁都失电。低压大流量液压泵经电液换向阀(3)卸荷,高压小流量液压泵经先导式溢流阀卸荷。到此,注塑机一次完整的工作循环完成。

注塑机液压系统电磁铁动作顺序如表6-3所示。

表 6-3　注塑机液压系统电磁铁动作顺序表

动作程序		1YA	2YA	3YA	4YA	5YA	6YA	7YA	8YA	9YA	10YA	11YA
合模	启动慢移	+	−	−	−	−	−	−	−	−	+	−
	快速合模	+	−	−	−	+	−	−	−	−	+	−
	增压锁模	+	−	−	−	−	−	+	−	−	+	−
射台整体快移		−	−	−	−	−	−	+	−	+	+	−
注射		−	−	+	−	−	−	+	−	+	+	−
注射保压		−	−	+	−	−	−	+	−	+	+	−
减压排气		−	+	−	−	−	−	−	−	−	+	−
再增压		+	−	−	−	−	−	+	−	+	+	−
预塑进料		−	−	−	−	−	+	+	−	−	+	−
射台后移		−	−	−	−	−	−	−	+	−	+	−
开模	慢速开模	−	+	−	−	−	−	−	−	−	+	−
	快速开模	−	+	−	−	+	−	−	−	−	+	−
顶出	推料缸伸出	−	−	−	−	−	−	−	−	−	+	+
	推料缸退回	−	−	−	−	−	−	−	−	−	+	−
系统卸荷		−	−	−	−	−	−	−	−	−	−	−

注："＋"表示电磁铁通电；"－"表示电磁铁断电。

4．液压系统性能特点的分析

（1）由于该系统在整个工作循环中，合模液压缸和注射液压缸等液压缸的流量变化较大，锁模和注射后系统又有较长时间的保压，为合理利用能量，系统采用双泵供油方式，液压缸快速动作（低压大流量）时，采用双液压泵联合供油方式；液压缸慢速动作或保压时，采用高压小流量泵供油，低压大流量泵卸荷供油的方式。

（2）由于合模液压缸要求实现快、慢速开模、合模及锁模动作，系统采用电液换向阀换向回路控制合模液压缸的运动方向，为保证足够的锁模力，系统设置了增力液压缸作用合模液压缸的方式，再通过机液复合机构完成合模和锁模，因此，合模液压缸结构较小、回路简单。

（3）由于注射液压缸的运动速度要求较快，但运动平稳性要求不高，故系统采用调速阀旁路节流调速回路。由于预塑时要求注射液压缸有背压且背压力可调，所以在注射液压缸的无杆腔出口处串联一个背压阀。

（4）由于预塑工艺要求射台移动液压缸在不工作时应处于背压且浮动状态，系统采用 Y 型中位机能的电液换向阀，可调背压的单向顺序阀，以及出口节流调速回路等措施，以便调节射台移动液压缸的运动速度，从而提高运动的平稳性。

（5）预塑时螺杆转速较高，对速度平稳性要求较低，系统采用调速阀旁路节流调速回路。

（6）注塑机的注射压力很大，只有当操作人员离开，将安全门关闭，合模液压缸才能进油合模，从而保障人身安全。

（7）由于注塑机的执行元件较多，其循环动作主要由行程开关控制，按预定顺序完成。这种控制方式机动灵活，且系统较简单。

（8）系统工作时，各种执行装置的协同运动较多、工作压力的要求较多、压力的变化较大，分别通过先导式溢流阀、溢流阀(10、11)、单向顺序阀(19、20)的联合作用,实现系统中不同位置、不同运动状态的不同压力控制。

任务6.4 数控车床液压系统的分析

【学习要求】

掌握数控车床液压系统的工作原理,液压系统原理图的识读方法,动作状态的分析方法;正确识读复杂的液压系统原理图,理解各工艺过程与系统回路的关系,正确分析各液压元件的作用,理解系统的特点;养成良好的观察、思考、分析的习惯,培养动手能力。

【任务描述】 数控车床液压系统的分析。

图6-9所示为MJ-50型数控车床。随着科学技术的飞速发展,数控技术在制造业中得到应用,机床设备的自动化程度和精度越来越高。从一般数控机床到加工中心,液压技术都得到了更加广泛的应用。

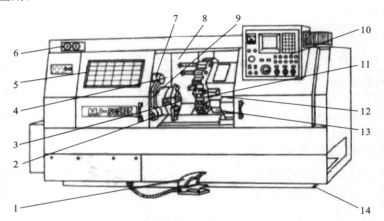

图6-9 MJ-50型数控车床

1—脚踏开关;2—对刀仪;3—主轴卡盘;4—主轴箱;5—机床防护门;6—压力表;7—对刀仪防护罩;
8—防护罩;9—对刀仪转臂;10—操作面板;11—回转刀架;12—尾座;13—滑板;14—床身

本任务就是在了解数控车床的基本功能上,识读液压系统原理图,理解数控车床液压系统的组成、动作过程及功能状态。理解系统设计意图,弄清系统功能的实现与液压系统油路的组成及各液压元件作用的关系,以及液压系统维护的意义。

【任务实施】 数控车床液压系统的分析。

1. 液压设备功能的分析

下面以MJ-50型数控车床为例,说明液压技术在数控机床上的应用。

MJ-50型数控车床是两坐标连续控制的卧式车床,主要用来加工轴类零件的内外圆柱面、圆锥面、螺纹表面、成形回转体表面,对于盘类零件可进行钻孔、扩孔、铰孔和镗孔等加工,还可以完成车端面、切槽、倒角等加工。其卡盘夹紧与松开、卡盘夹紧力的高低压转换、回转刀架的松开与夹紧、刀架刀盘的正转与反转、尾座套筒的伸出与退回都是由液压系统驱动的。

2. 液压系统组成回路的分析

MJ-50型数控车床的液压系统中各电磁阀电磁铁的动作是由数控系统的PLC(可编程逻

辑控制器)实现的。图 6-10 所示为数控车床液压系统的工作原理。本系统采用一个变量泵向四个执行机构供油,包括卡盘夹紧液压缸、刀盘夹紧液压缸、刀盘回转液压缸和尾座套筒伸缩液压缸。从泵输出的液压油通过单向阀 3 后,经过四个换向阀及减压阀、流量控制阀分别流入四个液压缸。系统压力调定为 4 MPa。

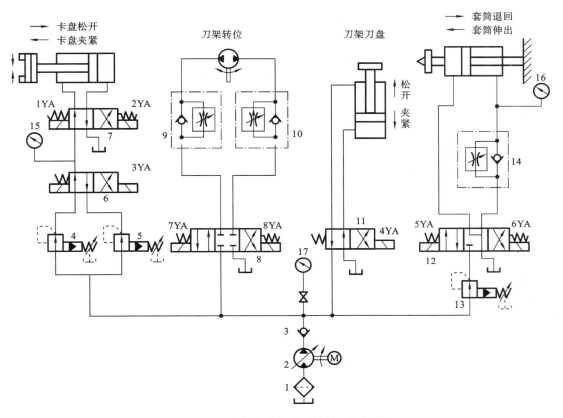

图 6-10　数控车床液压系统的工作原理

1—过滤器;2—变量泵;3—单向阀;4,5,13—减压阀;6,7,11—二位四通电磁阀;
8,12—三位四通电磁阀;9,10,14—单向调速阀;15,16,17—压力表

3. 液压系统功能状态的分析

1) 卡盘的夹紧与松开

主轴卡盘的夹紧与松开,由二位四通电磁阀(7)控制。卡盘的高压夹紧与低压夹紧的转换,由二位四通电磁阀(6)控制。

当卡盘处于正卡(也称外卡)且在高压夹紧状态下(电磁铁 3YA 断电),夹紧力的大小由减压阀(4)来调整,由压力表(15)显示卡盘压力。当电磁铁 1YA 通电、电磁铁 2YA 断电时,活塞杆右移,卡盘松开;反之,当电磁铁 1YA 断电、电磁铁 2YA 通电时,卡盘夹紧。

当卡盘处于正卡且在低压夹紧状态下(电磁铁 3YA 通电),夹紧力的大小由减压阀(5)来调整。

卡盘反卡(也称内卡)的过程与正卡类似,所不同的是卡爪外张为夹紧,内缩为松开。

2) 回转刀架的松开与夹紧,以及刀盘的正转与反转

回转刀架换刀时,首先是刀盘松开,然后刀盘转到指定的刀位,最后刀盘夹紧。

刀盘的夹紧与松开,由一个二位四通电磁阀(11)控制,当电磁铁4YA通电时刀盘松开,断电时刀盘夹紧,消除了加工过程中突然停电所引起的事故隐患。刀盘的旋转有正转和反转两个方向,它由一个三位四通电磁阀(8)控制,其旋转速度分别由单向调速阀(9、10)控制。

当电磁铁4YA通电时,二位四通电磁阀(11)右位工作,刀盘松开;当电磁铁7YA通电、电磁铁8YA断电时,刀架正转;当电磁铁7YA断电、电磁铁8YA通电时,刀架反转;当电磁铁4YA断电时,二位四通电磁阀(11)左位工作,刀盘夹紧。

3)尾座套筒的伸缩动作

尾座套筒的伸出与退回由一个三位四通电磁阀(12)控制。

当电磁铁5YA通电、电磁铁6YA断电时,系统压力油经减压阀(13)→三位四通电磁阀(12)(左位)→液压无杆腔,套筒伸出。套筒伸出时的工作预紧力大小通过减压阀(13)来调整,并由压力表(16)显示,伸出速度由单向调速阀(14)控制。反之,当电磁铁5YA断电、电磁铁6YA通电时,套筒退回。

数控车床电磁铁动作顺序如表6-4所示。

表6-4　数控车床电磁铁动作顺序表

动作顺序			电磁铁							
			1YA	2YA	3YA	4YA	5YA	6YA	7YA	8YA
卡盘正卡	高压	夹紧	−	+	−	−	−	−	−	−
		松开	+	−	−	−	−	−	−	−
	低压	夹紧	−	+	+	−	−	−	−	−
		松开	+	−	+	−	−	−	−	−
卡盘反卡	高压	夹紧	+	−	−	−	−	−	−	−
		松开	−	+	−	−	−	−	−	−
	低压	夹紧	+	−	+	−	−	−	−	−
		松开	−	+	+	−	−	−	−	−
回转刀架	刀架正转		−	−	−	−	−	−	+	−
	刀架反转		−	−	−	−	−	−	−	+
	刀盘松开		−	−	−	+	−	−	−	−
	刀盘夹紧		−	−	−	−	−	−	−	−
尾座套筒	套筒伸出		−	−	−	−	+	−	−	−
	套筒退回		−	−	−	−	−	+	−	−

注:"+"表示电磁铁通电,"−"表示电磁铁断电。

4. 液压系统性能特点的分析

(1)采用变量泵向系统供油,能量损失小。

(2)用减压阀调节卡盘高压夹紧力或低压夹紧力的大小,以及尾座套筒伸出工作时的预紧力大小,以适应不同工件的需要,操作方便简单。

(3)用液压马达实现刀架的转位,可实现无级调速,并能控制刀架刀盘的正转与反转。

任务6.5　万能外圆磨床液压系统的分析

【学习要求】

掌握万能外圆磨床液压系统的工作原理,液压系统原理图的识读方法,以及动作状态的分析方法;能正确识读复杂的液压系统原理图,分析各液压元件的作用,正确理解系统的特点及液压系统设计的意图;养成良好的观察、思考、分析的习惯,培养动手能力。

【任务描述】　万能外圆磨床液压系统的分析。

万能外圆磨床是用于磨削圆柱形、圆锥形或其他形状素线展成的外表面和轴肩端面的磨床。工件支承在头架和尾架之间,由头架(或拨盘)带动旋转,做圆周进给运动,头架和尾架装在工作台上,可做纵向往复的进给运动。工作台分上下两层,上工作台可调整角度,以磨削圆锥形表面。

本任务分析万能外圆磨床的功能,液压系统的组成、动作过程及功能状态,使其可以实现工作台往复运动、工作台液动与手动互锁、砂轮架的快速进退、尾架顶尖的松开与夹紧、机床润滑及工作台微量抖动等功能。

通过万能外圆磨床可实现的功能,分析其液压系统油路及各液压元件的作用,能对系统进行基本的维护。

【任务实施】　万能外圆磨床液压系统的分析。

1. 液压设备功能的分析

M1432A 型万能外圆磨床主要用于磨削圆柱形或圆锥形外圆和内孔,表面粗糙度在 $1.25\sim0.08\ \mu m$ 之间。该机床的液压系统实现的运动及需达到的性能要求如下。

(1) 能实现工作台的自动往复运动,并能在 $0.05\sim4\ m/min$ 之间无级调速。为精修砂轮,要求工作台在极低速度($10\sim80\ mm/min$)情况下不出现爬行。高速时无换向冲击,工作台换向平稳,启动和制动迅速,换向精度高。

(2) 工作台可作短距离换向,即微量抖动;切入磨削或加工工件略大于砂轮宽度时,为了提高生产率和改善表面粗糙度,工作台可作短距离换向($1\sim3\ mm$),换向频率为 $100\sim150$ 次/min。

(3) 在装卸工件和测量工件时,为缩短辅助时间,砂轮架有快速进退动作,为避免惯性冲击使工件超差或撞坏砂轮,砂轮架快速进退液压缸应设置有缓冲装置。

(4) 为方便装卸工件,尾架顶尖的伸缩采用液压驱动。

(5) 液压系统与机械、电器协调配合,具有必要的联锁动作。

① 工作台的液动与手动联锁。

② 砂轮架快速前进时,要保证尾架顶尖不缩回,以免加工时工件脱落。

③ 磨内孔时,砂轮架不后退,要求与砂轮架快速后退机构联锁,以免撞坏工件或砂轮。

④ 砂轮架快进时,头架应该带动工件转动,且冷却泵应启动;砂轮架快速后退时,头架电动机与冷却泵电动机应都停转。

2. 液压系统组成回路的分析

本系统采用一个双向定量泵向三个执行机构供油,包括工作台液压缸、砂轮架进退液压缸及尾架液压缸。从定量泵中输出的液压油分三条主路分别送入三个液压缸。

3. 液压系统功能状态的分析

图 6-11 所示为 M1432A 型万能外圆磨床液压系统的工作原理,具体如下。

1) 工作台的往复运动

(1) 工作台右行　如图 6-11 所示状态,开停阀拨转至"开"位置,工作台液压缸处于向右运动状态,此时油路如下。

进油路:液压泵→液控换向阀左位→工作台液压缸右腔;

　　　　　液压泵→开停阀→手摇机构液压缸,手摇机构齿轮脱开。

回油路:工作台液压缸左腔→液控换向阀左位→先导阀左位→开停阀→节流阀(17)→油箱。

液压油推动工作台液压缸带动工作台向右运动,其运动速度由节流阀(17)来调节。

(2) 工作台左行　当工作台右行到预先调定的位置时,固定在工作台侧壁的挡块碰上抖动液压缸的拨杆,推动先导阀的阀芯左移,液控换向阀两端的控制油路开始切换,工作台开始换向过程,此时油路如下。

进油路:液压泵→精过滤器→先导阀右位→抖动液压缸左端→先导阀迅速左移→单向阀(24)→液控换向阀右端。

回油路:抖动液压缸右端→先导阀右位→油箱。

因为液压油已进入了液控换向阀的右端,换向阀将开始换向,换向阀阀芯快速向左移动,完成第一次快跳。快跳的结果是液控换向阀的阀芯刚好处于中位,工作台迅速停止运动,但液控换向阀的阀芯在压力油作用下还在继续缓慢左移,液控换向阀的左腔油通过节流阀(22)回油,液控换向阀的阀芯处于中位,工作台液压缸的左右两腔连通,工作台处于停留阶段,其停留时间为 0~5 s,由节流阀(22、25)调节。当液控换向阀的阀芯继续左移,直至右位进入工作,阀芯又一次快速运动,完成第二次快跳。结果换向阀左移到底,主油路迅速切换,工作台反向起步,此时的油路如下。

进油路:液压泵→液控换向阀右端→工作台液压缸左腔。

回油路:工作台液压缸右腔→液控换向阀右端→先导阀右位→开停阀→节流阀(17)→油箱。

当工作台左行到预定位置时,工作台上的挡铁又碰上抖动液压缸的拨杆,推动先导阀右移,使控制油路切换,接着主油路切换,工作台又向右运动,如此循环,工作台便实现了自动往复运动。

2) 工作台液动与手动的互锁

工作台液动与手动的互锁是由手摇机构液压缸来完成的。当开停阀转到"停"位时,开停阀关闭了通往节流阀(17)的回油路,且使工作台液压缸的左右两腔相通,工作台处于停止状态,手摇机构液压缸的液压油经开停阀(18)流回油箱,手摇机构液压缸的弹簧拉动齿轮啮合,就可摇动手摇机构使工作台运动。

当开停阀处于"开"位时(见图 6-11 所示位置),手摇机构液压缸的活塞在压力油的作用下压缩弹簧推开齿轮,这样,当工作台处于液动(往复运动)状态时,转动手轮不能移动工作台。

3) 砂轮架的快速进退运动

砂轮架的快速进退运动是靠砂轮架进退换向阀驱动砂轮架进退来实现的。如图 6-11 所示,砂轮架处于后退状态,当向左扳动砂轮架进退换向阀的手柄时,砂轮架快进。

为防止砂轮架在快速运动到达前后终点处产生冲击,在砂轮架进退液压缸两端设缓冲装置,并设有抵住砂轮架的闸缸,用以消除丝杠和螺母间的间隙。

砂轮架进退换向阀装有一个自动启、闭砂轮电动机和冷却电动机的行程开关和一个与内圆磨具联锁的电磁铁。当砂轮架进退换向阀处于右位,使砂轮架处于快进时,手动阀的手柄压下行程开关,使砂轮电动机和冷却电动机启动。

4) 尾架顶尖的松开与夹紧

尾架顶尖只有在砂轮架处于后退位置时才允许松开。为操纵方便,采用脚踏式换向阀来

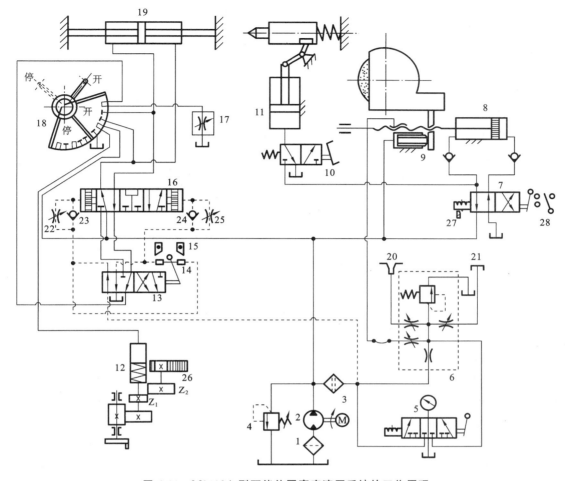

图 6-11　M1432A 型万能外圆磨床液压系统的工作原理

1—粗过滤器；2—液压泵；3—精过滤器；4—溢流阀；5—压力表开关；6—润滑稳定器；7—砂轮架进退换向阀；
8—砂轮架进退液压缸；9—闸缸；10—脚踏式换向阀；11—尾架液压缸；12—手摇机构液压缸；13—先导阀；
14—抖动液压缸；15—挡块；16—液控换向阀；17,22,25—节流阀；18—开停阀（转阀）；19—工作台液压缸；
20,21—导轨；23,24—单向阀；26—工作台运动齿轮齿条；27—联锁电磁铁；28—行程开关

操纵，由尾架液压缸来实现。由图 6-11 可知，只有当砂轮架进退换向阀处于左位，即砂轮架处于后退位置，脚踏式换向阀处于右位时，才能有压力油通过脚踏式换向阀进入尾架液压缸，活塞推动杠杆拨动尾架顶尖松开工件。当砂轮架进退换向阀处于右位（砂轮架处于前端位置）时，油路为低压回油箱，此时无压力油进入尾架液压缸 11，尾架顶尖也就不会松开。尾架顶尖的夹紧依靠的是弹簧力。

5）润滑

由液压泵到润滑稳定器的压力油用于手摇机构、丝杠螺母副、导轨（20、21）等处的润滑，其润滑流量可通过调节润滑稳定器的节流阀来实现，而溢流阀用于调节润滑油的压力。压力表开关用于测量泵出口和润滑油路上的压力，可切换显示。

6）抖动缸的功用

抖动液压缸的功用有两个：一是帮助先导阀实现换向过程中的快跳；二是当工作台需要做频繁短距离换向时，实现工作台的抖动。

当砂轮作切入磨削或磨削短圆槽时,为提高磨削表面质量和磨削效率,需工作台频繁地短距离换向,即微量抖动。这时将挡块调得很近或夹住抖动液压缸的换向杠杆,当工作台液压缸向左或向右移动时,挡块带动杠杆使先导阀的阀芯向右或向左移动一个很小的距离,使先导阀的控制进油路和回油路仅有一个很小的开口。通过此开口的压力油不可能使液控换向阀的阀芯快速移动,但因为抖动液压缸的柱塞直径很小,所以通过的压力油足以使抖动液压缸快速移动。抖动液压缸的快速移动推动抖动液压缸的杠杆带动先导阀快速移动(换向),迅速打开控制油路的进、回油口,使液控换向阀也迅速换向,从而使工作台作短距离频繁往复换向。

4. 液压系统性能特点的分析

(1)工作台采用双出杆液压缸,保证进、退两方向的运动速度相等。

(2)系统采用节流阀出口节流调速回路,对调速范围不大、负载较小且基本恒定的磨削加工是完全适合的;液压缸回油腔有一定的背压,工作台运动平稳。

(3)采用具有快跳先导阀的行程控制液压操纵箱,减少了油管和接头数目,结构紧凑,具有较高的换向位置精度和换向平稳性。

(4)设置抖动液压缸,可实现工作台短距离高频抖动,有利于保证磨削加工的质量。

任务 6.6　汽车起重机液压系统的分析

【学习要求】

掌握汽车起重机液压系统的工作原理,液压系统原理图的识读方法,以及动作状态的分析方法;正确识读复杂的液压系统原理图,分析各液压元件的作用,正确理解系统的特点和设计意图;养成良好的观察、思考、分析的习惯,培养动手能力。

【任务描述】　汽车起重机液压系统的分析。

汽车起重机是将起重机安装在普通汽车底盘或特制汽车底盘上的一种起重运输设备。液压技术、电子工业、高强度钢材和汽车工业的发展,促进了液压式汽车起重机的发展。图 6-12 所示为汽车起重机外形简图。它主要由支腿、起升机构、变幅机构、回转机构和伸缩机构等工作机构组成。

本任务分析汽车起重机的结构、功能、液压系统的组成、动作过程。

通过实现汽车起重机的功能,分析其液压系统油路及各液压元件的作用,能对系统进行基本的维护。

【任务实施】　汽车起重机液压系统的分析。

1. 液压设备功能的分析

汽车起重机的驾驶室与起重操纵室是分开设置的。其优点是机动性好,转移迅速;缺点是工作时须支腿,不能负荷行驶,也不适合在松软或泥泞的场地上工作。此种起重机作业时必须伸出支腿保持稳定。起重量的范围很大,为 8~1 000 t,底盘的车轴数为 2~10 根,是产量最大、应用最广泛的起重机类型。

2. 液压系统组成回路的分析

汽车起重机主要由支腿、起升机构、变幅机构、回转机构和伸缩机构等工作机构组成。汽车起重机的液压系统采用双向定量液压泵、手动换向阀、液压缸、摆动液压马达等实现起重机的起升回转、变幅、起重臂伸缩及支腿伸缩等,这些动作可单独也可组合运行。大吨位的液压

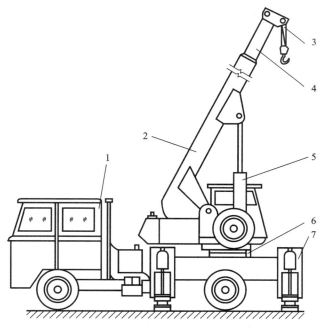

图 6-12　汽车起重机外形简图

1—起重汽车；2—基本臂；3—起升机构；4—吊臂伸缩液压缸；5—吊臂变幅液压缸；6—回转机构；7—支腿

汽车起重机常选用多联齿轮泵，合流时还可实现上述各动作的加速运行。在液压系统中设有自动超负荷安全阀、缓冲阀及液压锁等，以防止起重机作业时过载或失速及油管突然破裂，引起意外事故。

3. 液压系统功能状态的分析

图 6-13 所示为汽车起重机液压系统的工作原理，其完成各个动作的回路功能状态如下所述。

1）支腿回路

汽车轮胎的承载能力是有限的，为了防止起吊时轮胎爆裂和整机后仰或倾覆，在起吊重物时，必须由前、后支腿液压缸来承受负载，而使轮胎架空。

支腿动作的顺序：锁紧液压缸锁紧后桥板簧，同时后支腿液压缸在所需位置放下后支腿，再由前支腿液压缸放下前支腿。作业结束后，先收前支腿，再收后支腿。当三位四通手动换向阀（6）右位接入工作时，后支腿放下，其油路如下。

进油路：过滤器→液压泵→二位三通手动换向阀左位→三位四通手动换向阀（5）中位→三位四通手动换向阀（6）右位→锁紧液压缸下腔，锁紧板簧→双向液压锁（7）→后支腿液压缸下腔。

回油路：后支腿液压缸上腔→双向液压锁（7）→三位四通手动换向阀（6）右位→油箱；

　　　　锁紧液压缸上腔→三位四通手动换向阀（6）右位→油箱。

前支腿的控制过程与后支腿的类似。回路中的双向液压锁（7、11）的作用是防止液压支腿在支撑过程中因泄漏出现"软腿现象"，或汽车行走过程中支腿自行下落，或因管道破裂而发生倾斜事故。

2）起升回路

起升机构要求所吊重物可升降或在空中停留，速度要平稳，变速要方便，冲击要小，启动转矩和制动力要大，本回路中采用柱塞液压马达带动重物升降，变速和换向是通过改变三位四通手动换向阀（21）的开口大小来实现的，用平衡阀（22）来限制重物超速下降。单作用液压缸是

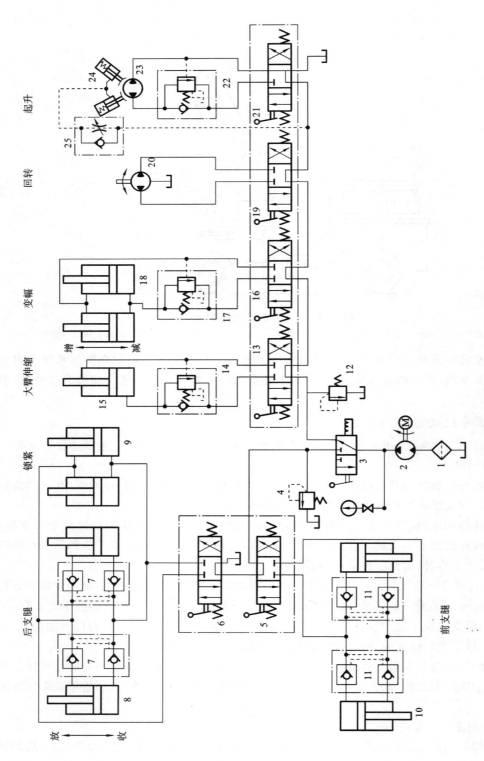

图 6-13 某型汽车起重机液压系统的工作原理

1—过滤器；2—液压泵；3—二位三通手动换向阀；4、12—溢流阀；5、6、13、16、19、21—三位四通手动换向阀；7、11—双向液压锁；8—后支腿液压缸；9—锁紧液压缸；10—前支腿液压缸；14、17、22—平衡阀；15—吊臂伸缩液压缸；18—变幅液压缸；20—柱塞液压马达回转液压缸；23—柱塞液压马达；24—单作用液压缸；25—单向节流阀制动液压缸。单向节流阀的作用:一是保证液压油先进入液压马达,使液压马达产生一定的转矩,再解除制动,以防止重物带动马达旋转而向下滑;二是保证吊物升降停止时,制动液压缸中的油马上与油箱相通,使液压马达迅速制动。

起升重物时,三位四通手动换向阀(21)切换至左位工作,其油路如下。

进油路:过滤器→液压泵→二位三通手动换向阀(3)右位→三位四通手动换向阀(13、16、19)中位→三位四通手动换向阀(21)左位→平衡阀(22)中的单向阀→柱塞液压马达左腔;

过滤器→液压泵→二位三通手动换向阀(3)右位→单向节流阀→单作用液压缸,解除制动、使马达旋转。

回油路:柱塞液压马达右腔→三位四通手动换向阀(21)左位→油箱。

重物下降时,三位四通手动换向阀(21)切换至右位工作,其油路如下。

进油路:过滤器→液压泵→二位三通手动换向阀(3)右位→三位四通手动换向阀(13、16、19)中位→三位四通手动换向阀(21)右位→柱塞液压马达右腔。

回油路:柱塞液压马达左腔→平衡阀(22)中的顺序阀→三位四通手动换向阀(21)右位→油箱。

当停止作业时,三位四通手动换向阀(21)处于中位,泵卸荷。单作用液压缸上的制动瓦在弹簧作用下使液压马达制动。

3)吊臂伸缩回路

本起重机吊臂伸缩机构采用吊臂伸缩液压缸驱动。工作中,改变三位四通手动换向阀(13)的开口大小和方向,即可调节吊臂运动速度和吊臂伸缩。行走时,应将吊臂缩回。吊臂缩回时,因液压力与负载力方向一致,为防止吊臂在重力作用下自行收缩,在吊臂伸缩液压缸的下腔回油腔设置了平衡阀(14),提高了收缩运动的可靠性。

4)吊臂变幅回路

吊臂变幅机构主要用于改变作业高度,要求能带载变幅,动作要平稳。本起重机采用两个变幅液压缸并联,提高了变幅机构的承载能力。

5)吊臂回转油路

吊臂回转机构要求吊臂能在任意方位起吊。本起重机采用柱塞液压马达回转液压缸,回转速度为 1～3 r/min。由于惯性小,一般不设缓冲装置,操作三位四通手动换向阀(19),可使柱塞液压马达回转液压缸正转、反转或停止。

4. 液压系统性能特点的分析

(1)由于重物在下降时及吊臂收缩和变幅时,若负载与液压力方向相同,执行元件会失控,因此,在其回油路上必须设置平衡阀。

(2)因工况作业的随机性较大且动作频繁,所以大多采用手动弹簧复位的多路换向阀来控制各动作。换向阀常用 M 型中位机能。当换向阀处于中位时,各执行元件的进、回油路均被切断,液压泵出口通油箱使泵卸荷,减少了功率损失。

【练习与思考 6】

一、简答题

1. 如图 6-2 所示的机械手能否实现手臂升降、伸缩和底座回转的同时动作?液压系统的哪些因素会影响它们的同时动作?

2. 图 6-5 所示的动力滑台液压系统中的元件 5、11、12、13 在回路中分别起什么作用？液控顺序阀的作用又是什么？它为什么只有在工进时才能打开？

3. 图 6-8 所示的注塑机液压系统应如何调整模具开、合模速度？如何调整注射压力和注射速度？如何调整保压压力？

4. 图 6-10 所示的数控车床液压系统中的减压阀和单向调速阀的作用分别是什么？有什么区别？

5. 分析图 6-11 所示的万能外圆磨床液压系统中抖动液压缸的作用。应如何实现微量抖动？

6. 分析图 6-13 所示的汽车起重机液压系统中双向液压锁的作用。分析平衡阀的作用。系统能否同时实现吊臂伸缩、变幅、回转和起升动作？为什么？

二、问答题

1. 图 6-14 所示为某一液压系统，试回答下列问题：

(1) 该系统由哪几个基本回路组成？

(2) 分析工进时液压缸的运动速度是否受负载变化的影响，为什么？

(3) 填写如下电磁铁动作顺序表（表中填写"＋"与"－"，"＋"表示电磁铁通电，"－"表示电磁铁断电）。

元件 工况	1YA	2YA	3YA	4YA
快进				
一工进				
二工进				
快退				
停止				

2. 依据图 6-15 所示的液压系统，填写如下电磁铁动作顺序表（表中填写"＋"与"－"，"＋"表示电磁铁通电，"－"表示电磁铁断电）。

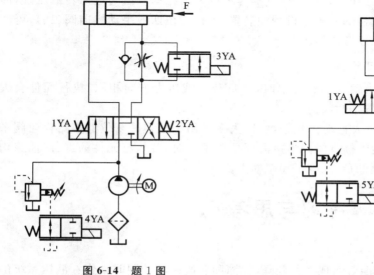

图 6-14　题 1 图

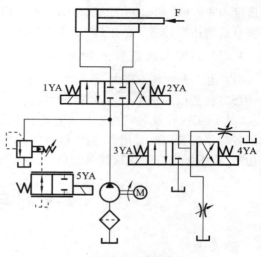

图 6-15　题 2 图

工况 \ 元件	1YA	2YA	3YA	4YA	5YA
快进					
一工进					
二工进					
快退					
停止					

3. 如图 6-16 所示的液压系统是如何工作的？试根据下表中的循环动作名称的提示进行原理分析,并将该表格填写完整(表中填写"＋"与"－","＋"表示电磁铁通电,"－"表示电磁铁断电)。

动作名称	元件							备注
	1YA	2YA	3YA	4YA	5YA	6YA	7YA	① Ⅰ、Ⅱ两回路各自进行独立循环动作,互不约束; ② 4YA、6YA 中任何一个通电时,1YA 便通电;4YA、6YA 均断电时,1YA 才断电
定位夹紧								
快进								
工进卸荷(低)								
快退								
松开拨销								
原位卸荷(低)								

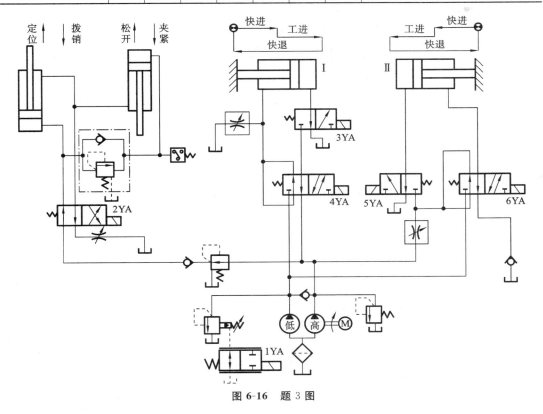

图 6-16　题 3 图

4. 图 6-17 所示为某一液压传动系统,液压缸能够实现表中所示的动作循环,试填写表中所列控制元件的动作顺序表(表中填写"+"与"-","+"表示电磁铁通电,"-"表示电磁铁断电)。

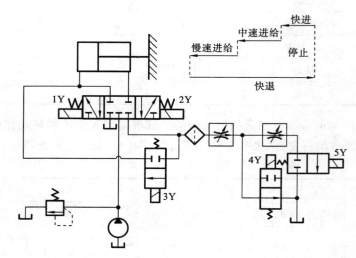

图 6-17 题 4 图

动作循环	电磁铁动态				
	1Y	2Y	3Y	4Y	5Y
快进					
中速进给					
慢速进给					
快退					
停止					

项目 7　液压传动系统的使用与维护

【学习导航】
　　教学目标:以典型机械液压传动系统为载体,学习液压传动系统的使用与维护方法,以及液压传动系统故障的诊断与排除,培养动手能力。
　　教学指导:案例教学。

任务 7.1　液压传动系统故障的诊断与排除

【学习要求】
　　掌握液压传动系统故障诊断的一般原则和方法;养成良好的观察、思考、分析的习惯,培养动手能力。
　　【任务描述】　CK6140 型数控车床液压系统的故障诊断与排除。
　　图 7-1 所示为 CK6140 型数控车床。随着工作时间的增加及环境的影响,数控车床液压传动系统会出现一些工作上的异常现象,如产生噪声和振动、油温过高等。那么出现这些故障以后,应如何检查和修理液压传动系统呢?

图 7-1　CK6140 型数控车床

　　本任务就是在学习液压传动系统的检修和故障分析方法的基础上,提出数控车床液压传动系统常见的故障诊断与排除方案。
　　【知识储备】
　　液压系统是密闭系统,检修时不允许将系统元件全部拆卸下来进行检查与维修,应根据故障出现的现象诊断其产生的原因,采取针对性措施排除局部故障,这就要求对液压系统的故障诊断必须既快又准,只有这样才能及时、高效地排除故障。

7.1.1　液压传动系统的故障分析方法

1. 直观检查诊断法
直观检查诊断法是指检修人员凭借人的触、视、听、嗅、阅和问来判断液压传动系统的故障的方法,适用于有着丰富实践经验的工程技术人员。

(1) 触　检修人员运用人的触觉来判断液压系统油温高、系统振动大等故障的方法。包括四摸:摸温度、摸振动、摸爬行、摸松紧度。

(2) 视　检修人员运用人的视觉来判断液压系统无力、系统不平稳、油液泄漏、油液变色等故障的方法。包括六看:看速度、看压力、看油液、看泄漏、看振动、看产品。

(3) 听　检修人员运用人的听觉来判断液压系统振动噪声过大等故障的方法。包括三听:听噪声、听冲击、听异常声音(气穴、困油等现象发出异常声音)。

(4) 嗅　检修人员运用人的嗅觉来判断液压系统油液变质、系统发热等故障的方法。

(5) 阅　查阅有关故障的分析、修理记录,日检卡,定检卡,维修保养卡等。

(6) 问　查问设备操作人员,了解设备运行情况。包括六问:问液压泵是否异常;问液压油的更换时间;问过滤器清洗、更换的时间;问事故发生前压力阀和流量阀是否出现异常或调节过;问事故发生前液压元件是否更换过;问事故发生后系统出现了哪些不正常现象;问过去发生过哪些事故,是如何排除的。

2. 对比替换法

对比替换法是指用一台与故障设备相同的合格设备或试验台进行对比试验,将可疑元件替换为合格元件,若故障设备正常工作,则已查找出故障;若故障设备继续出现原有故障,则未查找出故障。使用同样方法,逐项循环,继续查找故障,直到查找出故障位置。

3. 逻辑分析法

逻辑分析法是指根据液压系统的基本原理进行逻辑分析,减少怀疑因素,逐步逼近,找出故障发生的部位的方法。逻辑分析法的步骤如下。

(1) 液压系统工作不正常可以归纳为压力、流量、方向三大问题。

(2) 审核并检查系统各元件与部位,确认其性能作用。

(3) 罗列故障元件与故障部位的清单,切记不要漏掉任何一个可疑的故障元件与故障部位。

(4) 按照由易到难的顺序,检查清单所列元件与部位,并列出需重点检查的元件与部位。

(5) 初步检查元件、管道的选用、安装、测试是否有问题。

(6) 使用仪器逐项检查,主要是测量局部的压力和流量。

(7) 修理、更换故障元件。

4. 仪器专项检测法

仪器专项检测法是指利用检测仪器对压力、流量、温升、噪声等项目进行定量专项检测,为故障判断提供可靠依据的方法。

5. 模糊逻辑诊断法

模糊逻辑诊断法是指利用模糊逻辑叙述故障原因与现象之间的模糊关系,通过相应函数和模糊关系方程,解决故障原因与状态识别问题的方法。该方法用于数学模型未知的非线性系统的诊断。

6. 专家诊断法

专家诊断法是指在知识库中存放各种故障现象、原因,以及现象与原因之间的关系,若系统发生故障,将故障现象输入计算机,由计算机判断出故障原因,提出维修方法或预防措施。

7. 智能诊断法

智能诊断法是指利用知识的获取与表达,采用双向联想记忆模型,储存变元客体之间的因果关系,处理不精确、矛盾甚至错误的数据,提高专家系统诊断智能水平的一种方法。

8. 基于灰色理论故障诊断法

基于灰色理论故障诊断法是指采用灰色理论的灰色关联分析方法,分析设备故障模式与对应参考模式之间的接近程度,进行状态识别与故障诊断的方法。

7.1.2 液压系统的故障排除

1. 液压系统各阶段的常见故障

1) 调试阶段的故障

主要表现:外泄漏严重;执行元件运动速度不平稳;阀类元件阀芯卡死、运动不灵活;未装弹簧,导致执行元件动作失灵;压力控制阀阻尼孔堵塞,引起控制压力不稳定,甚至压力失控;系统设计不完善等。

2) 运行初期的故障

运行初期属于初磨阶段,其故障的主要表现:管接头松动;密封质量差造成泄漏;污染物堵塞阀口,造成压力、速度不稳定;油温过高,泄漏严重,导致压力、速度变化。

3) 运行中期的故障

运行中期属于正常磨损阶段,其故障出现率较低,主要表现:油液的污染。

4) 运行后期的故障

运行后期是易损元件严重磨损阶段,故障出现率较高,主要表现:元件失效,泄漏严重,效率较低。

5) 运行突发的故障

这类故障多发生在液压设备运行初期和后期,主要表现:弹簧突然折断、管道破裂、密封件撕裂、工作程序操作错误等方面。

2. 液压系统故障的特点

(1) 一因多故障。如系统的压力不稳定时,产生液压冲击、振动和噪声等故障;液压泵吸入空气时,造成液压泵吸油不足、吸不上油,系统流量、压力波动等故障。

(2) 多因一故障。如液压泵吸油不足与泄漏,溢流阀压力损失过大,液压油的黏度较低,管道泄漏等原因都会引起系统压力降低,达不到规定数值。

(3) 环境引起故障。如环境温度过低,油液黏性增加,流动性变差,引起液压泵吸油困难,严重时,吸不上油;执行元件速度较低等故障。

(4) 故障难查找。与机械传动、电气传动相比,液压系统是一个密闭系统,不能从外表直接观察出其故障产生的原因,难以查找其故障。

3. 液压系统的常见故障及其排除措施

液压系统的故障也是液压元件的故障,元件出现故障通常是以清洗、修复、更换来解决。

常见的故障:执行元件的运动速度、工作压力、油温、泄漏、振动、噪声等参数出现异常状况,如表 7-1 至表 7-4 所示。

表 7-1　液压系统流量失常故障及其排除措施

故障现象	原 因 分 析	排 除 措 施
无流量	(1) 电动机不工作; (2) 转向错误; (3) 联轴器打滑; (4) 油箱油位过低; (5) 方向阀设定位置错误; (6) 流量全部溢流; (7) 液压泵安装错误或磨损; (8) 过滤器堵塞	(1) 维修或更换电动机; (2) 检查电动机连接线,改变液压泵的转向; (3) 重新安装、更换联轴器; (4) 加注油液达到规定油位; (5) 检查操纵方式及电路,更换方向阀; (6) 调整溢流阀开口; (7) 维修或更换液压泵; (8) 清洗或更换过滤器
流量不足	(1) 液压泵转速过低; (2) 流量设定过低; (3) 溢流阀调定压力过低; (4) 油液直接流回油箱; (5) 油液黏度不适合; (6) 液压泵吸油能力差; (7) 液压泵变量机构失灵; (8) 系统泄漏过大; (9) 系统局部堵塞	(1) 调高转速到规定值; (2) 调高设定流量; (3) 调高溢流阀、调定压力; (4) 检查操纵方式及电路,更换方向阀; (5) 更换黏度适中的油液、检查工作温度; (6) 加粗管径,增强滤油器通油能力,加大油箱液面上的压力,排除液压泵进口的空气; (7) 维修或更换液压泵; (8) 适当紧固连接件、更换密封圈、维修或更换泄漏元件; (9) 反向充高压气体,疏通堵塞部位
流量过大	(1) 流量设定值过大; (2) 变量机构失灵; (3) 电动机转速过高; (4) 液压泵的规格选择过大; (5) 调压溢流阀失灵、关闭	(1) 重新调整设定流量; (2) 维修、更换液压泵; (3) 调节、更换电动机的转速; (4) 更换液压泵的规格; (5) 调节、维修或更换溢流阀
流量脉动过大	(1) 液压泵脉动过大; (2) 原动机转速波动大; (3) 环境或地基振动大; (4) 系统安装稳定性差	(1) 更换液压泵或在泵口增设蓄能器; (2) 检查、调节校正原动机的运行状态; (3) 远离振源,消除或减弱振源振动; (4) 加固系统

表 7-2　液压系统执行元件运动速度失常故障及其排除措施

故障现象	原 因 分 析	排 除 措 施
没有速度	(1) 液压泵没有流量输出; (2) 系统堵塞; (3) 执行元件卡死; (4) 系统没有工作介质; (5) 控制元件动作错误	(1) 维修或更换电动机;检查电动机连接线,改变液压泵的转向;重新安装、更换联轴器;加注油液使达到规定油位;检查操纵方式及电路,更换方向阀;调整溢流阀开口;维修或更换液压泵;清洗更换过滤器; (2) 疏通堵塞部位; (3) 调整配合间隙,更换密封圈,过滤油液杂质; (4) 使系统中充满油液; (5) 更换或检修控制元件、连接线路与油路

续表

故障现象	原因分析	排除措施
低速较高	（1）液压泵最小流量偏高； （2）溢流阀阀口开度较小； （3）流量控制阀最小稳定流量大； （4）工作温度高； （5）油液黏度小	（1）更换最小流量偏低的液压泵； （2）维护溢流阀，避免阀芯卡死； （3）采用最小稳定流量较小的流量控制阀； （4）减小能耗，加大散热，安装冷却器； （5）更换黏度较大的油液
高速不快	（1）堵塞高速运动回路； （2）液压泵的泵吸油量不足； （3）溢流阀溢流流量大； （4）系统泄漏严重	（1）疏通高速运动回路； （2）更换大流量泵，调节泵流量达到最大，更换通油能力强的过滤器； （3）调节、更换溢流阀； （4）紧固连接件，更换密封圈，维修或更换泄漏元件
快进工进转换冲击大	（1）采用电磁换向阀； （2）系统存在"无油液区"	（1）采用行程阀； （2）减小内泄漏，重新设计系统
低速性能差	（1）流量阀节流口堵塞，最小流量偏高； （2）流量控制阀阀口压差过大； （3）溢流阀调定压力高	（1）过滤或更换油液，采用高精度过滤，降低油液工作温度； （2）更换低速性能好的流量控制阀、选择薄壁小孔节流口流量控制阀； （3）调整溢流阀的工作压力
速度稳定性差	（1）采用了节流阀调速； （2）回油路无背压阀； （3）调速阀反装、补偿装置失灵； （4）动力元件和执行元件周期性泄漏； （5）节流口周期性堵塞	（1）更换节流阀为调速阀； （2）回油路增设背压阀； （3）重新安装调速阀，维修或更换补偿装置； （4）调整动力元件和执行元件的配合间隙，使其适中； （5）过滤或更换油液，提高过滤精度，更换成稳定性能好的流量阀
低速产生爬行	（1）油中含气量较大； （2）相对运动处润滑不良； （3）执行元件精度低； （4）间隙调整过紧； （5）节流口堵塞	（1）紧固连接件，减少气体进入，设置排气装置； （2）润滑油中加入添加剂； （3）提高系统制造精度； （4）合理调整间隙； （5）疏通节流口
工进速度快	（1）快进换向阀没有完全关闭； （2）流量控制阀阀口较大； （3）溢流阀调定压力高，阀芯卡死，阀口没有完全打开	（1）调整挡块位置，使快进换向阀完全关闭； （2）调节、更换流量控制阀； （3）降低溢流阀调定压力，维护溢流阀，避免阀芯卡死，阀口不能完全打开
执行元件工进时突然停止	（1）单泵多缸系统快慢速转换受干扰； （2）换向阀突然失灵	（1）消除干扰，设计新的回路，避免干扰现象的出现； （2）更换换向阀
调速范围较小	（1）液压泵的最小流量偏高； （2）液压泵的最大流量偏低； （3）泄漏严重； （4）调定压力太高	（1）更换低速性能好的流量阀和液压泵； （2）更换大流量泵； （3）调整泄漏间隙； （4）采用高性能密封圈、正确调整溢流阀的调定压力

续表

故障现象	原因分析	排除措施
双活塞杆液压缸往复运动速度不等	(1) 液压缸两端泄漏不等; (2) 双向运动时摩擦力不等	(1) 更换密封件; (2) 调节两端密封圈的松紧程度,使其适中

表 7-3 液压系统工作压力失常故障及其排除措施

故障现象	原因分析	排除措施
系统无压力或压力调不高	(1) 溢流阀弹簧漏装、弯曲、折断; (2) 溢流阀阀口密封差; (3) 溢流阀主阀芯在开口位置卡死; (4) 阻尼孔堵塞; (5) 远程控制口接油箱或漏油	(1) 更换弹簧; (2) 配研更换溢流阀阀芯与阀体; (3) 过滤或更换油液; (4) 清洗阀芯; (5) 关闭远程控制口
系统最小压力偏高	(1) 溢流阀进出油口接反; (2) 溢流阀主阀芯在关闭位置卡死; (3) 溢流阀先导阀阀芯卡死	(1) 重装溢流阀; (2) 更换弹簧,调整间隙; (3) 过滤或更换油液,疏通弹簧腔油液
执行元件推力(扭矩)小	(1) 液压缸内泄漏大; (2) 溢流阀调定压力低; (3) 运动阻力大; (4) 相对运动处有杂质; (5) 液压泵的最高压力低	(1) 更换密封件; (2) 调高溢流阀的调定压力; (3) 调节执行元件动密封处的间隙,使其适中、调高背压阀压力; (4) 过滤或更换油液; (5) 更换高压液压泵,增设增压器
压力表指针撞坏	(1) 压力表量程选的较小; (2) 溢流阀进出口接反; (3) 溢流阀阀芯在关闭时卡死; (4) 系统压力波动大	(1) 正确选择压力表量程; (2) 正确安装溢流阀; (3) 启动前松动溢流阀弹簧; (4) 减小速度突变,减小振动
系统压力只能从高降到低,不能从低升到高	(1) 系统内密封圈损坏; (2) 连接板内部发生串油; (3) 换向阀错位动作; (4) 高压管道堵塞	(1) 更换密封件; (2) 更换连接板; (3) 调整换向阀切换机构; (4) 疏通高压管道
系统压力不正常	(1) 磨损严重,泄漏大; (2) 工作温度高; (3) 油液污染严重; (4) 油中含气量大	(1) 选用耐磨元件,提高系统润滑; (2) 调整冷却系统; (3) 过滤或更换油液; (4) 降低液压泵的安装高度、选择溶气量小的油液、加强系统密封
双杆式液压缸往复运动推力不等	(1) 液压缸两端泄漏不等; (2) 双向运动时摩擦力不等; (3) 液压缸两腔有制造误差	(1) 更换密封件; (2) 调节密封圈的松紧度,使之适中; (3) 更换高精度液压缸

表 7-4　液压系统油温高、泄漏、振动、噪声、冲击过大故障及其排除措施

故障现象	原因分析	排除措施
温度过高	(1) 能耗大、压力高； (2) 系统散热差； (3) 系统无卸荷回路； (4) 油液黏度过大； (5) 管道选择规格较小,管道弯曲多	(1) 降低压力,选用变量泵等节能元件； (2) 增设冷却设施、加大油箱表面积； (3) 增加卸荷回路； (4) 选用黏度适中的油液； (5) 选用直、粗、短的管道
泄漏	(1) 静连接处与动连接处间隙大； (2) 密封件装反或损坏,未设挡圈、支撑环； (3) 油温过高,油液黏度低,压力高； (4) 元件性能较差	(1) 旋紧连接件、安装调节密封圈、提高装配精度； (2) 增设挡圈、支撑环,选用高性能密封圈,合理安装密封件； (3) 降低油温压力、提高油液黏度、选用高性能密封元件； (4) 更换新元件
振动、噪声	(1) 泵源振动与噪声； (2) 执行元件振动与噪声； (3) 控制元件振动与噪声； (4) 系统振动与噪声； (5) 油箱中进、出油管距离太近	(1) 提高装配精度,增设防振、隔振措施,增大回油管径,更换损坏元件,清洗过滤器； (2) 增加缓冲装置,更换损坏元件； (3) 更换大规格阀,紧固连接件与电磁铁； (4) 振源安装消音器和减振器,采用多回油管回油,加大管间距离,增设管卡； (5) 加大油箱中进、出油管的距离
冲击	(1) 换向阀迅速关闭； (2) 执行元件换向、停止； (3) 系统内含气量高	(1) 更换大规格高性能换向阀,紧固连接件与电磁铁,选择适度的推杆与弹簧,减小制动圆锥角,缩短油路； (2) 回油路增设背压阀,执行元件增设缓冲装置,更换大规格高性能的执行元件； (3) 排除空气

【任务实施】　CK6140 型数控车床液压系统的故障诊断与排除。

1. 故障诊断

试用前述各种方法诊断常见故障。

2. 故障原因分析与排除

1) 系统产生噪声和振动

原因之一:液压系统中产生气穴现象。

排除办法:检查排气装置是否正常工作,同时应在启动后,使执行元件快速全行程往复排气几次。

原因之二:液压泵或液压马达方面,一是各密封处的密封性能降低,二是由于使用中,液压泵零件磨损,造成间隙过大,流量不足,压力波动大。

排除办法:应更换密封件,调整各处间隙,或是更换液压泵。

原因之三:溢流阀不稳定引起压力波动和噪声。

排除办法:清洗、疏通阻尼孔。

原因之四:换向阀调整不当使阀芯移动太快,造成换向冲击,因而产生噪声与振动。

排除办法:调整控制油路中的节流元件,能有效避免换向产生的冲击。

原因之五:机械振动,管道固定装置松动,在油液流动时,引起油管抖动。

排除办法:检修过程中应仔细检查各固定点是否可靠。

2)液压传动系统发生爬行

原因之一:液压油中混有空气。因空气的压缩性较大,含有气泡的液体达到高压区而受到剧烈压缩使油液体积变小,从而造成工作部件产生爬行。

排除办法:一般可在高处部件上设置排气装置,将空气排除。

原因之二:相对运动部件间的摩擦阻力太大或摩擦阻力的不断变化,使工作部件在运动时产生爬行现象。

排除办法:在检修中应重点检查活塞、活塞杆等零件的形位公差及表面粗糙度是否符合要求,同时应保证液压系统和液压油的清洁,以免污染物进入相对运动零件的表面之间,从而增大摩擦阻力。

原因之三:密封件密封不良使液压油产生泄漏而导致爬行。

排除办法:更换密封件,检查连接处是否可靠,同时对于旧设备也可加大液压泵的流量来抑制爬行现象的产生。

3)油温过高

原因之一:系统压力调定过高,使油温过高。

排除办法:适当降低调定压力值。

原因之二:液压泵和各连接处产生泄漏,造成容积损失而发热。

排除办法:紧固各连接处,并修理液压泵,严防泄漏。

原因之三:卸荷时安全阀压力开关工作不良,使系统不能有效地在空闲时卸荷,造成油温上升。

排除办法:重新进行调节,改善安全阀的工作情况,使之符合要求。

原因之四:油液黏度过高,使内摩擦增大造成发热严重。

排除办法:改用黏度适合的液压油,并定期更换。

原因之五:液压散热系统工作不良,散热系统表面随使用时间的增加,附着了灰尘,降低了散热效果。

排除办法:对散热系统表面做好清理工作。

任务 7.2　液压元件的使用与维护

【学习要求】

掌握蓄能器、滤油器、压力表、管路和管接头等液压辅助元件的类型、功能及使用与维护方法;掌握液压辅助元件的安装操作及使用维护操作;养成良好的观察、思考、分析的习惯,培养动手能力。

【任务描述】　液压元件的使用与维护。

液压辅助元件从工作原理和功能来看是起辅助作用的,但它们对系统工作的稳定性、工作效率、使用寿命、噪声和温升等影响很大。因此在使用液压设备时,对辅助元件必须给予足够的重视。

【知识储备】

7.2.1　蓄能器的使用与维护

1.蓄能器的类型

在液压系统中,蓄能器用来储存和释放液体的压力能。它的基本作用:当系统压力高于蓄能器内液体的压力时,系统中的液体充进蓄能器中,直至蓄能器内、外压力保持平衡;反之,当蓄能器内液体的压力高于系统压力时,蓄能器中的液体将流到系统中去,直至蓄能器内、外压力平衡。

目前,常用的蓄能器是利用气体的膨胀和压缩进行工作的充气式蓄能器,有活塞式和气囊式两种。

1)活塞式蓄能器

活塞式蓄能器的结构如图 7-2 所示。活塞的上部为压缩空气,气体由气门充入,其下部经油孔通入液压系统中,气体和油液在蓄能器中由活塞隔开,利用气体的压缩和膨胀来储存、释放压力能。活塞随下部液压油的储存和释放而在缸筒内滑动。

这种蓄能器的结构简单、工作可靠、安装容易、维护方便、使用寿命长,但是因为活塞有一定的惯性及受到摩擦力作用,反应不够灵敏,所以不宜用于缓和冲击、脉动及低压系统中。此外,密封件磨损后会使气液混合,也将影响液压系统工作的稳定性。

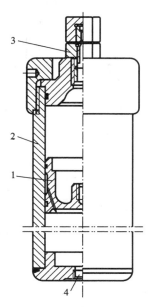

图 7-2　活塞式蓄能器的结构

1—活塞;2—缸体;3—气门;4—油孔

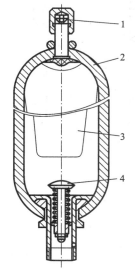

图 7-3　气囊式蓄能器的结构

1—充气阀;2—壳体;3—气囊;4—提升阀

2)气囊式蓄能器

气囊式蓄能器的结构如图 7-3 所示。气囊用耐油橡胶制成,固定在耐高压的壳体上部。气囊内充有惰性气体,利用气体的压缩和膨胀来储存、释放压力能。壳体下端的提升阀是用弹簧加载的菌形阀,由此通入液压油。该结构气液密封性能十分可靠,气囊惯性小,反应灵敏,容易维护,但工艺性较差,气囊及壳体制造困难。

此外还有重力式蓄能器(见图 7-4)、弹簧式蓄能器(见图 7-5)、气瓶式蓄能器(见图 7-6)、隔膜式蓄能器等。

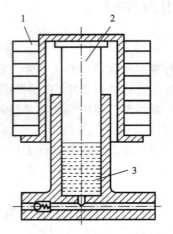

图 7-4 重锤式蓄能器的结构

1—重锤;2—柱塞;3—液压油

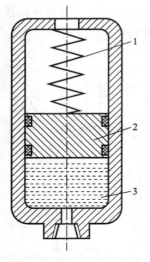

图 7-5 弹簧式蓄能器的结构

1—弹簧;2—活塞;3—液压油

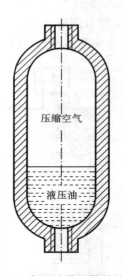

图 7-6 气瓶式蓄能器的结构

2. 蓄能器的功用、安装及使用

1) 蓄能器的功用

蓄能器可以在短时间内向系统提供具有一定压力的液体,也可以吸收系统的压力脉动和减小压力冲击等。其功用主要有以下几个方面。

(1) 作辅助动力源。

当执行元件间歇运动或只作短时高速运动时,可利用蓄能器在执行元件不工作时储存压力油,而在执行元件需快速运动时,由蓄能器与液压泵同时向液压缸供给压力油。这样就可以用流量较小的液压泵使运动件获得较快的速度,不但可较少功率损耗,还可以降低系统的温升。

（2）系统保压。

当执行元件在较长时间内停止工作且需要保持一定压力时,可利用蓄能器储存的液压油来弥补系统的泄漏,从而保持执行元件工作腔的压力不变。这既降低了能耗,又使液压泵卸荷而延长其使用寿命。

（3）吸收压力冲击和脉动。

在控制阀快速换向、突然关闭或执行件的运动突然停止时,都会产生液压冲击,齿轮泵、柱塞泵、溢流阀等元件工作时也会使系统产生压力和流量脉动的变化,严重时还会引起故障。

因此,当液压系统的工作平稳性要求较高时,可在冲击源和脉动源附近设置蓄能器,以起缓和冲击和吸收脉动的作用。

（4）用作应急油源。

当电源突然中断或液压泵发生故障时,蓄能器能释放出所储存的压力油使执行元件继续完成必要的动作,避免可能因缺油而引起的故障。

另外,在输送对泵和阀有腐蚀作用或有毒、有害的特殊液体时,可用蓄能器作为动力源吸入或排出液体,作为液压泵来使用。

2）蓄能器的安装及使用

在安装及使用蓄能器时应注意以下几点。

（1）气囊式蓄能器中应使用惰性气体（一般为氮气）。蓄能器绝对禁止使用氧气,以免引起爆炸。

（2）蓄能器是压力容器,搬运和拆装时应将充气阀打开,排出充入的气体,以免因振动或碰撞而发生意外事故。

（3）应将蓄能器的油口向下竖直安装,且要有牢固的固定装置。

（4）液压泵与蓄能器之间应设置单向阀,以防止液压泵停止工作时,蓄能器内的液压油向液压泵中倒流;应在蓄能器与液压系统的连接处设置截止阀,以供充气、调整或维修时使用。

（5）蓄能器的充气压力应为液压系统最低工作力的 $25\%\sim90\%$;而蓄能器的容量,可根据其用途不同,参考相关液压系统设计手册来确定。

（6）不能在蓄能器上进行焊接、铆接及机械加工。

（7）不能在充油状态下拆卸蓄能器。

（8）蓄能器属于压力容器,必须有生产许可证才能生产,所以一般不能自行设计、制造蓄能器,而应该选择专业生产厂家的定型产品。

7.2.2　过滤器的使用与维护

1. 过滤器的类型

过滤器的功用是滤去油液中的杂质,维护油液的清洁,防止油液污染,保证液压系统正常工作。

需要指出的是,过滤器的使用仅是减少液压介质污染的手段之一,要使液压介质污染降低到最低限度,还需要与其他清除污染的手段相配合。过滤器的图形符号如图 7-7 所示。

粗滤　　精滤

图 7-7　过滤器的图形符号

过滤器按过滤材料的过滤原理来分,有表面型过滤器、深度型过滤器和磁性过滤器三种。

1)表面型过滤器

表面型过滤器把被滤除的微粒污染物截留在滤芯元件油液上游一面,整个过滤作用是由一个几何面来实现的,像丝网一样把污染物阻留在其外表面。滤芯材料具有均匀的标定小孔,可以滤除大于标定小孔的污染物杂质。由于污染物杂质积聚在滤芯表面,所以此种过滤器极易堵塞。最常用的有网式和线隙式过滤器两种。图7-8(a)所示为网式过滤器,它是用细铜丝网作为过滤材料,包在周围开有很多窗孔的塑料或金属筒形骨架上。一般能滤去 $d=0.08\sim0.18$ mm的杂质颗粒,阻力小,其压力损失不超过 0.01 MPa,安装在液压泵吸油口处,保护泵不受大粒度机械杂质的损坏。此种过滤器结构简单,清洗方便。图7-8(b)所示为线隙式过滤器,滤芯用铜或铝线绕在金属筒形骨架的外圆上,利用线间的缝隙进行过滤。一般能滤去 $d=0.03\sim0.1$ mm 的杂质颗粒,压力损失为 $0.07\sim0.35$ MPa,常用在回油低压管路或液压泵的吸油口。此种过滤器结构简单,滤芯材料强度低,不易清洗。

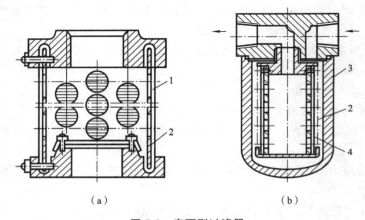

图 7-8　表面型过滤器

(a)网式过滤器;(b)线隙式过滤器

1—细钢丝网;2—金属筒形骨架;3—壳体;4—铜或铝线

2)深度型过滤器

深度型过滤器的滤芯由多孔可透性材料制成,材料内部具有曲折迂回的通道,大于表面孔径的粒子直接被拦截在靠油液上游的外表面,而较小污染物粒子进入过滤材料内部,撞到通道壁上,滤芯的吸附及迂回曲折通道有利于沉积和截留污染物粒子。这种滤芯材料有纸芯、烧结金属、毛毡和各种纤维类等。图7-9所示为纸芯式过滤器,它采用为增加过滤面积的折叠形微孔纸芯,包在由铁皮制成的骨架上。油液从外进入滤芯后流出。它可滤去 $d=0.05\sim0.03$ mm 的颗粒,压力损失为 $0.08\sim0.4$ MPa,常用于对油液要求较高的场合。纸芯式过滤器过滤效果好,但滤芯堵塞后无法清洗,要更换纸芯。多数纸芯式过滤器上设置了污染指示器,其结构如图7-10所示。图7-11(a)所示为烧结式过滤器。它的滤芯是用颗粒状青铜粉烧结而成的。油液从左侧油孔进入,经杯状滤芯过滤后,从下部油孔流出。它可滤去 $d=0.01\sim0.1$ mm 的颗粒,压力损失较大,为 $0.03\sim0.2$ MPa,多用在回油路上。烧结式过滤器制造简单、耐腐蚀、强度高,但有时会有金属颗粒脱落,堵塞后清洗困难。

3)磁性过滤器

磁性过滤器的滤芯采用永磁性材料,可将油液中对磁性敏感的金属颗粒吸附到上面,如图

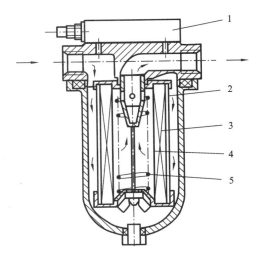

图 7-9 纸芯式过滤器

1—堵塞发信装置；2—滤芯外层；3—滤芯中层；4—滤芯内层；5—支承弹簧

7-11（b）所示。常与其他类型的滤芯一起制成复合式过滤器，适用于加工金属的机床液压系统。

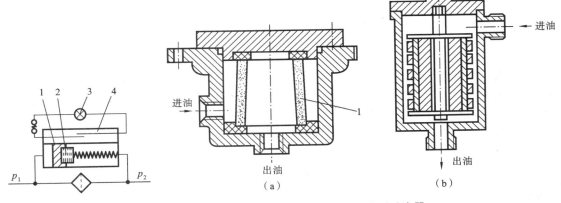

图 7-10 污染指示器的结构

1—活塞；2—永久磁铁；

3—指示灯；4—感簧管

图 7-11 深度型过滤器

（a）烧结式过滤器；（b）磁性过滤器

1—滤芯

2. 过滤器的选用和安装

1）过滤器的选用

（1）过滤精度应满足系统提出的要求。过滤精度是以滤除杂质颗粒度的大小来衡量的，颗粒度越小，则过滤精度越高。不同液压系统对过滤器的过滤精度要求如表 7-5 所示。

表 7-5 各种液压系统的过滤精度要求

系统类别	润滑系统	传动系统			伺服系统	特殊要求系统
压力/MPa	0～2.5	≤7	>7	≤35	≤21	≤35
颗粒度/mm	≤0.1	≤0.05	≤0.025	≤0.005	≤0.005	≤0.001

（2）要有足够的通流能力。通流能力是指在一定压力降下允许通过过滤器的最大流量，应结合过滤器在液压系统中的安装位置，根据过滤器样本来选取。

2）过滤器的安装和使用

过滤器在液压系统中有以下几种安装位置。

（1）安装在液压泵的吸油口。在液压泵的吸油口安装网式或线隙式过滤器，能够防止大颗粒杂质进入泵内，同时有较大通流能力，防止空穴现象，如图 7-12 中元件 1 所示。

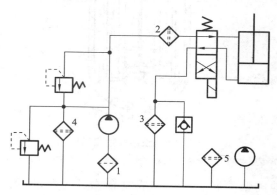

图 7-12　过滤器的安装位置

（2）安装在液压泵的出口。如图 7-12 中元件 2 所示，安装在液压泵的出口可保护除液压泵以外的元件，但需选择过滤精度高、能承受油路上工作压力和冲击压力的过滤器，压力损失一般小于 0.35 MPa。此种方式常用于过滤精度要求高的系统及伺服阀和调速阀前，以确保它们的正常工作。为保护过滤器本身，应选用带堵塞发信装置的过滤器。

（3）安装在系统的回油路上。安装在系统的回油路上，可滤去油液流回油箱前侵入系统或系统生成的污染物。由于回油压力低，可采用滤芯强度低的过滤器，为了防止过滤器阻塞，一般与过滤器并联一个安全阀或安装堵塞发信装置，如图 7-12 中元件 3 所示。

（4）安装在系统的旁路上。如图 7-12 中元件 4 所示，与阀并联，使系统中的油液不断净化。

（5）安装在独立的过滤系统上。在大型液压系统中，可专设由液压泵和过滤器组成的独立过滤系统，专门滤去液压系统油箱中的污染物，通过不断循环，提高油液清洁度。专用过滤车也是一种独立的过滤系统，如图 7-12 中元件 5 所示。

使用过滤器时还应注意过滤器只能单向使用，须按规定的液流方向安装，以利于滤芯的清洗和安全。清洗或更换滤芯时，要防止外界污染物侵入液压系统。

3．过滤器的故障分析与排除

过滤器带来的故障主要是过滤效果不好，给液压系统带来的故障，如因不能很好地过滤，污染物进入系统带来的故障等。

1）滤芯破坏变形

这一故障现象表现为滤芯的变形、弯曲、凹陷、吸扁与冲破等，产生的原因如下。

（1）滤芯在工作中被污染物严重阻塞而未得到及时清洗，流进与流出滤芯的油液压力差增大，使滤芯强度不够而导致滤芯变形破坏。

（2）过滤器选用不当，超过了其允许的最高工作压力。例如，同为纸质过滤器，型号为 ZU-100X202 的额定压力为 6.3 MPa，而型号为 ZU-H100X202 的额定压力可达 32 MPa。如果将前者用于压力为 20 MPa 的液压系统，滤芯必定被击穿而破坏。

（3）在装有高压蓄能器的液压系统,因某种故障,蓄能器油液反灌冲坏过滤器。

排除方法:① 及时定期检查、清洗过滤器;② 正确选用过滤器,系统要求的强度、耐压能力要与所用过滤器的种类和型号相符;③ 针对各种特殊原因采取相应对策。

2）过滤器脱焊

这一故障是对金属网状过滤器而言的,当环境温度高时,过滤器局部油温过高,超过或接近焊料熔点温度,加上原本焊接就不牢,油液的冲击力过大,从而造成脱焊。例如,高压柱塞泵进口局部油温高达 100 ℃,进口处的网状过滤器曾多次出现金属网与骨架脱离的现象。此时可将金属网的焊料由锡铅焊料(熔点为 183 ℃)改为银焊料或银镉焊料,使过滤器熔点大为提高(235～300 ℃)。

3）过滤器掉粒

多发生在金属粉末烧结式过滤器中。脱落颗粒进入系统后,堵塞节流孔,卡死阀芯。其原因是烧结粉末滤芯质量不佳。所以要选用检验合格的烧结式过滤器。

4）过滤器堵塞

一般过滤器在工作过程中,滤芯表面会逐渐纳垢,造成堵塞。此处所说的堵塞是指导致液压系统产生故障的严重堵塞。过滤器堵塞后,会造成液压泵吸油不良、产生噪声,系统因无法吸进足够的油液而使得压力升不上去,油中出现大量气泡,以及滤芯因堵塞而造成滤芯因压力增大而击穿等故障。过滤器堵塞后应及时进行清洗。

7.2.3 油管、管接头的使用与维护

液压系统通过传送工作液体,用管接头把油管与元件连接起来。油管和管接头应有足够的强度、良好的密封性能,并且压力损失要小,拆装方便。

1. 油管

1）硬管与软管

硬管包括钢管、紫铜管。钢管价格低廉、耐高压、耐油、抗腐蚀,但装配时不易弯曲。常在装拆方便处用作压力管道。常用钢管有冷拔无缝钢管和有缝钢管(焊接钢管)两种。中压以上条件下采用无缝钢管,高压条件下可采用合金钢管,低压条件下采用焊接钢管。紫铜管易弯曲成形,安装方便,管壁光滑,摩擦阻力小,但价格高、耐压能力低、抗振能力差、易使油液氧化,只用于仪表装配不便处。

软管包括橡胶管、塑料管、尼龙管、金属波纹软管等。橡胶管用于柔性连接,分高压和低压两种。高压橡胶管由耐油橡胶夹钢丝编织网制成,用于压力管路,钢丝网层数越多,耐压能力越高,最高的使用压力可达 40 MPa;低压橡胶管由耐油橡胶夹帆布制成,用于回油管路。塑料管耐油、价格低、装配方便,长期使用易老化,只适用于压力低于 0.5 MPa 的回油管与泄油管。尼龙管是一种新型材料,乳白色半透明,可观察液体流动情况,加热后可任意弯曲成形和扩口,冷却后即定形。一般应用在承压能力为 2.5～8 MPa 的液压系统中。金属波纹软管由极薄不锈钢无缝管作管坯,外套网状钢丝组合而成。管坯为环状或螺旋状波纹管。与橡胶管相比,金属波纹管价格较贵,但其质量小、体积小、耐高温、清洁度好。金属波纹管的最高工作压力可达 40 MPa,目前仅限于小通径管道。

2）油管的安装使用

硬管安装时,对于平行或交叉管道,相互之间要有 100 mm 以上的空隙,以防止干扰和振

动,也便于安装管接头。在高压大流量场合,为防止管道振动,需每隔 1 m 左右用标准管夹将管道固定在支架上,以防止振动和碰撞。

　　管道安装时,路线应尽可能的短,应横平竖直,布管要整齐,尽量减少转弯,直角转弯要尽量避免。若需要转弯,其弯曲半径应大于管道外径的 3～5 倍,弯曲后管道的椭圆度小于10％,不得有波浪状变形、凹凸不平及压裂与扭转等不良现象。金属管连接时必须有弯曲,图7-13 所示为一些配置实例。

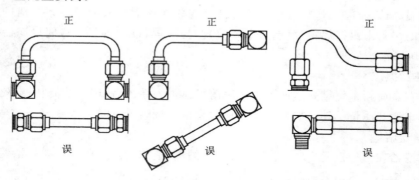

图 7-13　金属管连接实例

　　在安装前应对钢管内壁进行仔细检查,看其内壁是否存在锈蚀现象。一般应用 20％(体积分数)的硫酸或盐酸进行酸洗,酸洗后用 10％(体积分数)的苏打水中和,再用温水洗净,干燥,涂油,进行静压试验,确认合格后再安装。

　　2. 管 接 头

　　管接头是油管与油管、油管与液压元件之间的可拆卸连接。它应满足连接牢固、密封可靠、液阻小、结构紧凑、拆装方便等要求。

　　1）管接头的形式

　　管接头的形式很多,按接头的通路方向分,有直通、直角、三通、四通、铰接等形式;按其与油管连接方式分,有管端扩口式、卡套式、焊接式、可拆式、扣压式、快速式、法兰式等。管接头与机体的连接常用圆锥螺纹和普通细牙螺纹。用圆锥螺纹连接时,应外加防漏填料;用普通细牙螺纹连接时,应采用组合密封垫(熟铝合金与耐油橡胶组合),且应在被连接件上加工出一个小平面。

　　2）管接头的安装使用

　　(1)管端扩口式管接头。

　　管端扩口式管接头工作原理如图 7-14 所示,它适合于铜管和薄壁钢管之间的连接。接管先扩成喇叭口(74°～90°),再用接头螺母把导套连同接管一起压紧在接头体上形成密封。装配时的拧紧力通过接头螺母转换成轴向压紧力,由导套传递给接管的管口部分,使扩口锥面与接头体密封锥面之间获得接触。在起刚性密封作用的同时,也起到连接作用,并承受由管内液体压力所产生的接头体与接管之间的轴向分力。这种管接头的最高压力一般小于 16 MPa。

　　(2)卡套式管接头。

　　如图 7-15 所示,卡套式管接头由接头体、卡套和螺母这三个基本零件组成。卡套是一个在内圆端部带有锋利刃口的金属环,装配时因刃口切入被连接的油管而起到连接和密封的

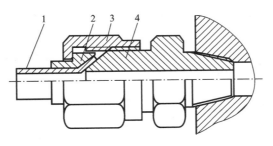

图 7-14　管端扩口式管接头的工作原理

1—接管;2—导套;3—接头螺母;4—接头体

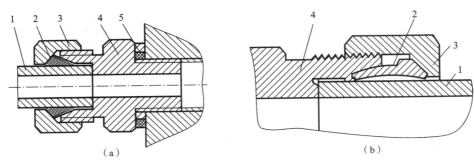

（a）　　　　　　　　　　　　　　　　　　　　（b）

图 7-15　卡套式管接头

1—接管;2—卡套;3—螺母;4—接头体;5—组合密封垫

作用。

　　装配时首先把螺母和卡套套在接管上,然后把油管插入接头体的内孔(靠紧),把卡套安装在接头体内锥孔与油管中的间隙内,再把螺母旋紧在接头体上。在用扳手紧固螺母之前,务必使被连接的油管端面与接头体止推面相接触,然后一面旋紧螺母,一面用手转动油管,当油管不能转动时,表明卡套在螺母的推动和接头体锥面的挤压下已开始卡住油管,继续旋紧螺母 1 ~4/3周,使卡套的刃口切入油管,形成卡套与油管之间的密封,卡套前端外表面与接头体内锥面间所形成的球面接触密封为另一密封面。

　　卡套式管接头所用油管外径一般不超过 42 mm,使用压力可达 40 MPa,工作可靠,拆装方便,但对卡套的制造工艺要求较高。

　　（3）焊接式管接头。

　　如图 7-16 所示,焊接式管接头是将管子的一端与管接头上的接管焊接起来后,再通过管接头上的螺母、接头体等与其他管子式元件连接起来的一类管接头。接头体与接管之间的密

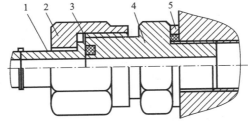

图 7-16　焊接式管接头

1—接管;2—螺母;3—O形密封圈;4—接头体;5—组合密封垫圈

封可采用图 7-16 所示的 O 形密封圈来密封。除此之外,还可采用球面压紧的方法或加金属密封垫圈的方法加以密封。管接头也可用如图 7-17(a)所示的球面压紧,或加金属密封垫圈,用如图 7-17(b)所示的方法来密封。后两种密封方法承压能力较低,球面密封的接头加工较困难。接头体与元件连接处,可采用圆锥螺纹,也可采用细牙圆柱螺纹,并加组合密封垫圈防漏。

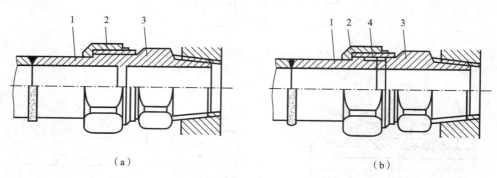

（a）　　　　　　　　　　　　（b）

图 7-17　球面压紧和加金属密封圈的焊接管接头

(a) 球面压紧;(b) 加金属密封垫圈

1—接管;2—螺母;3—密封圈;4—接头体

焊接式钢管接头的优点是结构简单,制造方便,耐高压(32 MPa),密封性能好;缺点是对钢管与接管的焊接质量要求较高。

（4）软管接头。

软管接头一般与钢丝编织的高压橡胶软管配合使用,它分为可拆式和扣压式两种。图 7-18 所示为可拆式软管接头。橡胶管夹在两者之间,拧紧后,连接部分的胶管被压缩,从而达到连接和密封的作用。扣压式软管接头如图 7-19 所示。装配前先剥去橡胶管上的一层外胶,然后把接头套套在剥去外胶的橡胶管上,再插入接头芯,然后将接头套套在压床上用压模进行挤压收缩,使接头套内锥面上的环形齿嵌入钢丝层达到牢固的连接,也使接头芯外锥面与橡胶管内胶层压紧而达到密封的目的。

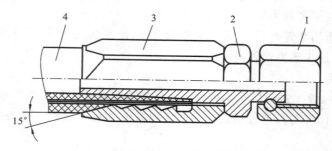

图 7-18　可拆式软管接头

1—接头螺母;2—接头体;3—外套;4—橡胶管

注意:软管接头的规格是以软管内径为依据的,金属管接头则是以金属管外径为依据的。

（5）快速接头。

快速接头是一种不需要任何工具,能实现迅速连接或断开的油管接头,适用于需要经常拆卸的液压管路。图 7-20 所示为快速接头的结构。图中各零件位置为油路接通时的位置。它有两个接头体(3、9),接头体两端分别与管道连接。外套把接头体(3)上的钢球压落在接头体

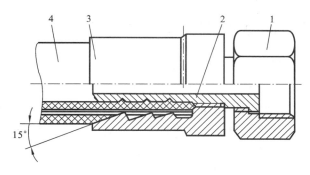

图 7-19　扣压式软管接头

1—接头螺母；2—接头芯；3—接头套；4—橡胶管

(9)上的 V 形槽中，使两接头体连接起来。锥阀芯(2、5)互相挤紧顶开使油路接通。当需要断开油路时，可用力将外套向左推移，同时拉出接头体(9)，此时弹簧(4)使外套回位。锥阀芯(2、5)分别在各自弹簧的作用下外伸，顶在接头体(3、9)的阀座上而关闭油路，并使两边管子内的油封闭在管中，不致流出。

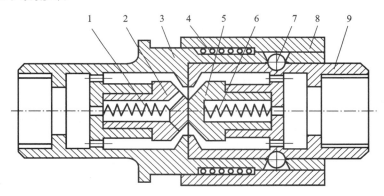

图 7-20　快速接头的结构

1,4,6—弹簧；2,5—锥阀芯；3,9—接头体；7—钢球；8—外套

（6）法兰式管接头。

法兰式管接头是把钢管焊接在法兰上，再用螺栓连接起来，两法兰之间用 O 形密封圈密封，如图 7-21 所示。这种管接头结构坚固，工作可靠，防振性好；但外形尺寸较大，适用于高压、大流量管路。

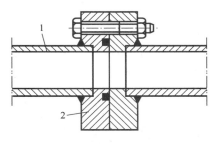

图 7-21　法兰式管接头

1—钢管；2—法兰

7.2.4 密封装置的故障排除与维修

1. 密封装置的类型

密封可分为间隙密封和接触密封两种方式,间隙密封是依靠相对运动零件配合面的间隙来防止泄漏的,其密封效果取决于间隙的大小、压力差、密封长度和零件表面质量。接触密封是靠密封件在装配时的预压缩力和工作时密封件在油液压力作用下发生弹性变形所产生的弹性接触压力来实现的,其密封能力随油液压力的升高而提高,并在磨损后具有一定的自动补偿能力。目前,常用的密封件以其断面形状命名,有 O 形、Y 形、V 形等密封圈,其材料为耐油橡胶、尼龙等。另外,还有防尘圈、油封等。这里重点介绍接触密封的典型结构及使用特点。

1) O 形密封圈

O 形密封圈是一种使用最广泛的密封件,其截面为圆形,如图 7-22 所示。其主要材料为合成橡胶,主要用于静密封及滑动密封,转动密封用得较少。

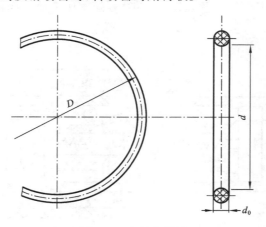

图 7-22　O 形密封圈

O 形密封圈的截面直径在装入密封槽后一般压缩 8%～25%。该压缩量使 O 形密封圈在工作介质没有压力或压力很低时,依靠自身的弹性变形密封接触面(见图 7-23(c))。当工作介质压力较高时,在压力的作用下,O 形密封圈被压到沟槽的另一侧(见图 7-23(d)),此时密封接触面处的压力堵塞了介质泄漏的通道,起密封作用。如果工作介质的压力超过一定限度,O 形密封圈将从密封槽的间隙中被挤出(见图 7-23(e))而受到破坏,以致密封效果降低或失去密封作用。为避免挤出现象,必要时加密封挡圈。在使用时,对动密封工况,当介质压力大于 10 MPa 时加挡圈;对静密封工况,当介质压力大于 32 MPa 时加挡圈。O 形密封圈单向受压,挡圈加在非受压侧,如图 7-24(a)所示;O 形密封圈双向受压,在 O 形密封圈两侧同时加挡圈,如图7-24(b) 所示。挡圈材料常用聚四氟乙烯、尼龙等。采用挡圈后,会增加密封装置的摩擦阻力。

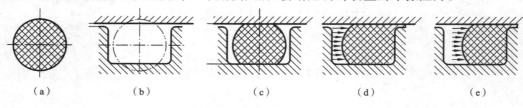

| (a) | (b) | (c) | (d) | (e) |

图 7-23　O 形密封圈的工作原理

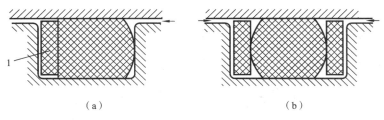

图 7-24　O 形密封圈的挡圈
1—挡圈

当 O 形密封圈用于动密封时,可采用内径密封或外径密封;用于静密封时,可采用角密封,如图 7-25 所示。

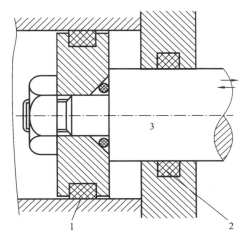

图 7-25　O 形密封圈用于内径密封、外径密封和角密封
1—外径密封;2—内径密封;3—角密封(固定密封)

2）唇形密封圈

唇形密封圈是将密封圈的受压面制成某种唇形的密封件。工作时唇口对着有压力的一边,当介质压力等于零或很低时,靠预压缩密封。压力高时,靠介质压力的作用将唇边紧贴密封面,压力越高,贴得越紧,密封越好。唇形密封圈按其截面形状可分为 Y 形、Yx 形、V 形、U 形、L 形和 J 形等,主要用于往复运动件的密封。

（1）Y 形密封圈。Y 形密封圈截面形状如图 7-26 所示。其主要材料为丁腈橡胶,工作压力可达 20 MPa。工作温度为 $-30 \sim 100$ ℃。当压力波动大时,要加支承环,如图 7-27 所示,以防止"翻转"现象。当工作压力超过 20 MPa 时,为防止密封圈挤入密封面间隙,应加保护垫圈,保护垫圈一般用聚四氟乙烯或夹布橡胶制成。

Y 形密封圈由于内、外唇边对称,因而适用于孔和轴的密封。孔用时按内径选取密封圈,轴用时按外径选取密封圈。由于一个 Y 形密封圈只能对一个方向的高压介质起密封作用,当两个方向交替出现高压时(如双作用缸),应安装两个 Y 形密封圈,它们的唇边分别对着各自的高压介质。

（2）Yx 形密封圈。Yx 形密封圈是一种截面高、宽比等于或大于 2 的 Y 形密封圈,如图 7-28 所示。主要材料为聚氨酯橡胶,工作温度为 $-30 \sim 100$ ℃。它克服了 Y 形密封圈易"翻转"的缺点,工作压力可达31.5 MPa。

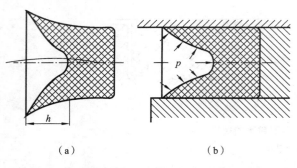

（a）　　　　　　　　（b）

图 7-26　Y 形密封圈的截面形状及密封原理

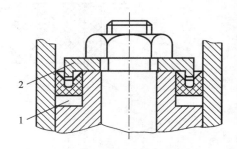

图 7-27　Y 形密封圈的支承环和挡圈

1—挡圈；2—支承环

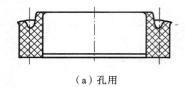

（a）孔用

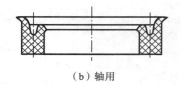

（b）轴用

图 7-28　Yx 形密封圈

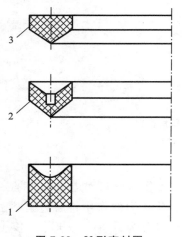

图 7-29　V 形密封圈

1—压环；2—密封环；3—支承环

（3）V 形密封圈。V 形密封圈是由压环、密封环和支承环组成。当密封压力高于 10 MPa 时，可增加密封环的数量。安装时应注意方向，即开口面向高压介质。环的材料一般由橡胶或夹织物橡胶制成，主要用于活塞及活塞杆的往复运动密封。密封性能较 Y 形密封圈差，但可靠性好。密封环个数按工作压力选取。图 7-29 所示为 V 形密封圈。

3）防尘圈

在液压缸中，防尘圈被置于活塞杆或柱塞密封外侧，用以防止在活塞杆或柱塞运动期间，外界尘埃、砂粒等异物侵入液压缸，避免引起密封圈、导向环和支承环等的损伤和早期磨损，污染工作介质，导致液压元件损坏。

（1）普通型防尘圈。普通型防尘圈呈舌形结构，如图 7-30 所示，分为有骨架式和无骨架式两种。普通型防尘圈只有一个防尘唇边，其支承部分的刚性较好，结构简单，装拆方便。制作材料一般为耐磨的丁腈橡胶或聚氨酯橡胶。防尘圈内唇受压时，具有密封作用，并在安装沟槽接触处形成静密封。普通型防尘圈的工作速度不大于 1 m/s，工作温度为 −30～110 ℃，工作介质为石油基液压油和水包油乳化液。

（2）旋转轴用防尘圈。旋转轴用防尘圈是一种用于旋转轴端面密封的防尘装置，其截面形状和安装如图 7-31 所示。防尘圈的密封唇缘紧贴轴颈表面，并随轴一起转动。由于离心力的作用，斜面上的尘土等异物均被抛离密封部位，从而起到防尘和密封的作用。这种防尘圈的特点是结构简单，装拆方便，防尘效果好，不受轴的偏心、振摆和跳动等影响，对轴无磨损。

4）密封件的选择

密封件的品种、规格很多，在选用时除了根据需要密封部位的工作条件和要求选择相应的品种、规格外，还要注意其他问题，如工作介质的种类、工作温度（以密封部位的温度为基准）、

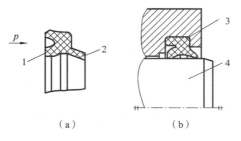

图 7-30　普通型防尘圈

（a）截面；（b）安装

1—内唇；2—防尘唇；3—防尘圈；4—轴

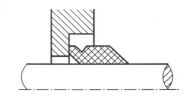

图 7-31　旋转轴用防尘圈的截面
形状和安装

压力的大小和波形、密封耦合面的滑移速度、"挤出"间隙的大小、密封件与耦合面的偏心程度、密封耦合面的粗糙度及密封件与安装槽的形式、结构、尺寸、位置等。

按上述原则选定的密封元件应满足如下基本要求：在工作压力下，应具有良好的密封性能，即泄漏在高压下没有明显的增加；密封件长期在流体介质中工作，必须保证其材质与工作介质的相容性好；动密封装置的动、静摩擦阻力要小，摩擦因数要稳定；磨损小，使用寿命长；拆装方便，成本低等。

2．密封装置的故障分析与排除

1）密封装置产生故障的原因

密封装置故障的主要原因是密封装置损坏，产生漏油现象。密封装置产生故障的原因较为复杂，有密封本身产生的，也有其他原因产生的。

液压系统中许多元件广泛采用间隙密封，而间隙密封的密封性与间隙大小（泄漏量与间隙大小的三次方成正比）、压力差（泄漏量与压力差成正比）、封油长度（泄漏量与封油长度成反比）、加工质量及油液的黏度等有关。运动副之间的润滑不良，材质选配不当及加工、装配、安装精度较差，都会导致早期磨损，使间隙增大，泄漏增加。其次，液压元件中还广泛采用密封件密封，其密封件的密封效果与密封件的材料、密封件的表面质量、结构等有关。如密封件的材料低劣，物化性不稳定，强度低，弹性和耐磨性低等，都会造成密封效果不良而泄漏；安装密封件的沟槽尺寸设计不合理，尺寸精度及粗糙度差，预压缩量小而密封不好等，也会引起泄漏。另外，接合面表面粗糙度差，平面度不好，压后变形及紧固力不均；元件泄油、回油管路不畅；油温过高，油液黏度下降或选用的油液黏度过小；系统压力调得过高，密封件预压缩量过小；液压件铸件壳体存在缺陷等都会引起泄漏增加。

2）减少内泄漏及消除外泄漏的措施

（1）采用间隙密封的运动副，应严格控制其加工精度和配合间隙。

（2）采用密封件密封是解决泄漏的有效手段，但如果密封过度，虽解决了泄漏，却增加了摩擦阻力和功率损耗，加速密封件的磨损。

（3）改进不合理的液压系统，尽可能简化液压回路，减少泄漏环节；改进密封装置，如将活塞杆处的 V 形密封圈改为 Yx 形密封圈，不仅摩擦力小且密封可靠。

（4）泄漏量与油的黏度成反比，黏度小，泄漏量大，因此液压用油应根据气温的不同及时更换，可减少泄漏。

（5）控制温升是减少内、外泄漏的有效措施。压力和流量是液压系统的两个最基本参数，这两个不同的物理量，在液压系统中起着不同的作用，但也存在着一定的内在联系。掌握这一基本道理,对于正确调试和排除系统中所出现的故障是十分必要的。

【练习与思考 7】

一、填空题

1. 蓄能器是液压系统中的储能元件,它_____多余的液压油液,并在需要时_____出来供给系统。

2. 蓄能器有_____式、_____式和充气式三类,常用的是_____式。

3. 蓄能器的功用是_____、_____和缓和冲击,吸收压力脉动。

4. 滤油器的功用是过滤混在液压油液中的_____,降低进入系统中的油液的_____度,保证系统正常工作。

5. 滤油器在液压系统中的安装位置通常有泵的_____处、泵的油路上、系统的_____路上、系统_____油路上或单独过滤系统上。

6. 油箱的功用主要是_____油液,此外还起着_____油液中热量、_____混在油液中的气体、沉淀油液中污染物等作用。

7. 液压传动中,常用的油管有_____管、_____管、尼龙管、塑料管、橡胶软管等。

8. 常用的管接头有_____管接头、_____管接头、_____管接头和高压软管接头。

二、判断题

1. 在液压系统中,油箱唯一的作用是储油。（   ）

2. 滤油器的作用是清除油液中的空气和水分。（   ）

3. 液压泵进油管路堵塞将使液压泵温度升高。（   ）

4. 液压泵进油管路如果密封不好(有一个小孔),液压泵可能吸不上油。（   ）

5. 过滤器只能安装在进油路上。（   ）

6. 过滤器只能单向使用,即按规定的液流方向安装。（   ）

7. 气囊式蓄能器应竖直安装,油口向下。（   ）

三、选择题

1. 强度高、耐高温、耐腐蚀性强、过滤精度高的精过滤器是(   )。

A. 网式过滤器   B. 线隙式过滤器   C. 烧结式过滤器   D. 纸芯式过滤器

2. 过滤器的作用是(   )。

A. 储油、散热   B. 连接液压管路   C. 保护液压元件   D. 指示系统压力

四、问答题

1. 蓄能器有哪些功用?

2. 过滤器有哪几种类型? 它们的效果怎样? 一般应安装在什么位置?

3. 密封装置有哪些类型? 各有何特点?

4. 通常需要对液压系统进行哪些保养工作?

5. 造成液压系统产生爬行现象的原因有哪些? 如何排除此类故障?

6. 注塑机在工作时,若发出较大的响声,应如何进行检修?

项目 8　气压传动元件的选用与基本回路的组装

【学习导航】

教学目标:以典型气压传动系统为载体,学习气压传动系统的组成,气压传动元件的结构及原理;掌握气压传动元件的选择方法与应用原理。

教学指导:教师选择典型设备,现场组织教学,引导学生观察和辨析气压传动元件;采用多媒体教学方式,引导学生进行气压传动元件的类型、结构和工作原理的分析;学生分组进行气压传动元件的选用和组装任务的训练。

气压传动(简称气动)技术作为一门技术门类至今还不到 50 年。随着工业、科技的飞速发展,气动技术的应用涉及机械、电子、钢铁、汽车、轻工、纺织、化工、食品、军工、包装、印刷等各个制造行业。由于气压传动的动力传递介质是取之不尽的空气,对环境污染小,工程实现容易,所以在自动化控制领域中充分显示出强大的生命力和广阔的发展前景。

随着机电一体化技术的飞速发展,特别是气动技术、液压技术、传感器技术、PLC 技术、网络及通信技术等科学的互相渗透而形成的机电一体化技术被各种领域广泛应用后,气动技术已成为当今工业科技的重要组成部分。

任务 8.1　气源装置的认识与执行元件的选用

【学习要求】

掌握气源系统的构成及各部分的功能,压缩空气的处理过程,气缸的类型、结构与选用;能正确选择与安装气源装置,正确选择与使用气动执行元件;养成良好的观察、思考、分析的习惯,培养动手能力。

【任务描述】　气动夹紧机构气源装置的认识与执行元件的选用。

图 8-1 所示为气动夹紧机构。

本任务就是在了解气源系统的基础上,了解各类气缸、气动马达的结构与原理,了解其控制回路的构成。根据气动夹紧机构的工作要求,为其配置气源系统,选择气缸。根据给出的夹紧力、供气压力、气缸行程等条件,完成缸型、缸径、活塞杆直径的确定。在操作实验台上根据回路图找出各个元件,并能根据具体的回路图分析气动系统的组成及各部分的作用。

图 8-2 所示为 FESTO 公司生产的气动实验台,该实验台配备了多种的气动控制元件和电气动控制元件,如图 8-3、图 8-4 所示,具有灵活的快换接头和软管,各件的安装和固定都非常容易,并且密封性非常好。各种元件可以根据需要任意组合,组成所需的实验回路,另外该实验台还配备了液压和气动仿真软件 FluidSIM,利用该软件,可以方便地绘制出符合工业标准的气动和液压回路图,在制图的同时,FluidSIM 软件还可以检查回路图结构的正确性。

由于该软件中的元件参数的调节范围与实际设备完全一致,所以可对设计的回路进行准确的系统模拟。学生可以充分发挥自己的想象力,利用该软件设计所需的气动回路,然后通过实验台,现场安装、调试、检测所设计的回路,验证回路的正确性。

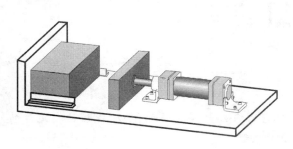

图 8-1　气动夹紧机构

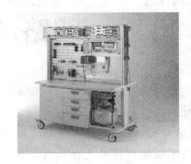

图 8-2　FESTO 气动实验台

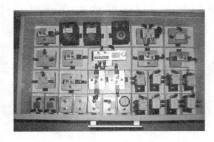

图 8-3　气动控制元件

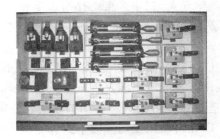

图 8-4　电气动控制元件

【知识储备】

8.1.1　气源系统的组成与工作原理

气源系统是为气动设备提供满足要求的压缩空气的动力源。气源系统一般由气压发生装置、压缩空气的净化处理装置和传输管路系统组成。典型的气源及空气净化处理系统如图8-5所示。

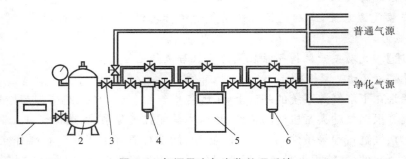

图 8-5　气源及空气净化处理系统

1—空压机;2—储气罐;3—阀门;4—主管过滤器(Ⅰ);5—干燥机;6—主管过滤器(Ⅱ)

1. 空气压缩机的工作原理

1)空气压缩机的分类

空气压缩机简称空压机,是气压发生装置。空压机将电动机或内燃机的机械能转化为压缩空气的压力能。

空压机的种类很多,可按其工作原理、结构形式及性能参数分类。

(1) 按工作原理分类。

按工作原理,空压机可分为容积式空压机和速度式空压机。容积式空压机的工作原理是使单位体积内空气分子的密度增加以提高压缩空气的压力。速度式空压机的工作原理是提高气体分子的运动速度以增加气体的动能,然后将气体分子的动能转化为压力能以提高压缩空气的压力。

(2) 按结构形式分类。

按结构形式分,空压机可分为如图 8-6 所示的几种。

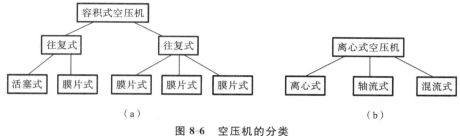

图 8-6　空压机的分类

(a) 容积式;(b) 离心式

(3) 按空压机输出压力的大小分类。

按空压机输出压力的大小,可将其分为如下几类。

① 低压空压机,输出压力在 0.2~1.0 MPa 范围内;

② 中压空压机,输出压力在 1.0~10 MPa 范围内;

③ 高压空压机,输出压力在 10~100 MPa 范围内;

④ 超高压空压机,输出压力大于 100 MPa。

(4) 按空压机输出流量(排量)分类。

按空压机输出流量(排量),可分为如下几类。

① 微型空压机,其输出流量小于 1 m³/min;

② 小型空压机,其输出流量在 1~10 m³/min 范围内;

③ 中型空压机,其输出流量在 10~100 m³/min 范围内;

④ 大型空压机,其输出流量大于 100 m³/min。

2) 空气压缩机的工作原理

常见的空压机有活塞式空压机、叶片式空压机和螺杆式空压机三种。

(1) 活塞式空压机。

活塞式空压机的工作原理如图 8-7 所示。当活塞下移时,气体体积增加,气缸内压力小于大气压力,空气便从进气阀门进入缸内。在冲程末端,活塞向上运动,排气阀门被打开,输出空气进入储气罐。活塞的往复运动是由电动机带动的曲柄滑块机构完成的。这种类型的空压机只由一个过程就可将吸入的大气压力的空气压缩到所需要的压力,因此称为单级活塞式空压机。

单级活塞式空压机通常用于压力范围为 0.3~0.7 MPa 的系统。在单级压缩机中,若空气压力超过 0.6 MPa,产生的过热将大大地降低压缩机的效率。因此当输出压力较高时,应采取多级压缩。多级压缩可降低排气温度,节省压缩功,提高容积效率,增加压缩气体的排量。

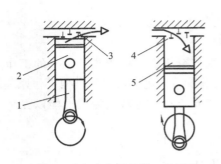

图 8-7　活塞式空压机的工作原理
1—连杆;2—活塞;3—排气阀;4—进气阀;5—气缸

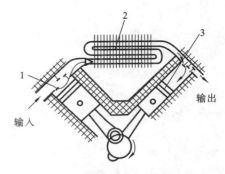

图 8-8　两级活塞式空压机
1——级活塞;2—中间冷却器;3—二级活塞

工业中使用的活塞式空压机通常是两级的。图 8-8 所示为两级活塞式空压机。由两级三个阶段将吸入的大气压力的空气压缩到最终的压力。如果最终压力为 0.7 MPa,第一级通常将它压缩到 0.3 MPa,然后经过中间冷却器冷却。压缩空气通过中间冷却器后温度大大下降,再输送到第二级气缸,压缩到 0.7 MPa。因此,相对于单级压缩机,它提高了效率。图 8-9 所示为活塞式空压机的外观。

（a）

（b）

图 8-9　活塞式空压机的外观
（a）单级活塞式空压机;（b）两级活塞式空压机

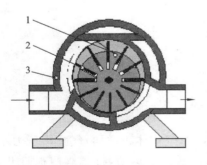

图 8-10　叶片式空压机的工作原理
1—转子;2—叶片;3—定子

（2）叶片式空压机。

叶片式空压机的工作原理如图 8-10 所示。把转子偏心安装在定子内,叶片插在转子的放射状槽内,且叶片能在槽内滑动。叶片、转子和定子内表面构成的容积空间在转子回转（图中转子顺时针回转）过程中逐渐变小,由此,从进气口吸入的空气就逐渐被压缩排出。这样,在回转过程中不需要像活塞式空压机中有吸气阀和排气阀。在转子的每一次回转中,将根据叶片的数目,多次进行吸气、压缩和排气,所以输出压力的脉动较小。

通常情况下,叶片式空压机需使用润滑油对叶片、转子和机体内部进行润滑、冷却和密封,所以排出的压缩空气中含有大量的油分,因此在排气口需要安装油气分离器和冷却器,以便把油分从压缩空气中分离出来,进行冷却,并循环使用。通常所说的无油空压机是指用石墨或有机合成材料等自润滑材料作为叶片材料的空压机,运转时无须添加任何润滑油,压缩空气不被污染,满足了无油化的要求。此外,在进气口设置空气流量调节阀,根据排出气体压力的变化自动调节流量,使输出压力保持恒定。

叶片式空压机的优点是能连续排出脉动小的额定压力的压缩空气,所以,一般无须设置储气罐,并且其结构简单,制造容易,操作维修方便,运转噪声小。其缺点是叶片、转子和机体之间的机械摩擦较大,产生较高的能量损失,因而效率也较低。

(3) 螺杆式空压机。

螺杆式空压机的工作原理如图 8-11 所示。两个啮合的凸凹面螺旋转子以相反的方向运动。两根转子及壳体三者围成的空间,在转子回转过程中沿轴向移动,其容积逐渐减小。这样,从进口吸入的空气逐渐被压缩,并从出口排出。转子旋转时,两转子之间及转子与机体之间均有间隙存在。由于其进气、压缩和排气等各行程均由转子旋转产生,因此输出压力脉动小,可不设置储气罐。

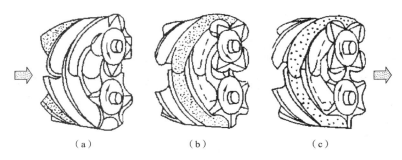

图 8-11　螺杆式空压机的工作原理

(a) 吸气;(b) 压缩;(c) 排气

螺杆式空压机与叶片式空压机一样,也需要加润滑油进行冷却、润滑及密封,所以在出口处也要设置油气分离器。螺杆式空压机的优点是排气压力脉动小,输出流量大,无须设置储气罐,结构中无易损件,寿命长,效率高。其缺点是制造精度要求高,且由于结构刚度的限制,只适用于中低压范围使用。

3) 空气压缩机的选用

根据气动系统所需要的工作压力和流量,确定空压机的输出压力 p_c 和供气量 q_c。空压机的供气压力 p_c 为

$$p_c = p + \sum \Delta p$$

式中:p——气动系统的工作压力,MPa;

$\sum \Delta p$——气动系统总的压力损失,MPa。

气动系统的工作压力应为系统中各个气动执行元件工作的最高工作压力。气动系统的总压力损失除了考虑管路的沿程阻力损失和局部阻力损失外,还应考虑为了保证减压阀的稳压性能所必需的最低输入压力,以及气动元件工作时的压降损失。

空压机供气量 q_c 应包括目前气动系统中各设备所需的耗气量,未来扩充设备所需耗气量及修正系数 k(如避免空压机在全负荷下不停地运转,气动元件和管接头的漏损及各种气动设备是否同时连续使用等),其数学表达式为

$$q_c = kq$$

式中:q——气动系统的最大耗气量,m³/min;

k——修正系数,一般可取 $k=1.3 \sim 1.5$。

有了供气压力 p_c 与供气量 q_c，按空压机的特性要求，选择空压机的类型和型号。

4）空压机使用的注意事项

（1）空压机的安装位置。

空压机的安装地点必须清洁，应无粉尘、通风好、湿度小、温度低，且要留有维护保养的空间，所以一般要安装在专用机房内。

（2）噪声。

因为空压机一运转就产生噪声，所以必须考虑噪声的防治，如设置隔声罩、消声器，选择噪声较低的空压机等。一般而言，螺杆式空压机的噪声较小。

（3）润滑。

使用专用润滑油并定期更换，启动空压机前应检查润滑油位，并用手拉动传动带使机轴转动几周，以保证启动时的润滑。启动前和停车后都应及时排除空压机气罐中的水分。

2. 净化装置的类型与结构特点

从空压机输出的压缩空气，在到达各用气设备之前，必须将压缩空气中含有的大量水分、油分及粉尘杂质等除去，以得到适当的压缩空气质量，避免它们对气动系统的正常工作造成危害，并且用减压阀调节系统所需压力以得到适当的压力。在必要的情况下，使用油雾器使润滑油雾化并混入压缩空气中润滑气动元件，以降低磨损，提高元件的寿命。

1）压缩空气的除水装置（干燥器）

（1）后冷却器。

空压机输出的压缩空气温度高达 120～180 ℃，在此温度下，空气中的水分完全呈气态。后冷却器的作用就是将空压机出口的高温压缩空气冷却到 40 ℃，并使其中的水蒸气和油雾冷凝成水滴和油滴，以便将其清除。

后冷却器有风冷式和水冷式两大类。图 8-12 所示为风冷式后冷却器。它是靠风扇产生冷空气，吹向带散热片的热空气管道，经风冷后，压缩空气的出口温度大约比环境温度高 15 ℃。水冷式后冷却器是令冷却水沿压缩空气流动方向的反方向流动来进行冷却的，如图 8-13所示。压缩空气出口温度大约比环境温度高 10 ℃。后冷却器上应装有自动排水器，以排除冷凝水和油滴等杂质。

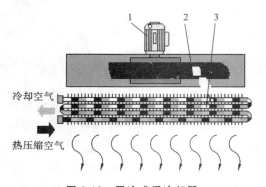

图 8-12　风冷式后冷却器

1—风扇马达；2—风扇；3—热交换器

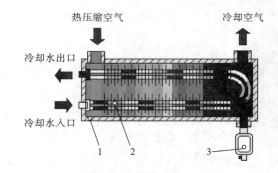

图 8-13　水冷式后冷却器

1—外壳；2—冷却水管；3—自动排水器

（2）冷冻式空气干燥器。

冷冻式空气干燥器的工作原理是将湿空气冷却到其露点温度以下，结成水滴，并清除出去，然后再将压缩空气加热至环境温度输送出去。图 8-14 所示为冷冻式空气干燥器的工作原理。

进入干燥器的空气首先进入热交换器冷却,初步冷却的空气中析出的水分和油分经过滤器排出。然后,空气再进入制冷器,使空气进一步冷却到 2~5 ℃,使空气中含有的气态水分、油分等,因温度的降低而进一步析出,冷却后的空气再进入热交换器加热输出。在压缩空气冷却过程中,制冷器的作用是将输入的气态制冷剂压缩并冷却,使其变为液态,然后将制冷剂过滤、干燥后送入毛细管或自动膨胀阀中,使制冷剂变为低压、低温的液态输出到制冷器中。制冷剂进入制冷器,在冷却空气的同时,吸收了压缩空气的热量,并转为气态,然后再进入制冷器,重复上面的热交换过程。

冷冻式空气干燥器具有结构紧凑、使用维护方便、维护费用较低等优点,适用于空气处理量较大,压力露点温度不是太低(2~5 ℃)的场合。

冷冻式空气干燥器在使用时,应考虑进气温度、压力、环境温度和空气处理量。进气温度应控制在 40 ℃以下,超出此温度时,可在干燥器前设置后冷却器。进入干燥器的压缩空气压力不应低于干燥器的额定工作压力。环境温度宜低于 40 ℃,若环境温度过低,可加装暖气装置,以防止冷凝水结冰。干燥器实际空气处理量,在考虑了进气压力、温度和环境温度等因素后,应不大于干燥器的额定空气处理量。图 8-15 所示为冷冻式干燥器的外观和图形符号。

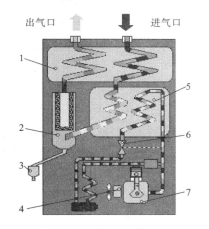

图 8-14　冷冻式空气干燥器的工作原理
1—热交换器;2—过滤器;3—自动排水器;4—冷却风扇;
5—制冷器;6—恒温器;7—冷媒压缩机

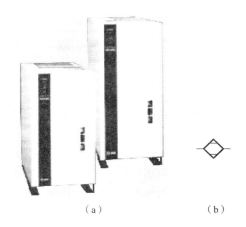

图 8-15　冷冻式干燥器
(a) 外观;(b) 图形符号

(3) 吸附式空气干燥器。

吸附式空气干燥器是利用具有吸附性能的吸附剂(如硅胶、活性氧化铝、分子筛等)吸附空气中水蒸气的一种空气净化装置。吸附剂吸附湿空气中的一定量水蒸气后将达到饱和状态。为了能够连续工作,就必须将吸附剂中的水分再排除掉,使吸附剂恢复到干燥状态,这称为吸附剂的再生(亦称脱附)。吸附式空气干燥器的工作原理如图 8-16 所示。它由两个填满吸附剂的桶并联而成,当左边的一个有湿空气通过时,空气中的水分被吸附剂吸收,干燥后的空气输送至供气系统。同时,右边的就进行再生程序,如此交替循环使用。吸附剂的再生方法有加热再生和无热再生两种。正常情况下,每两至三年必须更换一次吸附剂。

气动系统使用的空气量应在干燥器的额定输出流量之内,否则会使空气露点温度达不到要求。干燥器的使用达到规定期限时,应更换筒内的吸附剂。此外,吸附式空气干燥器在使用时,应在其输出端安装精密过滤器,以防止桶内的吸附剂在压缩空气不断地冲击下产生粉末,混入压缩空气中。要减少进入干燥器内湿空气中的油分,以防油污黏附在吸附剂表面,使吸附剂降低吸附能力,产生所谓的"油中毒"现象。

吸附式干燥法不受水的冰点温度限制,干燥效果好。干燥后的空气在大气压力下的露点温度可达 $-70\sim-40$ ℃。在低压力、大流量的压缩空气干燥处理中,可采用冷冻和吸附相结合的方法,也可采用压力除湿和吸附相结合的方法,以达到预期的干燥要求。

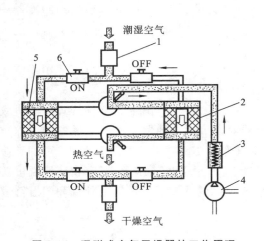

图 8-16　吸附式空气干燥器的工作原理

1—前置过滤器;2,5—吸附剂;3—加热器;4—风扇;6—截止阀

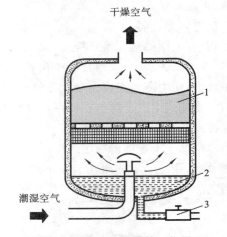

图 8-17　吸收式干燥器的工作原理

1—干燥剂;2—冷凝水;3—冷凝水排水阀

（4）吸收式干燥器。

吸收式干燥法是一个纯化学过程。在干燥罐中,压缩空气中的水分与干燥剂发生反应,使干燥剂溶解,液态干燥剂可从干燥罐底部排出,如图 8-17 所示,根据压缩空气的温度、含湿量和流速,及时填满干燥剂。干燥剂的化学物质通常选用氯化钠、氯化钙、氯化镁、氯化锂等。由于化学物质是会慢慢用尽的,因此,干燥剂必须在一定时间内进行补充。这种方法的主要优点是它的基本建设和操作费用都较低。但进口温度不得超过 30 ℃,其中,干燥剂的化学物质具有较强烈的腐蚀性,必须仔细检查滤清,防止腐蚀性的雾气进入气动系统中。

2）压缩空气的过滤装置

（1）主管道过滤器。

主管道过滤器安装在主要管路中。主管道过滤器必须具有最小的压力降和油雾分离能力,它能清除管道内的灰尘、水分和油,图 8-18 所示为主管道过滤器的结构。这种过滤器的滤芯一般是快速更换型滤芯,过滤精度一般为 $3\sim5~\mu m$,滤芯是由合成纤维制成的,纤维是以矩阵形式排列的。压缩空气从入口进入,经过迂回途径才离开滤芯。通过滤芯分离出来的油、水分和粉尘等,流入过滤器下部,由排水器(自动或手动)排出。

（2）标准过滤器。

标准过滤器主要安装在气动回路上,其结构如图8-19所示。压缩空气从入口进入过滤器内部后,因导流板(旋风叶片)的导向,产生了强烈的旋转,在离心力的作用下,压缩空气中混有的大颗粒固体杂质和液态水滴等被甩到滤杯的内表面上,在重力

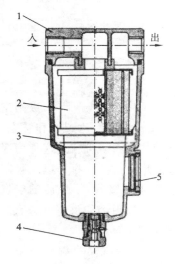

图 8-18　主道过滤器的结构

1—主体;2—滤芯;3—保护罩;

4—排水器;5—观察窗

作用下沿壁面沉降至底部,然后,经过预净化的压缩空气通过滤芯流出,进一步清除其中颗粒较小的固态粒子,清洁的空气便从出口输出。挡水板的作用是防止已积存在滤杯中的冷凝水再混入气流中。定期打开排水阀,放掉积存的油、水分和杂质。过滤器中的滤杯是由聚碳酸酯材料做成的,应避免在有机溶液及化学药品雾气的环境中使用。若要在上述溶剂雾气的环境中使用,则应使用金属水杯。为安全起见,滤杯外必须加金属杯罩,以保护滤杯。标准过滤器的过滤精度为 5 μm。为防止造成二次污染,滤杯中的水每天都应该是排空的。

（3）自动排水器。

自动排水器用来自动排出管道、气罐、过滤器滤杯等最下端的积水。由于气动技术的广泛应用,人工定期排污的方法已变得不可靠,而且有些场合也不便于人工操作,因此,自动排污装置得到了广泛应用。自动排水器可作为单独的元件安装在净化设备的排污口处,也可内置安装在过滤器等元件的壳体内(底部)。

图 8-20 所示为一种浮子式自动排水器,其工作原理:水杯中的冷凝水经由长孔进入柱塞及密封圈之间的柱塞室。当冷凝水的水位达到一定高度时,浮筒浮起,密封座被打开,压缩空气进入竖管的气孔,使控制活塞右移,柱塞离开阀座,冷凝水因此被排放。当液面下降到某一位置时,关闭密封座,冷凝水排水器内的压缩空气从节流孔排出。此时,弹簧推动控制活塞回到起始位置,密封圈封闭排水口。

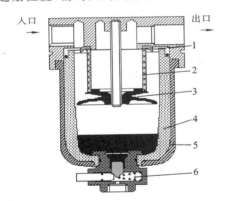

图 8-19　标准过滤器的结构

1—导流板；2—滤芯；3—挡水板；
4—滤杯；5—杯罩；6—排水阀

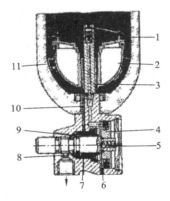

图 8-20　浮子式自动排水器

1—密封座；2—浮筒；3—竖管；4—控制活塞；
5—弹簧；6—节流孔；7—冷凝水室；8—密封圈；
9—柱塞；10—长孔；11—水杯

3）压缩空气的调压装置

所有的气动系统均有一个最适合的工作压力,而在各种气动系统中,皆会出现或多或少的压力波动。气压传动与液压传动不同,一个气源系统输出的压缩空气通常可供多台气动装置使用。气源系统输出的空气压力都高于每台装置所需的压力,且压力波动较大。如果压力过高,将造成能量损失,并增加损耗；过低的压力会使输出压力不足,使得效率不高。例如,空压机的开启与关闭所产生的压力波动对系统的功能会产生不良影响。因此,每台气动装置的供气压力都需要用减压阀减压,并保持稳定。对于低压控制系统,除用减压阀减压外,还需用精密减压阀以获得更稳定的供气压力。

减压阀的作用是将较高的输入压力调到规定的输出压力,并能保持输出压力稳定,不受空气流量变化及气源压力波动的影响。减压阀的调压方式有直动式和先导式两种。直动式是借助弹簧力直接操纵的;先导式是用预先调整好的气压来代替直动式调压弹簧进行调压的,一般先导式减压阀的流量特性比直动式的好。直动式减压阀的通径在 20～25 mm 范围内,输出压力在 0～1.0 MPa 范围内最为适当,超出这个范围应选用先导式减压阀。

（1）直动式减压阀。

直动式减压阀实质上是一种简易压力调节器,图 8-21 所示为一种常用的直动式减压阀的结构。若顺时针旋转调节手柄,调压弹簧被压缩,推动膜片,阀杆下移,进气阀门打开,在输出口有气压输出,如图 8-21(b)所示。同时,输出压力 p_2 经反馈导管作用在膜片上,产生向上的推力。当该推力与调压弹簧作用力相平衡时,阀便有稳定的压力输出。若输出压力 p_2 超过调定值,则膜片离开平衡位置而向上变形,使得溢流阀被打开,多余的空气经溢流口排入大气。当输出压力降至调定值时,溢流阀关闭,膜片上的受力保持平衡状态。图 8-22 所示为直动式减压阀的外观。

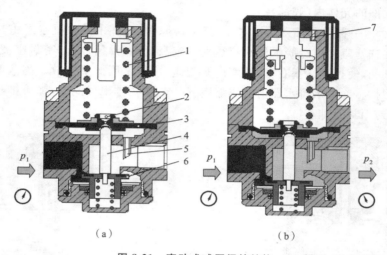

图 8-21　直动式减压阀的结构

(a) 进气阀门未打开;(b) 进气阀门打开

1—调压弹簧;2—溢流阀;3—膜片;4—阀杆;5—反馈导管;6—主阀;7—溢流口

若逆时针旋转调节手柄,调压弹簧复位,作用在膜片上的压缩空气压力大于弹簧力,溢流阀被打开,输出压力降低,直至为零。反馈导管的作用是提高减压阀的稳压精度。另外,它还能改善减压阀的动态性能,当负载突然改变或变化不定时,反馈导管起阻尼作用,避免振荡现象的发生。当减压阀的接管口径很大或输出压力较高时,相应的膜片等结构也很大,若用调压弹簧直接调压,则弹簧过硬,不仅调节费力,而且当输出流量较大时,输出压力波动也将较大。因此,接管口径在 20 mm 以上,且输出压力较高时,一般宜用先导式减压阀。在需要远距离控制时,也可采用遥控的先导式减压阀。

（2）先导式减压阀。

先导式减压阀是使用预先调整好压力的空气来代替调压弹簧进行调压的,其调节原理和主阀部分的结构与直动式减压阀的相同。先导式减压阀的调压空气一般是由小型的直动式减压阀供给的。若将这个小型直动式减压阀与主阀合成一体,则称为内部先导式减压阀。若将它与主阀分离,则称为外部先导式减压阀,它可以实现远距离控制。图 8-23 所示为内部先导式减压阀的结构,它由先导阀和主阀两部分组成。当气流从左端进入阀体后,一部分经进气阀口流向输出口,另一部分经固定节流孔进入中气室,经喷嘴、挡板、孔道反馈至下气室,再经阀杆的中心孔及排气孔排至大气。

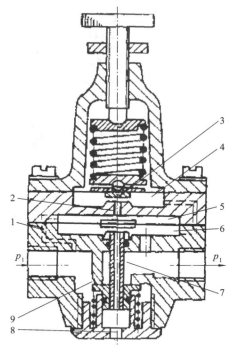

图 8-22　直动式减压阀的外观

图 8-23　内部先导式减压阀的结构

1—固定节流孔;2—喷嘴;3—挡板;4—上气室;
5—中气室;6—下气室;7—阀杆;8—排气孔;9—进气阀口

将手柄旋转到一定位置,使喷嘴与挡板的距离在工作范围内,减压阀进入工作状态。中气室的压力随喷嘴与挡板间距离的减小而增大,于是推动阀芯,打开进气阀口,即有气流流到出口,同时,经孔道反馈到上气室,与调压弹簧相平衡。若输入压力瞬时升高,则输出压力也相应升高,通过孔道的气流使下气室的压力也升高,破坏了膜片原有的平衡,使阀杆上升,节流阀阀口减小,节流作用增强,输出压力下降,膜片两端作用力重新平衡,输出压力恢复到原来的固定值。当输出压力瞬时下降时,经喷嘴、挡板的放大,也会引起中气室的压力明显升高,而使阀芯下移,阀口开大,输出压力升高,并稳定到原数值上。

4) 压缩空气的润滑装置

压缩空气产生的油雾主要由油雾器来完成。油雾器是以压缩空气为动力,将润滑油喷射成雾状,并混合于压缩空气中,使该压缩空气具有润滑气动元件的能力。目前,气动控制系统中的控制阀、气缸和气动马达主要是靠带有油雾的压缩空气来实现润滑的,其优点是方便、干净、润滑质量高。

普通型油雾器也称为全量式油雾器,把雾化后的油雾全部随压缩空气输出,油雾粒径约为 20 μm。普通型油雾器又分为固定节流式和自动节流式两种,前者输出的油雾浓度随空气的流量变化而变化;后者输出的油雾浓度基本保持恒定,不随空气流量的变化而变化。

图 8-24 所示为一种固定节流式普通型油雾器。其工作原理:压缩空气从输入口进入油雾器后,绝大部分经主管道输出,一小部分气流进入立杆上正对气流方向的小孔 a,经截止阀进入储油杯的上腔 c 中,使油面受压。而立杆上背对气流方向的孔 b 由于其周围气流的高速流动,其压力低于气流压力。这样,油面气压与孔 b 压力间存在压差,润滑油在此压差作用下,经吸油管、单向

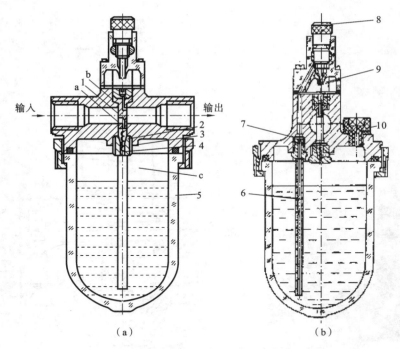

图 8-24 固定节流式普通型油雾器

(a) 主视图；(b) 左视图

1—立杆；2—截止阀阀芯；3—弹簧；4—截止阀座；5—储油杯；6—吸油管；7—单向阀；8—节流阀；9—视油器；10—油塞

阀和节流阀滴落到透明的视油器内,并顺着油路被主管道中的高速气流从孔 b 引射出来,雾化后随空气一同输出。视油器上部的节流阀用以调节滴油量,调节范围为 0~200 滴/min。

普通型油雾器能在进气状态下加油,这时只要拧松油塞,储油杯上腔 c 便通大气,同时,输入进来的压缩空气将截止阀阀芯压在截止阀座上,切断压缩空气进入 c 腔的通道。又由于吸油管中单向阀的作用,压缩空气也不会从吸油管倒灌到储油杯中,所以就可以在不停气的状态下向油塞口加油,加油完毕,拧上油塞。如果截止阀稍有泄漏,储油杯上腔的压力又逐渐上升,直到将截止阀打开,油雾器又重新开始工作,油塞上开有半截小孔。当油塞向外拧出时,油塞并未全打开时,小孔已经与外界相通,储油杯中的压缩空气逐渐向外排空,这避免了在油塞打开的瞬间产生压缩空气突然排放的现象。截止阀的工作状态如图 8-25 所示。

储油杯一般用透明的聚碳酸酯制成,能清楚地看到杯中的储油量和清洁程度,以便及时补充与更换。视油器用透明的有机玻璃制成,能清楚地看到油雾器的滴油情况。

3. 管道系统

从空压机输出的压缩空气要通过管路系统被输送到各气动设备上,管路系统如同人体的血管。如果输送空气的管路配置设计不合理,将产生如下问题。

(1) 压降大,空气流量不足。

(2) 冷凝水无法排放。

(3) 气动设备动作不良,可靠性降低。

(4) 维修保养困难。

1) 管路的分类

气动系统的管路按其功能可分为如下几种。

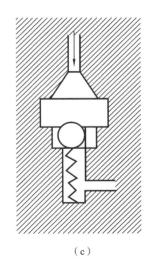

　　　　　　（a）　　　　　　　　　　　（b）　　　　　　　　　　　（c）

图 8-25　截止阀的工作状态

（a）不工作时；（b）工作进气时；（c）加油时

　　（1）吸气管路：从吸入口过滤器到空压机吸入口之间的管路，此段管路管径宜大，以降低压力损失。

　　（2）排出管路：从空压机排气口到后冷却器或储气罐之间的管路，此段管路应能耐高温、高压与振动。

　　（3）送气管路：从储气罐到气动设备间的管路。送气管路又分为主管路和从主管路连接分配到气动设备之间的分支管路。主管路是一个固定安装的用于把空气输送到各处的耗气系统。主管路中必须安装断路阀，它能在维修和保养期间把空气主管道分离成几部分。

　　（4）控制管路：连接气动执行件和各种控制阀间的管路。此种管路大多数采用软管。

　　（5）排水管路：收集气动系统中的冷凝水，并将水分排出管路。

　　2）主管路配管方式

　　按照供气可靠性和经济性考虑，一般有两种主要的配置：终端管路和环状管路。

　　（1）终端管路。

　　采用终端管路配管的系统简单，经济性好，多用于间断供气，一条支路上可安装一个截止阀，用于关闭系统。管路应在流动方向上有一定的斜度以利于排水，并在最低位置处设置排水器，如图 8-26 所示。

　　（2）环状管路。

　　用环状管路配管的系统供气可靠性高，压力损失小，压力稳定，但投资较高。在环状主管路系统中，冷凝水会流向各个方向，因此，必须设置足够的自动排水装置。另外，每条支路上及支路间都要设置截止阀。这样，当关闭支路时，整个系统仍能供气，如图 8-27 所示。

　　3）管路材料

　　在气动装置中，连接各元件的管路有金属管和非金属管。常用的金属管有镀锌钢管、不锈钢管、拉制铝管和纯铜管等，主要用于工厂气源主干道和大型气动装置上，适用于高温、高压和固定不动部位的连接。铜、铝和不锈钢管防锈蚀性好，但价格较高。非金属管有硬尼龙管、软尼龙管和聚氨酯管。非金属管经济、轻便，拆装容易，工艺性好，不生锈，流动摩擦阻力小，但存在老化问题，不宜用于高温场合，且易受外部损伤。另外，非金属管有多种颜色，化学稳定性

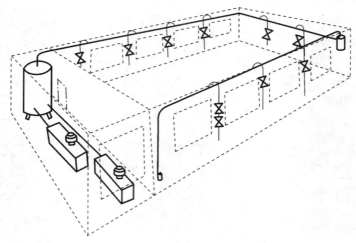

图 8-26　终端管路供气系统

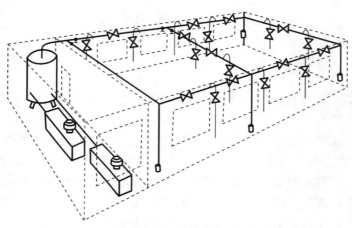

图 8-27　环状管路供气系统

好，又有一定柔韧性，故在气动设备上大量使用。

非金属管主要有如下几种。

（1）橡胶软管或强化塑料管：适用于空气驱动的手工操作工具，因其具有柔韧性，利于操作运动。

（2）棉线编织胶管：主要用于工具或其他管子易受到机械磨损的地方。

（3）聚氯乙烯（PVC）管或尼龙管：通常用于气动元件之间的连接，在工作温度限度内，它具有明显的安装优点，容易剪断和快速连接于快速接头。

4. 气动三联件

为了保证气动设备工作稳定及高速运动的需求，压缩空气在进入气动设备前还要安装调压阀与油雾器，进行调压与加润滑剂的处理。过滤器、调压阀与油雾器通常称为气动三联件，常安装在气动设备的最前端。气动三联件简称为 FRL（F(filter)、R(regulator)、L(lubricator)），分别指过滤器、减压阀和油雾器，具有过滤、减压和油雾润滑的功能。联合使用时，其连接顺序应为过滤器→减压阀→油雾器，不能颠倒。安装时，气源调节装置应尽量靠近气动设备附近，距离不应大于 5 m。气动三联件的工作原理如图 8-28 所示，其外观及图形符号如图 8-29 所示。

对于一些对油污控制严格的场合，如纺织、制药和食品等行业，气动元件选用时要求无油

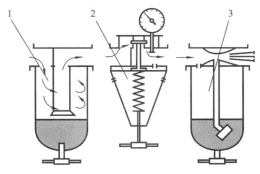

图 8-28　气动三联件的工作原理

1—过滤器;2—减压阀;3—油雾器

润滑。在这种系统中,气源调节装置必须用两联件,由过滤器和减压阀组成,去掉油雾器。气动两联件的外观及图形符号如图 8-30 所示。

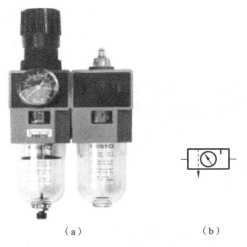

（a）　　　　　　　　（b）

图 8-29　气动三联件的外观及图形符号

（a）外观;（b）图形符号

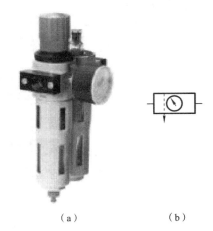

（a）　　　　　　　　（b）

图 8-30　气动两联件的外观及图形符号

（a）外观;（b）图形符号

8.1.2　气缸类型与应用

在气压传动系统中,气缸和气压马达是气动执行元件。它们的功用都是将压缩空气的压力能转换为机械能,所不同的是气缸用于实现直线往复运动或摆动,而气压马达则用于实现回转运动。

1. 气缸的分类

在气动自动化系统中,由于气缸具有成本较低、容易安装、结构简单、耐用、各种缸径尺寸及行程可选等优点,因而是应用最广泛的一种执行元件。根据使用条件的不同,气缸的结构、形状和功能也不一样,要完全确切地对气缸进行分类是比较困难的。气缸的主要分类方式如下。

1）按结构分类

按结构可将气缸分为如图 8-31 所示的几类。

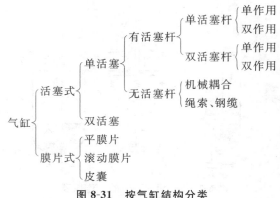

图 8-31 按气缸结构分类

2）按尺寸分类

通常称缸径在 2.5～6 mm 范围内的为微型气缸，在 8～25 mm 范围内的为小型气缸，在 32～320 mm 范围内的为中型气缸，大于 320 mm 的为大型气缸。

3）按安装方式分类

按安装方式可将气缸分为如下两类。

（1）固定式气缸：气缸安装在机体上固定不动，如图 8-32(a)、(b)、(c)、(d)所示。

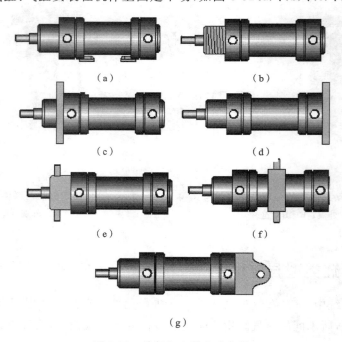

图 8-32 按气缸安装方式分类

（a）脚架安装；（b）螺纹安装；（c）前法兰安装；（d）后法兰安装；（e）前耳轴安装；（f）中间耳轴安装；（g）后耳环安装

（2）摆动式气缸：缸体围绕一个固定轴可作一定角度的摆动，如图 8-32(e)、(f)、(g)所示。

4）按缓冲方式分类

活塞运动到行程终端的速度较大，为防止活塞在行程终端撞击端盖造成气缸损伤并降低撞击产生的噪声，在气缸行程终端，一般都设有缓冲装置。缓冲可分为单侧缓冲和双侧缓冲，固定缓冲和可调缓冲。

将设有缓冲装置的气缸称为缓冲气缸,否则就是无缓冲气缸。无缓冲气缸适用于微型气缸、小型单作用气缸和短行程气缸。

气缸的缓冲可分为弹性垫缓冲(一般为固定的)和气垫缓冲(一般为可调的)。弹性垫缓冲是在活塞两侧设置橡胶垫,或者在两端缸盖上设置橡胶垫,以吸收动能,常用于缸径小于25 mm的气缸。气垫缓冲是利用活塞在行程终端前封闭的缓冲腔室所形成的气垫作用来吸收动能的,适用于大多数气缸的缓冲。

5) 按润滑方式分类

按润滑方式可将气缸分为给油气缸和不给油气缸两种。给油气缸使用的工作介质是含油雾的压缩空气,它对气缸内活塞、缸筒等相对运动部件进行润滑。不给油气缸所使用的压缩空气中不含油雾,是靠装配前预先添加在密封圈内的润滑脂使气缸运动部件润滑的。

使用时应注意,不给油气缸也可以给油,但一旦给油,以后必须一直当给油气缸使用,否则将引起密封件过快磨损。这是因为压缩空气中的油雾已将润滑脂洗去,而使气缸内部处于无油润滑状态。

6) 按驱动方式分类

按驱动气缸时压缩空气作用在活塞端面上的方向分,分为单作用气缸和双作用气缸两种。

2. 普通气缸

普通气缸是指缸筒内只有一个活塞和一个活塞杆的气缸,有单作用气缸和双作用气缸两种。

1) 双作用气缸的工作原理

图 8-33 所示为普通型单活塞杆双作用气缸。双作用气缸一般由缸筒、前缸盖、后缸盖、活塞、活塞杆、密封件和紧固件等零件组成,缸筒与前、后缸盖之间由四根螺杆将其紧固锁定。缸内有与活塞杆相连的活塞,活塞上装有活塞密封圈。为防止漏气和外部灰尘的侵入,前缸盖上装有活塞杆、密封圈和防尘密封圈。这种双作用气缸被活塞分成两个腔室:有杆腔(简称头腔或前腔)和无杆腔(简称尾腔或后腔)。

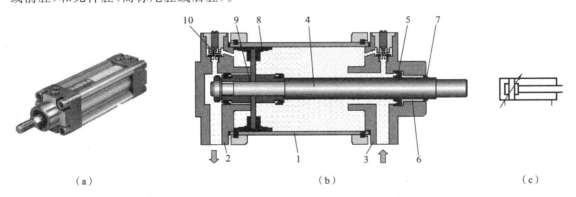

图 8-33　普通型单活塞杆双作用气缸

(a) 外观;(b) 结构;(c) 图形符号

1—缸筒;2—后缸盖;3—前缸盖;4—活塞杆;5—防尘密封圈;6—导向套;
7—密封圈;8—活塞;9—缓冲柱塞;10—缓冲节流阀

从无杆腔端的气口输入压缩空气时,若气压作用在活塞左端面上的力克服了运动摩擦力、负载等各种反作用力,则当活塞前进时,有杆腔内的空气经该端气口排出,使活塞杆伸出。同样,当有杆腔端气口输入压缩空气时,活塞杆缩回至初始位置。通过无杆腔和有杆腔交替进气和排气,活塞杆伸出和缩回,气缸实现往复直线运动。

缸盖上未设置缓冲装置的气缸称为无缓冲气缸,缸盖上设置了缓冲装置的气缸称为缓冲气缸。图 8-33 所示的气缸为缓冲气缸,缓冲装置由缓冲节流阀、缓冲柱塞和缓冲密封圈等组成。当气缸行程接近终端时,由于缓冲装置的作用,可以防止高速运动的活塞撞击缸盖。

2) 单作用气缸的工作原理

单作用气缸在缸盖一端气口输入压缩空气使活塞杆伸出(或缩回),而另一端靠弹簧力、自重或其他外力等使活塞杆恢复到初始位置。单作用气缸只在动作方向需要压缩空气,故可节约一半压缩空气。主要用在夹紧、退料、阻挡、压入、举起和进给等操作上。

根据复位弹簧位置将作用气缸分为预缩型气缸和预伸型气缸。当弹簧装在有杆腔内时,由于弹簧的作用力,使气缸活塞杆初始位置处于缩回位置,将这种气缸称为预缩型气缸;当弹簧装在无杆腔内时,气缸活塞杆初始位置为伸出位置,称为预伸型气缸。图 8-34 所示为预缩型单作用气缸,这种气缸在活塞杆侧装有复位弹簧,在前缸盖上开有呼吸用的气口。除此之外,其结构基本上和双作用气缸相同。图 8-34 所示的单作用气缸的缸筒和前后缸盖之间采用滚压铆接方式固定。单作用气缸行程受内装回程弹簧自由长度的影响,其行程长度一般在 100 mm 以内。

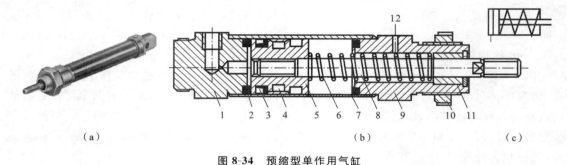

图 8-34　预缩型单作用气缸

(a) 外观;(b) 结构;(c) 图形符号

1—后缸盖;2—橡胶缓冲垫;3—活塞密封圈;4—导向环;5—活塞;6—弹簧;
7—缸筒;8—活塞杆;9—前缸盖;10—螺母;11—导向套;12—呼吸孔

3) 气缸的基本结构

活塞式气缸主要由缸筒、活塞杆、活塞、导向套、前缸盖、后缸盖及密封元件等组成。

(1) 缸筒。

缸筒一般采用圆筒形结构,但随着气缸品种的发展及加工工艺技术的提高,已广泛采用方形、矩形的异形管材和用于防转气缸的矩形或椭圆孔的异形管材。

缸筒材料一般采用冷拔钢管、铝合金管、不锈钢管、铜管和工程塑料管。中、小型气缸大多用铝合金管和不锈钢管,用于冶金、汽车等行业的重型气缸一般采用冷拔精拉钢管,也有用铸铁管的。

缸筒材料表面要求有一定的硬度,以抵抗活塞运动时的磨损。

缸筒壁厚可根据薄壁筒的计算公式进行计算

$$b \geqslant \frac{pD}{2[\sigma]}$$

式中:b——缸筒壁厚,cm;

D——缸筒内径,cm;

　　p——缸筒承受的最大压力,MPa;

　　$[\sigma]$——缸筒材料的许用应力,MPa。

　　实际缸筒壁厚,对于一般用途的气缸约取计算值的 7 倍,重型气缸约取计算值的 20 倍,再圆整到标准管材尺寸。

　　(2) 活塞杆。

　　活塞杆是用来传递力的重要零件,要求能承受拉伸、压缩、振动等负载,表面耐磨,不生锈。活塞杆材质一般选用 35 钢、45 钢,特殊场合用精轧不锈钢等材料,钢材表面需镀铬及调质热处理。

　　气缸使用时必须注意活塞杆的强度问题。多数场合活塞杆承受的是推力负载,因此必须考虑细长杆的压杆稳定性。气缸水平安装时,应考虑活塞杆伸出因自重而引起活塞杆头部下垂的问题。活塞杆头部连接处,在大惯性负载运动停止时,往往伴随着冲击,由于冲击作用而容易引起活塞杆头部遭受破坏。因此,在使用时应检查负载的惯性力,设置负载停止的阻挡装置和缓冲吸收装置,以及消除活塞杆上承受的不合理的作用力。

　　(3) 活塞。

　　气缸活塞受气压作用产生推力,并在缸筒内做摩擦滑动,且必须承受冲击。在高速运动场合,活塞有可能撞击缸盖。因此,要求活塞具有足够的强度和良好的滑动特性。对气缸用的活塞应充分重视其滑动性能和耐磨性,以及不发生"咬缸"现象。

　　活塞的宽度与采用密封圈的数量、导向环的形式等因素有关。一般活塞宽度越小,气缸的总长就越短。活塞的滑动面小容易引起早期磨损或卡死,如发生"咬缸"现象。一般对标准气缸而言,活塞宽度约为缸径的 20%～25%,该值需综合考虑使用条件,由活塞与缸筒、活塞杆与导向套的间隙尺寸等因素来决定。活塞的材质常使用铝合金和铸铁,小型气缸的活塞有的是用黄铜制造的。

　　(4) 导向套。

　　导向套用作活塞杆往复运动时的导向。因此,同对活塞的要求一样,要求导向套具有良好的滑动性能,能承受由于活塞杆受重载时引起的弯曲、振动及冲击。在粉尘等杂物进入活塞杆和导向套之间的间隙时,要求活塞杆表面不被划伤。导向套一般采用聚四氟乙烯和其他的合成树脂材料,也可用铜颗粒烧结的含油轴承材料。

　　导向套内径尺寸的容许公差一般取 H8,表面粗糙度取 *Ra*0.4。

　　(5) 密封。

　　在气动元件中的密封大致分为两类:动密封和静密封。缸筒和缸盖等固定部分的密封称为静密封;活塞在缸筒里做回转或往复运动处的部件密封称为动密封。气缸的密封可分为如下几种。

　　① 缸盖和缸筒连接的密封:一般将 O 形密封圈安装在缸盖与缸筒配合的沟槽内,构成静密封。有时也将橡胶等平垫圈安装在连接止口上,构成平面密封。

　　② 活塞的密封:活塞有两处地方需密封。一处是活塞与缸筒间的动密封,除了用 O 形密封圈和唇形密封圈外,还可用 W 形密封圈,它是把活塞与橡胶硫化成一体的一种密封结构,W 形密封圈是双向密封,轴向尺寸小;另一处是活塞与活塞杆连接处的静密封,一般用 O 形密封圈。图 8-35 所示为常用的活塞式密封结构。

　　③ 活塞杆的密封:一般在缸盖的沟槽里放置唇形密封圈和防尘圈,或防尘组合圈,以保

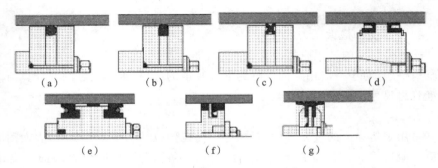

图 8-35　常用的活塞式密封结构

(a) O 形密封圈；(b) 异形密封圈；(c) 方形密封圈；(d) 唇形密封圈，两侧安装；

(e) 滑动环支撑沟槽密封圈；(f) L 形密封圈；(g) W 形密封圈

证活塞杆往复运动的密封和防尘。

④ 缓冲密封：有两种方法。一种是将孔用唇形密封圈安装在缓冲柱塞上，另一种是使用气缸缓冲专用密封圈，它是用橡胶和一个圆形钢圈硫化成一体而构成的，压配在缸盖上作缓冲密封，这种缓冲专用密封圈的性能比前者好。

气缸密封性能的好坏，是影响气缸性能的重要因素。按密封原理，可将密封圈分成压缩密封圈和气压密封圈两大类，如图 8-36 所示。压缩密封是依靠安装时的预压缩力使密封圈产生弹性变形而达到密封作用的，如 O 形和方形密封圈等，如图 8-36(a)所示；气压密封是靠工作气压使密封圈的唇部变形来达到密封作用的，如唇形密封圈，如图 8-36(b)所示。

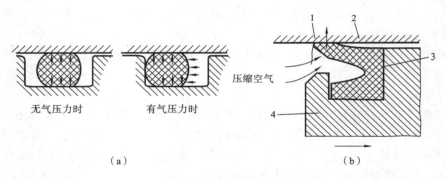

图 8-36　两种密封原理

(a) 压缩密封；(b) 气压密封

1—密封圈唇部；2—缸筒；3—密封圈；4—活塞

3. 特殊气缸

1) 无杆气缸

无杆气缸没有普通气缸的刚性活塞杆，它利用活塞直接或间接地实现往复运动。行程为 L 的有活塞杆气缸，沿行程方向的实际占有安装空间约为 2.2L。没有活塞杆，则占有安装空间仅为 1.2L，且行程缸径比可达 50～100。没有活塞杆，还能避免由于活塞杆及杆密封圈的损伤而带来的故障。而且，由于没有活塞杆，活塞两侧受压面积相等，双向行程具有同样的推力，有利于提升定位精度。这种气缸的最大优点是节省了安装空间，特别适用于小缸径、长行程的场合。无杆气缸现已广泛用于数控机床、注塑机等的开门装置上，以及多功能坐标机器手的位移和自动输送线上工件的传送等。无杆气缸主要分机械接触式和磁性耦合式两种，而将磁性耦合式无杆气缸称为磁性气缸。

图 8-37 所示为无杆气缸。在拉制而成的不等壁厚的铝制缸筒上开有管状沟槽,为保证开槽处的密封,设有内、外侧密封带。内侧密封带靠气压力将其压在缸筒内壁上,起密封作用。外侧密封带起防尘作用。内、外侧密封带两端都固定在缸盖上。与普通气缸一样,两端缸盖上带有缓冲装置。

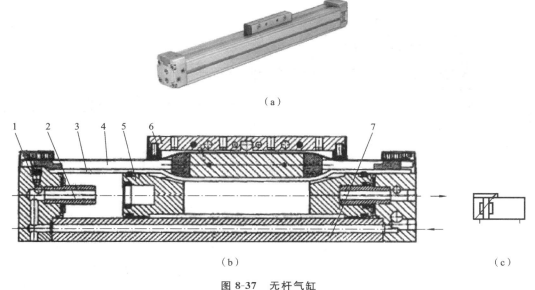

（a）

（b）　　　　　　　　　　　　　　　　　（c）

图 8-37　无杆气缸

（a）外观；（b）结构；（c）图形符号

1—节流阀；2—缓冲柱塞；3—内侧密封带；4—外侧密封带；5—活塞；6—滑块；7—缸筒

在压缩空气作用下,活塞-滑块机械组合装置可以做往复运动。这种无杆气缸通过活塞-滑块机械组合装置传递气缸输出力,缸体上管状沟槽可以防止其扭转。

2）磁感应气缸

图 8-38 所示为一种磁性耦合的无杆气缸。它是在活塞上安装了一组高磁性的内磁环,磁力线通过薄壁缸筒（不锈钢或铝合金非导磁材料）与套在外面的另一组外磁环作用。由于两组磁环极性相反,因此它们之间有很强的吸力。若活塞在一侧输入气压的作用下移动,则在磁耦合力作用下带动套筒与负载一起移动。在气缸行程两端设有空气缓冲装置。它的特点是体积小,质量小,无外部空气泄漏,维修保养方便等。当速度快、负载大时,内、外磁环易脱开,即负载大小受速度影响,且磁性耦合的无杆气缸中间无法增加支撑点,最大行程受到限制。

3）带磁性开关的气缸

磁性开关气缸是指在气缸的活塞上装有一个永久性磁环,而将磁性开关装在气缸的缸筒外侧,其余和一般气缸并无两样。气缸可以是各种型号的气缸,但缸筒必须是导磁性弱、隔磁性强的材料,如铝合金、不锈钢、黄铜等。当随气缸移动的磁环靠近磁性开关时,舌簧开关的两根簧片被磁化而触点闭合,产生电信号;当磁环离开磁性开关后,簧片失磁,触点断开。这样可以检测到气缸的活塞位置而控制相应的电磁阀动作。图 8-39 所示为带磁性开关的气缸的工作原理。

以往气缸行程位置的检测是依靠在活塞杆上设置行程挡块触动机械行程阀来发送信号

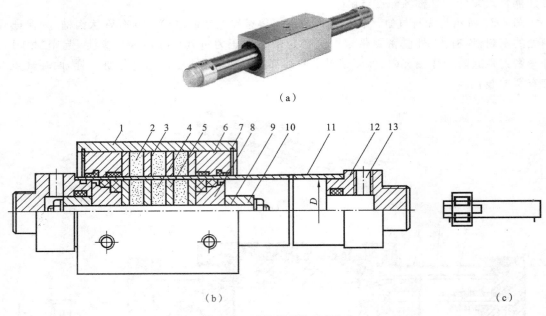

图 8-38　磁性耦合的无杆气缸

(a) 外观；(b) 结构；(c) 图形符号

1—套筒（移动支架）；2—外磁环（永久磁铁）；3—外磁导板；4—内磁环（永久磁铁）；5—内导磁板；

6—压盖；7—卡环；8—活塞；9—活塞轴；10—缓冲柱塞；11—气缸筒；12—端盖；13—进排气口

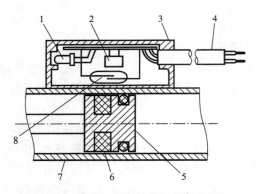

图 8-39　带磁性开关的气缸的工作原理

1—动作指示灯；2—电路保护；3—开关外壳；4—导线；

5—活塞；6—磁环（永久磁铁）；7—缸筒；8—舌簧开关

的，从而给设计、安装、制造带来不便。而磁性开关气缸具有使用方便，结构紧凑，开关反应时间快等特点，故得到了广泛应用。

4. 气缸的使用要求

气缸一般有如下几个使用要求。

（1）气缸的一般工作条件是周围环境及介质温度在 5 ～ 60 ℃ 范围内，工作压力在 0.4 ～ 0.6 MPa范围内（表压）。超出此范围时，应考虑使用特殊密封材料及十分干燥的空气。

（2）安装前应在 1.5 倍的工作压力下试压，不允许有泄漏。

（3）在整个工作行程中，负载变化较大时应使用有足够出力余量的气缸。

（4）不使用满行程工作（特别在活塞伸出时），以避免撞击损坏零件。

（5）注意合理润滑，除无油润滑气缸外，应正确设置和调整油雾器，否则将严重影响气缸的运动性能。

（6）气缸使用时必须注意活塞杆的强度问题。由于活塞杆头部的螺纹易受冲击而遭受破坏，大多数场合活塞杆承受的是推力负载，因此必须考虑细长杆的压杆稳定性和气缸水平安装时，活塞杆伸出因自重而引起活塞杆头部下垂的问题。安装时还要注意受力方向，活塞杆不允许承受径向载荷。

8.1.3　气缸的选用、安装、调试与维护

1. 参数计算

1）气缸的输出力

（1）单作用式气缸。

输出推力 $\qquad F=p_1 A_1-(f+m\times a+L_0 K_s)$

式中：A_1——活塞的作用面积；

$\qquad p_1$——作用于活塞上的压力；

$\qquad f$——摩擦阻力；

$\qquad m$——运动构件的质量；

$\qquad a$——运动构件的加速度；

$\qquad K_s$——弹簧刚度；

$\qquad L_0$——活塞位移 L 和弹簧预压缩量的总和。

在一般的计算过程中，单作用式气缸的输出推力可按简化式计算

$$F=(p_1 A_1-L_0 K_s)\eta$$

式中：η——气缸的效率，一般取 0.7～0.95。

（2）双作用式气缸。

输出推力 $\qquad F=p_1 A_1-p_2 A_2-(f+ma)$

式中：p_1、p_2——输入侧、输出侧的气压力；

$\qquad A_1$、A_2——输入侧、输出侧的作用面积；

$\qquad$其余符号意义同上。

在一般的计算过程中，双作用式气缸的输出推力可按简化式计算

$$F=(p_1 A_1-p_2 A_2)\eta$$

式中：η——气缸的效率，一般取 0.7～0.95。

2）气缸的压力特性

气缸的压力特性是指气缸内压力随负载变化的情形。

气缸被活塞分为进气腔和排气腔，当压缩空气进入进气腔时，排气腔处于排气状态，两腔的压力差所形成的力刚好克服各种阻力负载时，活塞就开始运动。

3）气缸的速度

由于气体的可压缩性及推动活塞的力的变化的复杂性，要使气缸保持准确的运动速度是比较困难的。

气缸的平均运动速度可按进气量的大小求出

$$v=q/A$$

式中：q——压缩空气的体积流量；

$\qquad A$——活塞的有效作用面积。

气缸在一般工作条件下，其平均速度约为 0.5 m/s。

4）气缸的耗气量

计算耗气量，是选择气源供气量的重要依据。

气缸的耗气量与气缸的活塞直径 D、活塞杆直径 d、活塞的行程 L 及单位时间往复次数 N 有关。以单活塞杆双作用气缸为例。

活塞伸出行程 $\qquad\qquad\qquad V_1 = D_2 L\pi/4$

活塞缩回行程 $\qquad\qquad\qquad V_2 = (D_2 - d_2)L\pi/4$

活塞往复一次所耗压缩空气量

$$V = V_1 + V_2 = (2D_2 - d_2)L\pi/4$$

若活塞每分钟往复 N 次,则每分钟耗气量

$$V' = V \times N$$

由于泄漏等原因,实际耗气量比理论耗气量要大一些,实际耗气量为

$$V_s = (1.2 \sim 1.5)V'$$

自由空气的耗气量为 $\qquad V_{sz} = V_s(p + 0.101\,3)/0.101\,3$

式中:p——气体的工作压力。

5)负载率 β

$$负载率\ \beta = \frac{气缸的实际负载\ F}{气缸的理论输出力\ F_0} \times 100\%$$

气缸的实际负载是由工况决定的,若确定了 β,就可以确定气缸的理论输出力 F_0,从而可以计算气缸的缸径。β 的选取与气缸的负载性能及气缸的运动速度有关。

对于"阻性负载",如气缸用作气动夹具,负载不产生惯性力的静负载,一般 β 选取为 0.8。

对于"惯性负载",如气缸用来推送工件,负载将产生惯性力,β 取值如下。

$0.50 < \beta \leqslant 0.65$,气缸做低速运动,$v < 100$ mm/s;

$0.35 < \beta \leqslant 0.50$,气缸做中速运动,$v = 100 \sim 500$ mm/s;

$\beta \leqslant 0.35$,气缸做高速运动,$v > 500$ mm/s。

2. 气缸的选用、安装、调试与维护方法

1)普通气缸的安装方式

气缸的安装方式如表 8-1 所示。使负荷做直线运动时,使用脚架型和法兰型安装方式;做摆动运动时,使用耳环型和轴销型安装方式。

表 8-1 气缸的安装方式

类型	安装方式	说明
基本型		不带安装附件,安装时需根据所选用的安装方式选配固定螺栓
脚架型		带脚架安装附件,用于负荷做水平方向直线运动的场合

类 型	安 装 方 式	说　　明
法兰型	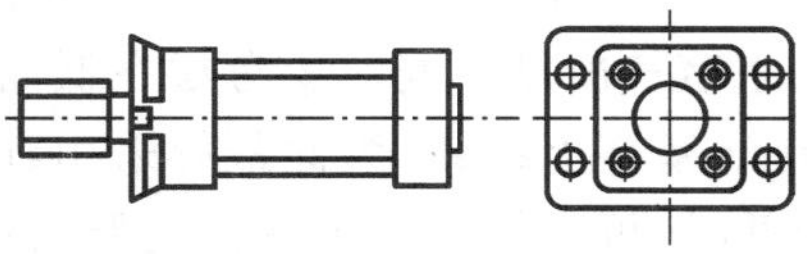	带法兰,可竖直安装
	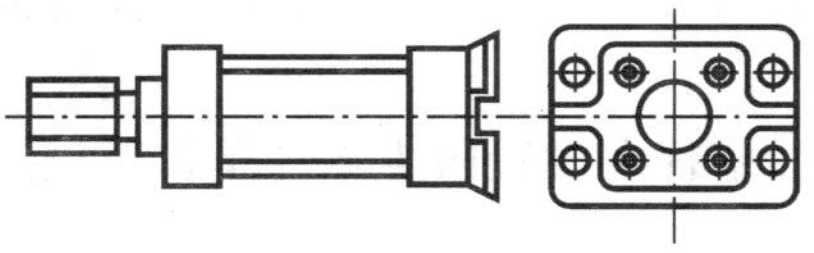	用于负荷做竖直方向直线运动的场合
耳环型	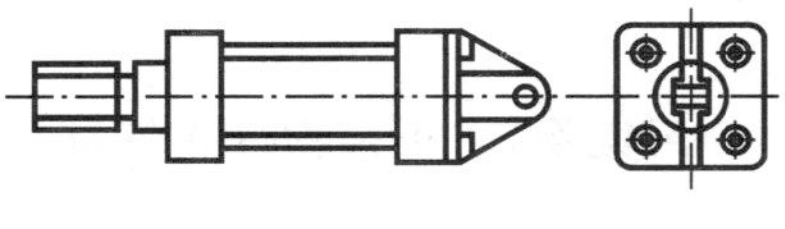	带有单耳环型或双耳环型安装附件
	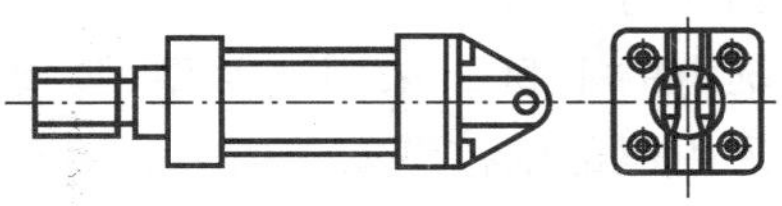	用于负荷做摆动运动的场合
轴销型	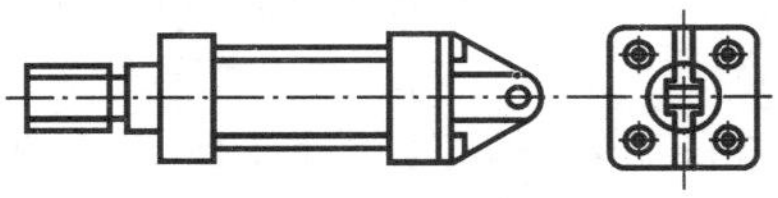	带有头部、尾部或中间轴销型安装附件,用于负荷做摆动运动的场合

2）气缸的选择

使用气缸应首先立足于选择标准气缸,其次才是自行设计气缸。气缸的选择要点主要有以下几点。

（1）气缸输出力的大小。根据工作机构所需力的大小来确定活塞杆上的输出力（推力或拉力）。一般按公式计算出活塞杆的输出力,再乘以 1.15～2 的备用系数,并据此去选择和确定气缸内径。为了避免气缸容积过大,应尽量采用扩力机构,以减小气缸尺寸。

（2）气缸行程的长度。它与使用场合和执行机构的行程长度有关,并受结构的限制,一般应比所需行程长 5～10 mm。

（3）活塞（或气缸）的运动速度。它主要取决于气缸进、排气口及导管内径的大小,内径越大则活塞运动速度越高。为了得到缓慢而平稳的运动速度,通常可选用带节流装置或气-液阻尼装置的气缸。

（4）安装方式。它由安装位置、使用目的等因素来决定。工件做周期性转动或连续转动时,应选用旋转气缸,此外在一般场合应尽量选用固定式气缸。如有特殊要求,则选用相适应的特种气缸或组合气缸。

3）维护与保养

（1）安全规范。

气缸使用应遵守有关的安全规范。气缸使用前应检查各安装连接点有无松动。操作上应考虑安全联锁。进行顺序控制时,应检查气缸的各工作位置。当发生故障时,应有紧急停止装置。工作结束后,气缸内部压缩空气应予以排放。

环境温度:通常规定气缸的工作温度为5~60 ℃。气缸在5 ℃以下的场合使用时,有时会因压缩空气中所含的水分凝结,给气缸动作带来不利的影响。此时,要求压缩空气的露点温度低于环境温度5 ℃以下,防止压缩空气中的水蒸气凝结。同时要考虑在低温下使用的密封种类和润滑油。另外,低温环境中的空气会在活塞杆上结露,为此最好采用红外加热等方法加热,防止活塞杆上结冰。在气缸动作频度较低时,可在活塞杆上涂润滑脂,使活塞杆上不致结冰。在高温使用时,要考虑气缸材料的耐热性,可选用耐热气缸。同时注意高温空气对换向阀的影响。

防尘:气缸在多尘环境中使用时,应在活塞杆上设置防尘罩。单作用气缸的呼吸孔要安装过滤片,防止从呼吸孔吸入灰尘。

润滑:对需用油雾器给油润滑的气缸,选择使用的润滑油应对密封圈不产生膨胀、收缩,且与空气中的水分不产生乳化。

接管:气缸接入管道前,必须清除管道内的污染物,防止杂物进入气缸。

(2)操作注意事项。

活塞杆横向载荷:气缸活塞杆承受的是轴向力,安装时要防止气缸在工作过程中承受横向载荷,其允许承受的横向载荷仅为气缸最大推力的1/20。采用法兰型、脚架型安装时,应尽量避免安装螺栓本身直接受推力或拉力负荷;采用尾部轴销型安装时,活塞杆顶端的连接销位置与安装轴的位置处于同一方向;采用中间轴销型安装时,除注意活塞杆顶端连接销的位置外,还应注意气缸轴线与轴托架的垂直度。同时,在不产生卡死的范围内。使摆轴架尽量接近摆轴的根部。

活塞的运动速度:气缸运动速度一般为50~500 mm/s。对高速运动的气缸,应选择内径大的进气管道,对于负载有变化的场合,可选用速度控制阀或气液阻尼缸,实现缓慢而平稳的速度控制。

选用速度控制阀控制气缸速度时需注意:水平安装的气缸推动负载时,推荐用出口节流调速;竖直安装的气缸举升负载时,推荐用进口节流调速;要求行程末端运动平稳避免冲击时,应选用带缓冲装置的气缸;对大惯性负载,在气缸行程末端另外安装液压缓冲器或设计减速回路。

速度调整:气缸安装完毕后应空载往复运动几次,检查气缸的动作是否正常。然后连接负载,进行速度调节。首先将速度控制阀开启在中间位置,随后调节减压阀的输出压力,当气缸接近规定速度时,即可确定为调定压力,然后用速度控制阀进行微调。缓冲气缸在开始运行前,先把缓冲节流阀旋在节流量较小的位置,然后逐渐开大,直至达到满意的缓冲效果。

(3)维护保养要求。

使用中应定期检查气缸各部位有无异常现象,各连接部位有无松动等,轴销式安装的气缸的活动部位应定期加润滑油。

气缸检修重新装配时,零件必须清洗干净,特别要防止密封圈被剪切、损坏,注意动密封圈的安装方向。

气缸拆下长时间不使用时,所有加工表面应涂防锈油,进、排气口应加防尘塞。

8.1.4 摆动气缸的类型与应用

摆动气缸是出力轴被限制在某个角度内做往复摆动的一种气缸,又称为旋转气缸。摆动气缸目前在工业上应用广泛,多用于安装位置受到限制或转动角度小于 360°的回转工作部件,其工作原理也是将压缩空气的压力能转变为机械能。常用的摆动气缸的最大摆动角度分为 90°、180°、270°三种规格。图 8-40 所示为摆动气缸的应用实例。

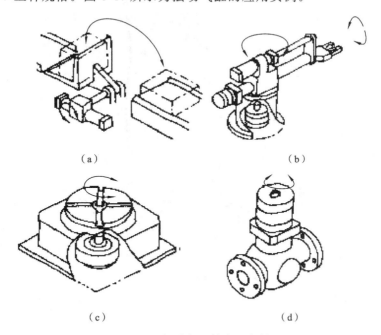

（a）　　　　　　　　　　　　　（b）

（c）　　　　　　　　　　　　　（d）

图 8-40　摆动气缸的应用实例

（a）输送线的翻转装置;（b）机械手的驱动;（c）分度盘的驱动;（d）阀门的开闭

按照摆动气缸的结构特点分,可分为叶片式和齿轮齿条式两类。

1. 叶片式摆动气缸

叶片式摆动气缸可分为单叶片式、双叶片式和多叶片式。叶片越多,摆动角度越小,但扭矩却要增大。单叶片型输出摆动角度小于 360°,双叶片型输出摆动角度小于 180°,三叶片型则在 120°以内。

图 8-41(b)、(c)所示分别为单、双叶片式摆动气缸的结构。在定子上有两条气路,当左腔进气时,右腔排气,叶片在压缩空气的作用下逆时针转动,反之,则顺时针转动。旋转叶片将压力传递到驱动轴上做摆动。可调制动装置与旋转叶片相互独立,从而使得挡块可以调节摆动角度的大小。在终端位置,弹性缓冲垫可对冲击进行缓冲。

2. 齿轮齿条式摆动气缸

齿轮齿条式摆动气缸有单齿条和双齿条两种。图 8-42(b)所示为单齿条式摆动气缸的结构,压缩空气推动活塞带动齿条作直线运动,齿条则推动齿轮做旋转运动,由输出轴(齿轮轴)输出力矩。输出轴与外部机构的转轴相连,让外部机构做摆动。

摆动气缸的行程终点位置可调,且在终端可设缓冲装置,缓冲大小与气缸摆动的角度无关。活塞上装有一个永久磁环,行程开关可固定在缸体的安装沟槽中。图 8-42(a)所示为摆动气缸的外观。

3. 摆动气缸的使用注意事项

摆动气缸在使用时要注意以下几点。

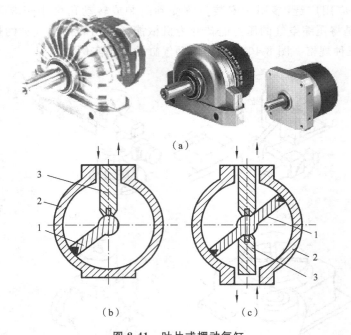

图 8-41 叶片式摆动气缸

（a）外观；（b）单叶片式摆动气缸的结构；（c）双叶片式摆动气缸的结构

1—叶片；2—定子；3—挡块

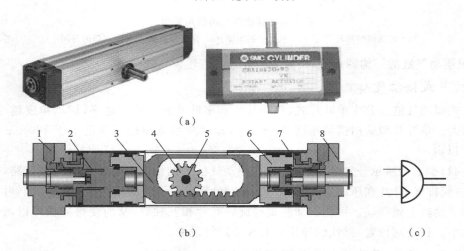

图 8-42 齿轮齿条式摆动气缸

（a）外观；（b）结构；（c）图形符号

1—缓冲节流阀；2—缓冲柱塞；3—齿条；4—齿轮；5—输出轴；6—活塞；7—缸体；8—端盖

（1）配管前，必须充分吹除异物，并要使用洁净的压缩空气。

（2）不要用于有腐蚀性流体的环境中；不要用于粉尘多、有水滴和油滴飞溅的场所；轴和轴承不得在易生锈的环境中使用。

（3）要经常排放冷凝水，以免损伤摆动气缸的密封件及滑动面。

（4）摆动气缸应在不给油的条件下使用，否则有可能出现爬行现象。应使用指定的润滑脂。

（5）有负载变动的场合，要实现平稳摆动是比较困难的。对缸径 50 mm 以上的标准型齿轮齿条式摆动气缸，可使用气液联用型（或气液联用缸）来改善摆动的平稳性。

（6）速度应从低速侧慢慢调整，不得从高速侧调整。缓冲阀应根据动作速度、负载的转动惯量来进行调整。缓冲阀不得在全闭状态下使用。另外，缓冲阀调整时不要施力过大。

8.1.5　气动马达的类型与应用

气动马达是把压缩空气的压力能转换成回转机械能的能量转换装置，其作用相当于电动机或液压马达。气动马达输出转矩，带动被动机构做旋转运动。

1. 气动马达的特点

气动马达一般具有如下特点。

（1）工作安全，具有防爆性能，适用于恶劣的环境，在易燃、易爆、高温、振动、潮湿、粉尘等条件下均能正常工作。

（2）有过载保护作用。过载时气动马达降低转速或停止，当过载解除后运转，并不产生故障。

（3）可以无级调速。只要控制进气流量，就能调节气动马达的功率和转速。

（4）比同功率的电动机的质量小 1/10～1/3，输出功率惯性比较小。

（5）可长期满载工作，而且温升较小。

（6）功率范围及转速范围均较宽，功率小至几百瓦，大至几万瓦，转速可从每分钟几转到上万转。

（7）具有较高的启动转矩，可以直接带动负载启动。启动、停止迅速。

（8）结构简单，操纵方便，可正、反转，维修容易，成本低。

（9）速度稳定性差。输出功率小，效率低，耗气量大。噪声大，容易产生振动。

2. 气动马达的结构

气动马达按工作原理的不同，可分为容积式和动力式两大类，在气压传动中主要采用的是容积式。容积式中又分为齿轮式、活塞式、叶片式和薄膜式等，其中以叶片式和活塞式两种应用最广泛。

1）活塞式气动马达

如图 8-43 所示，活塞式气动马达的启动转矩和功率较大，转速大多在 250～1 500 r/min 范围内，功率在 0.7～25 kW 范围内。这种气动马达密封性好，容易换向，允许过载，其缺点是结构较复杂，价格高。

2）叶片式气动马达

图 8-44 所示为叶片式气动马达。压缩空气由 A 孔输入后分为两路：一路经定子两端密封盖的槽进入叶片底部（图中未画出），将叶片推出抵在定子内壁上，相邻叶片间形成密闭空间以便启动。由 A 孔进入的另一路压缩空气就进入相应的密闭空间而作用在两个叶片上。由于叶片伸出量不同，使压缩空气的作用面积不同，因而产生了转矩差。于是叶片带动转子在此转矩差的作用下按顺时针旋转。做功后的气体由 C 孔和 B 孔排出。若改变压缩空气的输入方向，即改变了转子的转向。

这种马达结构较简单，体积小，质量小，泄漏小，启动力矩大且转矩均匀转速高（每分钟几千转至二万转），其缺点是叶片磨损较快，噪声较大。这种气动马达多为中、小功率（1～3 kW）型。

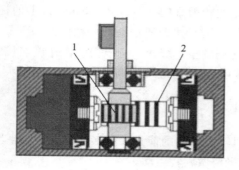

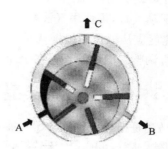

图 8-43 活塞式气动马达
1—齿轮;2—齿条

图 8-44 叶片式气动马达

3. 气动马达的选择及使用要求

1) 气动马达的选择

不同类型的气动马达具有不同的特点和适用范围,因此主要从负载的状态及要求出发来选择适用的气动马达。

叶片式气动马达适用于低转矩、高转速场合,如某些手提工具、复合工具、传送带、升降机等启动转矩小的中小功率的机械。

活塞式气动马达适用于中高转矩、中低转速的场合,如起重机、绞车、绞盘、拉管机等载荷较大且启动、停止特性要求高的机械。

薄膜式气动马达适用于高转矩、低转速的小功率机械。

2) 气动马达的使用要求

应特别注意的是,润滑是气动马达正常工作不可缺少的一个环节。气动马达在得到正确、良好润滑的情况下,可在两次检修之间至少运转 2 500～3 000 h。一般应在气动马达的换向阀前设置油雾器,以进行不间断的润滑。

【任务实施】

1. 气源系统的配置

根据任务描述,利用 FESTO 气动实验台的元件库对气源系统进行配置。

1) 空气压缩机的配置

该实验台选用静音泵(见图 8-45)作为动力来源,这款宁静、可靠及振动率低的活塞型有油空压机结构紧凑,适用于对噪声要求较高的场合。

空气压缩机有它的特性曲线,600 kPa(6 bar)的设定压力下最多可以持续工作 115 min。当然,马达的温度也受环境温度的影响,应尽量安置在通风处。要延长工作时间,只能想办法降低马达的温度。其工作参数如下。

(1) 最大输出压力:800 kPa(8 bar);

(2) 流量:50 L/min;

(3) 储气罐容量:24 L;

(4) 噪声量:1 m/40 dB;

(5) 压缩机:230 V/50 Hz;0.34 kW。

图 8-45 静音泵

2）过滤、调压组件（二联件）配置

二联件由过滤器、压力表、截止阀和快插接口组成，如图 8-46 所示，安装在可旋转的支架上，过滤器有分水装置，可以除去压缩空气中的冷凝水、颗粒较大的固态杂质和油滴。减压阀可以控制系统中的工作压力，同时能对压力的波动做出补偿。滤杯带有手动排水阀。其工作参数如下。

(1) 额定流量：750 L/min；

(2) 最大输入压力：1 600 kPa(16 bar)；

(3) 最大工作压力：1 200 kPa(12 bar)；

(4) 过滤等级：40 μm；

(5) 冷凝量：14 cm³。

3）分气块配置

一个分气块含有 8 个带自锁功能的单向阀，一个常规分气块允许通过 8 个分气口向控制回路供气，如图 8-47 所示。

图 8-46 二联件

图 8-47 分气块外观图

4）阀

(1) 节流阀。

节流阀是气缸运行速度调节的主要手段，但也是整个回路的流量瓶颈。

(2) 换向阀。

换向阀在信号控制方面，要注意单稳态或双稳态。先导口的形式，要注意内先导或外先导，在耗气量大的情况下要选择外先导。阀芯的复位方式，要注意是气复位或弹簧复位。换向阀的流量，只要满足节流阀的流量即可。要注意样本上标明的换向阀开启时间，对应阀口开启度的多少。还要注意接头对于流量的影响。

5）气管

气管的外观如图 8-48 所示，其技术参数如下。

(1) 内径：4 mm；

(2) 外径：6 mm；

(3) 最小弯曲半径：26.5 mm/17 mm；

(4) 最小工作气压：-0.95 bar；

(5) 最大工作气压：20 ℃，10 bar；

图 8-48 气管

（6）最大工作气压：30 ℃，10 bar；

（7）最大工作气压：40 ℃，9 bar；

（8）最大工作气压：60 ℃，7 bar；

（9）适用于真空；

（10）最低环境温度：−35 ℃；

（11）最高环境温度：60 ℃。

6）传感器

注意传感器的类型，以常用的磁感应传感器为例：FESTO 有两种传感器，SME 和 SMT。

SME，触点式（舌簧式）磁行程开关，寿命不长，频繁的吸合、打开易使触点表面易氧化产生黏结。

SMT，晶体管输出，靠电位和静态电压，无触点式，寿命较长。因为是晶体管输出，就有 PNP 型和 NPN 型之分。在看型号的时候要注意是 SMT-P 或 SMT-N。PNP 型有信号时输出 24 V，NPN 型有信号时输出 0 V。

7）气源处理元件及气管接头在使用中的注意事项

（1）保持干净的气源。定期检查滤芯，颜色发黑或深黄时应及时更换滤芯。

（2）如需过滤等级要求高，一定要层层过滤（40 μm→5 μm→5 μm→0.01 μm）。

（3）气源处理组合两端使用硬管连接时，两端要保证连接余量或者安装 U 拧。防止硬管张力引起各组合模块之间漏气。

（4）气源处理后严格意义上禁止使用生料带，5 μm 以后禁止使用生料带。

（5）手动排水杯一定要定期地手动排水。自动排水杯要定期地清洗，避免排水口堵塞。

（6）FESTO 的缸与阀都不需要油雾器润滑。一旦使用就要一直使用。建议将油雾器安装在需要润滑的分路中。

（7）气源处理减压阀带有稳定气压用的溢流口，但不能当溢流阀使用。背压太大会损坏减压阀内部的膜片。

（8）气管经过多次拔插或者非正常工况下使用，会导致黑色勒痕和物理形变，应剪去受损段或更换新气管。

2．气缸选择步骤

FESTO 气缸的选型基本按照如下步骤进行。

1）型号含义

例如：DNC-32-200-PPV-A。

2）耗气量的计算

耗气量＝气缸容积×压力×2×气缸每分钟运动次数

3）缸径的选择

注意气缸的受力、安装方式的不同，竖直或者水平，推力或者拉力。负载运动形式的变化可能导致气缸活塞受力方向发生变化。运行速度也是可能损坏气缸的内部元件的因素。

4）接头

一定要注意接头的通径，确保满足系统的流量。

3．气缸的安装（在实验台上完成）

在任务描述中，气动夹紧机构的执行元件选用 FESTO 气动实验台自带的双作用气缸，一般由以下零件组成:缸筒、前端盖、后端盖、活塞、活塞杆、密封件、磁环、紧固件等。其外观及结构如图 8-49、图 8-50 所示。

气缸的工作参数如下。

(1) 最大工作压力:1 000 kPa(10 bar);

(2) 最大行程:100 mm;

(3) 缸径:20 mm;

(4) 600 kPa(6 bar)时推力:165 N;

(5) 600 kPa(6 bar)时回程推力:140 N。

图 8-49 双作用气缸的外观

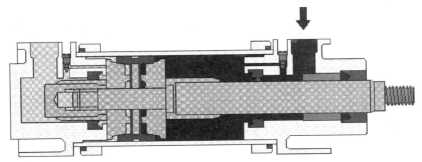

图 8-50 双作用气缸的结构

气缸在实验台上的实际安装位置如图 8-51 所示。

图 8-51 气缸在实验台上的实际安装位置

整个任务最终在实验台上搭建完毕,如图 8-52 所示。

图 8-52 最终搭建图

气缸在安装与使用中的注意事项如下。

（1）应根据气缸的具体安装位置和运动方式,合理地选择安装辅件;

（2）在需要加装节流阀调速的情况下,应选择排气节流阀,消除气缸的爬行现象;

（3）所有 FESTO 气缸都可以在没有油雾器的环境下正常工作,可是一旦使用了油雾器后就需要一直使用;

（4）活塞杆与工件之间的连接宜采用柔性连接来补偿轴向和径向的偏差;

（5）应尽量避免活塞杆头部螺纹退刀槽的冲击力和扭力;

（6）保证气源的清洁,要定期对气缸进行检查清洗,尤其要注意对活塞杆的保养,以延长气缸的使用寿命。

任务8.2　气动方向控制阀的选择与换向回路的组装

【学习要求】

掌握方向控制阀的基本类型、结构及工作原理,方向控制元件的选用方法,气动控制系统回路的表示及分析方法,以及方向控制回路的类型及应用;能进行方向控制回路的设计与气动元件、电气元件的组装;能根据气动控制系统回路图识读出各个元件;能进行方向控制回路的分析;培养动手能力。

【任务描述】　工件转运装置气动系统控制回路的设计与组装。

图 8-53 所示为工件转运装置。此装置是利用一个气缸将某方向传送来的工件推送到与其垂直的传送装置上进行加工。

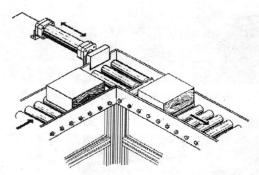

图 8-53　工件转运装置

本任务就是在弄清工件转运装置的基本功能和技术要求的同时,了解气动控制系统基本回路的表示方法,学习方向控制阀的基本类型、结构及工作原理,以及方向控制元件的选用方法,以确定合适的气动控制方式,合理选择气动执行元件和方向控制元件,组成完整的控制回路,并组装运行。

【知识储备】

8.2.1　方向控制阀的工作原理

气动方向控制阀与液压方向控制阀相似,是用来改变气流流动方向或通断的控制阀。其种类如图 8-54 所示。

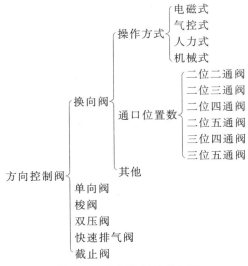

图 8-54　方向控制阀的种类

1. 分类

1）按阀内气流的流通方向分

按阀内气流的流通方向可将气动控制阀分为单向型和换向型。只允许气流沿一个方向流动的控制阀称为单向型控制阀，如单向阀、梭阀、双压阀和快速排气阀等。可以改变气流流动方向的控制阀称为换向型控制阀，如电磁式换向阀和气控式换向阀等。

2）按控制方式分

表 8-2 所示为按控制方式分的几种气动控制阀的图形符号。

表 8-2　按控制方式分的几种气动控制阀的图形符号

人力控制	一般手动操作	按钮式
	手柄式、带定位	脚踏式
机械控制	控制轴	滚轮杠杆式
	单向滚轮式	弹簧复位
气压控制	直动式	先导式

续表

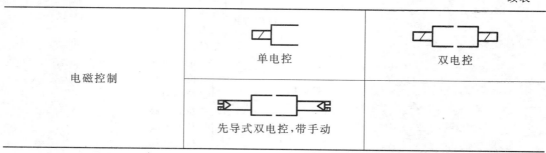

电磁控制	单电控	双电控
	先导式双电控,带手动	

（1）电磁控制。

利用电磁线圈通电,静铁心对动铁心产生电磁吸力使阀切换,以改变气流方向的阀,称为电磁控制换向阀,简称电磁阀。这种阀易于实现电、气联合控制,能实现远距离操纵,故得到广泛应用。

（2）气压控制。

利用气体压力来使主阀芯切换而使气流改变方向的阀,称为气压控制换向阀,简称气控阀。这种阀在易燃、易爆、潮湿、粉尘大的工作环境中,工作安全可靠。按控制方式不同可分为加压控制、卸压控制、差压控制和延时控制等。

加压控制是指输入的控制气压是逐渐上升的,当压力上升到某一值时,阀被切换。这种控制方式是气动系统中最常用的控制方式,有单气控和双气控之分。

卸压控制是指输入的控制气压是逐渐降低的,当压力下降至某一值时,阀被切换。

差压控制是利用阀芯两端受气压作用的有效面积不等,在气压的作用下产生的作用力的差值来使阀切换。

延时控制是利用气流经过小孔或缝隙节流来向气室内充气的。当气室里的压力上升到一定值时,阀被切换,从而达到信号延时输出的目的。

（3）人力控制。

依靠人力使阀切换的换向阀,称为手动控制换向阀,简称人控阀。它可分为手动阀和脚踏阀两大类。

人控阀与其他控制方式相比,具有可按人的意志进行操纵、使用频率较低、动作较慢、操纵力不大、通径较小、操纵灵活等特点。人控阀在手动气动系统中,一般用来直接操纵气动执行机构。在半自动和全自动系统中,多作为信号阀使用。

（4）机械控制。

用凸轮、撞块或其他机械外力使阀切换的阀称为机械控制换向阀,简称机控阀。这种阀常用作信号阀使用。这种阀可用于湿度大、粉尘多、油分多的场合,不宜用于电气行程开关的场合,但宜用于复杂的控制装置中。

3）按阀的切换通口数目分

阀的通口数目包括输入口、输出口和排气口。按切换通口的数目分,有二通阀、三通阀、四通阀和五通阀等,表 8-3 所示为换向阀的通口数和图形符号。

二通阀有两个口,即一个输入口（用 P 表示）和一个输出口（用 A 表示）。

三通阀有三个口,除 P 口、A 口外,增加一个排气口（用 R 或 O 表示）。三通阀既可以是两个输入口（用 P_1、P_2 表示）和一个输出口,作为选择阀（选择两个不同大小的压力值）;也可以是一个输入口和两个输出口,作为分配阀。

表 8-3　换向阀的通口数与图形符号

名称	二通阀		三通阀		四通阀	五通阀
	常断	常通	常断	常通		
图形符号	A␣␣␣␣␣P	A␣␣␣␣␣P	A␣␣␣␣P R	A␣␣␣␣P R	A B␣␣␣P R	A B␣␣RPS

二通阀、三通阀有常通型和常断型之分。常通型是指阀的控制口未加控制信号(即零位)时,P 口和 A 口相通。反之,常断型阀在零位时,P 口和 A 口是断开的。

四通阀有四个口,除 P、A、R 外,还有一个输出口(用 B 表示),通路为 P→A、B→R 或 P→B、A→R。

五通阀有五个口,除 P、A、B 外,有两个排气口(用 R、S 或 O_1、O_2 表示)。通路为 P→A、B→S 或 P→B、A→R。五通阀也可以变成选择式四通阀,即两个输入口(P_1 和 P_2)、两个输出口(A 和 B)和一个排气口 R。两个输入口供给压力不同的压缩空气。

4)按阀芯工作的位置数分

阀芯的切换工作位置简称"位",阀芯有几个切换位置就称为几位阀。

有两个通口的二位阀称为二位二通阀(常表示为 2/2 阀,前一位数表示通口数,后一位数表示工作位置数),它可以实现气路的通或断。有三个通口的二位阀,称为二位三通阀(常表示为 3/2 阀)。在不同的工作位置,可实现 P、A 相通,或 A、R 相通。常用的还有二位五通阀(常表示为 5/2 阀),它可以用于推动双作用气缸的回路中。

阀芯具有三个工作位置的阀称为三位阀。当阀芯处于中间位置时,各通口呈关断状态,则称为中间封闭式;若输出口全部与排气口接通,则称为中间卸压式;若输出口都与输入口接通,称为中间加压式。若在中间卸压式阀的两个输出口都装上单向阀,则称为中位式止回阀。

换向阀处于不同工作位置时,各通口之间的通断状态是不同的。阀处于各切换位置时,各通口之间的通断状态分别表示在一个长方形的方块上,就构成了换向阀的图形符号。常见换向阀的名称和图形符号如表 8-4 所示。

表 8-4　常见换向阀的名称和图形符号

符　　号	名　　称	正 常 位 置
2␣␣1	二位二通阀(2/2)	常断
2␣␣1	二位二通阀(2/2)	常通
2␣␣1 3	二位三通阀(3/2)	常断

续表

符　号	名　　称	正　常　位　置
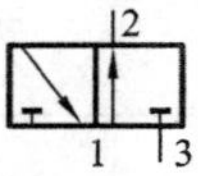	二位三通阀(3/2)	常通
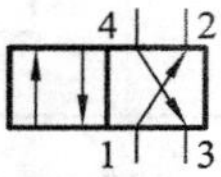	二位四通阀(4/2)	一条通口供气,另一条通口排气
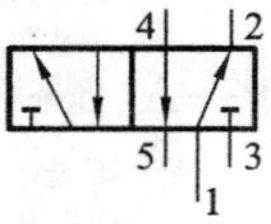	二位五通阀(5/2)	两个独立排气口
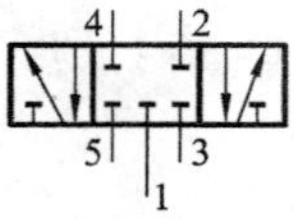	三位五通阀(5/3)	中位封闭
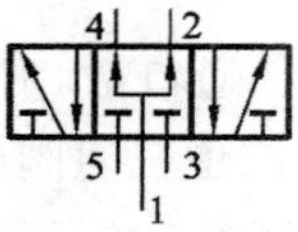	三位五通阀(5/3)	中位加压
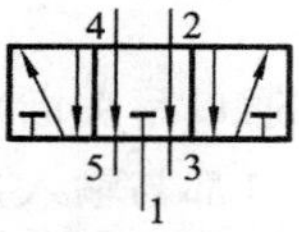	三位五通阀(5/3)	中位卸压

表 8-4 中的阀中的通口用数字表示,但通口既可用数字,也可用字母表示。表 8-5 所示为数字和字母两种表示方法的比较。

表 8-5　数字和字母两种表示方法的比较

通口	数字表示	字母表示	通口	数字表示	字母表示
输入口	1	P	排气口	5	R
输出口	2	B	输出信号清零	(10)	(Z)
排气口	3	S	控制口(1、2 口接通)	12	Y
输出口	4	A	控制口(1、4 口接通)	14	Z

5）按阀芯结构分

阀芯结构是影响阀性能的重要因素之一。常用的阀芯结构有滑柱式、提动式(又称截止式)和滑板式等。

6）按连接方式分

阀的连接方式有管式连接、板式连接、集装式连接等几种。

管式连接有两种:一种是阀体上的螺纹孔直接与带螺纹的接管相连;另一种是阀体上装有

快速接头,直接将管插入接头内。对不复杂的气路系统,管式连接简单,但维修时要先拆下配管。

板式连接需要配专用的过渡连接板,管路与连接板相连,阀固定在连接板上,装拆时不必拆卸管路。对复杂气动系统,维修方便。

集装式连接是将多个板式连接的阀安装在集装块(又称汇流板)上,各阀的输入口或排气口可以共用,各阀的排气口也可单独排气。这种方式可以节省空间,减少配管,便于维修。

2. 换向阀

换向阀按结构可分为提动阀(或称截止阀)和滑动阀,根据两者的相对位置,有常闭型和常开型两种。其中提动阀又可分为球座阀和盘座阀。滑动阀可分为纵向滑柱阀、纵向滑板阀和旋转滑轴阀。

1) 提动阀

提动阀是利用圆球、圆盘、平板或圆锥阀芯,在垂直方向相对阀座移动以控制通路的开启或切断。

(1) 球座阀。

图 8-55 所示为二位三通机械动作球座阀。当换向阀未驱动时,如图 8-56(a)所示,复位弹簧将球状阀芯挤压在阀座上,从而使进气口关闭,进气口与工作口不相通,工作口与排气口相通。当换向阀工作时,如图 8-56(b)所示,驱动推杆可将阀口打开。当阀口打开时,换向阀须克服复位弹簧力和气压力(由压缩空气产生)。一旦阀口打开,进气口就与工作口相通,压缩空气进入换向阀输出侧,使换向阀有气信号输出。驱动力大小取决于换向阀的通径。这种换向阀结构紧凑、简单,可安装各种类型的驱动头。对于直接驱动方式来说,驱动推杆动作的驱动力限制了其应用。大流量时,阀芯有效面积也大,需要较大的驱动力才能将阀口打开,因此,此类型换向阀的通径不宜过大。

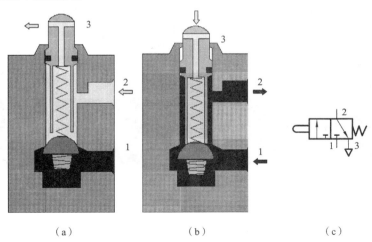

(a)　　　　　　　　(b)　　　　　　　　(c)

图 8-55　二位三通机械动作球座阀

(a) 换向阀未驱动;(b) 换向阀工作;(c) 图形符号

1—进气口;2—工作口;3—排气口

(2) 盘座阀。

盘座换向阀,简称盘座阀,采用圆盘密封结构,较小的阀芯位移就可产生较大的过流面积,具有响应快、抗污染能力强、寿命长、通流能力较大等特点。

　　图 8-56 所示为单气控常闭式二位三通盘座阀。单气控二位三通阀由控制口上的气信号直接驱动。由于此换向阀只有一个控制信号,因此,这种阀被称为直动式换向阀,该换向阀靠弹簧复位。如图 8-56(b)所示,当控制口上有气信号时,盘状阀芯推动滑柱正对复位弹簧移动,使进气口与工作口相通,工作口有气信号输出。控制口上的气体压力必须足够大,以克服作用在阀芯上的弹簧力和空气压力使阀芯移动。通常,根据流量选择换向阀时通径大小。

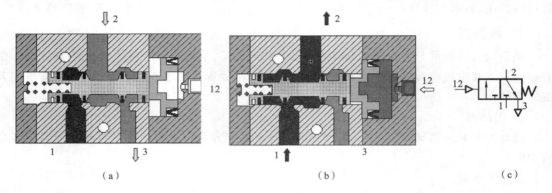

图 8-56　单气控常闭式二位三通盘座阀

（a）正常位置；（b）动作位置；（c）图形符号

1—进气口；2—工作口；3—排气口；12—控制口

　　图 8-57 所示为双气控二位五通换向阀,采用圆盘密封方式,其开闭行程相对较短。阀口的圆盘密封,既可以使进气口（1）与工作口（2）相通,也可以使进气口（1）与工作口（4）相通。双

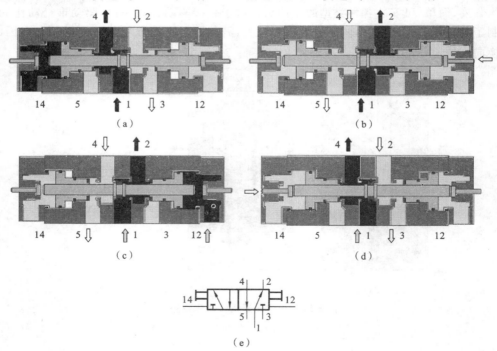

图 8-57　双气控二位五通换向阀（带手动复位）

（a）控制口（14）有信号；（b）右端推杆手动复位；（c）控制口（12）有信号；（d）左端推杆手动复位；（e）图形符号

1—进气口；2,4—工作口；3,5—排气口；12,14—控制口

气控二位五通换向阀具有记忆功能,当两个控制口(14、12)中的一个有气信号时,换向阀将换向,且一直保持原来的工作位置不变,直到另一个控制口有信号才能切换阀芯。这种换向阀两端各有一个手控装置,以便对阀芯手动操纵。

2)滑动阀

滑动阀是利用滑柱、滑板或旋转滑轴在阀体内运动来实现气路通断的阀。

(1)纵向滑柱阀。

纵向滑柱阀是利用一个有台肩的滑柱在阀体内轴向移动,从而使各气口接通或关断的。滑柱的移动可采用人力、机械、电气或气动方式操纵。

图 8-58 所示为双气控二位五通滑柱式换向阀。由于没有复位弹簧,因此只要在控制口(12)或(14)引入一个较低的工作压力即可使滑柱移动。如图 8-58(a)所示,当控制口(12)有压缩空气时,滑柱右移,空气从 1 口流向 2 口,从 4 口流向 5 口,3 口被遮断。除非控制口(14)有压缩空气引入(见图 8-58(b)),否则滑柱不会改变位置,这就是此阀所具有的记忆功能。控制口(12)或(14)的压缩空气只需一个脉冲信号即可使滑柱移动,但控制口(12、14)不能同时有信号。在这种换向阀中,阀芯与阀体之间的间隙不超过 0.002～0.004 mm。与提动式换向阀相比较,这种换向阀的工作行程要大一些。

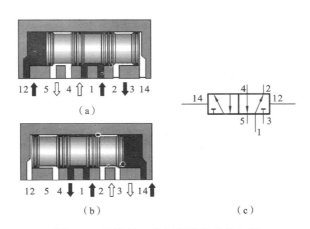

图 8-58　双气控二位五通滑柱式换向阀

(a)控制口(12)有信号时;(b)控制口(14)有信号时;(c)图形符号

(2)纵向滑板阀。

纵向滑板阀是利用滑柱的移动带动滑板来接通或断开各通口的。滑板靠气压或弹簧压向阀座,能自动调节。这种阀的滑板即使产生磨耗,也能保证有效的密封。

图 8-59 所示为双气控二位四通滑板阀。当压缩空气从控制口(12)引入时,滑柱左移,空气从 1 口流向 2 口,从 4 口流向 3 口,如图 8-59(a)所示。当压缩空气从控制口(14)引入时,滑柱右移,空气从 1 口流向 4 口,从 2 口流向 3 口,如图 8-59(b)所示。如切断控制口的气源,则滑柱在从另一侧接受信号前,仍停留在当前位置。两端控制口的气信号只要是脉冲信号即可。

(3)旋转滑轴阀。

旋转滑轴阀是利用两个盘片使各个通路互相连接或分开的,通常用手或脚操纵。主要有二位四通或三位四通阀。图 8-60 所示为旋转滑轴式三位四通换向阀。

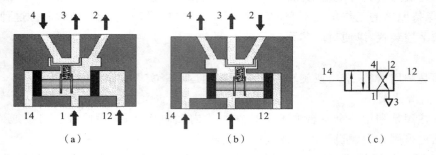

图 8-59　双气控二位四通滑板阀

(a) 控制口(12)有信号,控制口(14)无信号;(b) 控制口(14)有信号,控制口(12)无信号;(c) 图形符号

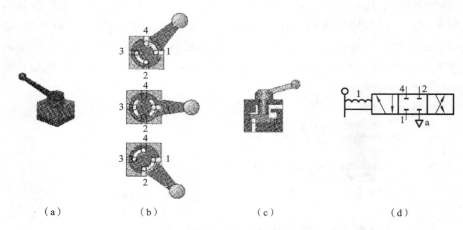

图 8-60　旋转滑轴式三位四通换向阀

(a) 外观;(b) 阀位;(c) 结构;(d) 图形符号

3) 延时阀

延时阀是一种时间控制元件,它的作用是使阀在一特定时间发出信号或中断信号,在气动系统中作信号处理元件。延时阀是一个组合阀,由二位三通换向阀、单向可调节流阀和气室组成。二位三通换向阀既可以是常闭式,也可以是常开式。图 8-61 所示为常闭式延时阀的工作原理。

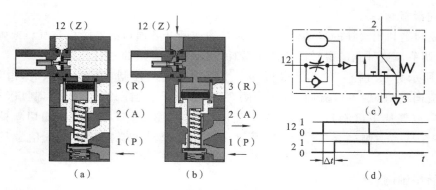

图 8-61　常闭式延时阀

(a) 控制口(12)无信号;(b) 控制口(12)有信号;(c) 图形符号;(d) 时序图

如图 8-61(a)所示,当控制口(12)没有气信号时,换向阀阀芯受弹簧作用力压在阀座上,2口无信号输出。如图 8-62(b)所示,当控制口(12)上有气信号输入时,经节流阀注入气室,因单向节流阀的节流作用且气室有容积,在短时间内无足够压力推动换向阀阀芯换向,经过一段时间 Δt 后,气室中气体压力已达到预定压力,二位三通换向阀换向,2口有信号输出,时序图如图 8-61(d)所示。

若压缩空气是洁净的,且压力稳定,则可获得精确的延时时间。通常,延时阀的时间调节范围为 0~30 s,通过增大气室可以使延时时间加长。延时阀通常带有可锁定的调节杆,可用来调节延时时间。

3. 单向阀

单向阀是指气流只能向一个方向流动而不能反向流动的阀,且压降较小。单向阀的工作原理、结构和图形符号与液压传动中的单向阀基本相同。这种单向阻流作用可由锥密封、球密封、圆盘密封或膜片来实现。图 8-62 所示为单向阀,利用弹簧力将阀芯顶在阀座上,故压缩空气要通过单向阀时必须先克服弹簧力。

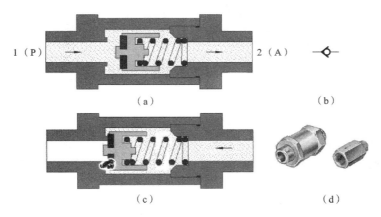

图 8-62　单向阀

(a) 正向流通;(b) 图形符号;(c) 反向截止;(d) 外观

4. 梭阀

梭阀又称为双向控制阀。图 8-63 所示为梭阀,有两个输入口和一个输出口。若在一个

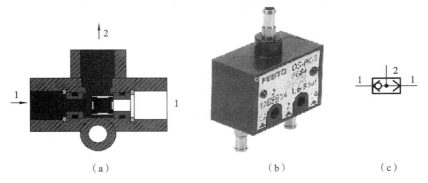

图 8-63　梭阀

(a) 结构;(b) 外观;(c) 图形符号

1—输入口;2—输出口

输入口上有气信号,则与该输入口相对的阀口就被关闭,同时在输出口上有气信号输出。这种阀具有"或"门逻辑功能,即只要在任一输入口上有气信号,在输出口上就会有气信号输出。

梭阀在逻辑回路和气动程序控制回路中应用广泛,常用作信号处理元件。

图 8-64 所示为梭阀的应用实例,用两个手动按钮 1S1 和 1S2 操纵气缸进退。当驱动两个按钮阀中的任何一个动作时,气缸活塞杆都伸出,只有同时松开两个按钮阀,气缸活塞杆才回缩至初始位置。梭阀应与两个按钮阀的工作口相连接,这样,气动回路才可以正常工作。

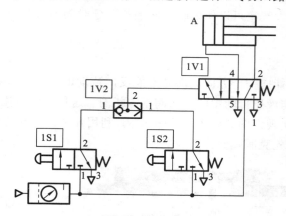

图 8-64 梭阀的应用实例

5. 双压阀

双压阀又称"与"门梭阀。在气动逻辑回路中,它的作用相当于"与"门作用。如图 8-65 所示,该阀有两个输入口和一个输出口。若只有一个输入口有气信号,则输出口没有气信号输出,只有当双压阀的两个输入口均有气信号时,输出口才有气信号输出。双压阀相当于两个输入元件串联。

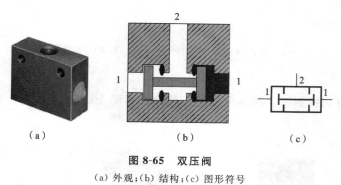

（a）　　　　　　　　　（b）　　　　　　　　　（c）

图 8-65 双压阀

(a)外观;(b)结构;(c)图形符号

1—输入口;2—输出口

与梭阀一样,双压阀在气动控制系统中也作为信号处理元件。

图 8-66 所示为一个安全控制回路。只有当两个按钮阀 1S1 和 1S2 都压下时,气缸活塞杆才伸出。若二者中有一个不动作,则气缸活塞杆将回缩至初始位置。

6. 快速排气阀

快速排气阀可使气缸活塞运动速度加快,特别是在单作用气缸情况下,可以避免其回程时间过长。图 8-67 所示为快速排气阀,当 1 口进气时,由于单向阀开启,压缩空气可自由通过,2

口有输出,排气口 3 被圆盘式阀芯关闭。若 2 口为进气口,则圆盘式阀芯就关闭气口 1,压缩空气从排气口 3 排出。为了降低排气噪声,这种阀一般带消声器。

快速排气阀用于使气动元件和装置迅速排气的场合。为了减小流阻,快速排气阀应靠近气缸安装。例如,把它装在换向阀和气缸之间(应尽量靠近气缸排气口,或直接拧在气缸排气口上),使气缸排气时不用通过换向阀而直接排出。这对于大缸径气缸及缸阀之间管路长的回路尤为需要,如图 8-68(a)所示。

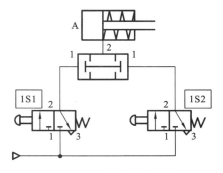

图 8-66　安全控制回路

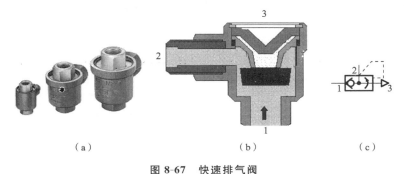

图 8-67　快速排气阀

(a)外观;(b)结构;(c)图形符号

快速排气阀也可用于气缸的速度控制,如图 8-68(b)所示。按下手动阀,由于节流阀的作用,气缸慢进;如手动阀复位,则气缸无杆腔中的气体直接通过快速排气阀快速排出,气缸实现快退动作。压缩空气通过排气口排出。

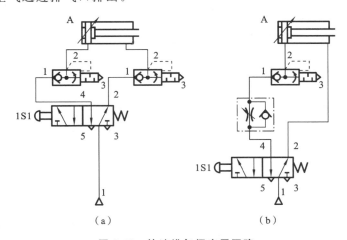

图 8-68　快速排气阀应用回路

(a)用于迅速排气;(b)用于速度控制

8.2.2　换向回路

方向控制回路是用换向阀控制压缩空气的流动方向,来实现控制执行机构运动方向的回路,简称换向回路。

1. 单作用气缸的换向

在图 8-69(a)中,只用了一个二位三通阀,当有控制信号时,活塞杆伸出,无控制信号时,活塞杆在弹簧力作用下退回。在图 8-72(b)中,串联一个二位三通阀,可以使气缸在行程途中任意位置停止。即有信号 b 则活塞停止运动,消除信号 b,则活塞继续运动。但因气体的可压缩性,其停止位置精度较低。

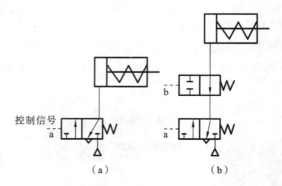

图 8-69　二位三通阀控制单作用气缸的换向回路

(a) 一个二位三通阀;(b) 两个二位三通阀

2. 双作用气缸的换向

图 8-70 所示为二位三通阀的换向回路,当电磁铁 1Y、2Y 均不通电时,活塞杆后退。电磁铁 1Y 通电,电磁铁 2Y 不通电,则形成差动回路,使活塞杆快速外伸。电磁铁 1Y、2Y 同时通电时,活塞杆慢速外伸。

图 8-71 所示为二位五通阀的换向回路,当手动阀换向时,由手动阀控制的控制气流推动二位五通气控换向阀换向,气缸活塞杆外伸。松开手动换向阀,则活塞杆返回。

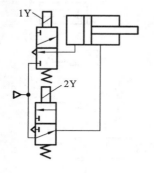

图 8-70　二位三通阀的换向回路

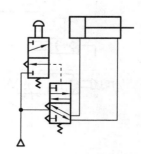

图 8-71　二位五通阀的换向回路

上述两个换向回路,不适用于活塞在行程途中有停止运动的场合。为适应活塞中途停止的要求,可采用三位五通阀控制的换向回路。

图 8-72(a)所示为采用中位封闭式三位五通阀(O 型)的换向回路,它适用于活塞在行程中途停止的情况。但因气体的可压缩性,活塞停止的位置精度较差,且回路及阀内不允许有泄漏。

图 8-72(b)所示为采用中位泄压式三位五通阀(Y 型)的换向回路。此回路在活塞停止时,可用外力自由推动活塞移动(如可加手动装置)。其缺点为活塞惯性对停止位置的影响较大,不易控制。一般不能用于升降系统。

图 8-72(c)所示为采用中位加压式三位五通阀(P 型)的换向回路。此回路适用于活塞面积小而要求活塞在行程中途很快停止的情况。其缺点为如果气缸是单活塞杆,则由于"差压"的作用,当系统接通气源,而没有控制信号时,气缸会缓慢伸出。同样,一般不能用于升降系统。

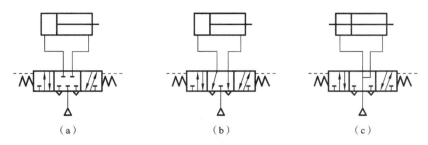

（a）　　　　　　　　　　　（b）　　　　　　　　　　　（c）

图 8-72　三位五通阀的换向回路

（a）中位封闭式；（b）中位泄压式；（c）中位加压式

3. 梭阀控制回路

如图 8-73 所示,回路中的梭阀相当于实现"或"门逻辑功能的阀。在气动控制系统中,有时需要在不同地点操作单作用缸或实施手动/自动并用的操作回路。

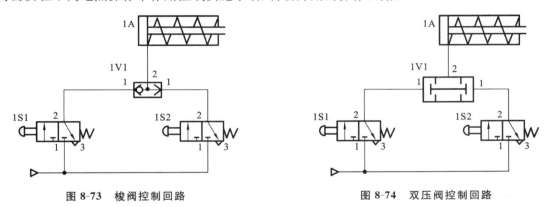

图 8-73　梭阀控制回路　　　　　　　**图 8-74　双压阀控制回路**

4. 双压阀控制回路

图 8-74 所示回路是一个利用双压阀的双手操作回路,在该回路中,需要两个二位三通阀同时动作,才能使单作用气缸前进,实现"与"门逻辑控制。最常用的双手操作回路还有如图 8-75 所示的回路,常用于安全保护回路。

【任务实施】　**工件转运装置的气动系统控制回路的设计与组装。**

1. 工件转运装置功能的分析

此装置在一定控制形式下,气缸活塞杆伸出,将工件推至适当位置后,气缸活塞杆缩回,等待下一个工件送到位置时再推出。

2. 气动控制作用的分析

此装置气动控制的作用就是利用气动执行元件完成相应的运动,并用方向控制阀对机构实行方向控制。

3. 确定气动控制的形式

根据前述知识描述,对于图 8-53 所示工件转运装置的气动系统控制回路的设计,可采用

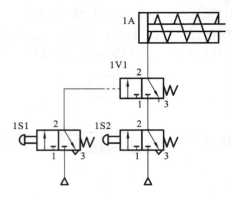

图 8-75　双手操作回路

直接控制回路来完成，也可采用间接控制回路来完成。

　　通过人力或机械外力直接控制换向阀换向，来实现执行元件动作控制，这种控制方式称为直接控制。间接控制则是指执行元件由气控换向阀来控制动作，人力、机械外力等外部输入信号只是用来控制气控换向阀的换向，不直接控制执行元件动作，如图 8-76 所示。

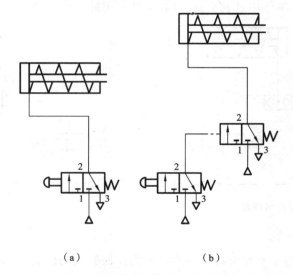

（a）　　　　　　　　　　（b）

图 8-76　气缸的直接控制和间接控制回路图

（a）直接控制；（b）间接控制

　　直接控制所用元件少，回路简单，主要用于单作用气缸或双作用气缸的简单控制，但无法满足换向条件比较复杂的控制要求。而且直接控制是由人力和机械外力直接操控换向阀换向的，操作力较小，只适用于所需气流量和控制阀的尺寸相对较小的场合。

　　间接控制主要用于以下两种场合：控制要求比较复杂的回路；高速或大口径执行元件的控制。

　　1）气缸直接控制

　　气缸直接控制气动回路如图 8-77 所示。

　　2）气缸间接控制

　　气缸间接控制气动回路如图 8-78 所示。

　　3）电气控制回路

　　本任务也可采用电气控制方式实现，如果采用双作用气缸，可采用如图 8-79 所示的电气

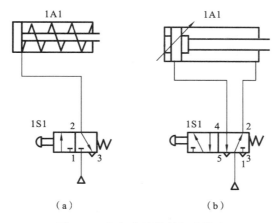

（a）　　　　　　　　　　　（b）

图 8-77　气缸直接控制气动回路

（a）采用单作用气缸；（b）采用双作用气缸

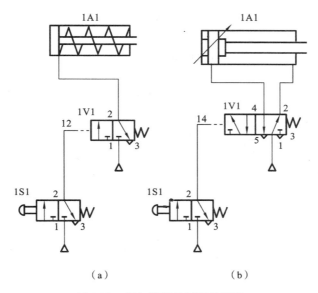

（a）　　　　　　　　　　　（b）

图 8-78　气缸间接控制气动回路

（a）采用单作用气缸；（b）采用双作用气缸

控制回路。方案 1 中采用按钮 S1 直接控制电磁阀线圈通断电,回路简单;方案 2 中采用按钮 S1 控制电磁继电器线圈通断电,继电器触点控制电磁阀线圈通断电,回路比较复杂,但由于继电器提供多对触点,使回路具有良好的可扩展性。采用单作用气缸时的电气控制回路与此基本相同。

利用气动控制元件对气动执行元件进行运动控制的回路称为全气动控制回路。一般适用于需耐水,有高防爆、防火要求,不能有电磁噪声干扰的场合及元件数较少的小型气动系统。

气动系统的电气控制回路的设计思想、方法与其他系统的电气控制回路的设计思想、方法基本相同,所用电气控制元件也基本相同。

4．控制回路的组装

（1）按照图 8-77、图 8-78 和图 8-79 所示回路进行连接并检查。

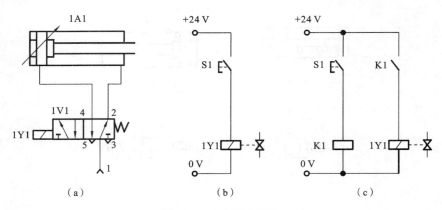

（a）　　　　　　　　　（b）　　　　　　　　　（c）

图 8-79　电气控制回路

（a）气动回路；（b）电气控制方案 1；（c）电气控制方案 2

（2）连接无误后，打开气源和电源，观察气缸运行的情况。

（3）根据实验现象对直接控制、间接控制和电气控制三种实现方式进行比较。

（4）对实验中出现的问题进行分析和解决。

（5）实验完成后，将各元件整理后放回原位。

【相关训练】　板材成形装置气动控制回路的设计。

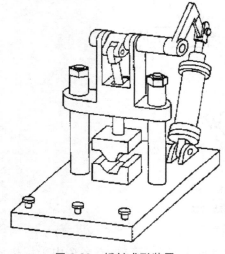

图 8-80　板材成形装置

［例 8-1］　在图 8-80 所示板材成形装置中，气缸带动曲柄连杆机构对塑料板材进行压制成形。试设计气压控制回路。

训练任务：此装置要设计一个简单的气缸往返工作控制回路。在压制成形工作中，必须考虑工作的安全性。

1. 气动控制回路设计

根据此装置任务和技术的要求，为保证手动操作的安全性，可以采用如图 8-81 所示的双手操作回路。气缸活塞杆在两个按钮 1S1、1S2 同时按下后伸出，带动曲柄连杆机构对塑料板材进行压制成形。加工完毕后，通过另一个按钮 1S3 让气缸活塞杆回缩。

回路设计为气缸活塞在两个按钮都同时按下时才能伸出，从而保证双手在气缸伸出时不会因操作不当受到伤害。这种双手操作回路是一种很常见的安全保护回路，在气动设备中，为了保护操作人员的人身安全和设备的正常运转，常采用安全保护回路。

2. 电气控制回路的设计

电气控制中通过对输入信号的串联和并联，可以很方便地实现逻辑"与"、"或"功能，如图 8-82 所示。

3. 控制回路的组装

（1）按照图 8-81、图 8-82 所示回路进行连接并检查。

（2）连接无误后，打开气源和电源，观察气缸运行的情况。

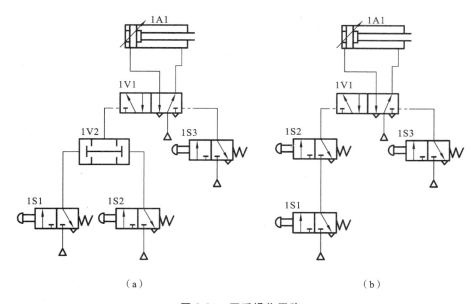

图 8-81　双手操作回路

（a）利用双压阀实现；（b）串联实现

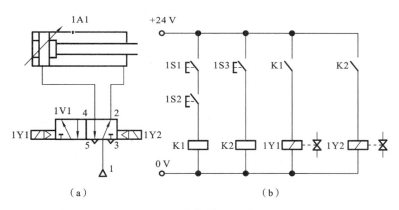

图 8-82　电气控制回路图

（3）对实验中出现的问题进行分析和解决。

（4）实验完成后,将各元件整理后放回原位。

[例 8-2]　图 8-83 所示为门开关控制装置。设计气压控制回路,利用气缸对门进行开关控制。

训练任务:设计气压控制回路,实现气缸对门的开关控制。门里、门外双控。

1. 气动控制回路的设计

在气动系统中,如果有多个输入条件来控制气缸的动作,就需要通过逻辑控制回路来处理这些信号间的逻辑关系,实现执行元件的正确动作。要完成这种回路的设计,必须掌握气动基本逻辑元件的相关知识。

气动控制回路如图 8-84 所示。气缸活塞杆伸出,门打开;气缸活塞杆缩回,门关闭。门内侧的开门按钮和关门按钮分别为 1S1 和 1S2;门外侧的开门按钮和关门按钮分别为 1S3 和 1S4。1S1、1S3 任一按钮按下,都能控制门打开;1S2、1S4 任一按钮按下,都能控制门关闭。

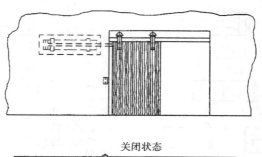

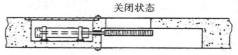

关闭状态

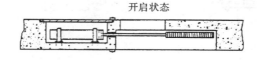

开启状态

图 8-83 门开关控制装置

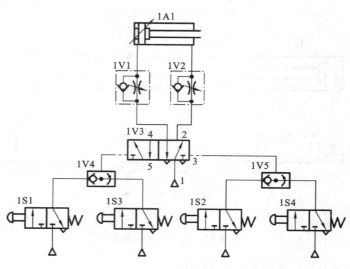

图 8-84 气动控制回路

在该例题中,门内、外的两个开门按钮 1S1、1S2,都能让气缸伸出,它们是逻辑"或"的关系;门内、外的两个开门按钮 1S2、1S4,都能让气缸缩回,它们也是逻辑"或"的关系。为了降低门的开关速度,回路应采用单向节流阀进行调节。

2. 电气控制回路的设计

电气控制回路如图 8-85 所示。

3. 控制回路组装

(1) 根据控制要求设计完成气动控制回路图和电气控制回路图。

(2) 按照气动控制回路图和电气控制回路图进行连接并检查。

(3) 连接无误后,打开气源和电源,观察气缸运行的情况是否符合控制要求。

(4) 对实验中出现的问题进行分析和解决。

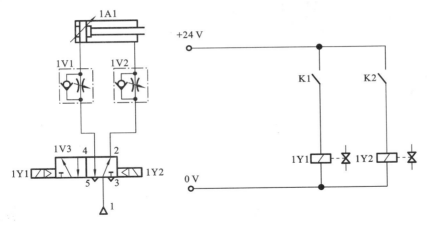

图 8-85 电气控制回路

（5）实验完成后，将各元件整理后放回原位。

任务 8.3 气动压力控制元件的选择与回路组装

【学习要求】

掌握压力控制阀的基本类型、结构及工作原理，各压力控制阀的图形符号，压力控制元件的选用方法；能进行压力控制回路的设计，以及气动元件、电气元件的组装；培养动手能力。

【任务描述】 碎料压实机气动压力控制元件的选择与回路的组装。

图 8-86 所示为碎料压实机。碎料由送料口送入压实区，经压实机压实后运出。

在工业气动控制中，如冲压、拉伸、夹紧等很多过程都需要对执行元件的输出力进行调节或根据输出力的大小对执行元件进行控制。压实机如何用气动控制系统实现其压实功能？用什么气动控制元件来调整执行元件的输出力？组成的气动压力控制回路如何设计？

本任务就是在了解碎料压实机的功能和要求的基础上，了解各类压力控制阀的种类、工作原理及应用；了解压力控制回路的组成、特点及设计方法，合理选用各种控制元件，完成碎料压实机气动控制回路的设计及控制回路的组装。

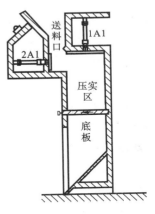

图 8-86 碎料压实机

【知识储备】

8.3.1 压力控制阀

在气动控制中一般用压力控制阀完成系统压力的调节和控制，以适应实际工作中执行元件对输出力的不同要求。

1. 压力控制的定义和应用

压力控制主要指的是控制、调节气动系统中压缩空气的压力，以满足系统对压力的要求。在气压传动系统中,控制压缩空气的压力和依靠气压力来控制执行元件动作顺序的阀统称为压力控制阀。根据阀的控制作用不同,压力控制阀可分为减压阀、溢流阀和顺序阀。

2. 减压阀

1) 减压阀的作用

减压阀又称调压阀,用来调节或控制气压的变化,并保持降压后的输出压力值稳定在需要的值上,确保系统压力的稳定。用来调节或控制气压的变化,并保持降压后的输出压力值稳定在需要的值上,确保系统压力的稳定。

2) 减压阀的分类

减压阀的种类繁多,可按压力调节方式、排气方式等进行分类。

(1) 按压力调节方式分类。

按压力调节方式可分为直动式减压阀和先导式减压阀。直动式减压阀是利用手柄或旋钮直接调节调压弹簧来改变减压阀的输出压力;先导式减压阀是采用压缩空气代替调压弹簧来调节输出压力的。先导式减压阀又可分为外部先导式和内部先导式两种。

(2) 按排气方式分类。

按排气方式可分为溢流式、非溢流式和恒量排气式三种。

溢流式减压阀的特点是减压过程中从溢流孔中排出少量多余的气体,维持输出压力不变。

非溢流式减压阀没有溢流孔,使用时回路中要安装一个放气阀,以排出输出侧的部分气体,它适用于调节有害气体压力的场合,可防止大气污染。

恒量排气式减压阀始终有微量气体从溢流阀座的小孔排出,能更准确地调整压力,一般用于输出压力要求调节精度高的场合。

3) 减压阀的工作原理

减压阀按工作原理的不同可分为直动式减压阀和先导式减压阀。

(1) 直动式减压阀。

图 8-87 所示为直动式减压阀,其工作原理:顺时针旋转调节旋钮,经过调压弹簧(2)、(3),推动膜片下移,膜片又推动阀杆下移,进气阀被打开,使出口压力 P_2 增大。同时,输出气压经反馈通道在膜片上产生向上的推力。这个作用力总是企图把进气阀关小,使出口压力降低,这样的作用称为负反馈。当作用在膜片上的反馈力与弹簧的作用力平衡时,减压阀便有稳定的压力输出。

(2) 先导式减压阀。

先导式减压阀的工作原理和结构与直动式调压阀的基本相同,所不同的是,先导式调压阀的调压气体一般是由小型的直动式减压阀供给,用调压气体代替调压弹簧来调整输出压力。先导式减压阀可分为内部先导式和外部先导式两种。

内部先导式减压阀:若把小型直动式减压阀装在阀的内部,来控制主阀输出压力,称为内部先导式减压阀,如图 8-88 所示。由于先导气压的调节部分采用了具有高灵敏度的喷嘴-挡板机构,当喷嘴与挡板之间的距离发生微小变化时(零点几毫米),就会使上气室中的压力发生很明显的变化,从而使膜片有较大的位移,并控制阀芯上下移动,使主阀口开大或关小,提高了对阀芯控制的灵敏度,故有较高的调压精度。

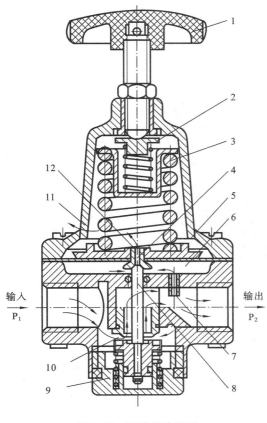

图 8-87　直动式减压阀

1—调节旋钮;2、3—调压弹簧;4—溢流阀座;
5—膜片;6—膜片气室;7—阻尼管;8—阀杆;
9—复位弹簧;10—进气阀;11—排气孔;12—溢流孔

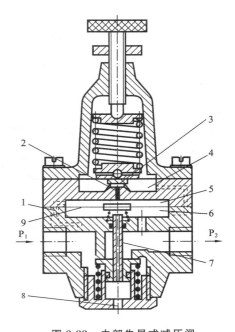

图 8-88　内部先导式减压阀

1—固定节流孔;2—喷嘴;3—挡板;
4—上气室;5—中气室;6—下气室;
7—阀芯;8—排气孔;9—膜片

外部先导式减压阀:若将小型直动式减压阀装在主阀的外部,则称为外部先导式减压阀,如图 8-89 所示。外部先导式减压阀作用在膜片上的力是靠主阀外部的一只小型直动溢流式减压阀供给压缩气体,来控制膜片上下移动,实现调整输出压力的目的。所以,外部先导式减压阀又称远距离控制式减压阀。

4)减压阀的选用

减压阀应根据以下原则来进行选用。

(1)根据调压精度的不同选择不同形式的减压阀。要求出口压力波动小时,如出口压力波动不大于工作压力最大值±0.5%,则选用精密减压阀。

(2)根据系统控制的要求,如需遥控或通径大于 20 mm 以上时,应选用外部先导式减压阀。

3. 溢流阀

1)溢流阀的作用

溢流阀(安全阀)在系统中起限制最高压力、保护系统安全的作用。当回路、储气罐的压力上升到设定值以上时,溢流阀(安全阀)把超过设定值的压缩空气排入大气,以保持输入压力不

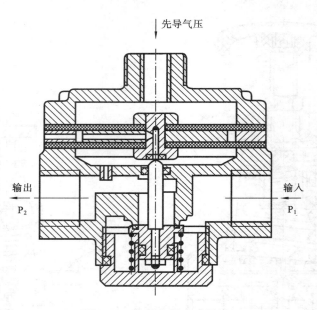

图 8-89　外部先导式减压阀

超过设定值。

2）溢流阀的工作原理

图 8-90 所示为溢流阀的工作原理。当气动系统的气体压力在规定的范围内时，由于气压作用在阀芯上的力小于调压弹簧的预压力，所以阀门处于关闭状态。当气动系统的压力升高，作用在阀芯上的力超过了调压弹簧的预压力时，阀芯就克服弹簧力向上移动，阀芯开启，压缩空气由排气孔 T 排出，实现溢流，直到系统的压力降至规定压力以下时，阀重新关闭。开启压力的大小靠调压弹簧的预压缩量来实现。

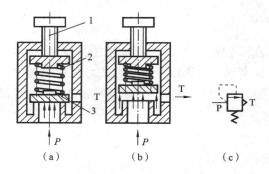

图 8-90　溢流阀的工作原理

(a) 关闭状态；(b) 开启状态；(c) 图形符号

1—调节手轮；2—调压弹簧；3—阀芯

3）溢流阀的分类

溢流阀与减压阀相类似，按控制方式分为直动式和先导式两种。

图 8-91 所示为直动式溢流阀，其开启压力与关闭压力比较接近，即压力特性较好、动作灵敏；但最大开启量比较小，即流量特性较差。

图 8-92 所示为先导式溢流阀，它由一个小型的直动式减压阀提供控制信号，以气压代

替弹簧控制溢流阀的开启压力。先导式溢流阀一般用于管道直径大或需要远距离控制的场合。

4）溢流阀的选用

溢流阀应根据以下原则进行选用。

（1）根据需要的溢流量选择溢流阀的通径。

（2）溢流阀的调定压力越接近阀的最高使用压力，则溢流阀的溢流特性越好。

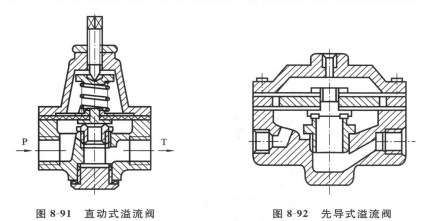

图 8-91　直动式溢流阀　　　　图 8-92　先导式溢流阀

4. 顺序阀

1）顺序阀的作用

顺序阀是根据回路中气体压力的大小来控制各种执行机构按顺序动作的压力控制阀。顺序阀常与单向阀组合使用，称为单向顺序阀。

2）顺序阀的工作原理

顺序阀靠调压弹簧压缩量来控制其开启压力的大小。图 8-93 所示为顺序阀，当压缩空气进入进气腔作用在阀芯上时，若此力小于弹簧的压力，阀为关闭状态，A 口无输出；而当作用在阀芯上的力大于弹簧的压力时，阀芯被顶起，阀为开启状态，压缩空气由 P 口流入，从 A 口流出，然后输出到气缸或气控换向阀。

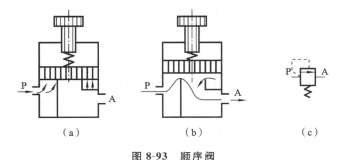

图 8-93　顺序阀

（a）关闭状态；（b）开启状态；（c）图形符号

3）单向顺序阀的工作原理

单向顺序阀是由顺序阀与单向阀并联组合而成。它依靠气路中压力的作用来控制执行元件的顺序动作。

其工作原理如图 8-94（b）所示，当压缩空气进入工作腔（4）后，作用在阀芯上的力大于弹簧的力时,将阀芯顶起,压缩空气从 P 口经工作腔(4、6)到 A 口,然后输出到气缸或气控换向阀。当切换气源,压缩空气从 A 口流向 P 口时,顺序阀关闭,此时工作腔(6)内的压力高于工作腔(4)内的压力,在压差作用下,打开单向阀,反向的压缩空气从 A 口到 T 口排出,如图8-94(c)所示。

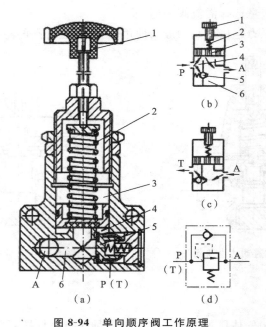

图 8-94　单向顺序阀工作原理
(a)结构;(b)开启状态;(c)关闭状态;(d)图形符号
1—调节手轮;2—弹簧;3—阀芯;4、6—工作腔;5—单向阀

8.3.2　压力控制回路

压力控制回路是对系统压力进行调节和控制的回路。在气动控制系统中,进行压力控制的回路主要有两种。一种是控制一次压力,提高气动系统工作安全性的回路;另一种是控制二次压力,给气动装置提供稳定工作压力的回路,这样才能充分发挥元件的功能和性能。

1.　一次压力控制回路

图 8-95 所示为一次压力控制回路。此回路主要用于把空气压缩机的输出压力控制在一定压力范围内。因为系统中压力过高,除了会增加压缩空气输送过程中的压力损失和泄漏以外,还会使管道或元件破裂而发生危险。因此,压力应始终控制在系统的额定值以下。

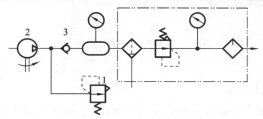

图 8-95　一次压力控制回路
1—溢流阀;2—空气压缩机;3—单向阀

2. 二次压力控制回路

图 8-96 所示为二次压力控制回路。此回路的主要作用是对气动装置的气源入口处的压力进行调节,提供稳定的工作压力。该回路一般由空气过滤器、减压阀和油雾器组成,通常称为气动调节装置(气动三联件)。其中,过滤器除去压缩空气中的灰尘、水分等杂质;减压阀调节压力并使其稳定;油雾器使清洁的润滑油雾化后注入空气流中,对需要润滑的气动部件进行润滑。

3. 高低压转换回路

图 8-97 所示为高低压转换回路,此回路主要用于某些气动设备时而需要高压、时而需要低压的情况。该回路用两个减压阀(1、2)调出两种不同的压力 p_1 和 p_2,再利用二位三通换向阀实现高低压转换。

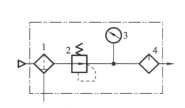

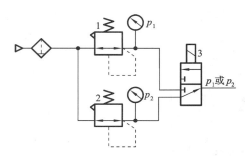

图 8-96　二次压力控制回路
1—空气过滤器;2—减压阀;3—压力表;4—油雾器

图 8-97　高低压转换回路
1,2—减压阀;3—二位三通换向阀

任务 8.4　气动流量控制元件的选择与速度回路的组装

【学习要求】

掌握流量控制阀的种类和应用,节流阀、单向节流阀、排气节流阀的工作原理,速度控制回路的特点和选用方法;掌握各种流量控制阀的图形符号,掌握速度控制回路的分析方法;培养动手能力。

【任务描述】　气动木条切断装置流量控制元件的选择与速度回路的组装。

在气动系统中,经常要求控制气动执行元件的运动速度,这需要靠调节压缩空气的流量来实现。用来控制气体流量的阀,称为流量控制阀。流量控制阀是通过改变阀的通流截面积来实现流量控制的元件,它包括节流阀、单向节流阀、排气节流阀等。采用节流阀、单向节流阀或快速排气阀等元件调节气缸进、排气管路的流量,控制气缸速度的回路,称为速度控制回路。常用的速度控制回路有单作用缸速度控制回路、双作用缸速度控制回路、快速往复运动控制回路、速度换接控制回路和缓冲控制回路等。

图 8-98 所示为木条切断装置。此装置利用气动控制将加工后的细木条根据要求剪切成不同长度。为保证木条切口质量,要求有较高的切削速度。此系统如何实现切断功能? 如何保证操作安全? 特别是系统如何根据材质要求,调整切削速度呢?

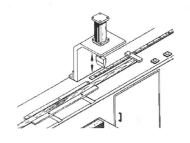

图 8-98　木条切断装置

本任务就是在了解木条切断装置切断功能和技术要求的同时,学习气动流量的控制原理,了解流量控制元件的类型、结构与应用,学习速度控制回路的设计方法,根据木条切断装置设计气动控制回路,并通过相关训练搭接控制回路。

【知识储备】

8.4.1 流量控制阀的工作原理

流量控制阀是通过改变阀的通流截面积来实现流量控制的元件。流量控制阀包括节流阀、单向节流阀和排气节流阀等。

1. 节流阀

1)节流阀的作用

节流阀是通过改变阀的通流截面积来调节流量的,用于控制气缸的运动速度。

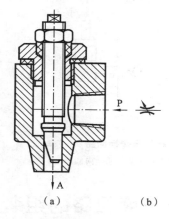

图 8-99 节流阀

(a)结构图;(b)图形符号

2)节流阀的工作原理

在节流阀(见图 8-99)中,针形阀芯用得比较普遍。压缩空气由 P 口进入,经过节流口,由 A 口流出。旋转阀芯螺杆,就可改变节流口的开度,从而调节压缩空气的流量。此种节流阀结构简单,体积小,应用范围较广。

2. 单向节流阀

1)单向节流阀的作用

单向节流阀是由单向阀和节流阀组合而成的流量控制阀,常用于气缸的速度控制,又称速度控制阀。

2)单向节流阀的工作原理

图 8-100 所示为单向节流阀的结构与工作原理图。当气流沿着一个方向,由 P→A 流动时,经过节流阀节流(见图 8-100(b));当气流沿反方向,由 A→P 流动时,单向阀打开,不节流(见图 8-100(c))。单向节流阀常用于气缸的调速和延时回路中,使用时应尽可能直接安装在气缸上。

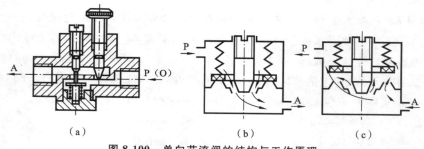

图 8-100 单向节流阀的结构与工作原理

(a)结构;(b)使用节流阀;(c)不使用节流阀

3. 排气节流阀

1)排气节流阀的作用

排气节流阀一般装在排气口,调节排入大气中的气体流量,以改变气动执行元件的运动速度。排气节流阀常带有消声器以减小排气噪声,并能防止环境中的粉尘通过排气口侵入,污染元件,图 8-101 所示为排气节流阀。

  2)排气节流阀的工作原理

  排气节流阀的工作原理和节流阀相似,靠调节节流口处的通流截面积来调节排气流量,由消声套降低排气噪声。排气节流阀只能安装在元件的排气口处。

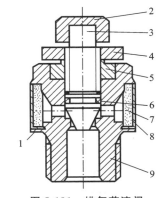

图 8-101　排气节流阀
1—衬垫;2—调节手轮;3—节流阀芯;
4—锁紧螺母;5—导向套;6—O 形密封圈;
7—消声套;8—盖;9—阀体

8.4.2　速度控制回路

  采用节流阀、单向节流阀或快速排气阀等元件调节气缸进、排气管路的流量,控制气缸速度的回路,称为速度控制回路。常用的速度控制回路有单作用缸速度控制回路、双作用缸速度控制回路、快速往复运动控制回路、速度换接控制回路和缓冲控制回路等。

1. 单作用缸速度控制回路

  以下两图所示为单作用气缸的速度控制回路。其中,图 8-102 所示为利用两个相反安装的单向节流阀分别控制活塞杆的伸出和返回的速度控制回路;图 8-103 所示为利用一个单向节流阀和一个快速排气阀串联来控制活塞杆的慢速伸出和快速返回的速度控制回路。

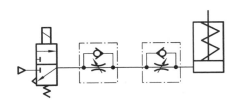

图 8-102　利用两个相反安装的单向节流阀分别控制活塞杆的伸出和返回的速度控制回路

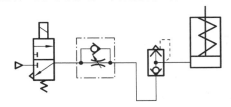

图 8-103　利用一个单向节流阀和一个快速排气阀串联来控制活塞杆的慢速伸出和快速返回的速度控制回路

2. 双作用缸速度控制回路

  图 8-104(a)所示为双作用气缸单向进气节流调速回路。进气节流回路多用于垂直安装的气缸供气回路中。

  在图示位置,当气控换向阀不换向时,进入气缸 A 腔的气体流经节流阀,B 腔排出的气体直接经换向阀快排。当节流阀开度较小时,由于进入 A 腔的流量较小,压力上升缓慢,当气压达到能克服负载时,活塞前进,此时 A 腔容积增大,结果使压缩空气膨胀,压力下降,使作用在活塞上的力小于负载,因而活塞停止前进。待压力再次上升时,活塞才再次前进。这种由于负载和供气的原因使活塞忽走忽停的现象称为气缸的"爬行"。

  进气节流调速回路不足的表现:当负载方向与活塞运动方向相反时,活塞易出现"爬行"现象;当负载方向与活塞运动方向相同时,由于经换向阀快排气,几乎没有阻尼,负载易产生"跑空"现象,使气缸失去控制。

  图 8-104(b)所示为双作用气缸单向排气节流调速回路。在水平安装的气缸供气回路中一般采用排气节流回路。

  在图示位置,当气控换向阀不换向时,进入气缸 A 腔的气体流经节流阀,B 腔排出的气体必须经节流阀到换向阀而排入大气,因而 B 腔中的气体有一定的压力。此时活塞在 A 腔与 B

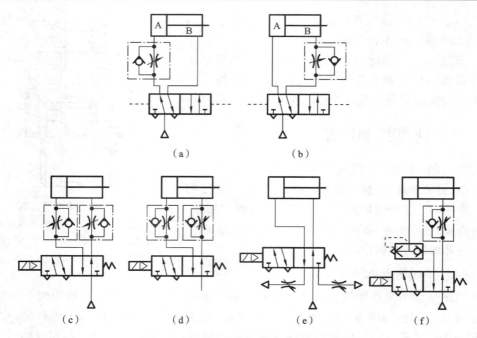

图 8-104　双作用气缸的速度控制回路

(a) 单向进气；(b) 单向排气；(c) 双向进气；(d) 双向排气；(e) 采用排气节流阀；(f) 采用单向节流阀和快速排阀

腔的压力差作用下前进，从而减少了"爬行"的可能性。调节节流阀的开度，就可控制不同的排气速度，从而控制活塞的运动速度。

排气节流调速回路的特点：① 气缸速度随负载变化较小，运动较平稳；② 能承受与活塞运动方向相同的负载（反向负载）。

图 8-104(c)所示为双作用气缸双向进气节流调速回路。

图 8-104(d)所示为双作用气缸双向排气节流调速回路。

图 8-104(e)所示为双作用气缸采用排气节流阀的调速回路。

图 8-104(f)所示为采用单向节流阀和快速排气阀构成的调速回路。

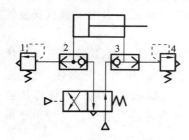

图 8-105　快速往复运动控制回路

1,4—溢流阀；2,3—快速排气阀

3. 快速往复运动控制回路

图 8-105 所示为快速往复运动控制回路。在快速排气阀(2,3)的后面装有溢流阀(1,4)，当气缸通过排气阀排气时，溢流阀就成为背压阀了。这样，气缸的排气腔就有了一定的背压力，增加了运动的平稳性。

4. 速度换接控制回路

图 8-106 所示为速度换接控制回路。采用行程开关 S(安装在行程的中间位置)对两个二位二通电磁换向阀进行控制。气缸活塞的往复运动都是出口节流调速，当活塞杆在行程中碰到行程开关而使二位二通阀通电时，改变了排气的途径，从而使活塞改变了运动速度。两个二位二通阀，分别控制往复行程中的速度变换。当电磁铁通电，快速排气；电磁铁断电，慢速进给。

5. 缓冲控制回路

图 8-107 所示为采用单向节流阀和行程阀配合的缓冲回路。当活塞前进到预定位置压下

行程阀时,气缸排气腔的气流只能从节流阀通过,使活塞速度减慢,达到缓冲目的。此种回路常用于惯性力较大的气缸。

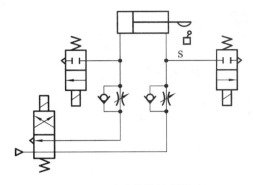

图 8-106　速度换接控制回路

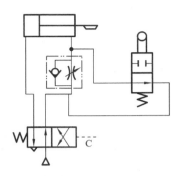

图 8-107　利用单向节流阀和行程阀配合的缓冲回路

图 8-108 所示为两种缓冲回路。图 8-108(a)所示为利用机控阀和流量控制阀实现的缓冲回路。当气缸伸出运动时,有杆腔空气经二位二通机控阀和二位五通阀排出。伸出运动到末端使机控阀换向,有杆腔空气经节流阀排出,实现气缸运动缓冲。改变机控阀的安装位置,可以改变开始缓冲的时刻。

图 8-108(b)所示为利用顺序阀实现的缓冲回路。当气缸退回到行程末端时,无杆腔的压力已经下降到不能打开顺序阀,腔室内的剩余空气只能经节流阀排出,由此气缸运动得以缓冲。这种回路常用于气缸行程长、速度快的场合。

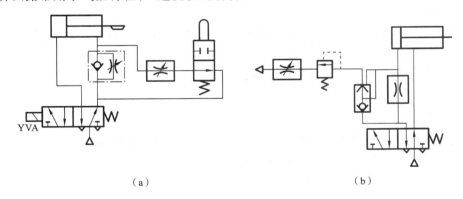

(a)　　　　　　　　　　　　　　　　(b)

图 8-108　缓冲回路

(a)利用机控阀和流量控制阀实现的缓冲回路;(b)利用顺序阀实现的缓冲回路

【任务实施】　气动木条切断装置流量控制元件的选择与速度回路的组装。

1. 气动木条切断装置的功能

木条切断装置是在气动控制下将加工后的细木条根据要求剪切成不同长度。剪切的长度通过工作台上的一把标尺进行调整。

2. 气动控制原理的设计

双手同时按下两个按钮后,气缸活塞杆伸出,活塞杆前端的切刀将木条切断。为保证木条切口质量,活塞杆应有较高的伸出速度。松开任何一个按钮,气缸活塞杆就自动缩回。为保证安全操作切断过程,采用了双手启动。双手启动是很常用的安全保护方式,它可以保证工作人员在操作时双手脱离危险区域。双手启动可以通过两个按钮的串联或用双压阀来实现。气缸活塞杆的快速伸出通过采用快速排气阀实现。木条切断装置气动控制回路如图 8-109 所示。

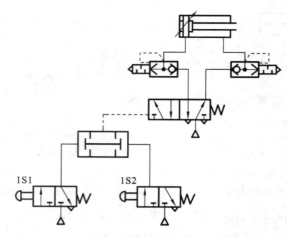

图 8-109　木条切断装置气动控制回路

3. 气动元件的选择

回路系统的主要元件分别如下。

（1）气缸　根据题目要求应采用单杆双作用气缸。

（2）逻辑阀　因要求两个按钮同时按下时活塞才伸出，故两个按钮之间应是逻辑"与"的关系，选用双压阀。

（3）快速排气阀　为保证木条切口质量，活塞杆应有较高的伸出速度，应选用快速排气阀。

（4）方向控制阀　气控二位五通换向阀。

4. 控制回路的组装

（1）按照气动控制回路图进行连接并检查。

（2）连接无误后，打开气源，观察气缸运行情况是否符合控制要求。

（3）对实验中出现的问题进行分析和解决。

（4）实验完成后，将各元件整理后放回原位。

【相关训练】

图 8-110 所示为工件抬升装置。利用一个气缸将从下方传送装置送来的零件抬升到上方的传送装置，用于进一步加工。

1. 训练任务

气缸活塞杆的伸出要求利用一个按钮来控制，活塞的缩回则要求在其伸出到位后自动实现。为避免活塞运动速度过高产生的冲击对零件和设备造成机械损害，要求气缸活塞运动速度可以调节。试完成该装置的气动控制回路的设计。

2. 训练实施

1）气动控制回路的设计

在这个任务中，气缸活塞杆伸出时，不存在压力检测等特殊要求，所以可以采用排气节流方式进行调速。气缸活塞回缩时，安装支架的自重方向与活塞运动方向相同，即为负值负载，所以应采用排气节流方式进行调速。其气动控制回路如图 8-111 所示。

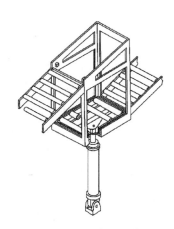

图 8-110　工件抬升装置

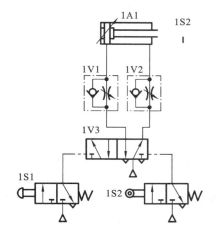

图 8-111　工件抬升装置的气动控制回路

2）控制回路的组装

（1）根据课题说明完成气动控制回路图。

（2）按照气动控制回路图进行连接并检查。

（3）连接无误后，打开气源，观察气缸运行情况是否符合控制要求。

（4）掌握单向节流阀的两种不同安装方式及调节方法。

（5）对实验中出现的问题进行分析和解决。

（6）实验完成后，将各元件整理后放回原位。

任务8.5　其他回路的组装

【学习要求】

掌握顺序动作回路、延时回路、计数回路、同步回路、安全保护回路等控制回路的工作原理，以及程序动作控制回路的表达方法与综合运用；培养动手能力。

【任务描述】　自动送料装置程序控制回路的设计与组装。

图 8-112 所示为自动送料装置。工件被执行机构推入滑槽后自动退回到原位，接到指令后再次伸出将下一个工件推入滑槽，如此循环。

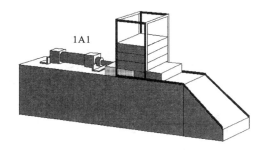

图 8-112　自动送料装置

本任务就是要在弄清楚自动送料装置功能的同时，了解各类程序动作回路和各类安全保护回路的组成、控制原理及设计方法,了解各类信号元件和检测元件的类型与应用,在此基础上为自动送料装置选择合适的控制元件,设计并组装其控制回路。

【知识储备】

8.5.1　程序动作回路

在采用行程程序控制的气动控制回路中,执行元件的每一步动作完成时,都有相应的发信元件发出完成信号,下一步动作都应由前一步动作的完成信号来启动。这种在气动系统中的行程发信元件一般称为位置传感器,包括行程阀、行程开关、各种接近开关,在一个回路中有多少个动作步骤,就应有多少个位置传感器。执行元件运动到位后,通过安装在执行元件相应位置的位置传感器发出的信号启动下一个动作。有时在安装位置传感器比较困难或者根本无法进行位置检测时,行程信号也可用时间、压力信号等其他类型的信号来代替。此时所使用的检测元件也不再是位置传感器,而是相应的时间、压力检测元件。

在气动控制回路中最常用的位置传感器就是行程阀;采用电气控制时,最常用的位置传感器有行程开关、电容式传感器、电感式传感器、光电式传感器、光纤式传感器和磁感应式传感器。除行程开关外的各类传感器由于都采用非接触式的感应原理,所以也称为接近开关。

1. 顺序动作回路

顺序动作是指气动回路中,各个气缸按一定程序完成各自的动作。例如,单缸有单往复动作回路、二次往复动作回路、连续往复动作回路等;双缸及多缸有单往复及多往复动作回路等。

1) 单往复动作回路

图 8-113(a)所示为行程阀控制的单往复动作回路。按下阀 1,阀 3 换向,活塞前进。当挡块压下行程阀 2 时,阀 3 复位,活塞自动返回。图 8-113(b)所示为压力控制的单往复动作回路。按下阀 1,阀 3 换向,活塞前进,同时气压作用在顺序阀 2 上。当活塞到达终点后,无杆腔气压升高并打开顺序阀 2,使阀 3 复位,活塞自动返回。

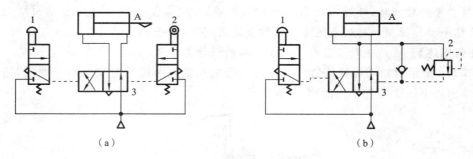

图 8-113　单往复动作回路

(a) 行程阀控制的单往复动作回路;(b) 压力控制的单往复动作回路

2) 连续往复动作回路

图 8-114 所示为连续动作回路。按下阀 1,阀 4 换向,活塞前进。此时由于阀 3 复位而将气路封闭,使阀 4 不能复位。当活塞前进到挡块压下行程阀 2 时,使阀 4 的控制气路排气,在弹簧作用下阀 4 复位,活塞返回。当活塞返回到终点,挡块压下行程阀 3 时,阀 4 换向,重复上述循环动作,待提起阀 1 的按钮后阀 4 复位,活塞返回而停止运动。

2. 延时回路

在图 8-115(a)所示的气控延时回路中,阀 4 输入气控信号后换向,压缩空气经单向节流阀 3 向储气罐 2 缓慢充气,经一定时间 t 后,充气压力达到设定值,使阀 1 换向,输出压缩空气。改变阀 3 的节流开口度即可调整延时时间的长短。

在图 8-115(b)所示的手动延时回路中,按下阀 8 后,阀 7 换位,活塞杆伸出,行至将行程阀 5 压下,系统经节流阀缓慢向储气罐 6 充气,延迟一定时间后,达到设定压力值,阀 7 才能复位,使活塞杆返回。

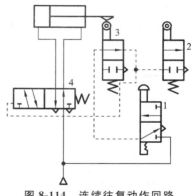

图 8-114　连续往复动作回路

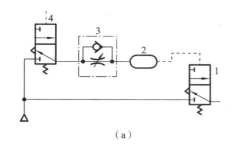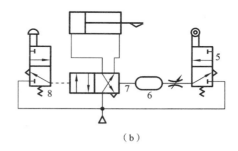

（a）　　　　　　　　　　　　　　　　（b）

图 8-115　延时回路

(a) 气控延时回路;(b) 手动延时回路

1—换向阀;2,6—储气罐;3—单向节流阀;4,7—气控换向阀;5—行程阀;8—手动换向阀

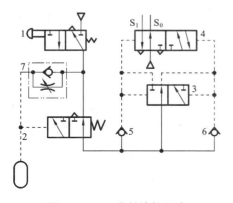

图 8-116　二进制计数回路

1—手动换向阀;2—单气控阀;

3—双气控阀;4—两位五通气控换向阀;

5,6—单向阀;7—单向节流阀

3. 计数回路

图 8-116 所示为二进制计数回路。图示状态是 S_0 输出状态。当按下手动阀 1 后,阀 2 产生一个脉冲信号经阀 3 输入给阀 3 和阀 4 右侧,阀 3、阀 4 均换向至右工位,S_1 有输出。脉冲信号消失,阀 3、阀 4 两侧的压缩空气全部经阀 2、阀 1 排出。当放开阀 1 时,阀 2 左腔压缩空气经单向阀迅速排出,阀 2 在弹簧作用下复位。当第二次按动阀 1 时,阀 2 又出现一次脉冲,阀 3、阀 4 都换向至左位,S_0 有输出。阀 1 每按两次,S_0(或 S_1)就有一次输出,故此回路为二进制计数回路。

4. 同步回路

图 8-117(a)所示为刚性连接的同步回路,两个气缸活塞杆用连杆组成。由于两个阻尼缸的气路交叉连接,且两缸的尺寸完全相同,保证了两缸的同步动作。图 8-117(b)所示为气-液转换同步回路。图 8-117(c)所示为气-液阻尼缸同步回路。当换向阀有信号输入时,两缸同步推出或退回。若阀两端都没有信号输入时,阀处于中位,气缸两腔同时卸压。此时,阀 V_1、V_2 复位,接通油路向液压缸补油。图中设置的气堵用来定期排放混入油液中的空气。

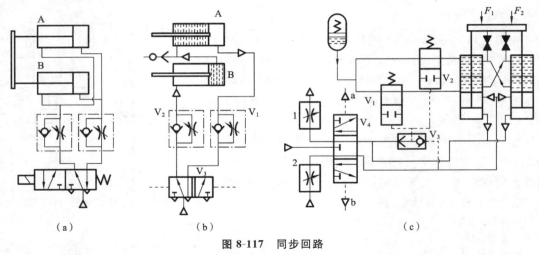

图 8-117 同步回路

(a) 刚性连接；(b) 气-液转换；(c) 气-液阻尼缸

8.5.2 安全保护回路

在生产过程中，为了保护操作者的人身安全和设备的正常工作，常采用安全保护回路。

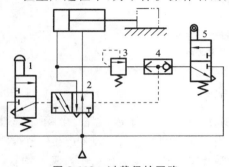

图 8-118 过载保护回路

1,5—手动换向阀；2—主控阀；
3—顺序阀；4—梭阀

1. 过载保护

图 8-118 所示为过载保护回路。操纵手动换向阀(1)使主控阀处于左位，气缸活塞伸出，当气缸在伸出途中遇到障碍使气缸过载，左腔压力升高超过预定值时，顺序阀打开，控制气体经梭阀将主控阀切换至右位(图 8-118 所示位置)，使活塞缩回，气缸左腔的压力经主控阀排掉，防止系统过载。

2. 互锁

图 8-119 所示为互锁回路。该回路主要是防止各缸的活塞同时动作，保证只有一个活塞动作。回

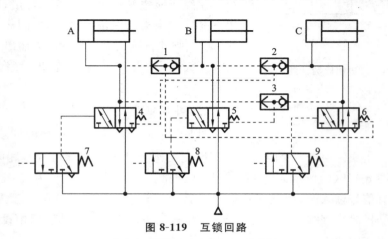

图 8-119 互锁回路

1,2,3—梭阀；4,5,6,7,8,9—换向阀

路主要是利用梭阀(1、2、3)及换向阀(4、5、6)进行互锁。如换向阀(7)被切换,则换向阀(4)也换向,使气缸 A 活塞伸出。与此同时,气缸 A 的进气管路的气体使梭阀(1、3)动作,把换向阀(5、6)锁住。所以此时换向阀(8、9)即使有信号,气缸 B、C 也不会动作。如要改变缸的动作,必须把前动作缸的气控阀复位。

3. 双手操作安全回路

用两个二位三通阀串联的"与"门逻辑回路,构成了一个最常用的双手操作安全回路,如图8-120(a)所示,二位三通阀可以是手动阀或者脚踏阀。可以看出,只有当双手同时按下二位三通阀时,主控阀才能换位,而只按下其中一只三通阀时,主控阀不切换,从而保证了只有用两只手操作才是安全的。也可采用双压阀实现,如图8-120(b)所示。

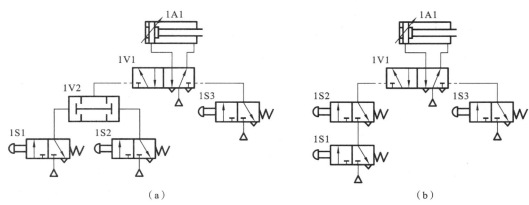

图 8-120　双手操作安全回路
(a) 二位三通阀串联;(b) 采用双压阀

4. 其他安全保护回路

1) 过载保护回路

如图 8-121 所示,当活塞右行遇到障碍或其他原因使气缸过载时,左腔压力升高,当超过预定值时,打开顺序阀(3),使换向阀(4)换向,阀(1)、阀(2)同时复位,气缸返回,保护设备安全。

2) 自锁回路

图 8-122 所示为典型自锁回路,而且又是一个手控换向回路。当按下手动阀(1)的按钮后,主控阀右位接入,气缸中的活塞杆将向左伸出,这时即便将手动阀(1)的按钮松开,主控阀也不会进行换向。只有当将手动阀(2)的按钮按下后,控制信息逐渐消失,主控阀出现换向复位并左位接入,气缸中的活塞杆才向右退回。

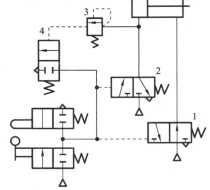

图 8-121　过载保护回路

3) 气压降低保护回路

图 8-123 所示的是一种气压突然降低时的保护回路,其作用是当系统的压力突然降低至工作安全范围以下时,保护人员和设备的安全。如图示位置,管路内的工作气压在正常工作压力范围内,顺序阀打开,气控阀切换,气缸处于退回的状态,操作手动阀(4),气缸前进;操作手动阀(3),气缸退回。若在气缸前进途中,工作气压突然

降低到正常工作压力以下,则顺序阀关闭,气控阀复位,手动阀(4)的气源失压,主控阀的气压经手动阀(4)排气,气缸立刻退回。

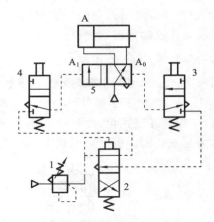

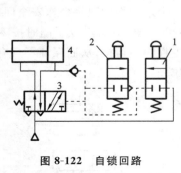

图 8-122　自锁回路

1,2—手动阀;3—主控阀;4—气缸

图 8-123　气压降低保护回路

1—顺序阀;2—气控阀;3,4—手动阀;5—主控阀

8.5.3　多缸动作顺序状况的表达方法

气动系统中若有两只或多只气缸按一定顺序动作的回路,称为多缸顺序动作回路,其应用较广泛。在一个循环顺序里,若气缸只做一次往复,称为单往复顺序,若某些气缸做多次往复,就称为多往复顺序。

为方便进行回路设计和回路分析,形象清晰地描绘多缸控制系统中执行元件动作顺序及各部动作状态,可借助如下运动图表示。

1. 位移-步骤图

位移-步骤图是利用图表的形式来描述控制系统中执行元件的状态随控制步骤变化的规律。如图 8-124 所示,图中的横坐标表示步骤,纵坐标表示位移(气缸的动作)。如 A、B 两个气缸的动作顺序为 A+B+B−A−(A+表示 A 气缸伸出,B−表示 B 气缸退回)。

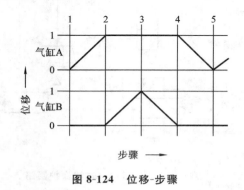

图 8-124　位移-步骤

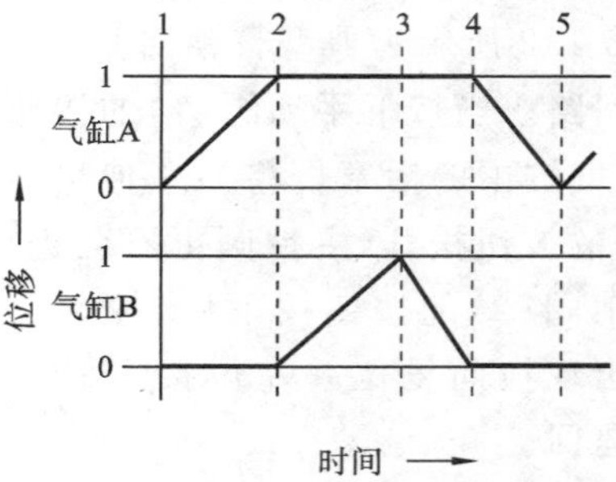

图 8-125　位移-时间

2. 位移-时间图

位移-步骤图仅表示执行元件的动作顺序,而执行元件动作的快慢则无法表示出来。位移-时间图是描述控制系统中执行元件的状态随时间变化的规律,如图 8-125 所示。

【任务实施】 自动送料装置气动控制回路的设计与组装。

1. 自动送料装置的功能

图 8-119 所示为自动送料装置,其主要功能是将料仓中的成品推入滑槽进行装箱,实现高效率自动循环工作。

2. 气动控制的原理

利用一个双作用气缸将料仓中的成品推入滑槽。为提高效率,采用一个带定位的开关启动气缸动作。按下开关,气缸活塞杆伸出,活塞杆伸到头即将工件推入滑槽。工件被推入滑槽后,活塞杆自动缩回,活塞杆完全缩回后,再次自动伸出,推下一个工件,如此循环,直至再次按下定位开关,气缸活塞完全缩回后停止。其气动控制回路如图 8-126 所示。

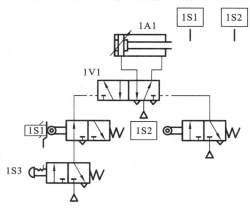

图 8-126 自动送料装置的气动控制回路

3. 控制元件的选择

选择一个执行元件:双作用气缸 1A1。实现两步动作:活塞杆伸出和活塞杆缩回。

选择信号元件:行程阀作为发信元件。

(1)两步动作应有两个相应的行程发信元件,一个检测活塞杆是否已经完全伸出,一个检测气缸活塞杆是否已经完全缩回。

(2)根据要求,定位开关作为启动信号不应去控制气缸的气源,以防止气缸活塞在动作时,因气源被切断而无法回到原位。

(3)在图中,行程阀 1S1 和 1S2 除了应画出与其他元件的连接方式外,为说明它们的行程检测作用,还应标明其实际安装位置。图中行程阀 1S1 的画法表明在启动之前它已经处于被压下的状态。

4. 电气控制回路

(1)采用电气方式进行控制时,行程发信元件可以采用行程开关或各类接近开关。和气动控制回路图中的行程阀一样,在图中也应标出其安装位置。

(2)提示:采用行程开关、电容式传感器、电感式传感器、光电式传感器时,这些传感器检测的都是活塞杆前部凸块的位置,所以传感器的安装位置如图 8-127 所示,应在活塞杆的前方;采用磁感应式传感器时,传感器检测的是活塞上磁环的位置,所以其安装位置应如图8-128所示,在气缸缸体上。

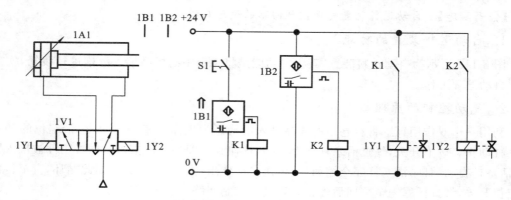

图 8-127　自动送料装置的电气控制回路一

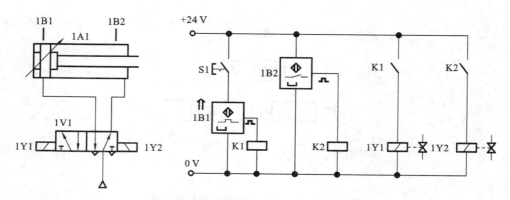

图 8-128　自动送料装置的电气控制回路二

【相关训练】

[例 8-3]　图 8-129 所示为纸箱抬升推出装置,它能将已经装箱打包完成的纸箱从自动生产线上取下。

1. 训练任务

设计纸箱自动下线行程程序控制回路。完成动作:纸箱从竖直方向顶起到位后,被水平推入滑槽。为保证纸箱下线时不破损,适当考虑下线速度。

2. 训练实施

此装置行程程序控制回路中有两个执行元件:气缸 1A1、气缸 2A1。其动作步骤:气缸 1A1 伸出,气缸 2A1 伸出,气缸 1A1 缩回,气缸 2A1 缩回。

本训练任务气缸 1A1 和气缸 2A1 的位移步骤如图 8-130 所示。

位移-步骤图在绘制时主要应注意以下几点。

(1) 图表左侧的 1A1 和 2A1 分别为执行元件的标号。

(2) 图表纵坐标上的 0 和 1 分别表示气缸活塞处于完全缩回和完全伸出状态。

(3) 图表横轴的分段数由该回路一个动作循环所含的步骤数决定。

(4) 图表横轴的分段采用均匀分段,即每一段只表示一个动作步骤,不表示执行该步骤所用的时间。如果有需要也可按时间进行分段。

粗实线表示左侧标号所对应的执行元件的动作情况。例如,气缸 1A1 所对应的粗实线在第一段内出现从 0 到 1 的斜线,表明在本行程程序控制回路中,第一步为气缸 1A1 活塞的伸出。

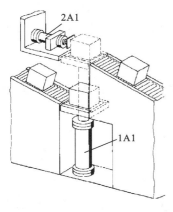

图 8-129　纸箱抬升推出装置

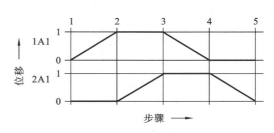

图 8-130　位移步骤

1）气动控制回路

利用两个气缸把已经装箱打包完成的纸箱从自动生产线上取下。通过一个按钮控制气缸 1A1 活塞伸出，将纸箱抬升到气缸 2A1 的前方；气缸 1A1 到位后，气缸 2A1 活塞伸出，将纸箱推入滑槽；完成后，气缸 1A1 活塞首先缩回；气缸 1A1 回缩到位后，气缸 2A1 活塞缩回，一个工作过程完成。为防止造成纸箱破损，应对气缸活塞的运动速度进行调节。

因此，在回路中应设置 4 个位置检测元件，分别检测气缸 1A1 活塞伸出到位、缩回到位；气缸 2A1 活塞伸出到位、缩回到位。这 4 个位置检测元件发出的信号作为前一步动作完成的标志，用来启动下一步动作。

如图 8-131 所示，行程阀 2S1 发出信号时，说明气缸 1A1 活塞已经伸出到位，即行程程序动作中的第一步已经完成，应开始执行第二步动作，让气缸 2A1 活塞伸出。所以行程阀 2S1

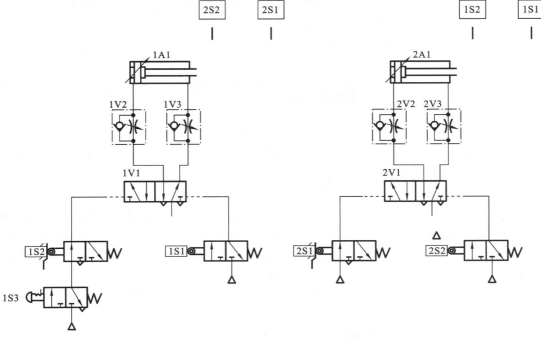

图 8-131　纸箱抬升推出装置的气动控制回路

信号应用来控制换向阀 2V1 换向,使气缸 2A1 活塞伸出。

气缸活塞运动速度采用出口节流调速。用于控制气缸 1A1、2A1 活塞缩回速度的单向节流阀 1V2、2V2 也可以不用。

2)电气控制回路

电气控制回路(见图 8-132)的设计方法与气动控制回路的设计方法基本相同,其行程发信元件可以采用行程开关或各种接近开关。

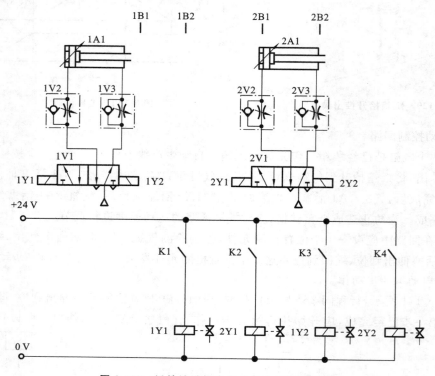

图 8-132 纸箱抬升推出装置的电气控制回路

【练习与思考 8】

一、填空题

1. 气动系统对压缩空气的主要要求:具有一定的_____和_____,并具有一定的_____程度。

2. 气源装置一般由气压_____装置、_____及_____压缩空气的装置和设备、传输压缩空气的管道系统和_____四部分组成。

3. 空气压缩机简称_____,是气源装置的核心,用以将原动机输出的机械能转化为气体的压力能。空气压缩机的种类很多,但按工作原理主要可分为_____和_____(叶片式)两类。

4. _____、_____、_____一起称为气动三联件,是多数气动设备必不可少的气源装置。大多数情况下,三联件组合使用,三联件应安装在用气设备的_____。

5. 气动执行元件是将压缩空气的压力能转换为机械能的装置,包括_____和_____。

6. "与"门型梭阀又称_____。

7. 气动控制元件按其功能和作用分为_____控制阀、_____控制阀和_____控制阀三大类。

8. 气动单向型控制阀包括＿＿＿＿、＿＿＿＿、＿＿＿＿和快速排气阀。其中＿＿＿＿与液压单向阀类似。

9. 气动压力控制阀主要有＿＿＿＿、＿＿＿＿和＿＿＿＿。

10. 气动流量控制阀主要有＿＿＿＿、＿＿＿＿、＿＿＿＿等，都是通过改变控制阀的通流截面积来实现流量控制的控制元件。

11. 气动系统因其使用的功率都不大，所以主要的调速方法是＿＿＿＿。

12. 在设计任何气动回路时，特别是在安全回路中，都不可缺少＿＿＿＿和＿＿＿＿。

二、判断题

1. 气源管道的管径大小是根据压缩空气的最大流量和允许的最大压力损失决定的。（　　）

2. 大多数情况下，气动三联件组合使用，其安装次序依进气方向为空气过滤器、后冷却器和油雾器。（　　）

3. 空气过滤器又名分水滤气器、空气滤清器，它的作用是滤除压缩空气中的水分、油滴及杂质，以达到气动系统所要求的净化程度，它属于二次过滤器。（　　）

4. 气动马达的突出特点是具有防爆、高速、输出功率大、耗气量小等优点，但也有噪声大和易产生振动等缺点。（　　）

5. 气动马达是将压缩空气的压力能转换成直线运动的机械能的装置。（　　）

6. 气压传动系统中所使用的压缩空气直接由空气压缩机供给。（　　）

7. 快速排气阀的作用是将气缸中的气体经管路由换向阀的排气口排出。（　　）

8. 每台气动装置的供气压力都需要用减压阀来减压，并保证供气压力的稳定。（　　）

9. 在气动系统中，双压阀的逻辑功能相当于"或"元件。（　　）

10. 快速排气阀的作用是使执行元件的运动速度达到最快而使排气时间最短，因此需要将快速排气阀安装在方向控制阀的排气口。（　　）

11. 双气控及双电控二位五通方向控制阀具有保持功能。（　　）

12. 气压控制换向阀是利用气体压力来使主阀芯运动而使气体改变方向的。（　　）

13. 消声器的作用是排除压缩气体高速通过气动元件、排入大气时产生的刺耳的噪声污染。（　　）

14. 气动压力控制阀都是利用作用于阀芯上的流体（空气）压力和弹簧力相平衡的原理来进行工作的。（　　）

15. 气动流量控制阀主要有节流阀、单向节流阀和排气节流阀等，都是通过改变控制阀的通流截面积来实现流量控制的控制元件。（　　）

三、选择题

1. 以下不是储气罐的作用的是（　　）。

A. 减少气源输出气流脉动　　　　B. 进一步分离压缩空气中的水分和油分

C. 冷却压缩空气

2. 利用压缩空气使膜片变形，从而推动活塞杆做直线运动的气缸是（　　）。

A. 气-液阻尼缸　　　B. 冲击气缸　　　C. 薄膜式气缸

3. 气源装置的核心元件是（　　）。

A. 气动马达　　　B. 空气压缩机　　　C. 油水分离器

4. 低压空压机的输出压力为（　　）

A. 小于 0.2 MPa　　　B. 0.2～1 MPa　　　C. 1～10 MPa

5. 油水分离器安装在(　　)后的管道上。

A. 后冷却器　　　　　B. 干燥器　　　　　C. 储气罐

6. 在要求双向行程时间相同的场合,应采用(　　)气缸。

A. 多位气缸　　　B. 膜片式气缸　　　C. 伸缩套筒气缸　　　D. 双出杆活塞缸

7. 压缩空气站是气压系统的(　　)。

A. 辅助装置　　　B. 执行装置　　　C. 控制装置　　　D. 动力源装置

8. 符号⌀═代表(　　)。

A. 直线气缸　　　B. 摆动气缸　　　C. 单作用缸　　　D. 气动马达

9. 下列气动元件是气动控制元件的是(　　)。

A. 气动马达　　　B. 顺序阀　　　C. 空气压缩机

10. 气压传动中方向控制阀用来(　　)。

A. 调节压力　　　B. 截止或导通气流　　C. 调节执行元件的气流量

11. 在图 8-133 所示的回路中,仅按下 Ps_3 按钮,则(　　)。

A. 压缩空气从 S_1 口流出　　　　　　B. 没有气流从 S_1 口流出

C. 如果 Ps_2 按钮也按下,气流从 S_1 口流出

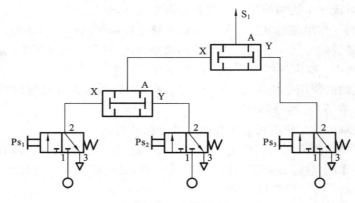

图 8-133　题 11 图

四、简答题

1. 一个典型的气动系统由哪几个部分组成?

2. 气动系统对压缩空气有哪些质量要求?

3. 空气压缩机在使用中要注意哪些事项?

4. 气缸选择的主要步骤有哪些?

5. 气动系统中常用的压力控制回路有哪些?

6. 比较双作用缸的节流供气和节流排气两种调速方式的优缺点和应用场合。

7. 为何安全回路中,都不可缺少过滤装置和油雾器?

五、综合题

1. 设计一个双手安全操作的回路。

2. 画出下列气动元件的图形符号。

梭阀(或)　　　　　双压力阀(与)　　　　　快速排气阀

项目9 气压传动应用分析

【学习导航】

教学目标：以典型气压传动系统为载体，学习气压传动系统的工作原理和系统特点，掌握气压传动系统的表达方法，提升系统原理图的识读与分析能力。

教学指导：教师根据典型气动系统，多媒体教学，引导学生读懂气动系统原理图，分析系统的工作原理；案例结合现场组织教学，认识各种控制元件及其在回路中所起的作用，分析气动回路，掌握系统维护的基本技能。

任务9.1 折弯机气动系统的分析

【学习要求】

掌握折弯机气动系统的工作原理与应用，掌握气压系统原理图的识读方法；能进行复杂的油路分析，能分析各元件在气动回路中的作用，能进行系统组装；养成良好的观察、思考、分析的习惯，培养动手能力。

【任务描述】 折弯机气动系统的分析。

图 9-1 所示为折弯机气动系统装置。折弯机又称剪折弯机，折弯机是一种可以对钢板进行精准角度折弯的机器。本任务就是要通过对折弯机气动控制系统的分析，了解气动系统原理图的组成、表达方法及识读方法，正确理解该折弯机气动控制实现的运动功能，正确分析各元件在本回路中的作用，理解设计意图，总结归纳本装置气动控制系统的特点，并完成系统组装。

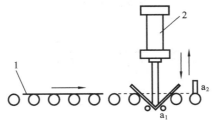

图 9-1 折弯机气动系统装置

1—工件；2—气缸

【知识储备】

9.1.1 气动系统的设计与原理图的绘制

气压传动系统是根据机械设备的工作要求，选用适当的气动基本回路，经有机组合，形成机械系统运动功能的驱动系统。其工作原理一般用气动系统原理图来表示，各元件及它们之间的连接关系与控制方式，均用气动元件图形符号绘制。

1. 气动回路的符号表示法

工程上,气动系统回路图是以气动元件图形符号组合而成,故应对前述所有气动元件的功能、符号与特性熟悉和了解。气动符号所绘制的回路图可分为定位和不定位两种表示法。

定位回路图按系统中元件实际的安装位置绘制,这种方法使工程技术人员容易看出阀的安装位置,便于维修保养,如图 9-2 所示。

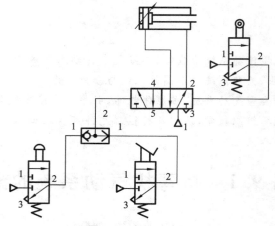

图 9-2　定位回路图

不定位回路图不按元件的实际位置绘制,气动回路图根据信号流动方向,从下向上绘制,各元件按其功能分类排列,依次顺序为气源系统、信号输入元件、信号处理元件、控制元件、执行元件,如图 9-3 所示。一般主要使用此种回路表示法。

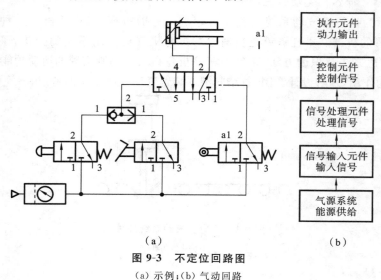

图 9-3　不定位回路图

(a) 示例;(b) 气动回路

为分清气动元件与气动回路的对应关系,给出气动系统中信号流方向和元件之间的对应关系,如图 9-4 所示,掌握这一点对于分析和设计气动程序控制系统非常重要。

2. 回路图内元件的命名和编号

1) 数字命名

元件按控制链分成几组,每一个执行元件连同相关的阀称为一个控制链,0 组表示能源供

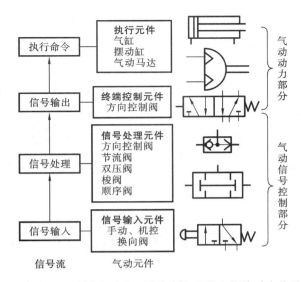

图 9-4 气动系统中的信号流方向和元件之间的对应关系

给元件,1、2组代表独立的控制链。

回路图内元件的命名方法如图 9-5 所示。

2）英文字母命名

常用于气动系统的设计,大写字母表示执行元件,小写字母表示信号元件。

如 A,B,C 等代表执行元件;a1,b1,c1 等代表执行元件在伸出位置时的行程开关;a0,b0,c0 等代表执行元件在缩回位置时的行程开关。

目前,在气动技术中对元件的命名或编号的方法很多,没有统一的标准。

9.1.2 阅读和分析气压传动系统图的方法和步骤

（1）了解设备的用途及对气压传动系统的要求。

（2）初步浏览各执行元件的工作循环过程,了解系统所含元件的类型、规格、性能、功用和各元件之间的关系。

（3）对与每一执行元件有关的泵、阀所组成的子系统进行分析,搞清楚其中包含哪些基本回路,然后针对各元件的动作要求,参照动作顺序表读懂子系统。

（4）根据气压传动系统中各执行元件的互锁、同步和防干扰等要求,分析各子系统之间的联系,并进一步读懂在系统中是如何实现这些要求的。

（5）在全面读懂回路的基础上,归纳、总结整个系统有哪些特点,以便加深对系统的理解。阅读分析系统图的能力,只有在实践中多学习、多读、多看和多练的基础上才能提高。

【任务实施】 折弯机气动系统的分析。

1. 系统功能的分析

系统工作要求:当工件到达规定位置时,按下启动按钮,气缸伸出,将工件按设计要求折弯,然后快速退回,完成一个工作循环;工件未到达指定位置时,即使按下按钮,气缸也不动作。另外,为了适应加工不同材料或直径的工件的要求,系统工作压力应该可以调节。

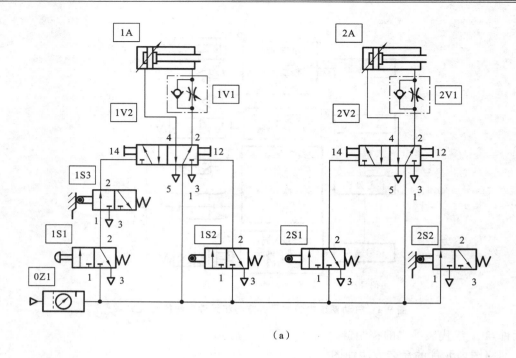

（a）

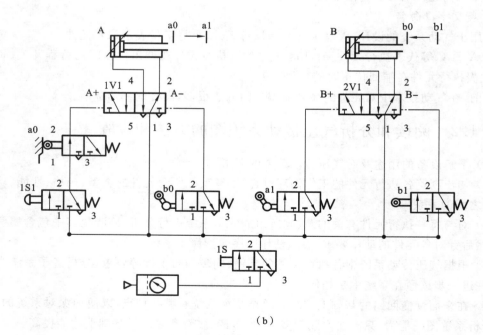

（b）

图 9-5 回路图内元件的命名方法

（a）数字命名；（b）字母命名

A—执行元件；V —控制元件；S —输入元件；Z —气源系统

2. 气动系统原理图的分析

分析折弯机的工作要求,要完成对折弯机系统回路的设计,主要应解决好以下三点:系统压力的调节与控制问题;气缸快速返回的问题;工件及活塞杆伸出位置的控制及与按钮协调的问题。在气动控制中,一般用调压阀完成系统压力的调节与控制,用快速排气阀来控制气缸的快速退回,用双压阀来协调控制启动按钮与工件的位置。图 9-6 所示为折弯机气动系统的原理。图 9-7 所示为折弯机控制系统元件的编号。

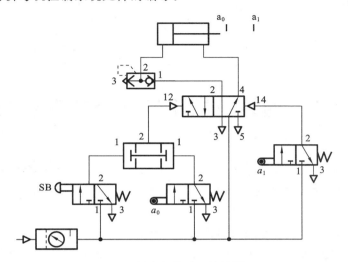

图 9-6　折弯机气动系统的原理

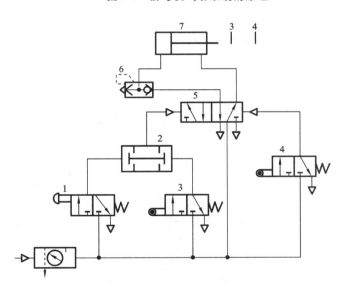

图 9-7　折弯机控制系统元件的编号

1—启动按钮;2—双压阀;3,4—行程阀;5—主控阀;6—快速排气阀;7—气缸

图 9-7 中 1.3、1.4 分别表示 a1、a0 两个行程阀,图中右上角 3、4 数字和短线分别表示行程阀的实际工作位置。

在初始位置时,压缩空气经主控阀右位进入气缸右腔,使气缸活塞收回。

当活塞杆运行到 4 位置时,使行程阀左位接通,压缩空气使主控阀右位接通,压缩空气进入气缸的右位,左腔的空气从快速排气阀排出,使活塞杆快速收回。同时行程阀在弹簧力作用下复位。

当工件到达预定位置,即行程阀被压下(左位接通),同时按下按钮 1.2(左位接通)时,双压阀才有压缩空气输出,使主控阀左位接通,经快速排气阀进入气缸的左腔,使气缸伸出。同时,行程阀在弹簧力的作用下复位,双压阀没有压缩空气输出。

3. 系统组装

(1) 根据折弯机气动系统控制回路图,找出正确的元器件。

(2) 合理布局,在操作台上完成折弯机的控制系统回路的连接。

(3) 检验连接的回路与分析的动作是否一致。

任务 9.2 通用机械手气动控制系统的分析

【学习要求】

掌握机械手气动系统的工作原理与应用,气动系统原理图的识读方法;能进行复杂油路的分析,能分析各元件在气动回路中的作用,能进行系统组装;养成良好的观察、思考、分析的习惯,培养动手能力。

【任务描述】 通用机械手气动控制系统的分析。

图 9-8 所示为通用机械手气动装置。气动机械手是机械手的一种,它具有结构简单、质量小、动作迅速、平稳可靠、不污染工作环境等优点,在要求工作环境洁净、工作负载较小、自动生产的设备和生产线上应用广泛,能按照预定的控制程序动作。本任务就是要通过机械手气动控制系统的分析,正确理解该机械手气动控制实现的运动功能,正确分析各元件在回路中的作用,理解设计意图,总结归纳本装置气动控制系统的特点,并完成系统的组装。

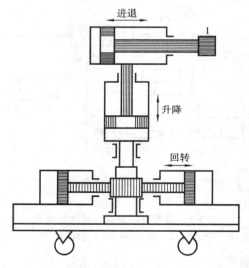

图 9-8 通用机械手气动装置

【任务实施】

1. 通用机械手功能的分析

本气动装置是一种简单的可移动式气动机械手的结构。它由三个气缸组成,能实现手臂伸缩、立柱升降、回转三个动作。

2. 通用机械手功能状态的分析

图 9-9 所示为可移式气动通用机械手气动系统的工作原理。空气压缩机输出的压缩空气（或由空气压缩机提供）进入储气罐 3，由溢流阀 2 控制储气罐内的压力。当压力高于调定值时，压力继电器 5 发出信号，使空气压缩机停止供气；而当压力下降到一定值时又使其开机供气。经储气罐输出的压缩空气，由油水分离器 7、过滤器 8 进行分水、过滤后，再经减压阀 9 减至系统所需的工作压力，并经油雾器 11 把润滑油雾化喷入气流中，分送至各工作气缸。三个气缸均有三位四通双电控换向阀 12、15、21 和单向节流阀 14、16、20 组成换向、调速回路。各气缸的行程位置均由电气行程开关进行控制。

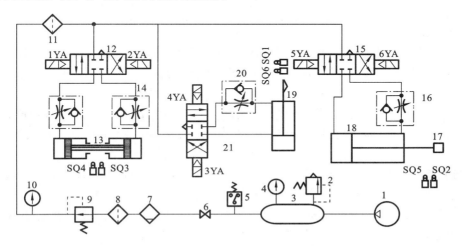

图 9-9　通用机械手气动系统的工作原理

1—空气压缩机；2—溢流阀；3—储气罐；4,10—压力表；5—压力继电器；6—截止阀；
7—油水分离器；8—过滤器；9—减压阀；11—油雾器；12,15,21—三位四通双电控换向阀；
13—回转缸；14,16,20—单向节流阀；17—挡块；18—水平缸；19—垂直缸

图 9-10 所示为气动通用机械手的电气控制线路，下面结合表 9-1 来分析它的工作过程。

接直流电源	垂直缸上升	水平缸伸出	回转缸转位	回转缸复位	水平缸退回	垂直缸下降

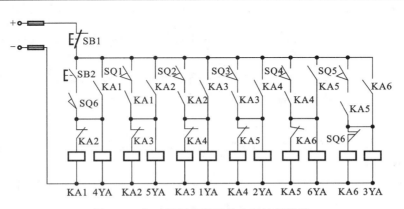

图 9-10　气动通用机械手的电气控制线路

① 当垂直缸处于原位时，SQ6 为压合，此时按下启动按钮 SB2，KA1 通电自锁，4YA 通电，三位四通双电控换向阀（21）处于上位，压缩空气进入垂直缸下腔，活塞杆上升。

表 9-1　该机械手在工作循环中各电磁铁的动作顺序表

动作顺序 电磁铁	垂直缸上升	水平缸伸出	回转缸转位	回转缸复位	水平缸退回	垂直缸下降
1YA	−	−	+	−	−	−
2YA	−	−	−	+	−	−
3YA	−	−	−	−	−	+
4YA	+	−	−	−	−	−
5YA	−	+	−	−	−	−
6YA	−	−	−	−	+	−

注："＋"表示通电;"−"表示断电。

② 当垂直缸活塞杆上的挡块碰到电气行程开关 SQ1 时,KA1 与 4YA 断电,KA2 通电自锁,5YA 通电,三位四通双电控换向阀(15)处于左位,水平缸的活塞杆伸出,带动真空吸头进入工作点并吸取工件。

③ 当水平缸活塞杆上的挡块碰到电气行程开关 SQ2 时,KA2 与 5YA 断电,KA3 通电自锁,1YA 通电,三位四通双电控换向阀 12 处于左位,回转缸顺时针回转,使真空吸头进入下料点下料。

④ 当回转缸活塞杆上的挡块压下行程开关 SQ3 时,KA3 与 1YA 断电,KA4 通电自锁,2YA 通电,三位四通双电控换向阀(12)处于右位,回转缸逆时针回转复位。

⑤ 当回转缸复位,其上挡块碰上电气行程开关 SQ4 时,KA4 与 2YA 断电,KA5 通电自锁,6YA 通电,三位四通双电控换向阀(15)处于右位,水平气缸 18 活塞杆退回。

⑥ 当水平缸活塞杆上挡块碰上行程开关 SQ5 时,KA5 与 6YA 断电,KA6 通电自锁,3YA 通电,三位四通双电控换向阀(21)处于下位,垂直缸活塞杆下降,到原位时,碰上行程开关 SQ6,KA6 断电,3YA 也断电,至此完成一个工作循环。如再给启动信号,可进行同样的工作循环。

根据需要,只要改变电气行程开关的位置,即可调节各气缸的行程位置;调节单向节流阀的开度,即可改变各气缸的运动速度。

3. 系统特点分析

(1)气动机械手系统结构简单,操作灵活,可以在三个坐标内工作,只要换装其他的部件,就可以完成其他的工作。

(2)系统具有较强的灵活性。通过调整各行程开关的位置,可调整机械手的运行行程和状态,满足不同工况下对机械手的要求。

4. 系统组装

(1)解读气动系统动作,看懂气动回路原理图,填好电磁铁动作顺序表,了解系统由哪些回路、哪些元件组成。

(2)按照气动回路原理图,选择相应的气动元件,回转缸、水平缸、垂直缸各一个,单向节流阀四个,三位四通换向阀三个及行程开关,在实验台上组装回路。

(3)经教师检查后,开启气源阀门,按照电磁铁动作顺序表操作,并观察机械手的运动情况。

(4)观察运行情况,对调试中遇到的问题进行分析和解决。

（5）完毕后切断电源，拆卸各元件，整理好所有元件，归位。

任务 9.3　制动气缸气压系统的分析

【学习要求】

掌握制动气缸气动系统的工作原理与应用，气动系统原理图的识读方法；能进行复杂气路分析，能分析各元件在气路中的作用，能进行系统维护；养成良好的观察、思考、分析的习惯，培养动手能力。

【任务描述】　制动气缸气动系统的分析。

图 9-11 至图 9-13 所示为各种制动形式的制动气缸气动系统。本任务就是熟读其工作原理，比较其特点。

【任务实施】

1. 功能分析

气缸的工作介质具有可压缩性，使气缸很难正确地停在行程中的任意位置，定位精度低。而带有制动系统的气缸使用制动装置代替前缸盖，使气缸能在行程中所规定的位置停止，保证活塞不动，定位精度较高。这种带有制动装置的气缸称为制动气缸。制动气缸的气动回路不可按照传统的气动应用回路进行设计应用，要根据其气缸的制动方式和安装形式来选择和设计应用回路。

2. 功能状态分析

图 9-11(a) 所示为弹簧制动气缸水平安装的应用回路。当 1YA、3YA 同时通电，使弹簧制动松开，活塞杆前进；当 1YA、2YA 同时通电，活塞杆退回；当 1YA、2YA（或 1YA、3YA）同时断电，活塞杆被制动定位在所需位置上。如果把图 9-11(a) 中的二位三通电磁阀换成二位五通电磁阀，就成为弹簧气压联合制动或气压制动气缸的水平安装应用回路，如图 9-11(b) 所示。

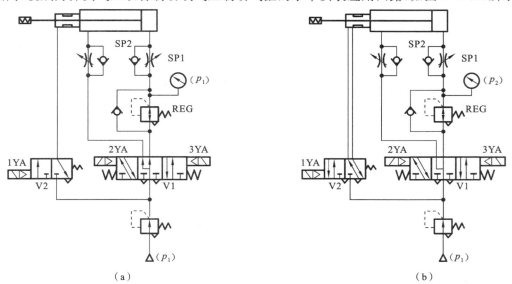

图 9-11　水平安装回路

(a) 弹簧制动气缸；(b) 气压或弹簧气压联合制动气缸

图 9-12(a)所示为弹簧制动气缸垂直向下安装的应用回路。1YA、3YA 通电,弹簧制动松开,活塞杆上升;1YA、2YA 通电,活塞杆下移;1YA、3YA(或 1YA、2YA)断电,活塞杆被制动定位在某一位置。如果把图 9-12(a)中的二位三通电磁阀改用二位五通电磁阀,就变成图 9-12(b)所示的气压制动或弹簧气压联合制动气缸垂直向下安装的应用回路。

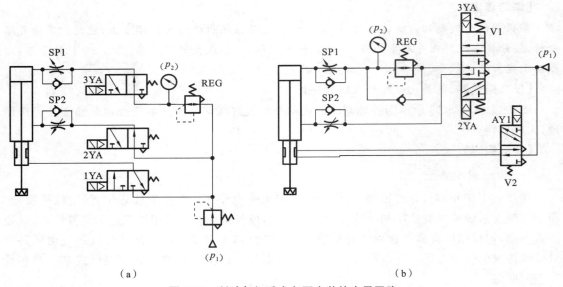

图 9-12 制动气缸垂直向下安装的应用回路

(a) 弹簧制动气缸;(b) 气压或弹簧气压联合制动气缸

图 9-13 所示为弹簧制动气缸垂直向上安装的应用回路。其工作原理与图 9-12 相同,不同的是减压阀要安装在有杆腔一侧。

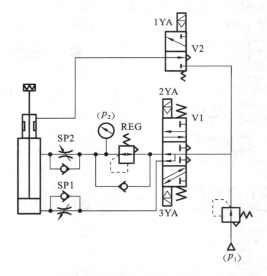

图 9-13 弹簧制动气缸垂直向上安装的应用回路

3. 系统特点分析

正确设计选用制动气缸的应用回路后,还必须注意以下几点,以保证制动气缸正常工作。

(1) 一般情况下,气缸与电磁阀之间有一段配管,由于配管的阻尼等因素,往往会出现制动松开滞后的现象,使活塞杆突然弹出或缩回,容易发生事故。为了安全起见,设计时使制动气缸与制动用的电磁阀之间的距离越短越好,最好做成一体,并且把制动松开信号先于活塞杆进、退信号。若是两者间的距离为 1 m 时,则超程量与重复精度都变成了两倍。

(2)为了得到较高的定位精度,推荐选用气压制动或弹簧气压联合制动气缸,相应配置的电磁阀应采用直流驱动控制装置。由于定位精度及超程量(加制动信号后到停止位置的距离)随制动用的电磁阀的响应性而变化,所以要选择响应性好的阀。

(3)安装时,必须把连接的配管、接头等进行充分地清洗,避免灰尘、切屑等进入气缸和阀件的内部。在灰尘多的工作环境中,需要安装折叠式防护罩,防止灰尘的侵入。

(4)气缸的两气控口之间的电磁阀可用两个二位三通电磁阀组合,也可采用一个三位五通电磁阀(中位加压式)。无论采用何种形式的电磁阀,都必须在制动气缸停止时,使活塞两侧压力相等,防止解除制动时活塞杆"弹出"的现象发生。

任务 9.4　震压造型气动系统的分析

【学习要求】
掌握震压造型气动系统的工作原理与应用,掌握气动系统原理图的识读方法;能进行复杂的气路分析,能分析各元件在气路中的作用,能进行系统维护;养成良好的观察、思考、分析的习惯,培养动手能力。

【任务描述】　震压造型气动系统的分析。

图 9-14 所示为电磁-气控震压造型机。本任务是某铸造厂气动造型生产线上所用的四立柱低压微震造型机的电磁-气控系统。此系统在电控部分配合下可实现自动、半自动和手动三种控制方式。本任务主要目的是熟悉震压造型气动系统的工作情况,学习系统的主要功能,分析系统的特点。

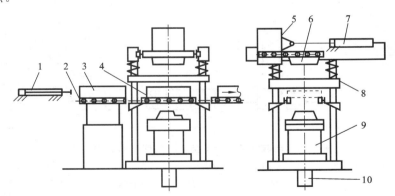

图 9-14　电磁-气控震压造型机
1—砂箱推杆气缸;2—滚道;3—空砂箱;4—砂型;5—定量砂斗;6—压头;
7—砂斗推杆气缸;8—填砂框;9—震压气缸;10—接箱气缸

【任务实施】　震压造型气动系统的分析。

1. 功能分析

在图 9-14 所示的电磁-气控震压造型机中,空砂箱由滚道送入机器左上方,砂箱推杆气缸将空砂箱推入机器,同时顶出前一个已造好的砂型,砂型沿滚道进入合箱机(若是下箱则进入翻箱机,合箱机和翻箱机图中均未画出)。砂箱推杆气缸复位后,接箱气缸上升举起工作台,当工作台将砂箱举离滚道一定高度并压在填砂框上以后停止。砂斗推杆气缸将定量砂斗拉到填砂框上方,压头随之移出(砂斗与压头连为一体),进行加砂。同时进行预震击。震击一段时间后,砂斗推杆气缸将砂斗推回原位,压头随之又进入工作位置,震压气缸(压实气缸与震击气缸组合为复合气缸——即震压气缸)将工作台连同砂箱继续举起,压向压头,同时震击,使砂型紧实。在压实气缸上升时,接箱活塞返回原位。经过一定时间压实,压实活塞带动砂箱和工作台下降,当砂箱接近滚道时减速,进行起模。砂型留在滚道上,工作台继续落回到原位,准备下一循环。

2. 功能状态分析

电磁气控震压造型机气动回路的工作原理如图 9-15 所示。按下按钮阀,气动换向阀(7)换位使气源接通。当上一工序的信号使 4DT 接通时,电磁换向阀(15)换向,接箱气缸 G 上升,举起工作台并接住滚道上的空砂箱后停在加砂位置上。同时压合行程开关 5XK,使 2DT 通电,电磁换向阀(9)换向,砂斗推杆气缸 B 把定量砂斗 D 拉到左端并压合 3XK,使 3DT 接通,节流阀 16 换向,进行加砂和震击。与此同时,采用时间继电器对加砂和震击计时,到一定时间后 2DT、3DT 断电,电磁换向阀(9)、节流阀(16)复位,加砂和震击停止。

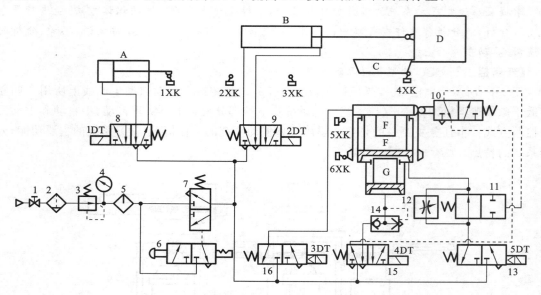

图 9-15　电磁气控震压造型机气动回路的工作原理

1—总阀;2—分水滤气器;3—减压阀;4—压力表;5—油雾器;6—按钮阀;7,11,13—气动换向阀;
8,9,15—电磁换向阀;10—行程阀;12,16—节流阀;14—快速排气阀;1XK~6XK—行程开关;
A—砂箱推杆气缸;B—砂斗推杆气缸;C—压头;D—定量砂斗;E—震击气缸;F—压实气缸;G—接箱气缸

砂斗回到原位,同时压头 C 进入压实位置并压合 4XK 使 5DT 通电,气动换向阀(13)换向,压实气缸 F 上升;4DT 断电,电磁换向阀(15)复位,接箱气缸 G 经快速排气阀排气,并快速落回原位。压实时间由时间继电器断电计时,压实到一定时间后,5DT 自动断电,气动换向阀(13)复位,压实活塞下降。为满足起模和行程终点缓冲的要求,应用行程阀、气动换向阀(11)、节流阀(12)和气动换向阀(13)实现气缸行程中的变速。当砂箱下落接近滚道时,撞块压合行程阀(10),气动换向阀(11)关闭,压实缸经节流阀(12)排气,压实活塞低速下降。待模型起出后撞块脱离行程阀,压实气缸由气动换向阀(11、13)排气,活塞快速下降。快到终点时,再次压合行程阀,活塞慢速回到原位并压合 6XK 使 1DT 通电,气动换向阀(7)换向,砂箱推杆气缸 A 前进把空箱推进机器,同时推出造好的砂型。在行程终点压合 2XK,使 1DT 断电,气动换向阀(7)复位,A 缸返回。至此,完成一个工作循环。

3.系统特点分析

(1)该系统自动化程度高,可选择自动、半自动和手动三种操作方式。

(2)综合运用电控和气动控制的特点。借助电控实现各工序间的自动衔接和各动作间的联锁,提高了系统的自动化程度,能实现必要的安全保护,结构简单,传递速度快,对工作环境的要求较低。

(3)系统的工作噪声大,需要采取消除噪声的措施。

任务 9.5　气动张力控制系统的分析

【学习要求】

掌握气动张力控制系统的工作原理与应用方法,气动系统原理图的识读方法;能进行复杂的气路分析,能分析各元件在气路中的作用,能理解系统设计意图;养成良好的观察、思考、分析的习惯,培养动手能力。

【任务描述】　气动张力控制系统的分析。

图 9-18 所示为卷筒纸印刷机的气动张力控制系统。本任务的主要目的是熟悉系统的表达方法,了解气动张力控制系统的工作情况,学习主要功能及系统特点。

【任务实施】

1.功能分析

在印刷、纺织、造纸等许多工业领域中,张力控制是不可缺少的工艺手段。由气动张力控制回路构成的气动张力控制系统已有大量应用,它以价格低廉、张力稳定可靠而大有取代电磁张力控制机构的趋势。以下以某一卷筒纸印刷机的张力控制机构为例,简要分析气动张力控制系统的工作原理及特点。

2.功能状态的分析

为了能够进行正常的印刷,在输送纸张的时候,需要给纸带施加合理而且恒定的张力。由于印刷时,卷筒纸的直径逐渐变小,使得张力对纸筒轴的力矩及纸带的加速度不断地变化,从而引起张力变化。另外,卷筒纸本身的几何形状引起的径向跳动及启动、刹车等因素的影响,也会引起张力的波动。所以要求张力控制系统不但要提供一定的张力,并能根据变化自动调整,将张力稳定在一定的范围内。图 9-18(a)、(b)所示为卷筒纸印刷机气动张力控制系统和控制回路的工作原理。纸带的张力主要由制动气缸通过制动器对给纸系统施加反向制动力矩来实现。具有 Y 型中位的换向阀、强力调压阀、减压阀、张力气缸构成的可调压力差动控制回路,再对纸带施加一个给定的微小张力。某一时刻纸带中张力的变化由强力调压阀调整。重锤、油柱和压力控制阀组成"位置-压力比例控制器",它将张力的变化量与给定的微小张力之差产生的位移转换为气压的变化,从而控制制动气缸改变对给纸系统施加的制动力矩,以实行恒张力控制。存纸托架为一浮动托架,在张力差的作用下做上下浮动,以便将张力差转变为位

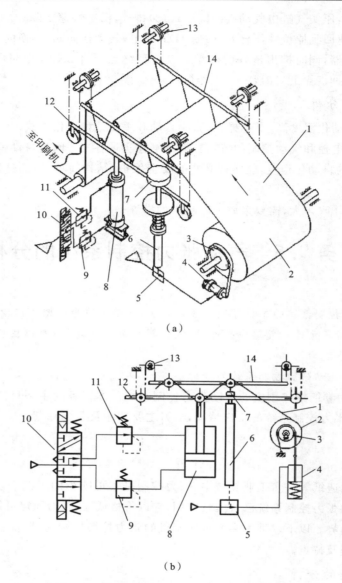

图 9-18 卷筒纸印刷机的气动张力控制系统

(a) 系统；(b) 控制回路的工作原理

1—纸带；2—卷纸筒；3—给纸系统；4—制动气缸；5—压力控制阀；6—油柱；7—重锤；
8—张力气缸；9—减压阀；10—换向阀；11—强力调压阀；12—连接杆；13—链轮；14—存纸托架

置变动量，同时能平抑张力的波动，还能储存一定数量的纸，供不停机自动换纸卷筒用（图中自动换纸机构未画出）。当纸带张力变化时，通过该气动系统可保持恒定张力，其动作如下。

如果纸张中的张力增大，使存纸托架下移，因为存纸托架是通过链轮与连接杆连接在一起的，于是带动连接杆上升，连接杆又使油柱上升。油柱上升使压力控制阀的输出压力按比例下降，从而使制动气缸对纸卷筒的制动力矩减小，最后使纸带内的张力下降。如果纸张内的张力减小，则张力气缸在给定力作用下使连杆及油柱下降（也使存纸托架上升），油柱下降使压力控制阀的输出压力按比例上升，这样制动气缸对纸卷筒的制动力矩增大，纸张的张力上升。当纸张内张力与张力气缸给定张力平衡时,存纸托架稳定在某一位置,此时位移变动量为零,压力控制阀输出稳定压力。

3．系统特点分析

本系统结构简单,压力控制阀和强力调压阀均为普通的精密调压阀,无需用比例控制元件。油柱是一根细长而充满油的液压气缸,底部装一个钢球,盖住下面压力控制阀的先导控制口,由托架的位置在油柱中产生的阻尼力来控制喷口大小,从而控制输出压力的大小。用压力差控制回路,可输出较小的给定力,从而提高控制的精度。

【相关训练】

[例 9-1] 香皂装箱机气动系统的分析。

图 9-19 所示为香皂装箱机的结构。

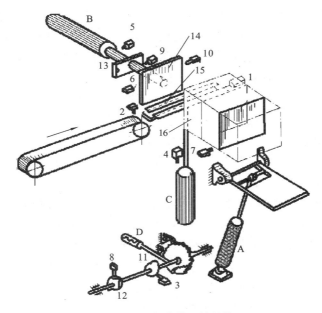

图 9-19 香皂装箱机的结构

1,2,3,4,5,6,7,8,9,10—行程开关;11,12—凸轮;13—挡板;14—推皂板;15—搁皂板;16—托皂板

A,B,C,D——气缸

训练任务:本任务主要目的是熟悉气动系统的表达方法,了解香皂装箱机气动系统的工作情况,分析系统的功能、功能状态及系统特点。

1．功能分析

香皂装箱机的工作过程是将每 480 块香皂装入一个纸箱内,其组成结构如图 9-19 所示。香皂装箱的全部动作由托箱气缸 A、装箱气缸 B、托皂气缸 C 和计数气缸 D 完成。其气动系统的工作原理如图 9-20 所示。A、B、C 三个气缸是普通型双作用气缸,但计数气缸是单作用气缸,并且它的气源由托皂气缸 C 直接供给,气压推动活塞伸出,活塞的返回靠弹簧作用来实现。

2．功能状态的分析

香皂装箱机工作时,首先由人工把纸箱套在装箱框上,这时触动行程开关(7),使运输带的电路接通,运输带将香皂运送过来。这样,香皂排列在托皂板上,每排满 12 块,就碰到

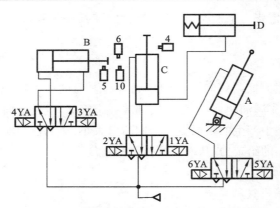

图 9-20　香皂装箱机气动系统的工作原理

行程开关(1)使运输带停止运转,同时电磁铁 1YA 通电,托皂气缸 C 将托皂板托起,使香皂通过搁皂板后就搁在搁皂板上(搁皂板只能向上翻,不能向下翻)。这时行程开关(1)已被松开,运输带继续运送香皂,如此反复动作,每满 12 块,托皂气缸 C 就上下运动一次,并通过计数气缸 D 将棘轮转过一齿。棘轮圆周上共有 40 个齿,在棘轮同一轴上还有两个凸轮(11、12),凸轮(11)有 4 个缺口,凸轮(12)有 2 个缺口,凸轮的圆周各压住一个行程开关。托皂板每升起 10 次,棘轮就转过 10 个齿,这时行程开关(3)刚好落入凸轮的缺口而松开。由此发出的信号使电磁铁 3YA 通电,装箱气缸 B 推动装箱板,将叠成 10 层的一摞 120 块香皂推到装箱台上,推动距离由行程开关(9)的位置决定。当装箱气缸 B 活塞杆上的挡板碰到行程开关(9)时,气缸就退回。

当托皂气缸 C 上下运动 20 次之后,装皂台上存有两摞 240 块香皂,这时凸轮(12)上的缺口正好对正行程开关(8),它发出信号,一方面使行程开关(9)断开,同时又将电磁铁 3YA 再次接通,因此装箱气缸 B 再次前进,直到其活塞杆上的挡板碰到行程开关(6)才退回。此时,电磁铁 5YA 接通,托箱气缸 A 活塞杆伸出,使托板托住箱底。这样重复上述过程,直到将四摞 480 块香皂都通过装箱框装进纸箱内,这时托板又起来托住底箱,将装有香皂的纸箱送到运输带上,再由人工贴上封箱条,至此完成一次循环操作。

3. 系统特点的分析

香皂装箱机气动系统有以下特点。

(1) 系统采用凸轮与行程开关相结合的机-电控制,来实现气缸的顺序动作,既可任意调整气缸的行程,动作又可靠。

(2) 三个动作气缸均采用二位五通电磁阀作为主控阀,各行程信号由行程开关取得,使系统结构简单,调整方便。

(3) 计数气缸由托皂气缸供气,使两气缸联锁,且采用棘轮和凸轮联合计数,计数准确,可靠性好。

【练习与思考 9】

一、简答题

1. 典型的气压传动回路有哪些?试分析其应用场所。

2. 设计一个气动回路,使两个双作用气缸顺序动作。

3. 利用两个双作用气缸、一个顺序阀、一个二位四通单电控换向阀设计顺序动作回路,并在气动实验台完成搭接。

4. 试设计一个双作用缸动作之后,单作用缸才动作的联锁回路,并在气动实验台完成搭接。

二、综合分析题

1. 试分析图 9-21 所示的尺寸自动分选机气动系统的工作原理与系统特点。

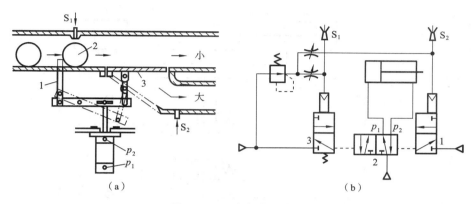

图 9-21　尺寸自动分选机

(a) 示意图;(b) 气动系统

1—止动销;2—工件;3—门

2. 试分析图 9-22 所示的自动定尺切断机气动系统的工作原理与系统特点。

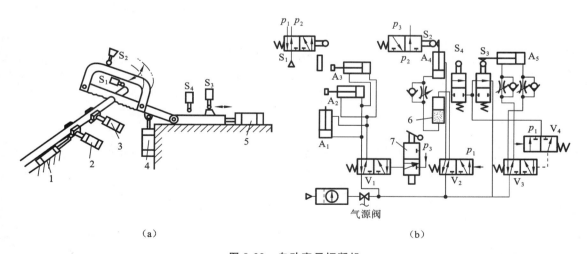

图 9-22　自动定尺切断机

(a) 示意图;(b) 气动系统

1—送料气缸 A_1;2—夹持气缸 A_2;3—夹紧气缸 A_3;4—锯条进给气缸 A_4;

5—锯条往复气缸 A_5;6—气-油变换器;7—启动阀

3. 图 9-23 所示的工件夹紧气压传动系统中,工件夹紧的时间怎样调节?

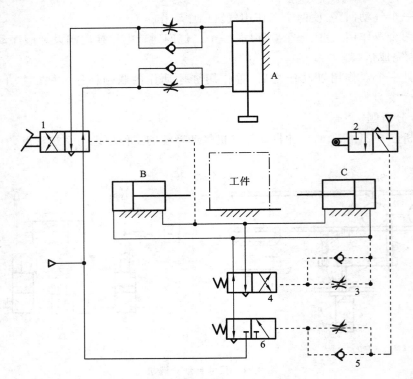

图 9-23　工件夹紧气压传动系统

项目 10　气动系统的维护与使用

【学习导航】

教学目标:以典型气压传动系统为载体,学习气动系统的安装、调试的基本方法,掌握气动系统的使用与维护技巧。

教学指导:案例教学。

任务 10.1　气压传动系统的安装与调试

【学习要求】

掌握气动系统的安装、调试的基本方法;能对气动系统进行安装与调试;养成良好的观察、思考、分析的习惯,培养动手能力。

【知识储备】

10.1.1　气动系统的安装

1. 管道的安装

(1)安装前要检查管道内壁是否光滑,彻底清理管道内的毛刺、铁屑粉尘及密封材料碎片等杂物,并进行除锈和清洗。

(2)管道支架要牢固,工作时不得产生振动。

(3)接管时要注意管道的密封性,防止漏气,尤其是在接头处,安装完毕后要做不漏气测试。

(4)管道加工(锯切、坡口、弯曲等)、焊接应符合规定的标准条件。

(5)管道尽量平行布置,减少转弯,力求最短,避免交叉,以便拆卸方便。

(6)软管要保留一定的弯曲半径,不能扭转,远离热源。

(7)在管道中安装冷却器、过滤器、干燥器等元件时,为了便于测试、不停气维修、检查故障和更换元件,应设置必要的旁通管路和截止阀。

(8)使用钢管时应使用镀锌钢管或不锈钢管,管道焊接要符合规定的标准条件。

2. 软管的安装

(1)长度应有一定余量。

(2)在弯曲时,不能从端部接头处开始弯曲。

(3)在安装直线段时,不要使端部接头和软管间受拉伸。

(4)应尽可能远离热源或安装隔热板。

(5)管路系统中任何一段管道均应能拆装。

3.元件的安装

(1) 注意阀件标签上的箭头方向及安装位置,必要时,在安装前对阀件进行清洗,并进行密封测试。

(2) 气缸活塞杆的轴线要与负载移动方向保持一致,避免弯曲安装。气缸上的缓冲阀要根据负载和运动速度的大小重新调整,调整后,应将缓冲阀的螺母锁紧。

(3) 各种仪表、开关,如压力继电器、行程开关、压力表等,在安装前要仔细校验准确。

(4) 正确使用密封生胶带,使连接可靠密封。密封圈不宜装得过紧,特别是 V 形密封圈,由于其阻力很大,所以松紧度要合适。

(5) 气缸或马达一般应刚性安装。

(6) 逻辑元件应按控制回路的需要,将其成组地装于底板上,并将底板上引出气路用软管接出。

(7) 各种控制仪表、自动控制器、压力继电器等,在安装前应进行校验。

4.系统的吹污和试压

1) 吹污

(1) 管路系统安装后,要用压力为 0.6 MPa 的干燥空气吹除系统中一切污染物(用白布检查,以 5 min 内无污物为合格)。

(2) 吹污后还要将阀芯、滤芯及活塞(杆)等零件拆下清洗。

2) 试压

(1) 用气密试验检查系统的密封性是否符合标准,一般是使系统处于 1.2～1.5 倍的额定压力保压一段时间(如 2 h),除去环境温度变化引起的误差外,其压力变化量不得超过技术文件的规定值。

(2) 试验时要把安全阀调整到试验压力。试压过程中最好采用分级试验法,并随时注意安全。如果发现系统出现异常,应立即停止试验,待查出原因,清除故障后再进行试验。

10.1.2 气动系统的调试

1.调试前的准备工作

(1) 熟悉说明书等有关技术文件资料,力求全面了解系统的原理、结构、性能及操纵方法。

(2) 了解需要调整的元件在设备上的实际位置、操纵方法及调节旋钮的旋向等。

(3) 落实安装人员,并按说明书的要求准备好调试工具、仪表、补接测试管路等。

2.空载试运转

(1) 空载试运转不得少于 2 h,注意观察压力、流量、噪声、温度等情况。

(2) 如果发现异常现象,应立即停车检查,待排除故障后才能继续运转。

3.负载试运转

(1) 负载试运转应分段加载,运转不得少于 2 h。

(2) 要注意摩擦部位的温升变化,分别测出有关数据,记入试车记录。

任务 10.2　气动系统的使用与维护

【学习要求】

掌握气动系统使用与维护的基本方法,气动系统故障检测与排除的基本方法;能对气动系统进行维护、故障检测与排除;养成良好的观察、思考、分析的习惯,培养动手能力。

【任务描述】　压印装置控制系统的使用与维护。

图 10-1 所示为压印装置,它的工作过程:当踏下启动按钮后,打印气缸伸出,对工件进行打印,从第二次开始,每次打印都延时一段时间,等操作者把工件放好后,才对工件进行打印,其工作原理如图 10-2 所示。

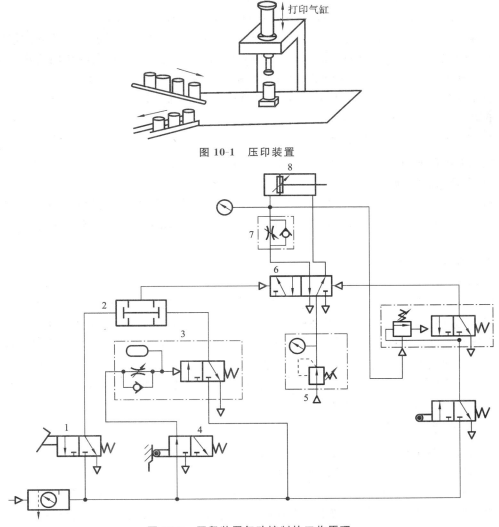

图 10-1　压印装置

图 10-2　压印装置气动控制的工作原理

1—启动按扭;2—双压阀;3—延时阀;4—行程阀;5—压力控制阀;6—主控阀;7—单向节流阀;8—气缸

如何做好压印装置的日常维护?如果发现启动按钮踏下后,气缸不工作,应如何进行故障判断与排除呢?

本任务的主要目的是了解压印装置进行日常维护的内容、方法,学习系统故障诊断的方法及步骤。

【知识储备】

10.2.1 气动系统的使用与维护

1. 压缩空气的污染及防止方法

压缩空气的污染主要来自三个方面:水分、油分和粉尘。

(1)应防止冷凝水(冷却时析出的冷凝水)侵入压缩空气中,致使管道和元件锈蚀,影响其性能。

防止冷凝水侵入压缩空气的方法:及时排除系统各排水阀中积存的冷凝水,经常注意自动排水器、干燥器的工作是否正常,定期清洗空气过滤器、自动排水器的内部元件等。

(2)应设法清除压缩空气中的油分(使用过的,因受热而变质的润滑油)。

清除压缩空气中油分的方法:较大的油分颗粒,通过除油器和空气过滤器的分离作用同空气分开,从设备底部的排污阀排除。较小的油分颗粒,则可通过活性炭吸附作用清除。

(3)应防止粉尘(大气中的粉尘、管道内锈粉及密封材料的碎屑等),侵入压缩空气。

防止粉尘侵入压缩机的主要方法:经常清洗空气压缩机前的预过滤器,定期清洗空气过滤器的滤芯,及时更换滤清元件等。

2. 气动系统的日常维护

气动系统的日常维护主要是对冷凝水和系统润滑的管理。

1)冷凝水的管理

在作业结束时,应排放掉各处的冷凝水,以防夜间温度低于 0 ℃时,导致冷凝水结冰。

由于夜间管道内温度下降,会进一步析出冷凝水,故气动装置每天在运转前,也应将冷凝水排出。

要注意查看自动排水器是否工作正常,水杯内不应存水过量。

2)系统润滑的管理

气动元件中,凡有相对运动的表面都需要润滑。若润滑不当,会增大摩擦阻力,导致元件动作不良,或因密封面磨损引起系统泄漏等。润滑油的性质将直接影响润滑效果。通常,高温环境下用高黏度润滑油,低温环境下用低黏度润滑油。如果温度特别低,为克服起雾困难,可在油杯内装加热器。供油量是随润滑部位的形状、运动状态及负载大小而变化的。供油量总是大于实际需要量。要注意油雾器的工作是否正常,如果发现油量没有减少,需要及时调整滴油量,若调节无效,需检修或更换油雾器。

3. 气动系统的定期检修

定期检修周期通常为三个月,其主要内容有以下五个方面。

(1)查明系统各泄漏部位并设法解决。

(2)检查方向控制阀的排气口,判断:润滑油是否适度,空气中是否有冷凝水,是否泄漏。若润滑不良,则考虑:油雾器的规格是否合适,安装位置是否恰当,滴油量是否正常等。若有大量冷凝水排出,则考虑:过滤安装位置是否恰当,排除冷凝水的装置是否合适,冷凝水的排除是否彻底。若方向控制阀的排气口关闭时,仍有少量泄漏,往往是元件锁上的初期阶段,检查后可更换磨损件以防止发生不良动作。

(3)检查安全阀、紧急安全开关动作是否可靠。定期检修时,必须确认其动作的可靠性,以确保设备和人身安全。

（4）观察换向阀的动作是否可靠。根据换向时的声音是否异常，判定铁心和衔铁配合处是否有杂质；检查阀芯是否有磨损，密封件是否老化。

（5）反复开关换向阀，观察气缸的动作，判断活塞上的密封是否良好。检查活塞杆外露部分，判定前盖的配合处是否有泄漏。

应记录上述各项检查和修复的结果，以便设备出现故障时查找原因和设备大修时使用。

气动系统的大修间隔期为一年或几年。其主要内容是检查系统各元件和部件，判定其性能和寿命，并对平时产生故障的部位进行检修或更换元件，排除修理间隔期间内一切可能产生故障的因素。

10.2.2　气动系统常见故障及排除方法

1. 气动系统常见故障的诊断方法

1）经验法

经验法指依靠实际经验，并借助简单的仪表诊断故障发生的部位，并找出故障原因的方法。经验法和液压系统的故障诊断"四觉"方法类似，可按中医诊断病人的四字"望、闻、问、切"进行。

经验法简单易行，但由于每个人的感觉、实践经验和判断能力的差异，诊断故障会存在一定的局限性。

2）推理分析法

推理分析法是利用逻辑推理、步步逼近，寻找出故障的真实原因的方法。推理步骤：第一步从故障的症状，推理出故障的本质原因；第二步从故障的本质原因，推理出故障可能存在的原因；第三步从各种可能的常见原因中，找出故障的真实原因。

2. 气动系统常见故障的排除方法

1）减压阀的常见故障及排除方法

减压阀的常见故障及排除方法如表 10-1 所示。

表 10-1　减压阀的常见故障及排除方法

常见故障	原　因	排除方法
平衡状态下，空气从溢流口溢出	进气阀座和溢流阀座有尘埃	取下清洗
	阀杆顶端和溢流阀座之间密封漏气	更换密封圈
	阀杆顶端和溢流阀之间研配质量不好	重新研配或更换
	膜片破裂	更换
压力调不高	调压弹簧断裂	更换
	膜片破裂	更换
	膜片调压面积与调压弹簧设计不合理	更换
调压时压力爬行，升高缓慢	过滤网堵塞	拆下清洗
	下部密封圈阻力大	更换密封圈
出口压力发生激烈波动或不均匀变化	阀杆或进气阀芯上的 O 形密封圈表面损伤	更换
	进气阀芯与阀底座之间导向接触不好	整修或换阀芯

2）溢流阀的常见故障及排除方法

溢流阀的常见故障及排除方法如表 10-2 所示。

表 10-2　溢流阀的常见故障及排除方法

常见故障	原　因	排除方法
压力虽超过调定溢流压力,但不溢流	阀内部的孔堵塞	清洗
	阀导向部分进入异物	清洗
压力虽未超过调定值,但在出口却溢流空气	阀内进入异物	清洗
	阀座损伤	更换
	调压弹簧失灵	更换
溢流时发生振动(主要发生在膜片式阀)	压力上升速度慢,溢流阀放出流量多,引起阀振动	出口侧安装针阀微调溢流量,使其与压力上升量匹配
	从气源到溢流阀之间被节流,溢流阀进口压力上升慢,引起振动	增大气源到溢流阀间管径,以消除节流
从阀体或阀盖向外漏气	膜片破裂(膜片式)	更换
	密封件损伤	更换

3）方向阀的常见故障及排除方法

方向阀的常见故障及排除方法如表 10-3 所示。

表 10-3　方向阀的常见故障及排除方法

常见故障	原　因	排除方法
换向不灵活	阀结合面存在平面度误差,造成在安装紧固螺钉时,用力过大,使阀体变形,从而引起阀芯偏心	更换阀体
	阀芯、阀孔的制造精度不高,造成摩擦力增大,使阀芯运动不灵活,甚至卡死阀芯	提高精度或更换阀件
	污染物楔入或黏合在阀芯和阀孔之间的间隙中,致使阀芯运动阻力增大	提高压缩空气的净化质量
内、外泄漏大	阀芯和阀孔之间的磨损加大了两者的配合间隙及内泄漏	更换阀芯、阀套
	密封圈受到"油泥"腐蚀而损坏,引起内泄漏加大	解决油泥问题
	组合密封圈老化或密封圈受力变形,引起外泄漏严重	更换密封圈
操纵力不足	气控换向阀两端的控制小孔堵塞,使得控制气压不足	提高压缩空气的洁净度
	复位弹簧疲劳变形	更换弹簧
	挡铁和行程阀芯接触不良	检查原因并使接触良好
	先导式电磁换向阀的隔磁管与静铁心焊口断裂而引起的先导阀阀芯拒动	修复或更换

续表

常见故障	原　　因	排除方法
电磁线圈烧坏	电磁线圈的励磁电流过大引起温度增高	纠正
	电磁线圈受潮,阀芯运动阻力过大,有灰尘等污染物进入线圈中	更换或检修
电磁阀振动	电压过低,电磁铁的吸合面有异物,线圈或整流子不良等	恢复至正常电压,清除异物,刮平吸合面的凹凸,分解修理或更换零件等

4)气缸的常见故障及排除方法

气缸的常见故障及排除方法如表 10-4 所示。

表 10-4　气缸的常见故障及排除方法

常见故障	原　　因	排除方法
外泄漏	衬套密封圈磨损	更换衬套密封圈
	活塞杆偏心	重新安装,使活塞杆不受偏心负荷
	活塞杆与密封衬套的配合面内有杂质	除去杂质,安装防尘盖
	密封圈坏	更换密封圈
内泄漏	活塞密封圈损坏	更换活塞密封圈
	活塞被卡住	重新安装,使活塞杆不受偏心负荷
	活塞配合面有缺陷,杂质挤入密封面	缺陷严重者更换零件,除去杂质
输出力不足,动作不平稳	润滑不良	调节或更换油雾器
	活塞或活塞杆卡住	检查安装情况,消除偏心
	气缸体内表面有锈蚀或缺陷	视缺陷大小决定排除故障的办法
	冷凝水、杂质侵入	加强对空气过滤器和除油器的管理定期排放污水
缓冲效果不好	缓冲部分的密封圈密封性能差	更换密封圈
	调节螺栓损坏	更换调节螺栓
	气缸速度太快	研究缓冲机构的结构是否合适
活塞杆损伤或折断	有偏心负荷	调整安装位置,消除偏心,使轴销摆角一致
	摆动轴的摆动角过大,负荷很大,摆动速度过快	确定合理的摆动速度
	有冲击装置的冲击加到活塞杆上;活塞杆承受负荷的冲击;气缸的速度太快	冲击不得加在活塞杆上,设置缓冲装置
	缓冲机构不起作用	在外部或回路中设置缓冲机构

【任务实施】 压印装置控制系统的使用与维护。

1. 压印装置控制系统的原理分析

压印装置控制系统的工作原理如图 10-2 所示。踏下启动按钮,由于延时阀已有输出,所以双压阀有压缩气体输出,使得主控制阀换向,压缩空气从主控制阀的左位经单向节流阀进入气缸的左腔,使得气缸伸出。

2. 气缸不动作的故障分析

在上述过程中,若踏下启动按钮,气缸不动作,该故障有可能与气缸、单向节流阀、主控阀、压力控制阀、双压阀、延时阀、行程阀、启动按钮等元件的故障有关。

3. 操作步骤

(1) 分析压印装置的动作状态。

(2) 在操作台上连接压印装置回路图,检查其动作。

(3) 针对压印装置产生的气缸伸出后不回程的故障,对照逻辑推理框图分析产生故障的可能原因。

检查注意事项:① 检查过程中注意管子的堵塞和管子的连接状况;② 注意输出压缩空气的压力,因泄漏可能产生压力过小的现象;③ 注意延时阀的节流口是否关闭或节流阀是否调节过小,一旦过小会使延时阀延时过长而没有输出。

【练习与思考 10】

一、填空题

1. 压缩空气的质量对气动系统性能的影响极大,如果被污染将使管道和元件锈蚀、密封件变形、堵塞_____,使系统不能正常工作。压缩空气的污染主要来自_____、_____、_____三个方面。

2. 清除压缩空气中油分的方法:较大的油分颗粒,通过_____的分离作用同空气分开,从设备底部排污阀排除;较小的油分颗粒,则可通过_____吸附作用清除。

3. 气动系统日常维护的主要内容是_____的管理和_____的管理。

4. 要注意油雾器的工作是否正常,如果发现油量没有减少,需及时_____油雾器。

5. 气动系统的大修间隔期为_____。其主要内容是检查系统_____,判定其性能和寿命,并对平时产生故障的部位进行_____,排除修理间隔期间内一切可能产生故障的因素。

二、简答题

1. 压缩空气的污染的主要来源是什么?

2. 气动系统故障诊断的方法有哪些?

附录　常见液压与气动元件图形符号
（GB/T 786.1—2009）

附表1　基本符号、管路及连接

名　　称	符　　号	名　　称	符　　号
供油管路,回油管路,元件外壳和外壳符号	——————	内部和外部先导管路,泄油管路,冲洗管路,放气管路	- - - - - - - - -
两个流体管路的连接		交叉管路	＋
软管总成		组合元件框线	—·—·—·—
旋转管接头	○	三通旋转接头	
不带单向阀的快换接头,断开状态	→┤├←	不带单向阀的快换接头,连接状态	→┤├←
带一个单向阀的快换接头,断开状态	→◇┤├←	带一个单向阀的快换接头,连接状态	→◇┼←
带两个单向阀的快换接头,断开状态	→◇┤◇←	带两个单向阀的快换接头,连接状态	→◇┼◇←
管口在液面以下的油箱		管口在液面以上的油箱	

附表 2　控制机构和控制方法

名　　称	符　　号	名　　称	符　　号
按钮式人力控制		踏板式人力控制	
手柄式人力控制		顶杆式机械控制	
弹簧控制		液压先导控制	
单向滚轮式机械控制		液压二级先导控制	
滚轮式机械控制		液压先导卸压控制	
外部压力控制		内部压力控制	
单作用电磁铁,动作指向阀芯		单作用电磁铁,动作指向阀芯,连续控制	
单作用电磁铁,动作背离阀芯		单作用电磁铁,动作背离阀芯,连续控制	
双作用电气控制机构,动作指向或背离阀芯		双作用电气控制机构,动作指向或背离阀芯,连续控制	
电气操纵的气动先导控制机构		电气操纵的带有外部供油的液压先导控制机构	
使用步进电动机的控制机构		具有可调行程限制装置的顶杆	

附表3　泵、马达和缸

名　称	符　号	名　称	符　号
单向旋转的定量泵或马达		变量泵	
双向流动,带外泄油路,单向旋转的变量泵		双向变量泵或马达单元,双向流动,带外泄油路,双向旋转	
变量泵,先导控制,带压力补偿,单向旋转,带外泄回路		带复合压力或流量控制(负载敏感型)变量泵,单向驱动,带外泄油路	
机械或液压伺服控制的变量泵		电液伺服控制的变量液压泵	
恒功率控制的变量泵		带两级压力或流量控制的变量泵,内部先导操纵	
单作用单杆缸,靠弹簧力返回行程,弹簧腔带连接油口		双作用单杆缸	
双作用双杆缸,活塞杆直径不同,双侧缓冲,右侧带调节		单作用缸,柱塞缸	
单作用伸缩缸		双作用伸缩缸	
摆动气缸或摆动马达,限制摆动角度,双向摆动		单作用的半摆动缸或摆动马达	
马达		变方向定流量双向摆动马达	

附表 4　控制元件

名　称	符　号	名　称	符　号
二位二通方向控制阀,推压控制机构,弹簧复位,常闭		二位二通方向控制阀,电磁铁操纵,弹簧复位,常开	
二位三通方向控制阀,电磁铁操纵,弹簧复位,常闭		二位三通方向控制阀,滚轮杠杆控制,弹簧复位	
二位四通方向控制阀,电磁铁操纵,弹簧复位		二位四通方向控制阀,电磁铁操纵液压先导控制,弹簧复位	
三位四通方向控制阀,电磁铁操纵先导级和液压操纵主阀		三位四通方向控制阀,双作用电磁铁直接操纵,不同中位机能的类别	
二位四通方向控制阀,液压控制,弹簧复位		三位四通方向控制阀,液压控制	
溢流阀,直动式,开启压力由弹簧调节		顺序阀,手动调节设定值	
顺序阀,带有旁通阀		二通减压阀,直动式,外泄型	
二通减压阀,先导式,外泄型		三通减压阀(液压)	
可调节流量控制阀		可调节流量控制阀,单向自由流动	
流量控制阀,滚轮杠杆操纵,弹簧复位		二通流量控制阀,可调节,带旁路阀,单向流动	

续表

名　　称	符　　号	名　　称	符　　号
三通流量控制阀,可调节,将输入流量分成固定流量和剩余流量		分流器,将输入流量分成两路输出	
集流器,保持两路输入流量相互恒定		单向阀	
单向阀,带有复位弹簧		先导式液控单向阀,带有复位弹簧	
双单向阀,先导式		梭阀,压力高的入口自动与出口接通	
直动式比例方向控制阀		比例方向控制阀,直接控制	
先导式比例方向控制阀,带主级和先导级的闭环位置控制,集成电子器件		先导式伺服阀,带主级和先导级的闭环位置控制,集成电子器件,外部先导供油和回油	
电液线性执行器,带由步进电动机驱动的伺服阀和液压缸位置机械反馈		伺服阀,内置电反馈和集成电子器件,带预设动力故障装置	
比例溢流阀,直控式,通过电磁铁控制弹簧工作长度来控制液压电磁换向座阀		比例溢流阀,直控式,电磁力直接作用在阀芯上,集成电子器件	

名　　称	符　　号	名　　称	符　　号
比例溢流阀,直控式,带电磁铁位置闭环控制,集成电子器件		比例溢流阀,先导控制,带电磁铁位置反馈	
比例流量控制阀,直控式		比例流量控制阀,直控式,带电磁铁闭环位置控制和集成式电子放大器	
比例流量控制阀,先导式,带主级和先导级的位置控制和电子放大器		流量控制阀,用双线圈比例电磁铁控制,节流孔可变,特性不受黏度变化的影响	

附表5　辅助元件

名　　称	符　　号	名　　称	符　　号
可调节的机械电子压力继电器		输出开关信号、可电子调节的压力转换器	
模拟信号输出压力传感器		光学指示器	
数字式指示器		声音指示器	
压力测量单元(压力表)		压差计	
温度计		可调电气常闭触点温度计(接点温度计)	
液位指示器(液位计)		四常闭触点液位开关	
流量指示器		流量计	

续表

名　称	符　号	名　称	符　号
数字式流量计		转速仪	
转矩仪		开关式定时器	
计数器		过滤器	
带附属磁性滤芯的过滤器		带光学阻塞指示器的过滤器	
带压力表的过滤器		带旁路节流的过滤器	
带旁路单向阀的过滤器		带手动切换功能的双过滤器	
不带冷却液流道指示的冷却器		液体冷却的冷却器	
电动风扇冷却的冷却器		加热器	
温度调节器		隔膜式蓄能器	
囊式蓄能器		活塞式蓄能器	
气瓶		液压源	
气压源		空气压缩机	

名　　称	符　号	名　　称	符　号
手动排水流体分离器		带手动排水分离器的过滤器	
自动排水流体分离器		油雾分离器	
空气干燥器		油雾器	
手动排水式油雾器		气罐	
真空发生器		电动机	

参 考 文 献

[1]　成大先.机械设计手册——液压传动[M].5版.北京:化学工业出版社,2010.

[2]　符林芳,李稳贤.液压与气压传动技术[M].北京:北京理工大学出版社,2010.

[3]　左建民.液压与气动技术[M].北京:机械工业出版社,2009.

[4]　刘惠鑫,王晓方.液压与气压传动技术基础[M].北京:清华大学出版社,2009.

[5]　杨丽.液压元件操作与使用入门[M].北京:化学工业出版社,2009.

[6]　李新德.液压系统故障诊断与维修技术手册[M].北京:中国电力出版社,2009.

[7]　徐小东.液压与气动应用技术[M].北京:电子工业出版社,2012.

[8]　李新德,许毅.液压与气动技术[M].北京:清华大学出版社,2009.

[9]　谢亚青,郝春玲.液压与气动技术[M].上海:复旦大学出版社,2011.

[10]　许毅,李文峰.液压与气压传动技术[M].北京:国防工业出版社,2011.

[11]　谢亚青,郝春玲.液压与气动技术[M].上海:复旦大学出版社,2011.

[12]　李海金,辛连学.液压与气动技术[M].北京:北京航空航天大学出版社,2008.

[13]　袁广,张勤.液压与气压传动技术[M].北京:北京大学出版社,2008.

[14]　时彦林.液压传动[M].北京:化学工业出版社,2006.

[15]　王文深,王保铭.液压与气动技术[M].北京:现代技术出版社,2011.

[16]　王裕清,韩成石.液压传动与控制技术[M].北京:煤炭工业出版社,1997.

[17]　陈桂芳.液压与气动技术[M].北京:北京理工大学出版社,2012.

[18]　梁建和,廖君.液压与气动技术[M].郑州:黄河水利出版社,2011.

[19]　朱梅,朱光力.液压与气动技术[M].2版.西安:西安电子科技大学出版社,2007.

[20]　邹建华,许小明.液压与气动技术[M].3版.武汉:华中科技大学出版社,2012.

[21]　左健民.液压与气动技术[M].3版.北京:机械工业出版社,2011.

[22]　吴卫荣.气动技术[M].北京:中国轻工业出版社,2005.

[23]　曹建东,龚肖新.液压传动与气动技术[M].2版.北京:北京大学出版社,2012.

[24]　宋军民,周晓峰.液压传动与气动技术[M].2版.北京:中国劳动社会保障出版社,2009.

[25]　贺尚红.液压与气压传动[M].长沙:中南大学出版社,2011.

[26]　张林.液压与气压传动技术[M].北京:人民邮电出版社,2008.

[27]　毛智勇,张强.液压与气压传动[M].北京:机械工业出版社,2012.

[28]　宋新萍.液压与气压传动[M].北京:清华大学出版社,2012.

[29]　中国液压气动网 http://www.31yyqd.com

[30]　FESTO 公司网站 http://www.festo.com

[31]　高连兴.液压与气压传动[M].北京:中国农业出版社,2008.

[32]　李建蓉,徐长寿.液压与气压传动[M].北京:化学工业出版社,2007.

［33］　姜佩东.液压与气动技术［M］.北京：高等教育出版社,2009.

［34］　何法明.液压与气动技术学习及训练指南［M］.北京：高等教育出版社,2009.

［35］　马韧宾.液压与气动技术［M］.北京：北京理工大学出版社,2012.

［36］　李芝.液压传动［M］.北京：机械工业出版社,2008.

［37］　唐建生.液压与气动［M］.北京：中国人民大学出版社,2008.

［38］　杨平,葛云.液压、液力与气压传动技术［M］.北京：科学出版社,2007.

［39］　王怀奥,尹霞,姚杰.液压与气压传动［M］.武汉：华中科技大学出版社,2012.

［40］　胡海清,陈爱民.气压与液压传动控制技术［M］.北京：北京理工大学出版社,2009.

［41］　朱梅,朱光力.液压与气动技术［M］.西安：西安电子科技大学出版社,2008.